安田喜憲

環境文明論

新たな世界史像

論創社

安田文明論の集大成

梅原　猛

人と人との出会いというのは不思議なものである。これまで私は多くの人と出会い、思いもよらない仕事をした。中曽根康弘元首相と出会い、夢としか思われなかった国際日本文化研究センターの創設を実現することができた。また三代目市川猿之助と出会い、思いがけなく、今や古典になったといわれるスーパー歌舞伎「ヤマトタケル」の原作を書いた。

安田喜憲氏との出会いもそのような出会いの一つであろう。彼と出会ったのは、私が国際日本文化研究センターで採用する助教授を探していたときである。教授の人選はほぼ終わっていたが、助教授についてはなかなか進まない。そのとき、見ず知らずの安田氏から送られてきた本が私の心に残った。それは日本の学者によくある遠慮がちに自己の説を語る内容ではなく、自信をもって自己の説を大胆に主張するものであった。副所長格の自然人類学者、埴原和郎氏に読んでもらったところ、埴原氏もその本を評価した。

そこで私は当時、広島大学の助手であった安田氏に電話をかけ、助教授として日文研に来ないかと尋ねた。突然の話に安田氏は驚いたが、「行きます。すぐに行きます」と答えた。しかし彼は何らかの事情で、その思いがけない話に支障が生じることを恐れているかのようであった。

安田氏は東北大学大学院理学研究科で学んだ後、広島大学総合科学部に就職したものの、万年助手の彼は、その数か月前に広島大学で起こった学部長殺人事件の三番目の容疑者候補とされていたらしい。そのような彼にとって、私の声が神の声のように聞こえたのも無理はない。日文研に就職後の彼の活動はすばらしかった。彼ほどよい意味でその地位を利用したものはなかろう。

彼の最大の功績は、日本における環境考古学の確立であろう。堆積物の花粉分析によって、植生など過去の環境が明らかになる。三方五湖に臨む福井県若狭町にある鳥浜貝塚の発掘調査に参加した彼は、後に三方五湖の一つである水月湖のボーリング調査をすることによって、日本における環境考古学を確立したといえる。水月湖の堆積物の年縞は甚だ正確な物差しとされ、その調査は世界の環境考古学にも大きな影響を与え、安田氏の業績は海外においても高く評価されている。

私は日本の弥生文化の源流である中国・長江流域の古代稲作文明遺跡に関心をもった。特に良渚遺跡（杭州）から出土した玉に強くひかれ、西洋の金銀文化に対して、ここには玉の文化があったのではないかと思った。

そして、黄河流域の小麦農業を生産の基盤とする文明とは違って、長江流域に稲作農業と養蚕を生産の基盤とする文明があったのではないかと考えた私は、中国の考古学者と共同で調査をし、長江文明が存在したことを明らかにしてほしいと安田氏に頼んだ。大変な困難を伴ったが、日中共同の学術調査によって長江文明の存在が確認されたのである。

チグリス・ユーフラテス川流域の文明、ナイル川流域の文明、インダス川流域の文明、黄河流域の文明が世界四大文明とされるが、それらはすべて小麦農業及び牧畜の上に立つ文明である。長江文明の発見によって、稲作農業と養蚕の上に立つ古代文明の存在が明らかになったのである。これはまさに安田氏と私との出会いによって生まれた学問の成果である。

本書は安田氏の研究の集大成となるものであるが、そこに三点の主張があろう。

一、彼は人類文明における気候変動の影響を重視する。気候決定論といってもよいほど、気候変動によって民族大移動が起こり、そこに新しい生産様式が生じたことを彼は明らかにする。

二、彼は稲作農業及び養蚕の上に立つ文明と小麦農業及び牧畜の上に立つ文明との大きな違いを指摘する。前者は森を保存し育成する文明であり、後者は森を消失せしめる文明である。この二つの文明の違いが世界史においていかに現れているかが詳しく語られる。
三、彼はかなり断定的に人類文明の危機を語る。小麦農業と牧畜の上に立つ文明がいかに森を破壊したか。そのような森の破壊が続けば、人類が滅びるのは火を見るより明らかであるという。
これらの彼の主張にはまったく同感であるが、私が主張するのは主として形而上学的な論である。私は二十六年前に戯曲『ギルガメシュ』（新潮社）を書いた。それは中国・北京で劇団「中国青年芸術劇院」によって上演され、大変好評であったが、日本においてはまったく無視された。近著『人類哲学序説』（岩波新書）においても私は新しい人類文明のあり方を語ったが、これから書くべき本論においては、安田氏の形而下的学説を参考にしながら、文明の危機を克服する未来の人類の哲学を語らねばならないと考えている。

（うめはら・たけし）

まえがき

人生の旅での出会い

人生には幾度か自分の運命を切り開いてくれる人との出会いがある。梅原猛先生との出会いがなかったら、私は広島大学で万年助手として研究者人生を終わったことであろう。私は梅原猛先生に足を向けては寝られない。

広島大学時代は「どうしてやることなすことがこれほどうまくいかないのか」と思うほどに苦労の連続だった。それは今にして思えば天命であったと思う。

一九八八年四月に国際日本文化研究センターに採用いただいて、梅原猛先生から命じられたのは長江文明の探求だった。瀬戸内海が地中海と似ていることもあり、広島大学時代に私は地中海文明の研究をしていた。西洋文明の原点ともなったギリシャやローマ文明の研究に一生をかけようと思っていた。ところが突然、梅原猛先生から「西洋ばかり見ていたのでは人類文明史の本質はわからんぞ。東洋の稲作漁撈の研究をしろ!」と命じられたのである。「稲作? 常日頃から見慣れているものじゃないか。そんなこと研究して何になるのか」というのが当初の私の思いだった。しかし梅原猛先生は、当時、京セラ株式会社の会長をされていた稲盛和夫先生にお願いされて調査研究費まで用意された。こうして私の長江文明の探究ははじまったのである。

一九九〇年代初頭の人類文明史や世界史が、いまだに欧米中心主義に立脚していたことは否めなかった。古代の四大文明（メソポタミア文明・エジプト文明・インダス文明・黄河文明）は、欧米文明と同じく麦作農業（黄河文明はアワもあるがいずれも畑作）に立脚し家畜を飼い、パンを食べ、ミルクを飲んでバターやチーズを造り、肉を食べる畑作牧畜民が作った文明であった。お米を食べ、味噌汁を飲んで、発酵食品や魚介類を食べる稲作漁撈民は、文明を持っていなかったというのが常識だった。もちろん欧米人の中にも、C・レヴィストロースや、A・トインビーのような研究者もいたが、世界の大勢は、文明は畑作牧畜民のものであるという見解に立脚し、その見解を当の稲作漁撈民さえ受け入れていたのである。

日本の高等学校の世界史の教科書にも、「古代文明は畑作牧畜民が跋扈したメソポタミアの肥沃な三日月地帯で誕生した」という説が常識として掲げられていた。そうした中で、稲作漁撈民も畑作牧畜民にまけず劣らずの文明を持っていたのではないかと私は指摘した。それが「長江文明の発見」であり、梅原猛先生が指摘された「稲作漁撈を研究しろ！」という教えだったのである。

現在では中国随一の観光地になっている湖南省張家界に出かけた時のことである。洞窟の前に立って、白いひげを生やした老人とやや若い弟子と見られる人が「こいこい」と手招きをする。一九九〇年代の初めはまだ観光客も少なく、たぶん客待ちをされていたのであろう。そうしたら「手相を見てやる」と言う。手を差し出すと、「あなたは悪い人にも会い、若い頃はさんざん苦労しましたね。しかし四二歳の時に偉い人に助けられる。それからは何でも思うようにいきますよ」とその易者は言ったのである。

「えっ！　四二歳の時ですか。」私は驚いた。四二歳とは、私が梅原猛先生に助けられて国際日本文化研究センターに着任した年である。その私を助けてくださった偉い人とは梅原猛先生のことに違いないと私は確信した。手相もむげにはできないものである。

易者が予言したとおり、私はその後、国際日本文化研究センターで恵まれた研究環境の中で、おもうぞんぶん研究ができた。本書はその研究成果の一端をとりまとめたものである。

さらに梅原猛先生は九〇歳になられてもかくしゃくとされ、頭脳明晰で、講演をされるだけでなく、つぎからつぎへと著書を著わされ、まさに易者が言ったように「千年に一度出るかどうかの偉い人」だったのである。

梅原猛氏（左）と著者（四川省龍馬古城墩にて。1994 年、井上隆雄撮影）

私にとって恩師に序文を書いていただけるとは願ってもないことである。まことにありがたいことである。人生は旅でもある。その旅の途中で梅原猛先生に出会い、中国各地はもとより、トルコ、ギリシャやエジプトさらにはバリ島にまで足を延ばすことができた。梅原猛先生と私の関係は芭蕉と曽良のような関係なのかなと時々思うことがある。

日本の年縞の時間軸が世界の標準になった

「時間を支配することは文明を支配すること」と考えたのはヨーロッパ人だった。一八七二(明治五)年一二月三日まで、私達日本人は現代の太陽暦（グレゴリオ暦・新暦）とは全く異なった、太陰暦（旧暦）の時間の中で暮らしていた。

歴史学や環境考古学は時間の学問である。明治時代以降導入された近代歴史学の時間軸は、まさに太陽暦（グレゴリオ暦）の時間軸に立脚していた。日常の時間も江戸時代とは全く異なった太陽暦の時間となった。そして欧米文明の時間が日本人の生活のすみずみにまで浸透し、日本人は欧米の時間軸に立脚したライフスタイルを受け入れた。その時間の基準はイギリスのグリニッジ天文台に置かれた。

過去の地球環境史の時間もまた、欧米人が打ち立てた時間軸が世界の標準だった。暦年代に換算して一万一五〇〇～一万一七〇〇年前に地球は大きな環境の変動をこうむったという欧米のデータが世界の標準になった。ところが日本列島などの温帯地域や亜熱帯地域などにおいては、一万一五〇〇～一万一七〇〇年前よりもっと大きな変化が、一万五〇〇〇年前にあることが分かった。日本列島では一万五〇〇〇年前こそ、氷河時代の生態系が収束に向かい、生態系が大きく移り変わる時代だった。その時代に日本列島では縄文文化が誕生した。その変化は、欧米の人々が指摘する一万一五〇〇～一万一七〇〇年前の変化よりはるかに大きなものだった。だがこうしたアジアの温帯や亜熱帯地域の分析結果は、ながらく世界の標準になることはなかった。

しかし、欧米の分析結果は氷河周辺地域という特異な環境で得られたものである。一万五〇〇〇年前のスカンジナビア半島は厚さ三〇〇〇mにも達する氷河に覆われていたし、アメリカ大陸北部もローレンタイド氷床と呼ばれる大陸氷床に覆われていた。そんな氷河の縁辺や周氷河地域では、人類さえ居住できなかった。その氷河周辺や氷河地域のきわめて特異な環境のもとで得られた分析結果が、世界の標準として長らく信奉されて来たのである。それをなさしめたのは欧米の科学技術と物質エネルギー文明の力だった。

だがやっと欧米の研究者は自分達のデータが、世界の標準とはかけ離れた、特異な場所のデータであることを認めるようになった。それをなさしめたのが福井県水月湖の湖底から発見された年縞の分析結果である。私はその年縞を水月湖で初めて発見したが、その分析結果を世界の時間軸の標準にまでしたのは、名古屋大学北川浩之教授やイギリスのニューカッスル大学教授から二〇一四年の春に立命館大学に着任した中川毅教授らである。私の弟子と言うとおこがましいが、私とともに国際日本文化研究センターで年縞の研究を一緒に行った仲間である。梅原猛先生から見れば彼らは孫弟子にあたる。

水月湖の年縞の時間軸が世界の標準になった。もちろん現在の時間の標準はグリニッジ天文台のままであるが、過去の時間軸の標準としてはアジアのしかも日本の水月湖の年縞の時間軸が世界の標準になったのである。さらに文部科学省新学術領域「環太平洋の環境文明史」の研究代表者として立派な成果を上げてくれた茨城大学青山和夫教授らも、文理融合の科学としての「環境考古学」の重要性を継承発展してくれる仲間である。

歴史学や環境考古学は時間の学問であると書いた。明治以降の近代歴史学の進展は、欧米人の時間軸が日本人のライフスタイルにまで浸透・拡散することでもあった。ところがその歴史学や環境考古学に、時間軸を与える画期的な手法として、天は私に年縞という物差しを与えてくれたのである。「年縞の分析結果から明らかになった時間軸によって、人類文明史を書き変えろ」とあたかも天が命じているかのようにさえ思った。

本書はその年縞の分析結果に立脚して、新たな人類文明史・世界史を再構築する試みである。

日本の宝、年縞のさらなる研究を

日本列島の湖沼は世界の中で年縞の形成にきわめてすぐれた条件を有している。海洋環境の変動まで年縞の解析から明らかにできるところは日本列島を含めて世界でもわずかである。中国大陸のいくつかの湖沼では、約四〇〇〇年前まで年縞が形成されていても、それ以降年縞の形成はなくなる。おなじようにイースター島においても一二世紀までは年縞が存在したが、それ以降は年縞の形成はぱたりとなくなる（本書第六章参照）。これに対し、日本列島の年縞のあるほとんどの湖では、現在に至るまで年縞が形成されている。それは日本列島という風土の特殊性と森・里・海の物質循環に大きな変更をもたらすことなく、豊かな自然を維持してきた日本人の祖先たちのライフスタイルの賜物なのである。日本列島が生物多様性に富む列島であることと、年縞が現在まで保全されている環境であることは深く関わっている。

しかし、その日本の宝とでも言うべき年縞は、ようやく研究がはじまったばかりである。私はその重要性を訴え続けてきたが、なかなか理解されなかった。日本の宝物なのにどうしてその重要性がわからないのだろうと悔しい思いも何度かした。しかし、これもまた天が采配をふるってくれていた。私の下に有能な若い後継者を送り込んでくれていたのである。

これからは、現在より摂氏何度低くなったのか高くなったのか、降水量が何ミリ多くなったのか少なくなったのか、何年かかってその気候変動は起こったのか、中国大陸と日本列島ではどう違ったのか、いや東日本と西日本ではどう違ったのかということを、年単位・季節単位で厳密に明らかにしなければならない。そしてその環境史の変動が人類の文明や歴史の展開とどう関係していたかを解明しなければならない。

中川毅教授らはベスト・モダン・アナログ法を開発し、過去の気温変動を絶対値で表記する試みも行っている。ヒトのDNAの全解読のプロジェクトが実行されたように、こんどは世界各地域の年縞（ジェオゲノム）の解析から、「全地球年縞解読プロジェクト」をぜひとも推進していただきたいものである。

これまでは、氷河時代の寒冷気候と完新世の寒冷気候を、日本語で表記する場合においてさえ、明白に区別をもうけてこなかった。しかし、年平均気温が現在より摂氏七〜八度も低い氷河時代の寒冷気候と、年平均気温が摂氏一〜二度低い完新世の寒冷気候は、同じ寒冷気候でもまったくことなり、当然のこととして日本語の表記上でも区別されてしかるべきであった。我々専門家はわかっていても一般の人はわからない。

本書では摂氏三度の年平均気温の低下を目安として、寒冷気候と冷涼気候に区別することにした。年平均気温が現在より摂氏三度以上低かった時代を寒冷期と表記し、年平均気温が現在より摂氏一〜

二度低かった時代を冷涼期と表記する。

しかし、すでに発表された「古墳寒冷期」のような用語は、一般に広く定着し使用されているので、変更せずそのままにした。

私の役割は日本列島の年縞を発見し、年縞による時間軸の決定と年単位の環境史復元の道を開き、新しい文明史・歴史を再構築する契機を作ったことにあったと思う。

後は若くて優秀な後継者に年縞の研究を託し、私たちは彼らの研究環境を整えるよう全力を尽くさなければならないと思う。

大学での集中講義

私は二〇〇三年に東北大学に「大学院環境科学研究科」が創設され、二〇〇四年に京都大学に「フィールド科学教育研究センター」が開設された時、大学院生対象の最初の記念すべき集中講義を、期せずしてお引き受けすることになった。

本書の元になった「環境文明論」という集中講義を私に依頼されたのは、東北大学東北アジア研究センター長であった平川新教授（現、宮城学院大学学長）である。実に的確な授業科目名をつけていただいたと深く感謝している。京都大学の集中講義を依頼されたのは、フィールド科学教育研究センター長であった田中克教授（現、京都大学名誉教授）だった。

集中講義は若い学生に語りかけるまたとない絶好のチャンスであるとともに、自分の考えがどのように若者に受けとめられるかを知るいい機会でもあった。それゆえ集中講義には全力を投入し、その時点における自分がもっているものすべてを学生に問いかけた。集中講義は私にとっては若者との真剣勝負であった。

集中講義が終わると私はしばらく放心状態になるほどに疲れたが、東北大学では名物講義になり、学生にも人気があったようである。いつも一〇〇人近い大学院生で教室はあふれていたし、ときには単位とは関係のない他学部の学生も聴講に来てくれていた。

講義の内容を本にすることにはためらいもあったが、このような苛酷な集中講義の記録を残しておくことは私の人生にとっても重要な意味があると考え、刊行に踏みきることにした。

本書の概要

私は四日間のうち、午前八時三〇分から午前十二時三〇分と、午後一時三〇分から午後六時に大きく二課題にわけて、全部で八課題についての講義を行った。それが本書の第一章から第八章になった。午前と午後の授業が終わったあとには、かならず感想文や意見を学生に書いてもらい、翌日の授業の参考にするとともに、それを採点し合計して評価点数にもした。遅刻はゆるさず早退もゆるさない厳しい授業にした。その感想文は今も大切に保管している。

第一章の講義は「環境文明論とは」である。私の自己紹介もかねて東北大学に環境科学研究科が創設されたことを記念し、そこに入学された大学院生に自分の体験をふりかえりながら、環境文明論を学ぶこととはなにかという学問論を私なりに展開したものである。

第二章の講義は「環境文明論の最新の方法――年縞の発見」である。環境文明論を展開するうえで必要な最新の研究方法について概説する。年縞の発見は正確な時間軸を決定するうえで画期的な発見となった。

第三章の講義は「照葉樹林文化論と農耕起源論」である。京都大学には、今西錦司博士あるいは西堀栄三郎博士に代表される、フィールド・サイエンスの「京都学派」のすばらしい伝統があり、私自身も、京都学派にあこがれ、大きな影響を受けた。私の弟子のなかには、京都大学から国際日本文化研究センターにきて研究者になった人が何人かいる。そこで、第三章目の講義は、京都学派のフィールド・サイエンスが生み出したすばらしい学説である「照葉樹林文化論」についてお話をしたい。照葉樹林文化論は当初から「農耕起源論」との深い関係の中で提唱された学説である。人類が文明というものを手にする第一歩は、農耕革命にあった。それゆえ農耕の起源はゴードン・チャイルド以来、人類文明史を考察する上で多くの人々が強い関心をはらってきた課題である。近年、農耕革命が引き起こされた晩氷期の環境変動が詳細にあきらかとなり、麦作の起源が環境変動との関係において明白になるとともに、稲作の起源についても新発見があいついでいる。ここでは最新の農耕起源論についてご紹介する。

第四章の講義は「稲作漁撈文明論――長江文明の発見」である。これまで古代文明とみなされてきたメソポタミア、エジプト、インダス、黄河の四大文明のほかに長江文明が存在することが注目されはじめた。四大文明はいずれも畑作牧畜民が創造した都市文明であったのに対し、近年その存在が注目されはじめた長江文明は稲作漁撈民が創造した文明である。戦後七〇年間、私たちが正しいと思って学んできた世界史は、畑作牧畜民の世界史だった。私たち日本人は稲作漁撈民であり、もとをたどれば縄文人の子孫なのである。日本文明を構築した稲作漁撈文明の価値を再発見し、新たな世界史像を構築をすべき時に来ているのではないかというのが、本章の主張である。

第五章の講義は「気候環境文明論」である。マヤ文明の崩壊についてはこれまで多くの謎に包まれて来たが、近年の年縞による高精度の環境史の復元によって、その崩壊の原因があきらかになりつつある。さらにローマ文明の衰亡をはじめ、中世温暖期や小氷期と文明の興亡については、これまで多くの謎に包まれて来たが、近年の年縞による高精度の気候変動の復元によって、気候変動が民族移動を引き起こし、文明の興亡に深くかかわっていたことがあきらかになりつつある。現代の地球温暖化が人類文明の未来に暗雲をなげかけている時、マヤ文明の崩壊やローマ文明の衰亡、さらにはグリーンランドの開発や魔女裁判が気候変動といかにかかわっていたかは、気候変動の時代を生きなければならない若者に警鐘となるであろう。

第六章の講義は「森林環境文明論」である。現在の地球が宇宙という海にポッカリと浮かぶ小さな生命の島であることはだれもが認識できる。イースター島の森を破壊し尽くしたときにモアイの文明が崩壊したように、この地球の森を破壊し尽くしたときの未来に待っているものはイースター島と同じ運命である。本章は熱帯雨林の激しい破壊が進行する時代を生きなければならない若者へのメッセージとなるであろう。人類が生き延びるためには島の持続性が探究されなければならない。日本の島国根性のなかにこそ、二一世紀の人類が生き延びる叡智がかくされていることを、イースター島の教訓を反面教師として、我々は学ぶことができるであろう。

第七章の講義は「動物環境文明論」である。その講義の本質は「動物観と文明」ということである。

理科系の学生には少し聞き慣れない言葉を使わなければならないかもしれない。しかし、自然科学も人間が行う学問であるから、最終的には、「あらゆることは人間の心に行き着く」、というのが私の考えである。ここでは動物観の変遷をとりあげ心と文明についてお話をしたいと思う。

第八章の最終講義は「環境生命文明論――未来は生命文明の時代」である。二一世紀に地球環境問題にあえぐ人類が、その危機を回避し自然と人間が共存可能な持続型の文明社会を構築するためには、生命に対する考え方を根本的にみなおし、生命文明の時代を構築することが必要であることを述べて講義のまとめにした。

写真家井上隆雄氏とその弟子竹田武史氏には、写真の撮影でたいへんなお世話になった。末筆ながら記して厚くお礼申し上げたい。なお撮影者の名前が記されていない写真はすべて私が撮影したものである。

二〇一六年三月二五日

安田喜憲

環境文明論―新たな世界史像―

目次

第一章　環境文明論とは

第二章　環境文明論の最新の方法——年縞の発見

3　高精度の環境史復元のために

第三章　照葉樹林文化論と農耕起源論

第四章　稲作漁撈文明論——長江文明の発見

第六章　森林環境文明論

第七章　動物環境文明論

第八章　環境生命文明論——未来は生命文明の時代

環境文明論

新たな世界史像

第一章

環境文明論とは

1　新しい世界史像を求めて

(1) 超越的秩序の文明と現世的秩序の文明

龍は超越的秩序のシンボル

龍は、いろいろな動物のトーテムを融合して、人間が幻想した超越的秩序としての架空の動物である。いろいろな動物のトーテムを寄せ集めたのものが、龍である。顔はラクダ、角はシカ、掌はトラ、胴体はワニもしくはヘビである。[※1]

最古の龍は中国内モンゴルの遼寧省査海遺跡から発見された。それは七〇〇〇年前までさかのぼる石組みの龍であった。[※1]

いくつもの動物のトーテムを融合して、自然界には存在しないまったく新たな龍を幻想する。この複合思想こそが、文明を誕生させ、牽引する原動力であると長らくみなされてきた。龍はまた生命融合のシンボルでもあった。生命は融合・交流することによって誕生し成長する。龍はいくつかの生命融合の産物であるとみなすことができる。

こうした複合思想・融合思想を獲得し、超越的秩序を幻想して文明を誕生させ牽引してきた人々のことを、ここでは「畑作牧畜民」と呼ぶ。麦やアワを栽培し、ヒツジやヤギを飼う人々のことである。

パンを食べミルクを飲んで、バターやチーズをつくり、肉を食べるライフスタイルをもっている人々が龍を創造したのだ。

超越的シンボルとしての龍を作った人々は、ありのままの自然を嫌い、自然を加工し、この世に存在しない新たな生命を誕生させることに大いなる興味をいだいた。現代文明の源流がこうした複合思想の持ち主によって発展させられた文明にあることは疑うことのできない事実である。それゆえにこそ現代文明は、ありのままの自然を野生と呼んで嫌い、どちらかというと自然を加工した人工空間のなかで生きることを望むのである。

ヘビは現世的秩序のシンボル

中国の長江流域に住んでいた人々は、お米と魚を食べる「稲作漁撈民」だった。だが、彼らは龍を幻想しなかった。彼らが崇拝したのは、ヘビそのものだった。ヘビは、現実に存在する命ある生き物である。その命ある動物そのものを崇拝する人々を、ここでは現世的秩序を崇拝する人々と呼ぶ。ご存じかどうか、日本の神社の注連縄は吉野裕子先生[※2]が指摘されたように、二匹のヘビが交尾をしている様子を現したものである。二匹のヘビは、交尾の時に、注連縄のように絡まる。なぜ、その様子が注連縄になったのか。それはヘビの交尾の時間が非常に長いからである。性器の構造上、一度、結合するとなかなか離れない。オスとメスのヘビは一五、六時間も注連縄のように絡まって激しく愛を交わし交尾をくりかえす。交尾の時間が長いことが豊饒のシンボルとなった。激しい性のエネルギーは、子どもをたくさん生むことにつながるからである。さらに、ヘビが脱皮することも重要だ。ヘビが脱皮することが、生命が生まれ変わるシンボルになったのでる。

ヘビと同じように古代の人々は蝶々も崇拝した。蝶々の交尾の時間も長く、バリ島でみたアゲハチョウの仲間は八時間も交尾しているそうである。脱皮をくりかえして幼虫から蛹になり成虫になる。こうした生まれ変わる生き物を古代の人々は大切にした。蝉も同じ意味で長江流域の人々に大切に崇拝され、生命の再生と循環のシンボルとなった。

注連縄はまさに二匹のヘビが交尾をしている姿そのままだった。それは命ある現実の生き物が愛し合い生命をつむぎだす姿であった。その命のあるがままの姿、あるがままの現世的秩序を注意深く見つめることが、稲作漁撈民の世界観の基本を形成している。現世的秩序を重視する人々は、自然のあるがままの姿を注意深く観察し、自然にないものを作ってはならなかった。そして自然から、自らの生きるための叡智を獲得したのである。

米を食べて魚を食べ味噌汁を飲む私たちは、自然界に存在しない生命体を幻想し、創造し、加工したりすることは禁止されていた。あるがままの命満ち溢れる自然を注意深く見つめ大切にすることの中から、人間が生きる力を獲得してきたのである。稲作漁撈民は現世的秩序を重視する文明を持っているのである。

このように人類文明史には、現世的秩序を重視する文明と超越的秩序を重視する文明のふたつの潮流が存在することがわかってきた。中国の場合、黄河流域の人々は超越的な秩序を、そして長江流域の人々は現世的秩序を重視する文明を発展させた。中国は一国内で両者を併せ持っていることになる。

現世的秩序の文明も存在する

しかしこれまでの中国では、複合思想で越的秩序としての龍を作り出した黄河文明のみが中国文明の源流であって、目の前の生き物としてのヘビを崇拝し、現世的秩序を重視した長江流域の人々は文明をもたなかったとみなされてきた。しかし、本書の第四章で述べるように、梅原猛先生や私の努力[※3]によって、近年、長江流域には稲作漁撈民が創造した長江文明が存在することが明らかとなった。すくなくとも長江流域の考古学者は、もはや長江文明の存在を疑う人はいなくなった。江沢民前国家主席も、長江文明を黄河文明とともに中国文明の源流であるとみとめている。

しかし、北京大学にはいまだに龍を生み出した複合思想をもつ黄河文明のみを中国文明の源流とみなす研究者が多いし、その北京大学の考古学の影響をつよく受けた日本の考古学者も、長江文明の存在を強固に否定する人がいる。

日本人にとって龍は弥生時代以降に中国から導入されたものであった。日本人はもともとはヘビを崇拝していた。縄文の土器にもヘビが造形されているが、龍はない。ヘビそのもの、現世的秩序を崇拝するのが、日本人の伝統なのである。

しかし、これまでの文明史観では、そのような現世的秩序を崇拝する人々は、未開・野蛮であり、抽象的思考・複合思想をもてないために文明を発展させることができなかったとみなされてきた。「抽象的・複合的思考ができ、天の神々を幻想して、一神教を創り出すことができる――そういう民族のほうが優れている、そして、彼らのみが文明を発展させることができた」と長い間考えられてきたのである。

我々が文明と思ってきたのは幻想の産物であることをはじめて指摘したのは、小林道憲氏との対談[※4]においてであった。さらにその後、松井孝典氏らとの鼎談[※5]においても、文明が共同幻想の産物であることが語られた。

超越的秩序の文明のみが文明という考え

今まで、「これが文明だ」といわれていたものは、超越的秩序をもった文明のみを文明だと呼んできたにすぎない。アメリカの自由と民主主義、さらには今、世界を席巻しているグローバル・スタンダードといわれる市場原理主義、これらは人間の抽象的思考に立脚した超越的秩序である。キリスト教も、イスラム教も超越的な宗教である。人間が頭で考え出した、いや妄想したというほうが正確かもしれないバーチャルな超越的秩序としての政治や経済システムと宗教をバックにもつ文明のみが文明であると、長らくみなされてきた。もちろん共産主義もまた超越的秩序の産物である。

二〇〇八年、アメリカは住宅不動産のサブプライム・ローン問題に端を発した経済不況に苦しんだが、それはまさに実態をともなわないバーチャルな虚構の上に構築された市場原理主義の超越的秩序が行き着いた究極の姿であった。

この超越的秩序をもつもののみが文明であるという考えを最初に指摘した人は哲学者カール・ヤスパースである。[※6]彼は、紀元前八世紀から紀元前三世紀を「軸の時代」と位置づけ、「枢軸文明」論を提示するなかで、ギリシア哲学に立脚したギリシャ文明、キリスト教に立脚したイスラエル文明、仏教に立脚したインド文明そして儒教に立脚した中国文明が枢軸文明であると指摘した。伊東俊太郎先生は、このヤスパースの時代区分では肝心のイエス・キリストが入らないことから、人類が神話的世界を超えて、「超越者」「普遍者」をもとめた人類精神史の変革期を、紀元前六世紀から紀元後一世紀にもとめ、「精神革命の時代」と位置づけた。[※7]以来、こうした超越的秩序をもったものだけが文明であり、それ以外は文明ではないという考えが世界の常識になった。

では日本には文明とよばれるものは存在しえたのか。日本には神道があるが、神道は仏教やキリスト教、あるいは儒教に対抗しうる世界宗教ではなく、土着の宗教であるとみなされてきた。仏教の経典、あるいはコーランやバイブルに匹敵するものもなく、超越的秩序をもっていない。そういう神道の国は、文明たりえないと判断されてきたのである。そして当の日本人も世界をリードするような古代文明を構築したなどとは、ついぞ思うことはなかった。日本は中国文明の東の端に位置する辺境の島国であり、古代文明とは無縁の世界に位置していたと、長い間思ってきた。

しかし、日本人は超越的秩序ではなく現世的秩序を大事にしてきたのである。この世の生きとし生けるものの命の調和ある営みに最高の価値をおいてきたのである。こうした現世的秩序を大事にする国は、超越的秩序を大事にする国とは異質の文明を発展させたために、その超越的秩序の尺度でみると、文明とはみなされなかったのである。超越的秩序の文明が世界の常識になったために、現世的秩序を重視する文明は文明とみなされなかった。その世界の常識に反して、私が縄文文明の存在を指摘した。[※8]しかし、日本の考古学者にはまったく受け入れられなかった。

だがヤスパースの言う枢軸時代以前には、すべての人類は現世的秩序の世界に生きていた。地中海世界においても、大地母神を崇拝するアニミズムの世界、多神教の世界が普遍的だった。現世的秩序は超越的秩序が誕生する以前に、人類が旧石器時代以来おしなべて普遍的に共有していた世界観なのである。

そうした中で、突然、イスラエルの一角とギリシャの一角、そしてインドと中国の一角に、超越的秩序をとなえる思想が誕生した。ヤスパースは、これこそが文明のシンボルであると指摘し、偉大な思想家があいついで誕生した紀元前八世紀から紀元前三世紀頃の間を枢軸時代と名づけたのである。

超越的な秩序の代表は、ユダヤ・キリスト教だった。いうまでもなくカール・ヤスパースは敬謙なキリスト教徒だった。だから彼にとってはユダヤ・キリスト教という超越的秩序の宗教を創造しえた文明だけが文明たりうるという考えは、自らの属する社会の優位性を主張するうえでも好都合だったのである。

(2) 文明の不死の思想は砂漠で誕生した

砂漠の民が超越的秩序の考案者

バチカン宮殿のシスティナ礼拝堂には、ラファエロが描いた「アテネの学堂」があり、プラトンとアリストテレスの二人の人物が中央に描かれている。そのなかで、プラトンは天を指し、アリストテレスは逆に大地をかざしている（図1―1）。プラトンが目指したものは、天の秩序であり、アリス

図1―1　ラファエロのアテネの学堂　図の中央左のプラトンは天を、右のアリストテレスは大地をかざしている

トテレスが目指したものは大地の秩序だった。

その中でユダヤ・キリスト教は、特に天の超越的な秩序を重視した。なぜならユダヤ・キリスト教は、砂漠の風土で誕生したからである。砂漠は、生命の少ない世界である。夜になって砂嵐がやむと、砂漠は静寂に包まれる。生命の音ひとつしない世界。自分の心臓の鼓動以外、何も聞こえない世界。その世界では、人間は自分の頭で何かを考えなければ生きていけない。人間は、自分ひとりでは生きていくことができない存在なのである。人間だけではない、この世に生きる、生きとし生けるものはすべて、他者との生命のやり取りをすることによってはじめて生き長らえることができるのである。食べることからはじまって、他者との生命のやり取りが生きるための必要最低条件なのである。

乾燥した砂漠の夜は、星がきらきらと輝き、まるで生きているように見える。静寂の中で、星が輝く。キラキラ・チカチカという音まで聞こえそうである。人間以外の他の命の輝きを感じることができない砂漠では、星までが人間以外の生き物として感じられるのである。そうした無生命の大地に生きる人間が、一種の心の病にかかった中で妄想したのが、一神教であったと言えるのではないだろうか。命は他者の命との会話のやり取り、交流と融合の中でしか輝けない。なぜなら命が誕生するそのことだけを例にとってみても、そのことは明白である。皆さんの命は、お父さんとお母さんの命が交流し結合したことによって生まれたという動かしがたい事実を見るだけでも、容易に理解できると思う。

人間以外の命のない砂漠の世界で生きるために、砂漠の民は星との対話の中で、空想の世界、幻想の世界、妄想の世界を造り上げなければならなかった。旧約聖書の「創世記」の創世神話は、主が七日七晩にしてあっという間にこの地上の生き物を造り上げてしまう。神がたった七日七晩で地上の生き物の世界を造り上げる――これは、空想の世界にほかならない。しかし、これこそが超越的秩序を生み出す原動力なのである。超越的秩序を最初に幻想した人々は、砂漠の民だった。

文明の不死の思想

星との対話の中で、天上の世界にこの地上とは別の終末の神の国の存在を予感した人々は、いつしか命の不死、そして自らが作り出した超越的秩序の文明の永遠性を信じるようになった。文明の不死の思想を生みだしたのは、砂漠の民であった。そして、自らが正しいと信じる超越的世界を力ずくでも世界に広めていくことが、善であると考えるようになった。

自らが作り出した文明は永遠に生き続けるという幻想をもち、人間は死後もなお終末の神の国において生きつづける。この終末の神の国において生きつづける直線的な不死の思想をもった人々が中心となって造りあげた現代文明は、それゆえ死ぬことの喜びを失ってしまったのである。

アメリカは自由と民主主義を旗印として、イラク戦争、あるいはアフガニスタンの紛争に介入した。ここでは、自由と民主主義を守り、テロリズムを弾圧するためには、人の命を奪うことさえ正当化されているのである。それは砂漠に住む人々が考え出した思想である。イスラムの人々の自爆テロも同じである。砂漠で誕生した一神教の神は、自分達が正しいと信じることに反抗するものの命を奪うことを容認した。砂漠に住む人々が考え出した、超越的秩序や価値観を守るためには、人の命を奪うことさえ辞さないという厳しい教えは、この精神革命の時代から今日まで二五〇〇年間、とぎれることなく続いているのである。

しかし今、アメリカが多くの人々の命と引き換えに守ろうとしている自由と民主主義もまた、近代ヨーロッパ人が考えだした超越的秩序であって、絶対不変の永遠の真理などではない。それを絶対不変の永遠の真理と信じ、それを守るためにはたとえ何千・何万の命が犠牲になってもかまわないと考えるのが、砂漠で誕生した超越的秩序の文明なのである。

超越的秩序の下に生きる人々は、自らが作り出した文明は永遠に生き続けるという幻想をもち、人間は死後もなお終末の神の国において生きつづけるという不死の思想をもち続けているのである。

（3）命の連鎖を繋ぐ文明は森で誕生した

現世的秩序の文明は森で誕生した

しかし、近代ヨーロッパ文明とその延長にある現代文明にも、かならず死が訪れる。いかなる命あるものにも死が訪れる。それは命に満ち溢れた森の中で生きるものにとっては当たり前のことである。そして死んだものは森の命が春によみがえるように、かならず生まれ変わる。死があるからこそ新たな命が息づくことができるように、その限りある命をもつ人間が造りだした文明にも死はかならずやってくる。いや文明は死を有するが故に、新しい文明を創造できるのである。これが森の中で生きた現世的秩序の下に生きる人々が、日常的に他者との命のやり取りの中で獲得した常識である。死はあらたな生命を輝かせるために必要なものであり、死は新たな生命を生み出すための喜びなのである。これが森の民の現世的秩序なのである。

このように砂漠の民が超越的秩序の文明を構築したのにたいし、森の民は現世的秩序の文明を生み出した。それは命の連鎖を紡ぐ生命文明であった。

ヤスパース[※6]やその後継者であるアイゼンシュタット[※9]が言うような「超越的秩序がなければ、文明ではない、超越的秩序を持った文明は不死である」という文明論では、二一世紀の人類の平和と繁栄の時代はもはや切り開きえないのではあるまいか。

文明は死をむかえることによって、はじめて新たな文明の時代を切り開き得るのである。いかなる文明といえども必ず死が訪れる。そして地球環境を破壊しつづける現代文明にも、まもなく死がやってくるのである。

文明はそれを発展させた要因が実は衰亡の要因ともなる。現代文明の繁栄の基礎は、自然を支配し自然を分析して、人類の幸福に役立てるという一七世紀の科学革命の思想と、化石燃料の使用方法を発見した一八世紀の産業革命の技術革新にあることは疑いない。しかし、その自然支配の思想と化石燃料の使用が、今や熱帯林の破壊や地球温暖化を引き起こして、現代文明の危機を招来しているのである。文明の発展の要因は衰亡の要因ともなるのである。そして文明は確実に死ぬ。いかなる文明にも死が訪れる。

現在の世界を支配しているアメリカ文明を発展させたのは自由と民主主義、市場原理という超越的秩序であるが、その自由と民主主義そして市場原理がいずれアメリカ文明衰亡の要因となるのはまちがいない。すでに行過ぎた市場原理主義の横暴が、サブプライム問題を引き起こし、地球環境問題を引き起こしている。

現世的秩序の文明は命の輝く文明

翻って、私達が住むこのアジアはどうだろうか。仙台は、森の都。あらゆるところに森がある。森のなかに入って、「知っている木の名前を言いなさい」と言われたら、そのすべてを言える人はほとんどいないだろう。それほどに、私たちの暮らすモンスーンアジアは、生命の多様性に満ちあふれているのである。それだけではない。森の土壌のなかには、昆虫やミミズ、バクテリアにいたるまでさまざまな生き物が暮らしている。夜になると、フクロウがホーホーと鳴いたり、イノシシがごそごそと歩き回るなど、生命のざわめきが常に耳にとびこんでくる。

森の中に住んでいる人間は、超越的な秩序を考える必要なぞまったくない。目の前にある生命の輝きを理解するだけで、精一杯なのである。そこでは、現世的秩序こそが美しい、という世界観が生まれてくる。

大木を見ればその命の神々しさに圧倒されて、注連縄をまいてお祈りをする。それは、大木の生命に畏敬の念をもち、現世的秩序を大事にしようとする生き方である。そして死んだものは森の命が春によみがえるように、かならず生まれ変わる。死があるからこそ新たな生命が息づくことができるように、その限りある命をもつ人間が造りだした文明にも死はかならずやってくる。いや文明は死を有するが故に、新しい文明を創造できるのである。これが森の中で生きた森の民が、日常的に他者との命のやり取りの中で知った叡智なのだ。

（4）「力と闘争の文明」が「美と慈悲の文明」を蹂躙した

超越的秩序は大義名分に利用された

一神教を生み出した超越的秩序は、じつは畑作牧畜という生業と深く関わっている。畑作牧畜民はパンを食べてミルクを飲み、バターやチーズを作って肉を食べるライフスタイルをベースに生活を営んでいる。これは、農耕地を拡大すればするほど、生産性が上がる生業の形態である。つまり、できるだけ農耕地を広くもち、ヒツジの頭数を増やしていけば、自分たちの生活が豊かになる。それゆえ畑作牧畜民は、豊かさを求めて常に領土を拡大していく必要があった。このライフスタイルが、他国の領土を侵し、他の民族を支配していく覇権主義的な「力と闘争の文明」[※10]を生んだのである。

畑作牧畜民が農耕地に必要な水は、天から降ってくる。自分の畑に降った雨は自分のもの。だれに気兼ねすることもなく使用できる。耕作地をどんどんつくり、ヒツジの頭数を増やしていけば、生産性が上がる。しかも、小麦畑は傾斜地でも作ることができるので、どんどん森を破壊して農耕地を拡大していった。ヨーロッパの畑作農業は、灌漑ということをほとんどしない。水は、天から降ってくる雨にたよる天水農業が基本だからである。そこでは、水に人間社会がコントロールされることはない。水の利用に束縛されることもない。自分一人で頑張って農耕地を拡大していけばいくほど、豊かな生活が約束されるのである。当然、そういう社会では個人主義が台頭してくる。

しかし、むやみに他の民族を支配することはできない。他の民族を支配するためには、大義名分が必要になる。アメリカの自由と民主主義も、大義名分として利用されている。大義名分として、超越的秩序を利用するのである。自分たちの領土を拡大するための大義名分として、キリスト教を振りかざしたこともある。キリスト教を振りかざしてスペイン人は中南米へ行き、マヤ文明やインカ文明を滅ぼした。そのとき宣教師は、「キリスト教によって愛に満ちた平和の世界を創り出す」と叫んだ。しかし、スペイン人の本当の目的は金銀財宝だった。超越的秩序を大義名分にして、彼らは金銀財宝を手に入れたのである。黄金のエルドラドを求めて彼らは中南米へ渡った。しかし、「黄金が欲しい」、とは言えない。そこで、キリスト教の平和的な世界を広めることを大義名分としたのである。

　イラクの戦争も、構造的には同じだった。アメリカは、石油が欲しい。しかし、この世界では「石油が欲しい」とは言えない。そこで、「自由と民主主義」という超越的秩序を振りかざし、イスラム文明の世界――自由と民主主義をもたないイラクを、悪の枢軸国と呼び攻撃した。しかし、アメリカはシェールオイルの発見によって、当分の間は石油資源をめぐる戦争はなくなるだろう。

生命を輝かせるために現世的秩序を重視

　超越的秩序の文明に支配され蹂躙された国々は、現世的秩序を大切にしてきた国々である。大木に注連縄をまき、大木の生命そのものに感動し、生きとし生けるものの命に畏敬の念をもつ人々の国が、超越的秩序の文明に支配され蹂躙されてきたのである。なぜ現世的秩序を重視する文明は超越的秩序を重視する文明に支配され蹂躙されたのか。それは現世的秩序を重視する文明が他者の命を畏敬し、利他の心と慈悲の心をもつ「美と慈悲の文明」※10であるからである。これに対し超越的秩序の文明は自己主張の文明であり、その大義を力で押し通し、それに従わない他の文明をねじふせる「力と闘争の文明」だった※10。

　現世的秩序を重視してきたのは、米やトウモロコシやジャガイモを栽培する人々であった。なぜ米やトウモロコシやジャガイモを栽培した人々が現世的秩序を重視したのかというと、それは人々が水とのかかわりのなかで、他者の命と深くかかわってきたことが大きく関係していると私はみなしている。美しい日本の棚田あるいはアンデス高地の棚畠、それらは完璧な水の循環システムのもとにつくり上げられた生命のゆりかごであった。命に満ち溢れた森の中に暮らす人々が現世的秩序と循環の思想をもったことは述べたが、稲作漁撈民やトウモロコシヤジャガイモを栽培する人々は、水の循環を介して、生命の森と深く関わり、人間以外の他者の命を畏敬するこころを培ってきたのである。

水田をつくることができる場所は、森があり、平坦でたえず水が流れている場所に限られる。その水を得るためには水源涵養林として森を守る必要があった。水を平らに蓄える水田は、盆地底や谷底さらには沖積平野など、平坦な地形があるところでしかできず、どこにでもつくれるわけではない。そして、その限られた耕地のなかで何人もの人間が生きていくためには、限られた耕地をいかに集約的に利用して、土地の生産性を上げるか、ということが重要になる。

水田稲作農業を行うためには、森と水の循環系をきちんと維持しなければならない。その森と水の循環系を維持するために、稲作漁撈社会は現世的秩序を大切にせざるをえなかったのである。いうまでもなく森は命に満ち溢れた世界。そしてそこから流れ出す命を育む水。その命に満ち溢れた世界を維持するためには現世的秩序を重視せざるをえなかったのである。

水田を維持するためには水の循環系をきちんと維持しなければならない。自分の田んぼの水は自分のものであって自分のものではない。下流の人が水をきちんと使えるように返さなければならない。自分の田んぼだけで水を使いきったり、汚したりしたら、この社会は維持できない。稲作農業社会は限られた耕地のなかで、しかも皆が仲良くし、人間相互のコミュニティーをきちんと作っていかなければ、その社会は維持できない。それが、水田稲作農業である。こうした水田稲作農業のあり方が、現世的秩序を重視する方向にむかわせたのである。

水田稲作農業社会では、いくらひとりで頑張って自分の田んぼをつくっても、水が来なければ何もできない。しかも、水を自分の田んぼだけで使いつくしてしまうと、他の人が困る。つまり、自分のところに入ってきた水は、他の人が使えるように、きちんと綺麗にして戻さなければならない。水田稲作農業社会で生きていくためには、命の水を介して他人のことを考えて生きなければならない。命の水を介して人と人の関係を大事にしなければならない。

水田稲作農業を行うことは水を介して「利他の行」を行うことに通じていたのである。利他の行はまた他者への命の畏敬の念、慈悲の心にも通じるものである。だから、稲作漁撈民は巨木に注連縄をまいて祈ることができ、仏教の慈悲の心は利他の行そのものであったのである。

（5）科学者はいったい何をなすべきか

二〇三〇年の危機を目前にしてなすべきこととは

二一世紀は地球環境問題で人類が苦しむ時代であることははっきりしている。その危機の時代を乗り切るために重視しなければならないのは、現世的秩序をもった文明の価値の再発見である。利用できる資源は限られている。広大な宇宙空間の中で、この漆黒の宇宙のなかで、生命のある空間は今の所この地球にしかない。いくら二〇年先、三〇年先でも、火星から食糧を輸入するような技術が発達するとは、とても思えない。今、やらなければならないのは、超越的秩序を求めて宇宙へ出かけるよりも、現世的秩序のなかで、どう大木と共存していくか、どう美しい命の水を維持していくか、どのようにすれば生きとし生けるものたちと仲良く生きていけるのかということを、真剣に考えることが必要なのである。この限られた小さな地球のなかで「生命の連鎖の持続」こそが、最重要課題なのである。その生命の連鎖を持続させる持続型文明社会のキーワードは、稲作漁撈文明にあるというのが私の考えである。[※11]

二〇三〇年に、人類は大きな危機に直面する可能性が大きい。エネルギー問題、食糧問題、さまざまな問題が持ち上がるであろう。おそらく食糧は現在の三分の一以下に減るであろう。もっとも大きな問題は、水である。このままいけば、二〇三〇年には、少なくとも地球の年平均気温は二度上昇し、生物の多様性が失われ、サンゴ礁が消滅し、四〇億の人々が水不足に直面する可能性がある。さらにＩＰＣＣ（気候変動に関する政府間パネル）は、地球の年平均気温は、今世紀中（あと一〇〇年以内）に最大四・八度上がるかもしれないという予測を出している。四・八度の気温の上昇率は、氷河時代が終わって後氷期という温暖な時代に移り変わる、今から約一万五〇〇〇年前に引起こされたその気候変動以上の規模に匹敵するものである。その一万五〇〇〇年前には、約五〇年の間に、北極のグリーンランドの年平均気温が一気に七－一〇度も上昇したが、温帯の日本などでは五－六度上昇しただけである。それは極地の変動が低緯度地域に比べてより大きく変動するからである。

しかも、温帯地域の平均気温が五－六度上昇しても、一万五〇〇〇年前の地球の年平均気温は、現在よりまだ二－三度低かった。今世紀中に四・八度も上昇するということは、現在よりも四・八度上昇するということであり、灼熱地獄の到来を物語る。それは氷期から後氷期に地球のシステムが大きく移り変った時代以上の温度の上昇率なのである。灼熱地獄の中で人類は生き残れるだろうか。

氷期から後氷期へ移行する時に、地球では一体、何が起こったか。たとえばマンモスが絶滅し、旧石器時代の人々の生活は行き詰まった。同じように地球の年平均気温が今より四・八度も上昇したら、地球のシステムはまったく別のシステムになり、現代文明はもちろん崩壊し、人類さえ絶滅の危機に直面することになるであろう。

何よりも現在より四・八度も地球の年平均気温が高い時代を、人類は誕生以来一度も体験していないのである。地球の年平均気温が現在より七度も八度も低い時代は、すでに氷河時代に体験ずみである。だから仮に地球の年平均気温が七－八度低下し、氷河時代がやってきても、人類はこの地球で生存できる。しかし七〇〇万年前に人類がこの地球に誕生してから私達人類は、地球の年平均気温が現在よりも四・八度も高かった時代を一度も体験していないのである。人類は寒冷な気候には耐えしのぶことができる。しかし四・八度も現在より温暖な灼熱地獄の中で生きることはまったく未経験なのである。

二〇年先・五〇年先の予測が重要

危機を目前にしながら、二〇年先、三〇年先に完成するかどうかもわからない技術に、莫大なエネルギーや資金を投入することは現状ではできないのではないだろうか。

今、重要なことは二〇年先、五〇年先がどうなるか、ということである。それをきちんと予測しなければならない。そして、今からその予測に対応する「方策」と「解」を立てておかなければならない。それが、現代の科学者がやるべきもっとも大きな至上命令であり、国家が総力をあげて行わなければならないことである。そして、もうひとつ現代の科学の大きな落とし穴がある。地球シュミレーターを動かして、年平均気温が一年単位でどれくらい上昇するか、CO_2濃度がどれくらい上昇するか、という予測が詳細にできるようになってきた。これは日本の科学者が世界に大きく貢献した金字塔である。

しかし、地球温暖化によって私たちの生活はどのような影響を受けるのか、仙台の人は、東京の人は、京都の人はどういう影響をそれぞれ受けるのか——そういった話はこれまでなされていない。CO_2濃度がどれくらい上昇するかということは、科学者の知的好奇心にすぎない。温度が何度上昇するかをみていくことはとても面白い。ところが、それによって私たちの生活は具体的にどんな影響を被るかという話は、巨大なプロジェクトが動いているにもかかわらず、すくなくとも現時点では明白ではない。地球の気候変動が、千年後、万年後にはどうなるかという話はある。しかし、千年後や万年後の話をされても今は意味がないのである。今、しなければならないのは、この二〇年先、五〇年先の予測である。

しかも、気候の変動は、これまではグローバルだといわれていた。ところが、私達の年縞《ねんこう》の研究[※12]（第二章で詳しく述べる）によって、詳細に過去の気候変動を復元したところ、南極の気温が一度、上がれば、グローバルに日本の気温も一度上がる、というわけではないことがわかってきた。たとえば、日本は一万五〇〇〇年前の地球の温暖化の時代に、北極よりも五〇〇年以上も早く温暖化が進行していることがあきらかとなってきた。[※13]

いくら北極を研究しても、日本の気温上昇については本当のところはわからないのである。ところが、現在、国家が莫大なお金を使っているのは、深海底の研究と極地の研究である。私たちが実際に暮らしている日本の気候がどう変わるかということに対する研究には、ほとんど予算は投入されていない。

宇宙科学をはじめ、深海底の科学など、政府が巨額を投じているいわゆるビッグ・サイエンスがある。夢は大いにかきたてるものの、深海底の研究の成果によって一〇〇万年先の未来の話をされても困るのである。一億年先の話をされてはなおさら困る。今、大事なことは、二〇年先、五〇年先がどうなるか、この我々の住む日本列島がどうなるかということの予測である。これが私たちが今、緊急にやらなければならないことなのである。現在は、それほどさしせまった危機的な状況になっているのである。

2　環境文明論は二一世紀の科学

（1）独善的世界史からの脱却

文明は半乾燥地帯でのみ誕生したという欧米人の独善

文明は熱帯雨林どころか湿潤な温帯の森の中でさえ誕生することはなく、疎林とサバンナの広がる半乾燥地帯でのみ誕生したというのが、畑作牧畜民の欧米人がつくりあげた人類文明史の常識となった。

超越的秩序を持った人々のみが文明を誕生させたというヤスパース[※6]やアイゼンシュタット[※9]の独善的文明論の罠に、日本人はやすやすとはまったのである。それは「自らの属する風土に類似した風土の下で育った文明は文明と認めるけれども、それとはまったく異質の風土の下に育った文明は、文明とは認めることが出来ない」というヨーロッパ人特有の偏狭な世界観（いや人類の思考は風土的限定をもつという普遍的な事実をあらわしているにすぎない）が生み出した独善的文明論だった。にもかかわらずその独善的文明論、独善的世界史が、欧米の圧倒的物質エネルギー文明の力によって世界を席巻し、日本人はその虜になったのである。

近代科学や歴史学・文明論を誕生させたのもヨーロッパ人であった。そのために、その後の文明論や世界史も、このヨーロッパ人が育った風土的限定を引きずることになった。日本の歴史学者や文明論者も、この欧米の風土的限定の下に育成された理論や学説の申し子になり、その学説を鵜呑みにした。なんとけなげなことであろうか。不思議な国民である。それは日本人の島国根性がなせるわざであろう。

しかしヨーロッパ人が育った風土的限定を引きずった文明論や世界史は風土的限定をもった畑作牧畜民の文明論・世界史だったのではないかということに、新しい時代を切り開く最先端を歩む人が気づきはじめた。近年の研究は熱帯雨林こそが人類誕生の地であり、熱帯—亜熱帯雨林の中にはマヤ文明やアンコール文明などのすばらしい文明が存在し発展していたことが次々と明らかになりつつある。

しかし、日本の歴史学におけるマルクス史観は、二〇一〇年代まで大きな影響力を持ち続けた。それは弱者への目線をもてるという日本人の心の優しさが生んだものであるかもしれない。あるいは「長いものには巻かれろ」という日本人特有のライフスタイルが生み出したものかもしれない。私がマルクス史観に反対すると「そんなことを言うとしかえしをされるぞ」と忠告されたものである。しかえしを恐れて人々は沈黙し、二〇一〇年代までマルクス史観が隆盛を誇ることになったのである。

熱帯は一年中熱く、熱帯のジャングルには毒蛇や猛獣がいて、そこに暮らす人々は愚鈍で放縦な生活をするようになり、文明は発展しなかったのだという近代ヨーロッパ人がつくり上げた偏見からも、日本人は自由ではなかった。その偏見から日本人が自由になるのにも時間がかかった。それと同じように、「文明は衝突する」という偏見もまた、「力と闘争の文明」が作り上げた欧米人の偏見ではないかと、私[※14]は疑っている。

その偏見は砂漠で誕生した一神教[※15]がもった偏見でもある。砂漠で誕生した人々にとっては、地中海沿岸の森でさえ悪魔や魔女の暮らす恐ろしい空間だった。中世ヨーロッパの大開墾時代には、ヨーロッパ平原を覆っていたヨーロッパブナやナラ類の大森林は、ことごとく破壊された。その破壊の尖兵になったのはキリスト教の宣教師だった。

宣教師は森に住む悪魔と闘い、森を開墾していったのである。森に暮らす人々は魔女にされ、森のフクロウや狼は悪魔の手先として撲滅されていった。それと同じことを、今度は一九世紀になってヨーロッパの人々は熱帯に対しておこなった。熱帯のジャングルは「緑の魔境」であると恐れられた。それは森を恐れ悪魔の巣と考える砂漠の民の発想にほかならなかった。

戦後七〇年間はこうした欧米人の偏見に日本人が心酔した時代だった。しかし、これからの日本人は、きちんと事実を見つめ、欧米人の偏見から自由な目をもたなければならない。

トインビーと池田大作の対談

私は地理学の学生として研究者への第一歩をはじめたが、環境文明論を論じるときに忘れてはならない人がいる。それは、「文明論」をつくったイギリスのアーノルド・トインビー[※16]と比較文明の創始者伊東俊太郎先生[※17]である。

トインビーは、すでに理念先行型の原理主義の文明のあぶなっかしさを予告していた。トインビーの比較文明論によって、はからずも日本人の心のすばらしさを立証できたのであるが、トンビー自身も日本人には欧米人にないすばらしい心があることを直感的に感じていた。

そのトインビーの文明論の重要性を指摘され、その学説の紹介と普及そして文明論の構築に最初の大きな足跡を残されたのは山本新氏[※18]だった。山本氏はトインビーの文明論に深く傾倒され、その学説を日本に紹介された。その影響を強く受けた研究者の中に、秀村欣二氏[※19]、神川正彦氏[※20]、吉沢吾郎氏[※21]のようにトンビーの文明論の研究に一生をついやされたすぐれた研究者が何人も輩出した。

さらにトインビーはさまざまな日本の著名人ともお会いになったが、創価学会名誉会長の池田大作先生ともお会いになった（トインビーから対話の申し込みがあった）。トインビーとともに人類の平和を希求する思想は、池田大作先生のＳＧＩの活動として世界に広められ、生命の法に立脚した人類文明平和の思想として、今大きく世界の人々を魅了している。

トインビーは日本人が欧米人にはない平和を希求するすばらしい心をもっていることを直感的に感じていたが、その平和を希求する文明論を構築されたのが池田大作先生[※22]であった。池田大作先生は創価学会名誉会長という立場にあるために、宗教にたいして偏見のある日本の学会では、まともにとりあげられ評価されたことはない。しかし池田先生が世界の文明論の発展と世界平和に果たされた功績は、きわめて大きなものがある。

文明論の師：伊東俊太郎

トインビーの文明論の紹介と解釈そして普及の上に立って、日本人の視点で比較文明論を展開されたのは伊東俊太郎先生であった。

伊東先生とお会いしたのは先生が東京大学から国際日本文化研究センターに御移りになったときだった。私は伊東先生の比較文明論から強い影響を受けた。伊東先生は一九七〇年代に比較文明学の重要性を提唱された。もともと科学史の専門であられた先生が文明論を展開される契機は『古代文明の誕生』[※23]のご本をお書きになった時である。さらに伊東先生は人類文明史の五大革命説を展開された。[※7]人類文明史には人類革命、農耕革命、都市革命、精神革命、科学革命の五大革命がある。そして地球環境問題でゆきづまった現代文明は生世界革命・環境革命によってあらたな文明の時代を創造しなければならないという伊東先生の説[※24]は、西洋人とはまったく異なった新たな文明史観を提示することになった。

一九八八年に国際日本文化研究センターに着任した私は、何か新しいプロジェクトを実施することの必要性を考え、「地球運環境の変動と文明の興亡」（略称：「文明と環境」）をたちあげた。ちょうど伊東先生が東京大学から着任されたので、伊東先生に研究代表者になっていただいて、一九九一年から一九九四年の三年間、文部省重点領域研究「文明と環境」を実施した。私は伊東先生のご指導の下、プロジェクトの幹事を務め、その成果を『文明と環境』（全15巻）[※25]として刊行した。全15巻ものシリーズ本が、わずか二年で刊行できた。文明と環境という用語をはじめて使用したのもこのときである。「環境文明論」はこのとき誕生した。

「文明と環境」の重点領域研究は、地球環境の保全に対する意識の高揚や、歴史と伝統文化の維持の大切さを発見するうえで大きく貢献した。それとともに、自然科学と人文・社会科学の学際的研究を推進した。今、流行の文理融合の研究が進展した。これは偶然のなせるわざではあろうが、このプロジェクトに参加した研究者で、恵まれない境遇にあった研究者が、プロジェクトの修了とともにしかるべきポストにつくことができた。

伊東先生[※7]の人類文明史の五大革命説は、日本人がはじめてトインビーの文明史観を乗り越えた、世界に誇るべき文明史観であった。伊東先生[※23]は「近代における西欧の世界支配は、数千年にわたる文明史の叙述をはなはだ偏ったものにしてしまった。いまや西欧の時代が終わり、真の意味での人類の時代が到来しようとしているとき、このような西欧中心的世界史のゆがみがただされなければならない」と指摘されている。この説が発表された一九七〇年代の日本の歴史学会では、西欧中心の歴史学の代表とでも言うべきマルクス史観の嵐が、日本の歴史学会を蹂躙していたことを思うと、この伊東先生の先見の明には脱帽するしかない。なにもかもが欧米文明一辺倒の中で、世界史の理解も西欧に支配されている中で、伊東先生は人類史・世界史を西欧中心史観から解放し、東洋人の目から見た人類史・世界史構築の重要性を指摘されたのである。もし歴史学にノーベル賞があるのなら、まっさきに日本人が受ける受けるべきノーベル歴史学賞に値するものであることは、まちがいない。

二一世紀には、能登志雄先生[※26]や鈴木秀夫先生[※27]の地理的環境論、そして池田大作先生[※22]や伊東俊太郎先生[※17]の比較文明論を総合した学問としての環境文明論の時代がかならずやってくる。

日本人の心が見直されなければならない

現代の若者のなかには「第二次世界大戦という戦争があったことすら知らない人がいる」ということを聞いて私は驚いた。今のイラクの人たちは、「アメリカが憎い、アメリカは帰れ」と叫ぶ。しかし、戦争を体験した日本人のお父さんやお母さんは、「アメリカが日本人の同胞を大量殺戮した」という話すらしない。じっと「哀しみを抱きしめて」耐え続けている。だから、誰もそのことを知らないし、若者は敗戦を忘れるのである。

仙台も、焼け野原になった。焼け野原になって、多くの人が亡くなった。つまり、それはアメリカ人に殺されたということである。しかし、そのことに対する復讐の念を日本人はもつことなく、「哀しみをじっと抱きしめて生きてきた」のである。それこそが、トインビーのいう福音主義的応戦いがいのなにものでもないのである。日本人は、福音主義的応戦を成し遂げることができた唯一の国民なのである。

トインビーのいう福音主義的応戦をなしとげることができた日本人の心のすばらしさと強さが、人類の未来の平和を構築することができるのである。「目には目を歯には歯を」「右の頬を打たれたら左の頬を打ち返せ」というのが国際社会のルールになりつつある。現代社会において、「哀しみを抱きしめて生きる」ことができる心の強さをもった日本人の魂のすばらしさが見直されなければならないのである。

「我々はテロと闘う」という勇ましいヨーロッパ人の言葉には、「目には目を歯には歯を」というメソポタミア文明以来の「血は血で洗い流す畑作牧畜民の文明の原理」を感じる。だがこうした文明の原理に立脚する限り、テロは永遠に終わらないだろう。この西洋文明の栄華を作り出した文明の原理はもうゆきづまっているのではあるまいか。

東洋にはそれとはまったく異質の文明の原理がある。それは日本にある。日本の縄文時代を見たらわかる。日本の縄文時代は人と人が集団で殺しあう戦争がない時代を一万三〇〇〇年も続けていたのである。そこで一番大切にされたものが生命である。生命が誕生し成長しそして死ぬ。この命の連鎖に最高の価値を置いた時代である。だから生命を生み出す女性が大きな力を持ったのである。土偶の九九％は妊婦である。

こうしたことを私は二〇一三年に『一万年前』※28で書いた。我々日本人は西洋とはまったく異質の文明を基層に持っているのである。それは闘わない殺しあわない平和の文明の原理である。

この縄文時代が復権した日本の平安時代や江戸時代は、戦争のない平和な時代を維持できた。遣唐使を廃止した平安時代や鎖国をおこなった江戸時代には、基層文化としての縄文文化の伝統が復興した時代である。※29同時に生命を誕生させる女性が輝いた時代でもある。平安時代の妻問婚しかり、江戸時代の女性は家名を守るためにがんばった。

だが明治以降、欧米列強の侵略に対抗するために、やむなく西洋文明を受け入れ、欧米文明の申し子としての道をひたすら歩んできた。だがその結末は第二次世界大戦の敗戦というみじめな結末をもって終わった。力を力でねじふせようとする文明の原理は日本にはあわないのである。

(2) 弱きものの立場に立った科学の実践

歴史は風土と密接にかかわっている

以上の学問研究の歴史的背景を考慮した上で、環境文明論――二一世紀に我々が果たすべき環境文明論とは何かを考えてみたい。それは、自然と人間の関係の科学としての環境文明論である。自然と人間の関係のなかで、さらに言えば文理融合の学問研究の中で、現世的秩序を重視した東洋いや日本発の文明論・世界史像を構築することが必要なのである。超越的な秩序ではなく、現世的な秩序を重視した世界史が叙述されなければならないのである。

その基底にあるものは、風土である。これまで、風土論はほとんど非科学的だと見なされてきた。しかし私達は、「風土的過去」を背負っているのである。私達は「風土的産物」なのである。日本に生まれたからには、日本の風土的過去を背負っているのである。私達には日本の森や海や川といった風土が染みついているのである。この風土で二〇年も暮らせば、その風土が身に付いていく。人間存在は風土的過去から自由であることはできないのである。私はこのような視点にたって『日本文化の風土』[※30]と『東西文明の風土』[※31]を刊行した。さらに稲作漁撈文明を長らく調査研究されてきた欠端実氏らとともに『文明の風土を問う』[※32]を刊行した。

今までの西欧流の考え方では、心と身体は別であった。それは超越的秩序のロジックの原点でもあった。最高のものは理性であり、身体はそれよりも劣っている、というのがデカルトの有名な「心身二元論」――心と身体は別であるいう考え方である。しかし、最近はそれを信奉する人はほとんどいなくなった。理性が一番優れていて、身体が劣っていると考える人はまずいない。しかし、戦後日本のあるいは明治以降の日本の哲学者は、そういった西欧の考えに心酔した。

最近は心と身体は一体であるという「心身一元論」を、誰もが納得するようになって来た。身体の調子が悪ければ、気分も悪い。自分の身体は自分の心と一体である。

同時に、私が主張しているのは、心と自然は一体であるという「心自一元論」である。私達が住んでいる風土と、私達の心は深く関係している。身体は風土と密接に関係している。仙台の空気を私たちは吸って、仙台の水を私たちは飲んでいる。仙台の山や海でとれた食べ物を食べている。したがって身体と風土が一体であることは間違いない。それと同時に、心と身体が一体ならば、心と自然も一体であると言えるのではないか。私達の心は、住んでいる場所の風土と深い関係がある。身体だけでなく心の在り方も、じつは風土と深く関係しているというのが、私の「心自一元論」である。

人の生命は他者の生命との交流がなければ生きられない。しかも、人間の身体の七〇パーセントは水でできている。「人間の心は水心」だといってもいい。身体と心がもしも一体ならば、水を無視しては人間の心を語ることはできないことになる。

そして、同時に私達の心の背景には、歴史が深く関係している。私は日本人の心の一方は縄文に深く根ざし、もう一方は、稲作漁撈に深く根ざしていると考えている（図1―2）。その長い歴史のなかで風土との関係のなかで培われてきた心こそが、日本人の魂の原点を形成するものであり、「心自一元論」こそが、未来の日本人の心を考える上で大きな役割を果たすと確信している。

弱いものの立場に立つ

私も若い頃は自分の知的好奇心を満足させるためだけに、研究をしていた。そうであったにもかかわらず幸いなことに、国民の税金を使わせていただいて研究活動を行うことができた。自分のお金でやってきたわけではない。国立大学に在籍するということは、国民の税金のなかから給料をいただくということである。

そのめぐまれた状況の中で学問をする社会的責任は一体何なのかということを考えた結果は、学問をすることは、京セラ名誉会長稲盛和夫先生[※33]が常日頃からおっしゃっている「利他の行」であるというように考えるようになった。他人のためにどこまで役立てるか、ということをきちんと実行できる学問をしなければならない。しかも、その学問は百年後でも残るようなものでなければならない。これが、私の七〇歳近くなって到達した、ひとつの学問論である。

そして、もうひとつ、これは私の個人的な考えで恐縮であるが、やはり弱い者の立場に目を向けなければならないと思う。私は、自分の生涯のなかで、学問を通して、一つは利他の行、二つめは百年先でも残る学問、そして三つめは弱いものの立場に立った学問の形

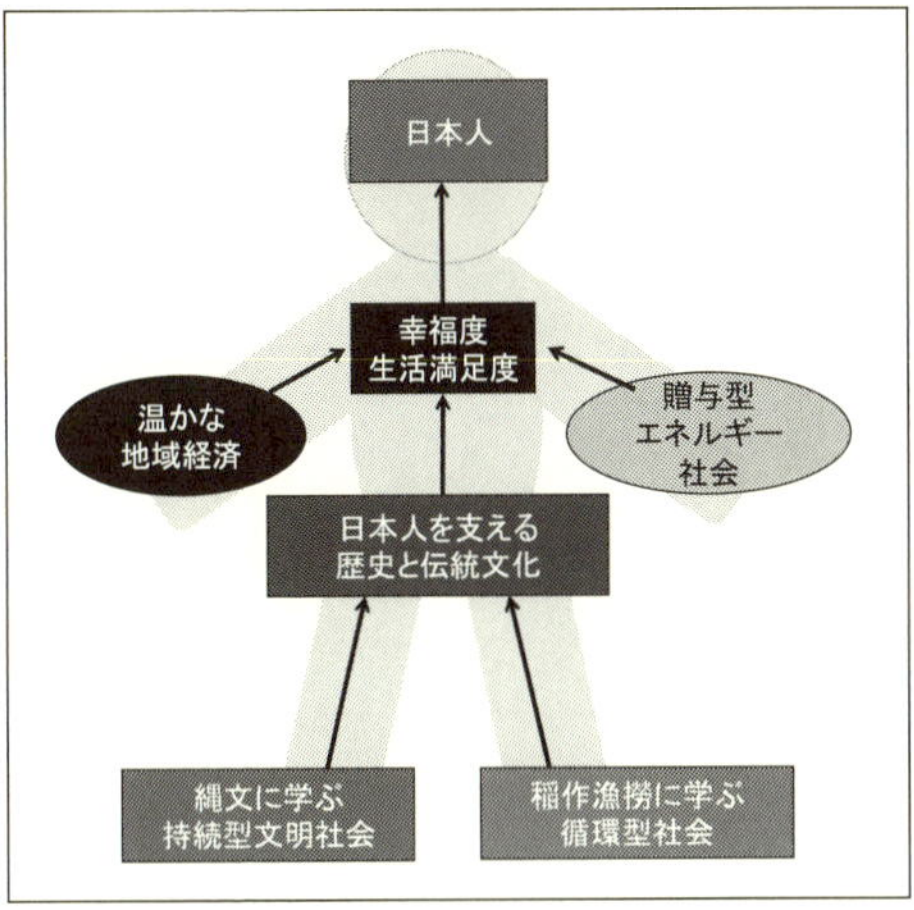

図1―2　日本人の心の成り立ち模式図

成を目指してきた。なかでも弱いものの立場に立つ視点は、私の父の遺言でもある。

私の父は、小学校の教師をしていた。三九歳で校長になった。今、考えてみるとたいへん若くして校長になったわけだが、その学校は同和地区にあった。特殊部落、被差別部落とよばれて差別されてきた人々が関西には暮らしている。東北は、全体として日本のなかで差別されてきた場所ということもあり、被差別部落はほとんどみられないが、関西には江戸時代の職業が死体を処理したり家畜を殺し皮を利用する職業に従事した人々は差別されて、被差別部落という一定の場所に暮らしていた。この被差別部落は今でも存在し、こういう差別をなくしていこうとする教育を同和教育という。

ちょうど、父が校長になった一九六〇年代は、この同和教育が盛んになろうとする時期だった。父は一生懸命その同和地区の子供たちの教育にあたって、四九歳で若くして他界した。それは過労死だった。その父の遺言が、「弱いものの立場に立つと真実が分かる」ということだった。その社会が抱えているさまざまな矛盾、問題は弱者の立場にもっとも顕著に現れるということである。

そこで私は、「現在、この地球上でもっとも弱者にあるものはなにか」を考えてみた。それは、ものいえぬ自然ではないか。木であり、森のなかの動物であり、小鳥たちである。これらは、この地球上でもっとも弱い立場に置かれている。そこで、私は地球環境問題に一生をかけようと決心したのである。もちろん、人間の社会でも弱い立場の人に目を向けることは大切である。そういう立場にある人々とは、アマゾンの熱帯雨林のなかで暮らす人々、中国の少数民族やチベットの人々、インドなどアジアの少数民族、ネイテイブ・アメリカンやインデイヘナのアメリカの先住民族、さらにはアフリカの子ども達。こうした人々の暮らしもまた、地球環境問題と裏腹の関係にある。アマゾンの熱帯雨林の中に暮らすインデイヘナの人々の暮らしがおびやかされているのは、まさに巨大資本による熱帯雨林の破壊が原因なのだ。

パウロも、こんなことを言っている。「神は弱き者の名に於いて自らを現す」、「神の力は人間の強さを通してではなく、弱さを通して完全に現れる」[※34]これは、名言だと思う。

弱いものの立場に立った学問を実践することは、「利他の行」になるのではないか。二一世紀の学問はやはり稲盛和夫先生[※35]の言われる「世のため人のため」になることを目指すことが必要だと私は考えるようになったのである。

3　梅原猛と稲盛和夫

(1)　仏教が開く自然と人間の共存の世界

梅原猛と百年後も評価される学問

重要なことは、「百年後でも評価される学問をしなければならない」ということである。私が尊敬している学者は、鳥居龍蔵先生[※36]と今西錦司先生[※37]そして梅原猛先生[※38]であった。鳥居龍蔵先生は知らない方も多いと思うが、今西錦司先生や梅原猛先生は、皆さんもご存じだと思う。いづれの先生も若いときには異端者とみなされ、ほとんど評価されることなく長い間不遇の身をかこった先生ばかりである。しかし、こういう人の学問は、百年後、二百年後でも残るであろう。異端であるということは、新しい学問領域を創造できる可能性を秘めているということでもある。

私は鳥居先生や今西先生から直接ご指導いただいたわけではないが、梅原猛先生からは、身近にご指導を受けることができた。これまでご指導いただいた能登志雄先生、鈴木秀夫先生、伊東俊太郎先生のように、それぞれの専門の分野での一流の学者というのではなく、梅原先生は総合的な学問の巨人だった。空海と同じくスーパースターという表現がふさわしい先生だった。それぞれの専門分野での一流の仕事は、時代がたつにつれて新しい知識が付け加わり、しだいに忘れさられていく運命にある。しかし梅原先生の学問は百年後も二百年後も残るであろう。それは梅原先生の学問が知識や技術の集大成ではなく、哲学と思想の集大成すなわち人間の心に深くかかわる学問であるからである。

私は、一九八〇年に「環境考古学」[※39]を提唱した。しかし、これを提唱したときには、誰も学問の対象にはしていなかった。私は地理学における異端者だった。それが、今では私以外の人の手によって、環境考古学の本が何冊も書かれるようになった。大学の授業でも、環境考古学の授業はいくつも設けられるようになった。ここまでくるのに、二〇年かかった。この環境考古学は、おそらく今後も少なくとも百年は生き残ると思う。しかし二百年先まで生きることができるかどうか。なぜならまた新しい技術や方法論が生まれ、これまでの知識や技術は古臭いものに見えてくるからである。こうした専門的な知識や技術を集成した学問は、時間とともに忘れ去られる運命にあるのである。

しかし梅原猛先生の学問は二百年後も三百年後も生きつづけるであろう。梅原先生の二回にわたる著作集[※38]は、くめどもつきぬ哲学と思索の泉としてこれからも末永く人々の間で語りつがれるであろう。人生の中で二回も著作集を出した人はきわめてまれであり、梅原先生は九〇歳を超えられた今でも現役以上の活躍をされ、本の執筆までなさっておられる。九〇歳を越えてなお現役以上の学問ができる人はめったにいない。親鸞さんは九〇歳にして入滅されたが、梅原先生は九〇歳を越えられた今なお、旺盛な執筆活動をされている。梅原先生は、親鸞さん以上の超人的な学問の巨人であり、私はまだその一端を垣間見ているにすぎないのではないかと最近は思うようになった。

法華経と地球環境問題

学問が千年生き残るためには実践をともなう必要がある。学問の中で得たものを、まずみずからの人生の中で実践し、心を磨き人格を成長させることが必要である。さらにすすんでそれが「世のため人のため[※40]」になれば最高である。

最澄さんは、「草木国土悉皆成仏」という有名な言葉を残した天台宗の開祖で、比叡山延暦寺を開いた人である。この最澄さんも、生きているときは必ずしも恵まれなかったが、彼が開いた天台宗の教えは、一二〇〇年後の今日でも評価されている。

先日もこの話をしたところ、「いや、それは学問ではなく宗教ではないか」と言われた。しかし、今や「宗教を無視しては、現在の地球環境問題は解決できない」といっても過言ではない。心の問題を無視しては、現在の地球環境問題は解決できないのである。

宗教とおなじく環境文明論は実践活動に結びつかなければならない。最澄さんの言う「草木国土悉皆成仏」。これは山や川や草木、国土にいたるまで、皆、仏になれる、という考えである。つまり、これは現世的秩序を肯定する言葉である。現世の秩序、この世の生きとし生けるものの生命は皆平等であり、山や川や草木、国土、大地にいたるまで、皆仏になることができる。人間が考えだした唯一絶対の神、超越的秩序によって、この世界が支配されているのではない。それとは、正反対の考え方である。私達はここに生きている。隣にいるあなたも、あなたも、そしてそこにある木も、皆仏になれるのである。いや仏なのである。この世にあるものすべて、生きとし生けるもの、命あるものすべてが仏なのである。現世のあるがままを肯定する――これが最澄さんの現世的秩序を肯定する考えの基本である。

梅原猛先生※41によれば、「最澄さんによって開拓され良源さんによって完成された天台本覚論の教えは、この無常で幻のような世界をそのまま肯定し、その夢のような現実が実相であり、夢のようにはかない人生が唯一の人生であることをきちんと認識し、しっかり生きろという生命の哲学にほかならない」という。環境文明論を学んでしっかり生きようという意欲がわくだけでも十分だが、さらにそれが自分の心を磨き、もっと進んで他者のため、地球の生きとし生けるもののために生きる実践につながればさらにすばらしい。

空海さんは、さらにすごいことを言っている。「森の世界はこの人の世はもちろん、天上の世界にさえない」と※42。

森は現実にあるもの、現実的な世界の秩序である。天上の世界は、人間が考えた世界である。この「現実にある森の世界が、人間が考え出した超越的秩序よりも美しい」と、空海さんは言っているのである。現在の世界は、超越的秩序――人間が勝手に考えだした、砂漠の民が考えだした妄想としての超越的秩序が、理念先行型の国家の横暴、市場原理主義の横暴を生み出している。その超越的秩序ではなく、現世的秩序こそが最高のものである、ということを、すでに九世紀の段階で空海さんは指摘しているのである。

それは今までの世界の文明を支配してきた、西洋文明の論理とは一八〇度、違う世界観である。「超越的秩序があるものこそ文明である」というのがユダヤ・キリスト教を根幹とする現代の世界を支配している考え方である。しかし、そうではない。「森は、人の世はもちろん、天上の世界よりも美しい」のである。この世にある、生きとし生けるものが共存しているその生命世界こそが、人間が妄想した超越的世界よりもはるかに美しいのである。

法華経の生命の法は最澄さんから日蓮さんへと受け継がれた。そして今、法華経の生命の法に立脚して、二一世紀の地球環境問題を解決し、新たな平和な社会の実現のための文明論を展開されているのが池田大作先生[※43]であった。明治以降に出現した新興宗教の教団の多くも、地球環境を保全し人類の平和を希求する点においては一致しているが、それらを文明論にまで高められたのは創価学会名誉会長の池田大作先生であった。宗教教団のトップということもあり、日本のアカデミズムでは池田大作先生の文明論は色眼鏡で見られ、その功績に触れることはタブー視され、その真価はかえりみられていない。法華経の生命の法を文明論の実践の学にまで高められた池田大作先生の評価は、外国でのほうがむしろ高いし、今後ますます高まるであろう。

今、私は環境文明論を世界に普及し、地球環境問題を解決し、平和な人類社会を構築するためには、宗教の力をかりることが必要であると考えている。全日本仏教会と神社本庁の支援を得て「自然と生きる環境生命文明研究会」を組織し、神仏習合の思想に立脚した伝統的仏教教団や神道そして新興宗教の教団をも巻き込んだ運動を展開した。創価学会こそ参画していないが、それ以外の多くの新興宗教の教団にも参加いただいている。その中で、教団の教祖にも御会いしてご意見をおうかがいしたが、みな異口同音に重要課題と答えられたのが地球環境の保全と人類の平和であった。

宗教はいかがわしいという疑念よりも、形はどうあれ村上和雄氏※44の言われる「サムシング・グレート」を信じる心の方がはるかに大切である。宗教を否定し、断罪するよりも、この地球の生きとし生けるものの存在に人間存在以外のみえざる力を感じる心のほうが、地球環境問題を解決する上においてははるかに効果的である。

現世的秩序に感動でき、その背後に「サムシング・グレート」の存在を密やかに感じることができる人が、環境文明論を推進すべきなのではないだろうか。

(2)「利他の行」に立脚した新しい文明の未来

稲盛和夫と人類の未来

環境文明論は机上の空論に終わるのではなく実践をともなわねばならない。この実践を行う上で私が大きな影響を受けた人は、京セラ株式会社やＫＤＤＩを創設された稲盛和夫先生である。稲盛先生は「利他の行」を自らの人生の目標にされ、「世のため人のために生きること」を具体的に実践されている先生である。稲盛先生は企業人であるにもかかわらず、すでに多数のベストセラーをお書きになり、学者や文化人、宗教者以上に人々を感動させる生き方の模範をお示しになっている方である。稲盛先生は具体的な実践活動によって社会的貢献をなさり、この二一世紀の地球環境問題で危機に直面する世界をなんとか救いたいと一身をなげうっておられる。この稲盛先生の教えも「心はあらゆる人間存在の原点である」ということである。実践活動は自らの心を磨くことでもある。

企業人の多くの方がこの稲盛先生の生き方を学び、生きる力を獲得されていることは重要である。学者や文化人の行き方は、企業人に比べれば実に甘いものである。こうして筆をとっている私自身の心も、企業人の方にくらべれば実に甘いものである。「自らの心はどうか」と自らに問えば、その多くが実践をともなわない机上の空論にすぎないものではないかと、あまりの未熟さに時々はずかしくなることがある。しかし企業人はそれではすまされない。いつ何時、倒産するかもしれないという命がけの日々を送られているのが企業人なのである。いったん道を誤れば家族だけではない、多くの社員が明日から路頭に迷うことになる。その命がけの日々を送る企業人の心を捉えているのが、稲盛先生の生き方と哲学、思想なのである。[※45]

稲盛先生の生き方に感動し学ぼうとする人々が、「盛和塾」という勉強会を結成し、その盛和塾は日本のみならず世界各地に誕生し、いまや数万人以上の世界の企業人がその塾から発行される雑誌[※46]を愛読し、稲盛先生の生き方、哲学、思想を学ぶまでになっている。あの中国においてさえも、いくつもの盛和塾が開講されるようになってきている。

机上の空論だけではなく、具体的な実践活動をともなっておられる稲盛先生の生き方は、すでに最澄さんや空海さんに匹敵する域にまで達しておられると私は思う。

最澄さんや空海さんそして日蓮さんが生きた時代には、病気や戦争さらには飢餓などが人々のもっとも強い関心事だった。そうした危機や困難に直面し、病気や飢餓に苦しむ人々の心を救う方策が天台宗や真言宗さらには日蓮宗を誕生させ、千年以上にもわたる神仏習合の思想を形成し、日本人の心の原点を醸成したのである。

現代においては、会社・企業の発展と経済活動こそが、多くの人々の関心事であり、生活の基本になっている。その現代文明の根幹を形成する経済活動をになう企業人の心をとらえる稲盛先生のような方が輩出されたことは、きわめて大きな意味がある。私は稲盛先生は二一世紀の最澄さんや空海さんに匹敵する人であると思う。おそらく稲盛先生は最澄さんや空海さんさらには日蓮さんと同じく、千年後も歴史に名が残る方であろう。

梅原先生や稲盛先生は、最澄さんや空海さんさらには日蓮さんに匹敵する二一世紀の巨人、スーパースターであると思う。梅原先生は国際日本文化研究センターを創設され、最澄さんの比叡山延暦寺や空海さんの種芸種智院に匹敵する学問の殿堂を構築された。私はそこで職を得て、恵まれた研究者生活をおくらせていただくことができた。

そして稲盛先生は地球環境の危機に直面する二一世紀の世界を救うために、京都賞を稲盛財団のなかに創設され顕彰されている。心を磨き、世のため人のためになる利他の行によって世の中の流れを変えないことには、地球環境問題は解決できない。全世界の人々の心をどう磨き変えていくか。中国人の心が変わらないことには、中国の環境問題は絶対に止められないのである。これを変えるにはどうするか。そのためには、人の心を磨き変えるような感動的な環境文明論を展開し、地球と人類を救済する二一世紀の新たな倫理を構築し、「利他という徳を動機にした新しい文明[※47]」を創造するしかない。そういう思いで稲盛先生は京都賞を顕彰されているのである。

私はまことに幸運にも、この二一世紀のお二人の実践をともなった巨人に、身近でご指導を受けることができた。それはなにものにもかえがたい幸運である。その幸運を未来を担う若者たちにも分け与えなければならない。それが私の使命であると思っている。

最澄さんは日本仏教の根本道場である比叡山延暦寺を開闢され、空海さんは高野山と日本最初の大学である種芸種智院を創設された。梅原先生の創設された国際日本文化研究センターと、稲盛先生が創設された京セラ株式会社と稲盛財団・京都賞は、まさにそうしたものに匹敵する現代の地球環境問題と人類の危機を救済するセンター、新しい二一世紀の文明とライフスタイルを創造するセンターにしなければならない。

言うまでもないことだが、日蓮さんの法華経の生命の法を文明論にまで高められた池田大作先生も、最澄さんや空海さん日蓮さんに匹敵する二一世紀の宗教界の巨人、スーパースターであり、千年後にも名前の残るかたであろう。私は池田大作先生に、地球と人類の平和のために「世界文明研究センター」を早く創設してくださいと進言しているが、残念ながらまだその願いは聞き届けられていない。

地球と人類を救済し、「利他という徳を動機にした新しい文明[※47]」を創造する学問、それが環境文明論の最終目標なのである。それは新しい文明の時代を開拓する先兵になることである。

4　環境考古学を提唱する

（1）自然と人間の関係の研究こそ王道

戦後日本の歴史科学の過ち

風土こそが歴史を生む母なる大地であるにもかかわらず、戦後日本の歴史学は風土の影響を無視した。戦後日本の歴史学の中では、風土は弱者の立場に押し込められていた。そしてK・マルクスという日本とはまったく異質の風土のもとに育った人の歴史観で、日本の歴史を解釈しようとさえした。「それはナイフとフォークで日本料理を味わうようなものである」とかつて私[※48]は指摘したことがある。

戦争に敗れることは、その民族の魂を形成する歴史観までも、破壊されるということである。いや進駐したD・マッカーサーは一つの民族を根絶やしにするには、その民族の持っている歴史と伝統文化、そして言語と伝統食を奪えば十分であることを知っていた。それはアングロサクソンがネイティブアメリカン（アメリカインディアン）の人々を根絶やしにする過程で学んだことであると思われる。共産主義に対決するキリスト教の砦として日本を再構築するためにやって来たマッカーサーが、なぜか日本の知的エリート達の共産主義化を容認していた。私が関係した歴史科学の学会も、左傾化が進行していた。マッカーサーは一つの民族を根絶やしにするには、その民族の持っている歴史観を奪えば事足りることを知っていたからこそ、日本人の知的エリート達が左傾化することを野放しにしていたのではあるまいか。

事実、これらの日本の自然や歴史を扱う学会の重鎮達は、ことごとく日本民族の歴史と伝統文化を否定した。その典型が日本神話の扱いに現れている。日本民族の心、いや魂の原点である日本神話が、小学校や中学校の教科書に取り上げられることは、今に至ってもない。

私の研究者としての人生は、こうした歴史観に立脚して叙述された歴史科学と闘うことからはじまった。「風土が変われば人の心も変わり、その人間が作る歴史も変わる。気候がちょっと変化しただけでも文明は崩壊する。森がなくなれば文明は大きな影響を受ける」と私が主張すると、「それは環境決定論じゃないか、人類には叡智と技術力がある。風土が変わったくらいで文明は大きな影響を受けない。安田の説は非科学的だ」と批判・揶揄された。

当時の学会は、自らが正しいと信じるイデオロギーを実現させる政治活動の場としての役割さえ持っていた。「そんなことを言うと仕返しされるぞ」と忠告さえ受けたことがある。多くの研究者はその仕返しを恐れて沈黙した。ちょうど今の北朝鮮と同じ雰囲気が学会を支配していたのである。今にして思えば「なんという時代だったのか」と思うが、集団心理というのは恐ろしいものである。私が学会で発表すると冷笑が起こったことを思い出す。当時の人々は、私に冷笑を浴びせるのが、あたかも権威ある研究者の仲間入りをしているように思っていたのであろう。私への批判を行う発表が学会で連続して行われたこともある。

文明を発展させた要因が文明衰亡の要因

文明はそれを発展させた要因が実は衰亡の要因ともなる。だから傲慢になってはならないのである。学問の世界も同じである。その時代には金科玉条に見え、「マルキストに非ずば人に非ず」とまで言われ、一世を風靡したマルクス史観も、時がたてば誰もふり向きもしないものになる。

伊東俊太郎先生[※49]がいち早く指摘されたように、現代文明の繁栄の基礎は、自然を支配し自然を分析し、機械のように酷使して、人類の幸福に役立てるという一七世紀の科学革命の思想と、化石燃料の使用方法を発見した一八世紀の産業革命の技術革新にあることは疑いない。

しかし、その自然支配の思想と化石燃料の使用が、今や熱帯林の破壊や地球温暖化を引き起こして、現代文明の危機を招来しているのである。

「文明発展の要因は文明衰亡の要因ともなる」。

そして「いかなる文明にも死が訪れる」。

現在の世界を支配しているアメリカ文明を発展させたのは自由と民主主義、市場原理という超越的秩序であるが、その自由と民主主義そして市場原理がいずれアメリカ文明衰亡の要因となるのは間違いない。

すでに行き過ぎた市場原理主義の横暴が、サブプライム問題を引き起こし、地球環境問題を引き起こして、現代文明は危機に直面しはじめている。そして二〇一一年三月一一日に東北地方を襲った東日本大震災と福島原子力発電所の事故は、市場原理主義に立脚した自然支配の文明原理の脆弱性をさらけ出した。

この文明の危機を超克するには、新しい世界史像を構築することである。母なる自然・風土との関係の中で歴史を再構築し、未来を予測することが必要なのである。

（2）環境考古学の提唱

環境考古学

私が研究者になろうと研鑽を積んでいた一九七〇年代のはじめは、高度経済成長期だった。新幹線や高速道路、はたまた工場用地の拡張で、多くの遺跡が破壊された時代だった。しかし当時の考古学者は土器と石器などの人工物にしか興味がなかった。私はこの遺跡に人々が暮らした時代の環境を復元し、その遺跡がどんな環境の所に立地し、人々はいかなる環境に囲まれ、いかに環境とかかわりながら暮らしていたかを研究したいと思った。その環境を復元する技術として、私はまず花粉分析を手法にした。

一九七五年六月に森川昌和氏から「鰣川《はすかわ》の河川改修工事のため、福井県若狭町にある縄文時代の鳥浜貝塚が破壊されるので緊急発掘調査しなければいけない」という連絡があった。私はそれまで大阪府河内平野の地下五m前後に埋没する瓜生堂《うりゅうどう》遺跡などの弥生時代の低湿地遺跡の調査は行って来たが、縄文時代の低湿地遺跡の調査ははじめてだった。しかも鳥浜貝塚遺跡は、縄文時代草創期から前期を中心とする遺跡だという。

この鳥浜貝塚の発掘が、自然科学者と考古学者が協力して遺跡の発掘調査にかかわった最初の事例となった。私は鳥浜貝塚の花粉分析調査等を基本として、博士学位論文 "Prehistoric Environment in Japan : Palynological approach" (*Science Report of the Tohoku University, 7th series, Geography*, 28, pp.1-281, 1978) を東北大学に提出した。当時はまだワープロもなく、英文タイプの清書は妻恵子がすべてやってくれた。

その直後に、日本放送出版協会の竹内幸彦氏から、NHKブックスを書いてはどうかというおすすめがあった。当時のNHKブックスのレベルは極めて高く、一流の先生方が執筆されていた。三〇歳になったばかりの私がNHKブックスを執筆できるとは、夢のような話だった。

本のタイトルをどうするか迷ったが、『環境考古学事始』となり、一九八〇年四月に刊行された。※39この本は評判になり、その本の刊行によって、私の専門は環境考古学になった。日本で環境考古学が誕生したのはこの時である。

正確な年代軸の必要性

だが当時の年代軸の決定は放射性炭素年代測定法（^{14}C年代測定法）という方法で行われていた。

この方法では、安定同位体^{14}C（炭素14）が五七三〇年でβ線を放出して、^{14}N（窒素14）に戻る性質を利用して、年代を測っている。私がもし五七三〇年前に死んでいたら、生きている間は大気中の炭素を取り込んでいるが、死ねば大気中との炭素の交換がなくなるので、私の中の^{14}Cがβ線を放出して半減をはじめて、^{14}Nに戻っていく。そこで、私の体の中の^{14}C濃度を測って半分になっていたら、私は五七三〇年前に死んでいたということになる。

ところが、この方法ではどうしても統計上の誤差がつきまとう。プラス・マイナスX年の年代差が出る。

^{14}C年代測定法は信頼性が低い

そしてもう一つ、^{14}C年代測定の前提として、大気中の^{14}C濃度が一定でなければならない。^{14}C年代測定法を発見したW・リビー博士は、この発見でノーベル賞をもらったのであるが、その測定法には放射性炭素同位体^{14}Cの濃度が、過去から現在まで一定でなければならないという前提があった。ある時には^{14}C濃度が高かったり、逆に低かったりということになれば、いくら化石の中の^{14}C濃度を測っても、正しい年代測定ができない。

だから、核実験が行われ、大気中の^{14}C濃度が大きく変化する一九五〇年よりも前を^{14}C年代B.P.として表記する。^{14}C年代で言う年前（B.P. Before Present の略）とは、一九五〇年よりも前のことなのである。したがって、二〇一五年現在より前であれば、厳密には六五年をプラスしなければならないことになる。さらに、これまではずっと一定だと思われていた一九五〇年以前の^{14}C濃度が、実は過去一万年の間に、八％も変動していることがわかって来た。[※51]

樹木の年輪の中に含まれている^{14}C濃度を測定したり、後で述べる湖底の年縞堆積物の年縞年代や、大陸氷床の中の年層年代と比較することによって、^{14}C濃度が過去に大きく変動しており、^{14}C年代測定法によって得られた年代が絶対年代と言えるほど信頼性の高いものではないことが明らかになって

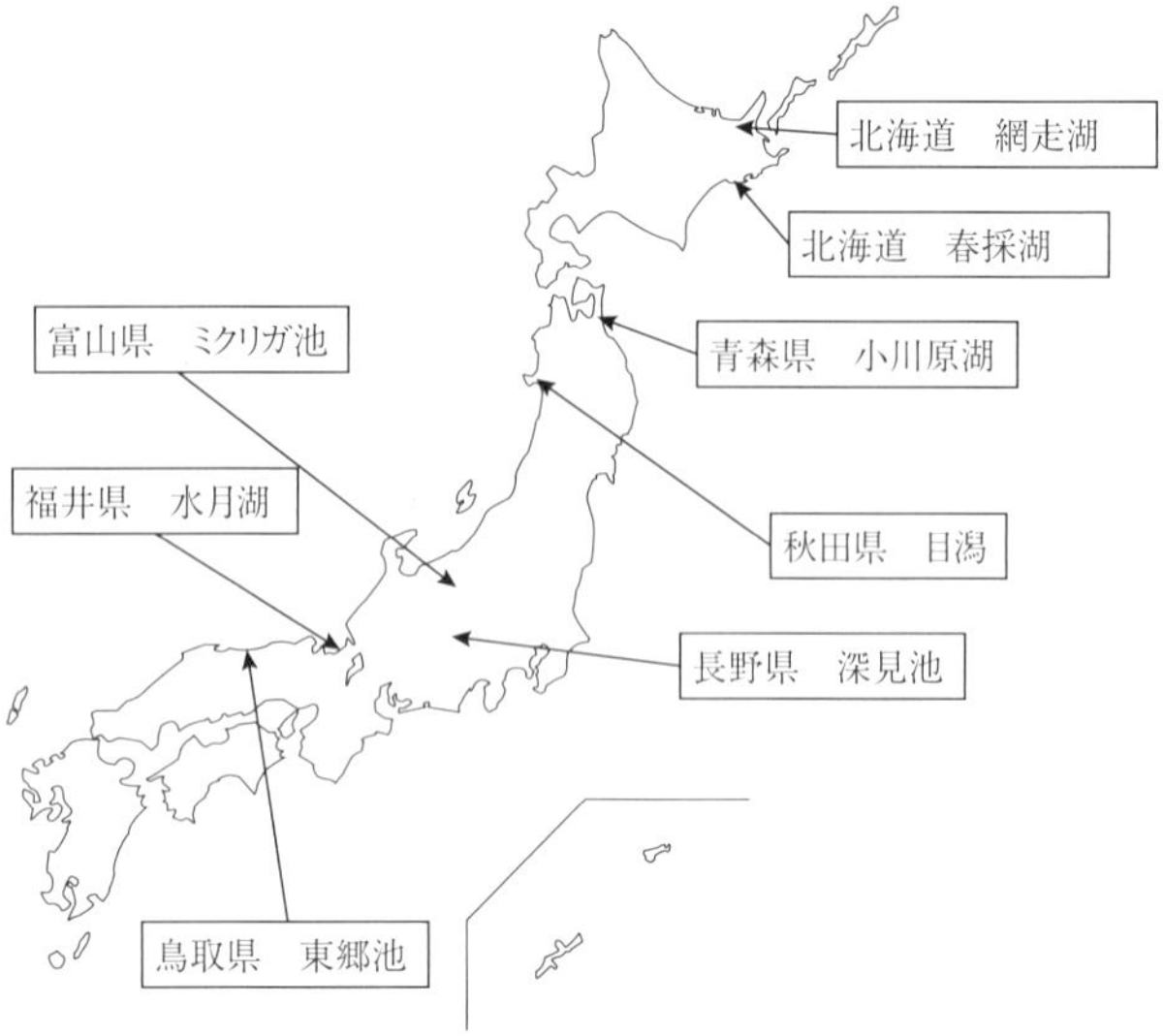

図1－3　日本列島で年縞が発見された湖（安田喜憲原図）

来たのである。

過去に^{14}C濃度が変動していることがわかったので、その変動値を補正（キャリブレーション）[※50]して、今では補正年代測定値を出している。

この補正した年代を暦年較正《れきねんこうせい》年代と言う場合もある。それでも、この^{14}C年代では、どれほど頑張っても±二〇年という統計上の誤差がつく。±二〇年の誤差がつくということは、得られた年代は四〇年の幅があると言うことである。四〇年もの年代幅がついたら、もう歴史との対応は難しくなる。

四〇年の間にも、歴史は大きく変わる。戦後四〇年の間に、どれだけ歴史が変わったか。それと気候変動の関係を研究し、対応させようとすれば、±二〇年という誤差がついていたのではどうしようもないことになる。

人間の歴史は年単位いや季節単位で変わるものである。

過去の環境を、±二〇年という誤差がついた年代軸で復元していたのでは、「気候が変わるから文明も変わる」といくら私が主張しても、誰も信用しないのはあたりまえである。

「安田の言う一〇〇〇年前とは、一〇〇〇±一〇〇年前の年代測定値にもとづいているから、一一〇〇年前かもしれないし、九〇〇年前かもしれない。しかも、その測定値は一九五〇年よりも前である。今年は二〇一五年だから、今よりも前ということは、六五年をプラスしなければならない。そんないいかげんな気候復元のレベルでは、一〇〇〇年前に大きな歴史的事件があって、これが気候変動の影響を受けたものだと安田がいくら言っても、誰も信用しないではないか」とよく指摘されたが、それは当然だった。

そうした批判に苦悶する私に、天は年縞《ねんこう》というかけがえのないものをプレゼントしてくれたのである（図1―3）。

第一章　注・参考文献

（1）安田喜憲『龍の文明・太陽の文明』ＰＨＰ新書　二〇〇一年
（2）吉野裕子『吉野裕子全集　全12巻』人文書院　二〇〇七―二〇〇八年
（3）梅原猛・安田喜憲『長江文明の探究』新思索社　二〇〇四年
（4）小林道憲・安田喜憲『文明のこころを問う』麗澤大学出版会　二〇〇〇年

（5）安田喜憲編著『巨大災害の世紀を生き抜く』ウエッジ選書　二〇〇五年
（6）カール・ヤスパース（重田英世訳）『歴史の起源と目標』理想社　一九六七年
（7）伊東俊太郎『比較文明』東京大学出版会　一九八五年
伊東俊太郎『文明の誕生』講談社学術文庫　一九八八年
伊東俊太郎「精神革命の時代一」比較文明研究13　二〇〇八年
（8）安田喜憲『世界史のなかの縄文文化』雄山閣　一九八七年
安田喜憲『縄文文明の環境』吉川弘文館　一九九七年
（9）S.N.アイゼンシュタット（梅津順一・柏岡富英訳）『日本比較文明論的考察1』岩波書店　二〇〇四年
（10）川勝平太・安田喜憲『敵を作る文明・和をなす文明』ＰＨＰ研究所　二〇〇三年
（11）安田喜憲『稲作漁撈文明』雄山閣　二〇〇九年
（12）Yasuda, Y. and Negendank, J.R.F.: Environmental variability in East and West Eurasia. Quaternary International, 105, 1-6, 2003.
（13）Nakagawa, T. et al.: Asynchronous climate changes in the north Atlantic and Japan during the last termination. Science, 299, 688-691, 2003.
（14）安田喜憲『環境考古学への道』ミネルヴァ書房　二〇一三年
（15）安田喜憲『一神教の闇』ちくま新書　二〇〇六年
（16）アーノルド・トインビー（歴史の研究刊行会訳）『歴史の研究　全25巻』経済往来社　一九六九―一九七二年
（17）伊東俊太郎『伊東俊太郎著作集　全12巻』麗澤大学出版会　二〇〇八―二〇一〇年
（18）山本新『文明の構造と変動』創文社　一九六一年

(19) 秀村欣二『トインビー研究　秀村欣二選集　第三巻』キリスト教図書出版社　二〇〇二年
(20) 神川正彦『比較文明の方法』刀水書房　一九九五年
(21) 吉沢吾郎『旅の比較文明学』世界思想社　二〇〇七年
(22) 池田大作・アーノルド・トインビー『二十一世紀への対話（上）（中）（下）』聖教ワイド文庫　二〇〇二―二〇〇三年
池田大作『21世紀文明と大乗仏教』聖教新聞社　一九九六年
(23) 伊東俊太郎編著『人類文化史2　都市と古代文明の成立』講談社　一九七四年　のちに伊東俊太郎『文明の誕生』講談社学術文庫　一九八八年
(24) 伊東俊太郎『比較文明と日本』中公叢書　一九九〇年
(25) 梅原猛・伊東俊太郎・安田喜憲総編集『講座文明と環境　全15巻』朝倉書店　一九九五―一九九六年
(26) 能登志雄『気候順応』古今書院　一九六六年
能登志雄『湿潤熱帯』朝倉書店　一九七二年
(27) 鈴木秀夫『超越者と風土』大明堂　一九七六年
鈴木秀夫『森林の思考・砂漠の思考』ＮＨＫブックス　一九七八年
鈴木秀夫『氷河期の気候』古今書院　一九七七年
鈴木秀夫・山本武夫『気候と文明・気候と歴史』朝倉書店　一九七八年
鈴木秀夫『気候の変化が言葉をかえた』ＮＨＫブックス　一九九〇年
鈴木秀夫『気候変化と人間―1万年の歴史』大明堂　二〇〇〇年
(28) 安田喜憲『一万年前』イーストプレス　二〇一四年

(29) 安田喜憲『文明の環境史観』中公叢書　二〇〇四年
(30) 安田喜憲『日本文化の風土』朝倉書店　一九九〇年
(31) 安田喜憲『東西文明の風土』朝倉書店　一九九九年
(32) 安田喜憲・欠端実ほか『文明の風土を問う』麗澤大学出版会　二〇〇六年
(33) 稲盛和夫『「成功」と「失敗」の法則』致知出版社　二〇〇八年
(34) 佐竹明『使徒パウロ　伝道にかけた生涯』ＮＨＫブックス　一九八一年
(35) 稲盛和夫『人生の王道』日経ＢＰ社　二〇〇七年
(36) 鳥居龍蔵『鳥居龍蔵全集　全12巻　別巻1』朝日新聞社　一九七五―一九七七年
(37) 今西錦司『今西錦司全集　全10巻』講談社　一九七四―一九七五年
(38) 梅原猛『梅原猛著作集　全20巻』集英社　一九八二―一九八三年
梅原猛『梅原猛著作集　全20巻』小学館　二〇〇〇―二〇〇三年
(39) 安田喜憲『環境考古学事始』ＮＨＫブックス、一九八〇年
安田喜憲『環境考古学事始』洋泉社　二〇〇七年として復刊
(40) 稲盛和夫『生き方』サンマーク出版　二〇〇四年
(41) 梅原猛『親鸞のこころ』小学館文庫　二〇〇八年
(42) 竹内信夫『空海入門』ちくま新書　一九九七年
(43) 池田大作・ロケッシュ・チャンドラ『東洋の哲学を語る』第三文明社　二〇〇二年
(44) 村上和雄・渡部靖樹『サムシング・グレートの導き』ＰＨＰ研究所　二〇〇七年
(45) 稲盛和夫『京セラフィロソフィ』サンマーク出版　二〇一四年

(46) 諸橋賢二編『盛和塾』盛和塾　盛和塾事務局
稲盛和夫著・京セラ株式会社編『稲盛和夫経営講演選集』ダイヤモンド社　二〇一五年
(47) 稲盛和夫編『地球文明の危機』東洋経済新報社　二〇一〇年
(48) 安田喜憲『世界史のなかの縄文文化』雄山閣　一九八七年
(49) 伊東俊太郎『比較文明』東京大学出版会　一九八五年
伊東俊太郎『文明の誕生』講談社学術文庫　一九八八年
伊東俊太郎「精神革命の時代一」比較文明研究13　一〜五三頁　二〇〇八年
(50) シェリダン・ボウマン（北川浩之訳）『年代測定』學藝書林　一九九八年
北川浩之「炭素14年代キャリブレーション」安田喜憲編『環境考古学ハンドブック』朝倉書店　四三〜五八頁　二〇〇四年

第二章

環境文明論の最新の方法

——年縞の発見

1　ゆるぎない年代軸の確立

(1) 年縞の発見

アジアで最初に年縞を発見

鳥浜貝塚の発掘調査でいつも見ていた三方《みかた》五湖の美しい風景。その湖の湖底に環境考古学を飛躍的に発展させる年縞《ねんこう》が隠されていたのである。

「場の力」とは不思議なものである。私は福井県三方五湖の湖畔に位置する鳥浜貝塚の発掘調査で環境考古学という新たな分野を確立し、三方五湖の一つ水月《すいげつ》湖の湖底から年縞を発見することによって、環境考古学に飛躍的発展をもたらす契機を作ることができたのである。

私は鳥浜貝塚の発掘調査と並行して、三方五湖の一つ三方湖のボーリング調査を一九八〇年に実施した。当時はまだ花粉分析の研究は、湿原にボーリングを実施して堆積物を採取する程度で、せいぜい過去一万年以内の環境史を論じている段階だった。私は三方湖の湖底から三二・二mのコアを採取し、花粉分析を実施した。その結果過去五万年間の環境史が明らかになった。それらの結果は第四紀研究[※1]や拙著『気候と文明の盛衰』[※1]に報告した。これが私にとって湖沼の堆積物を本格的に調査研究する出発点だった。

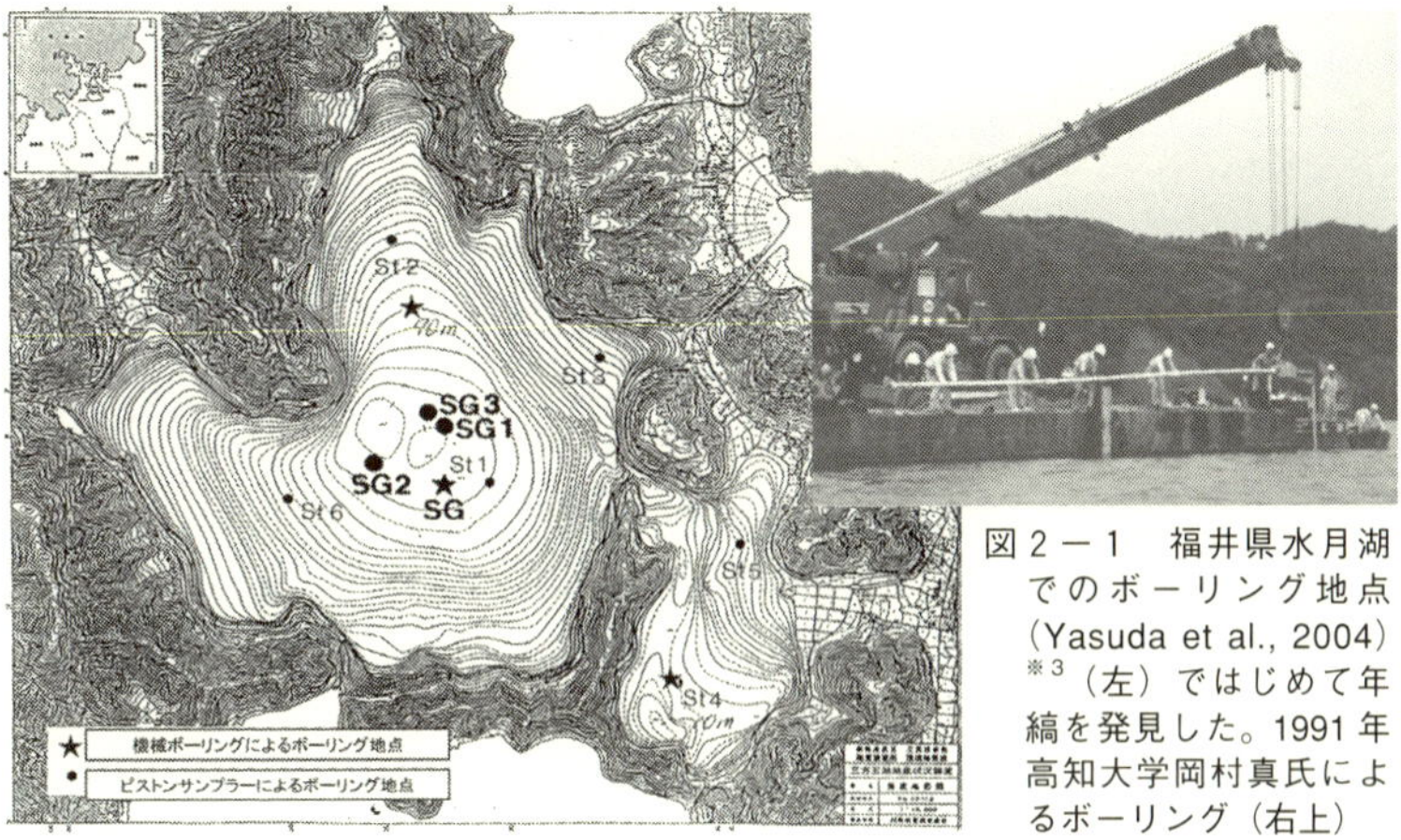

図2－1　福井県水月湖でのボーリング地点（Yasuda et al., 2004）※3（左）ではじめて年縞を発見した。1991年高知大学岡村真氏によるボーリング（右上）

そして一九九一年に文部省科学研究費重点領域研究「文明と環境」のプロジェクトで、三方湖と水月湖を本格的にボーリングすることになった。水深三四mもある水月湖の湖底の堆積物を採取するには、莫大な費用がかかる。失敗は許されない。湖底がどのようになっているかどうかまったくわからない。

そこで一九九一年はまず高知大学岡村真氏らにお願いして、台船を使ったピストン式のボーリングを予備的に行った（図2―1）。その結果、湖底の堆積物から年輪のような縞状の堆積物が発見されたのである。しかし、この縞状の堆積物が何であるかがよくわからなかった。竹村恵二氏、福澤仁之氏、北川浩之氏、中川毅氏らが研究した結果、それらは年輪と同じ、一年に一本ずつ形成される年縞だったことが判明したのである。

そこで一九九三年に本格的に湖底にボーリングを実施することにした。しかし科研費の残りが少なく、ボーリング費用が足らなかった。私は川崎地質株式会社に八〇〇万円の借金をして、ボーリングすることになった。当時はまだ

図２－２　2006年秋田県一ノ目潟での機械ボーリング（竹田武史撮影）

景気がよかったとはいえ、借金を返せるあてもない貧乏な研究者によくも支援してくださったものである。担当の雨宮松雄氏には頭が上がらない。

このように、年縞は、湖の底から見つかった。最初に見つけたのは、若狭湾沿岸の福井県の水月湖からであった。

図２―１は、水月湖のボーリング地点（二〇〇四年段階）であるが、年縞はこの水月湖の湖底から私達がアジアで最初に発見したのである。

水月湖は、東側の三方断層によって西側が静かに沈降している。水深三四ｍの湖はすり鉢状をしているため、あまり風が吹かず波もたたない。

風が吹かず波がたたず、しかも、湖の水が定層状態を維持しているので、湖水の上下の循環が起こりにくくなる。水の循環が起こりにくくなると、上にある酸素に富んだ水が湖底にまで届かなくなり、湖底が無酸素状態になり、ベントス（底性生物）やバクテリアなど湖底で暮らす生物が繁殖できなくなる。

もしもベントスやバクテリアが湖底で繁殖すると、泥のなかで動き回るので縞模様が撹乱される。底性生物が発生しなかったために、縞模様が撹乱されることなく、連続して残ったのである。私はこの縞模様に年縞という名前をつけた。

水月湖の年縞年代が世界の標準時計となる

この水月湖の年縞の堆積物の分析結果は *Science*[※2] や *Quaternary International*[※3]、*Quaternary Science Review*[※4] 等の国際誌に発表され、世界の注目を集めることになった。

そして、中川毅氏らの努力によって、水月湖の年縞年代が、世界の年代軸の標準になった。[※5] グリニッジ天文台が現在の世界の標準時計であるが、過去五万二八〇〇年の世界の標準時計は日本の水月湖になったのである。

三方五湖の湖畔には旧三方町（現若狭町）のご尽力によって、若狭三方縄文博物館が二〇〇〇年にオープンした。水月湖の年縞も展示した。二〇一三年には縄文博物館がリニューアルすることになった。さらに福井県西川一誠知事は、この水月湖の年縞に強い関心を持ってくださり、三方湖畔に里山《さとやま》里海《さとうみ》湖研究所を作るとともに、そこには世界の標準時計になった水月湖の年縞が装いも新たに展示される計画である。

図２－３　コアチューブを２つに割るとーノ目潟の美しい年縞が顔をのぞかせる（山田和芳提供）

私は鳥浜貝塚の発掘で環境考古学を確立し、水月湖の年縞の発見で環境考古学を飛躍的に発展させる契機を作ることができた。それはこの三方五湖周辺の場の力、風土の力であり、千田千代和元町長をはじめ、若狭町の皆様のご助力の賜物であると深く感謝している。

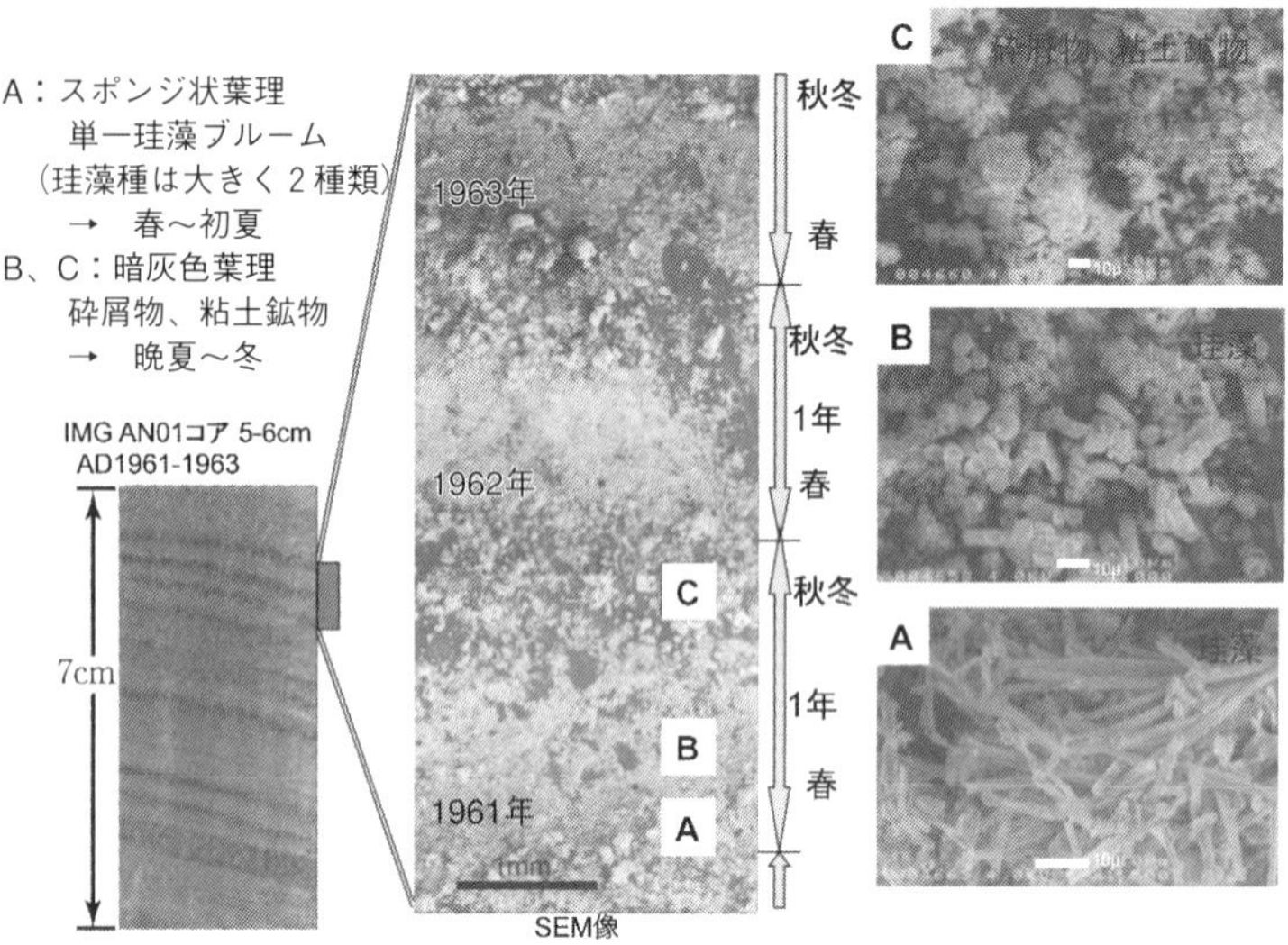

図２―４　秋田県一ノ目潟年縞堆積物の年縞の特徴（山田和芳・藤木利之提供）

白黒がセットになった年縞

図２―２のボーリングは水深四五ｍの秋田県一ノ目潟《いちのめがた》の湖底を、二〇〇六年に機械ボーリングしている様子である。

ボーリングは八〇cmごとにサンプリングチューブで、上から順に湖底の年縞を採取していく。しかしサンプリングチューブとサンプリングチューブの継ぎ目で、どうしても年縞の撹乱や欠落が生まれる。もしかりに一cmの堆積物が欠落したら、最低でも約二〇年の年代が吹っ飛んでいくことになる。そこで中川毅氏は近接地点でボーリング深度をすこしずらして、二本以上の堆積物を採取するダブルコアリング法を開発した。一ノ目潟の場合には三本のコアの採取によって、欠落のない連続した年縞堆積物を採取できた。

こうして得られたのが、図２―３の年縞である。秋田県一ノ目潟の湖底も無酸素状態だった

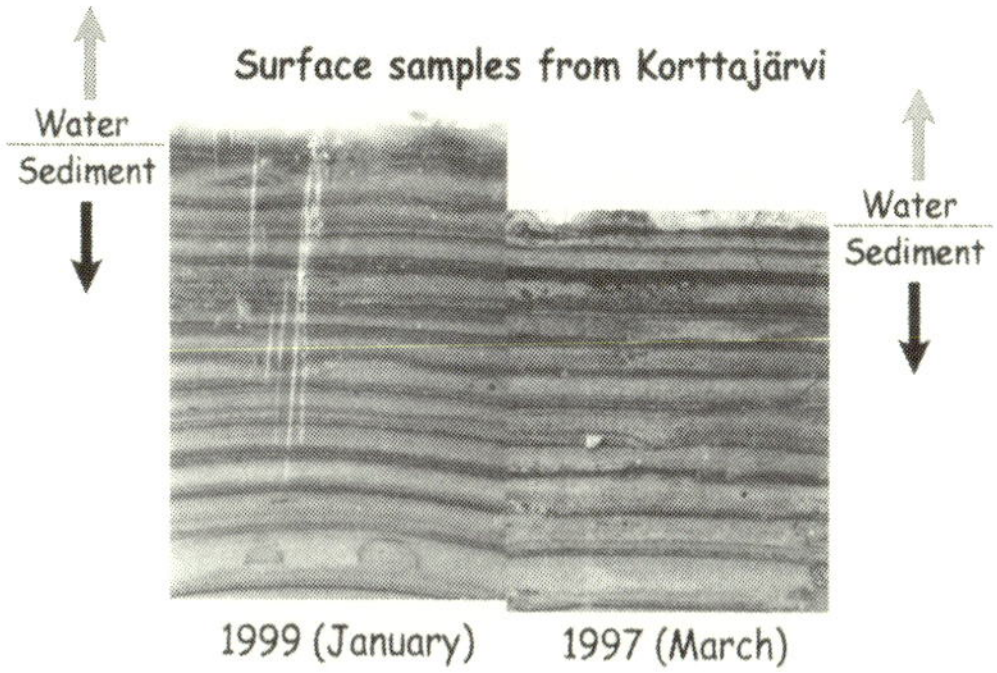

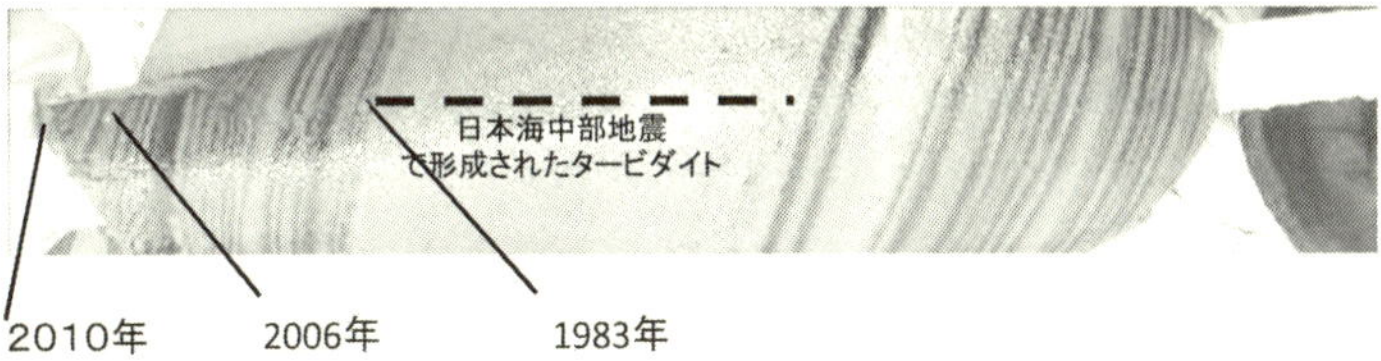

図２－５　フィンランド、コルタジャルビ湖における 1997 年と 1999 年の２年間の年縞形成（T．ザーリネン提供）（上）と秋田県一ノ目潟の年縞（下）。2006 年から 2010 年までに 4.5 本の年縞が形成されていることが確認できた。また 1983 年の日本海中部地震によって形成されたタービダイト層も検出された（山田和芳提供）

ので、バクテリアの発生もなく、非常に綺麗な縞模様の堆積物が見つかった。

年縞は一般に灰白色系と黒褐色系の層が一対となって縞々を形成している。

一般に灰白色層は春から夏にかけて珪藻という藻が発生してできたものであることがわかった。黒褐色層は、秋から冬にかけて粘土鉱物が静かに堆積してできたものであった。

つまり、白黒がセットになって、年輪と同じものを形成しているのである。

木の年輪も、春から夏の春材の年輪は幅が広く、秋から冬の秋材の年輪の幅は狭い。かつその色も白っぽい春材と褐色系の秋材がセットになっている。年縞も同じで、春から夏にかけて、湖の中で珪藻という藻が繁殖し、それが死んで、静かに湖底に沈降し堆積し、春から夏の灰白色層を形成する。秋から冬にかけては、珪藻は繁殖しないので、川が運んできた粘土鉱物や有機

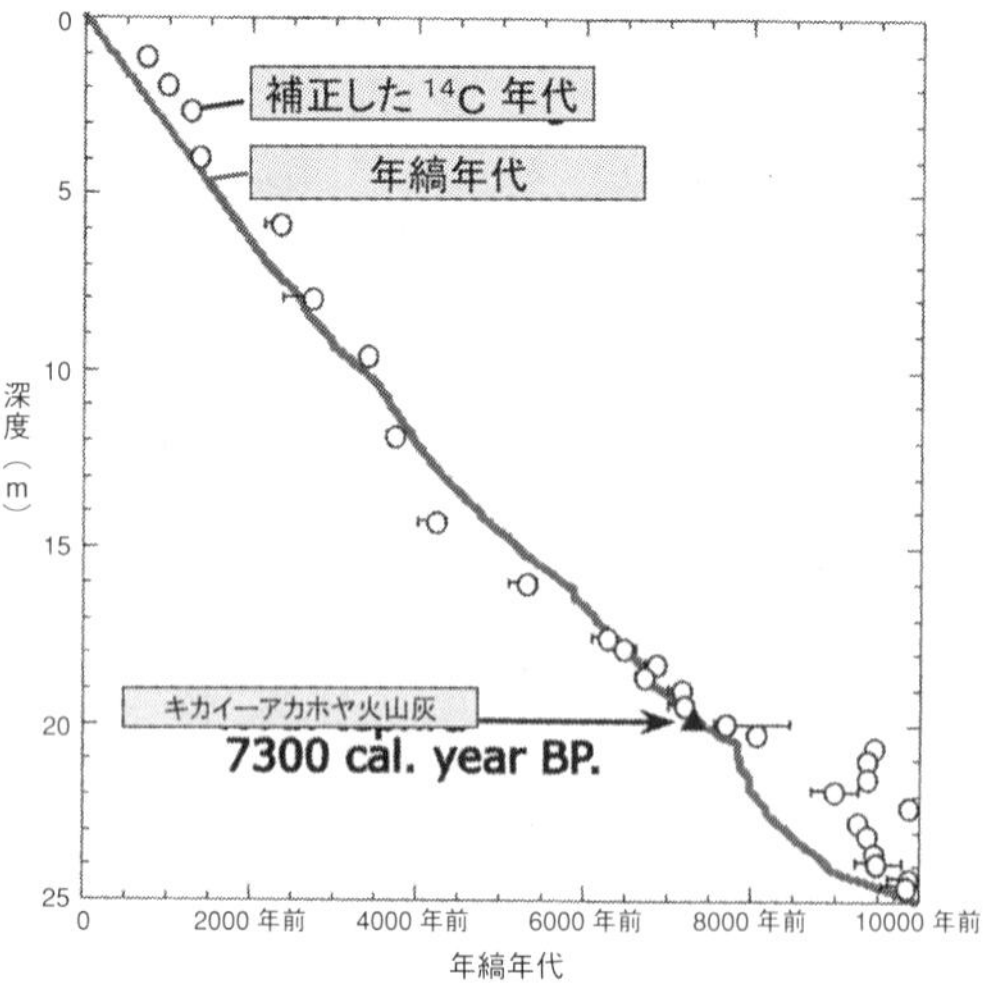

図2－6　鳥取県東郷池の年縞年代と ^{14}C 年代（加藤ほか、1998）[※7]

物、大気中から落下したダスト、湖の中で生成されるプランクトンの遺骸等が、静かに堆積し、秋から冬の黒褐色層を形成する。

このことから、年縞をさらに詳しく分析すると、季節性を復元できることもわかった。図2―4のAは春から夏にかけての珪藻が繁殖した部分、図2―4のCが秋から冬にかけて粘土鉱物が堆積している部分である。このように年縞を丹念に分析していけば、年縞によって、季節の変化まで復元できるのである。

フィンランドでも見つかった

この年縞については、フィンランドでも同じようなものが見つかっている。そこで、フィンランドのT・ザーリネン博士らは、一九九七年にフィンランドのコルタジャルビ湖にボーリングをし、その二年後、一九九九年にもう一度同じ地点のボーリングをしたところ、前回分にプラスしてきちんと二本の年縞ができていた[※6]（図2―5上）。山田和芳氏も二〇一〇年八月に再度秋田県一ノ目潟をボーリングした結果、二〇〇六年秋から数えて四・五本の年縞がきれいに形成されていたことを確認した（図2―5下）。

信頼性の高い年代軸が得られた

図2―6は鳥取県東郷池の^{14}C年代と年縞年代を比較したものである。※7 ^{14}C濃度は一万年前後で大きくずれている。それは大気中の^{14}C濃度が激しく変動した時代だからである。^{14}C濃度を測定する放射性炭素年代測定値だけでは、過去の正しい年代が得られないことがわかる。むしろ、堆積物の欠落がないとすれば、年縞を一本、一本数えていった年代は、一〇〇〇本目は限りなく一〇〇〇年前に近いわけだから、はるかに信頼性の高い年代軸を得ることができるのである。この年縞の発見によって、私達は限りなく暦年代に近い年代軸を得ることができるようになったのである。

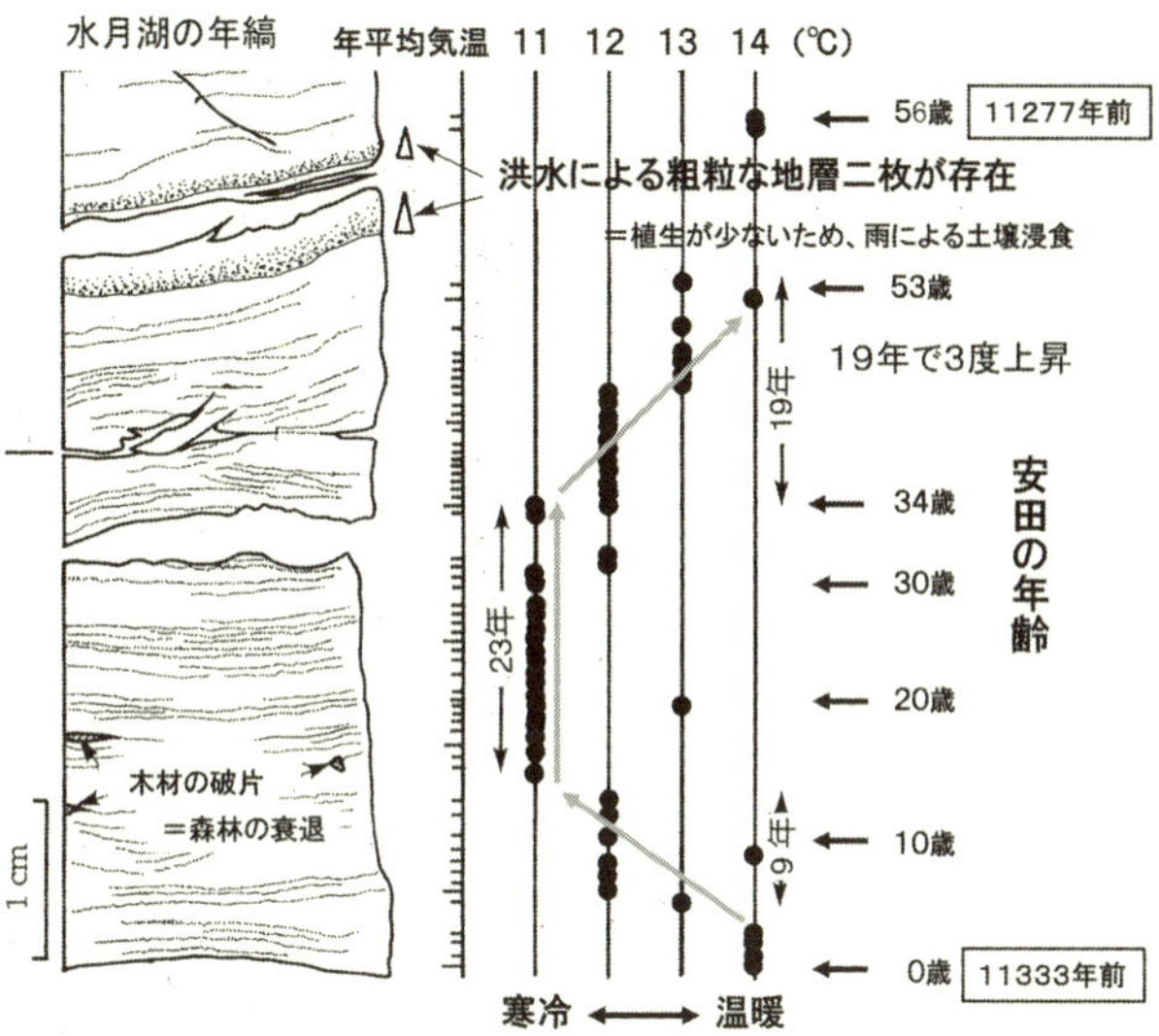

図2―7　福井県水月湖の年縞の分析からあきらかとなった1万1333年前から1万1277年前の気候変動　(Fukusawa,1999) ※8

(2) 渤海《ぼっかい》滅亡についての定説を覆す

気候変動と歴史を年単位で対応させられる

図2―7は水月湖の年縞の分析から、

一万一三三三年前から一万一二七七年前の気候変動を福澤仁之氏[※8]が復元したものである。年縞は一万年前であっても、こうした高精度分解能の環境史変動を復元するのに適している。最下部の年代が、一万一三三三年前で、最上部が一万一二七七年前である。

図2―7右には私の年齢が書いてある。私が仮に一万一三三三年前に生まれたとすると、生まれてから一四歳くらいまでは気候が暖かい。ところが、一四歳くらいから三四歳くらいまでの約二〇年間は、非常に寒い時代になる。これは、プレボレアル・オスシレーションと言われていて、世界的にもここに寒冷期があったことはわかって来た。

もしも私が一万一三三三年前に生まれていれば、私は一四歳から三四歳くらいまでの間にプレボレアル・オスシレーションの寒冷期を体験したことになる。そして、私が三四歳くらいから、再び気候が暖かくなって来た。

過酷な寒冷期に青春時代を過ごした私は、壮年になってやっと温暖な時代をむかえることができたことになる。つまり、一万年前の気候変動であっても、このように年縞を詳細に分析すれば、人間の一生の単位で見ることができるようになって来たのである。こうなってくると、過去の気候変動と人間の歴史を年単位、一対一の対応関係で議論できる可能性が見えて来たのである。

白頭山と十和田の火山灰

北朝鮮を中心として発展した渤海《ぼっかい》という国は、A.D.九二六年に突然、滅亡する。なぜ、渤海という国が突然、滅亡したかということについては、今までは、渤海の西に白頭《はくとう》山という巨大な火山があり、これが大噴火して、渤海は滅亡したのではないかと言われていた。

大量の火砕流が噴出し、渤海の都を襲ったというのである。事実、火砕流によって、渤海時代の遺跡が覆われている所が何カ所も観察された。また白頭山の大噴火の年代を、^{14}C年代測定法で測ると、A.D.九二〇年±二〇年くらいの値が出た。その^{14}C年代はまさに渤海滅亡のA.D.九二六年を含んでいる。そこで、渤海の滅亡はおそらく白頭山の大噴火と深い関係があるのではないかと見なされるようになった。

「これは東洋のポンペイだ」と言われたこともある。こうした火山噴火などの短期間の環境史のイベントの時代を決定するのにも、年縞はきわめて有効である。

青森県小川原湖《おがわらこ》の年縞分析の結果、福澤仁之氏[※8]は、古文書の記録で判明しているA.D.九一五年噴出の十和田a火山灰の上から、白頭山の火山灰を発見した。福澤氏は十和田a火山灰と白頭山火山灰の間に二二枚の年縞を確認し、白頭山の噴火はA.D.九三七年であり、渤海の滅亡は九二六年なので、渤海滅亡からおよそ一一年後に白頭山が大噴火したと指摘した。渤海の滅亡と白頭山の大噴火は無関係だったのである。

一方、秋田県三ノ目潟《さんのめがた》の年縞堆積物の中からも、白頭山の火山灰が発見された。山田和芳氏と奥野充氏らはまず白頭山から飛んできた火山灰であることを、火山灰に含まれるガラスや鉱物組成から確認すると、白頭山の火山灰の下部からもう一枚の火山灰を発見した。それは十和田a火山灰で、古記録からA.D.九一五年に噴出したものであることがわかった。

そこで十和田a火山灰と白頭山火山灰の間の年縞を、上手真基氏の協力を得て年縞を薄片にして顕微鏡で丹念に数えた。その結果、[※9]十和田a火山灰と白頭山火山灰の間には一四・五枚の年縞があることがわかった。

福澤氏と山田氏らとの年縞年代の相違は、福澤氏が年縞を肉眼観察で観察したのに対し、山田氏らは薄片を作成して顕微鏡で観察したという分析手法に起因する相違なのか、それとも三ノ目潟の年縞には欠落があるのか、あるいは小川原湖の年縞には洪水堆積層がはさまれており、このために年縞を多めにカウントしたのかなど、我々は今、検討しているところである。

いずれにしても年縞の分析によって、白頭山の噴火がA.D.九三〇年～A.D.九三七年の間にあったことは間違いないことになった。

我々は今、七年の誤差を検討中なのである。白頭山の火山噴火がA.D.九三〇年とA.D.九三七年の間にあることは間違いないし、[※8]福澤氏が指摘したように、白頭山の噴火が渤海滅亡の後だということも間違いない。^{14}C年代測定では±二〇年の誤差があるために、渤海の滅亡と白頭山の噴火の年代を明白には区別できなかった。

年縞を使うことによって詳細な時間軸が得られた結果、白頭山の大噴火と渤海の滅亡は関係がないことが明らかになった。もし^{14}C年代測定値だけの年代軸にたよっていたら、いまだに「渤海は東洋のポンペイだ」という誤った説が流布していたことであろう。

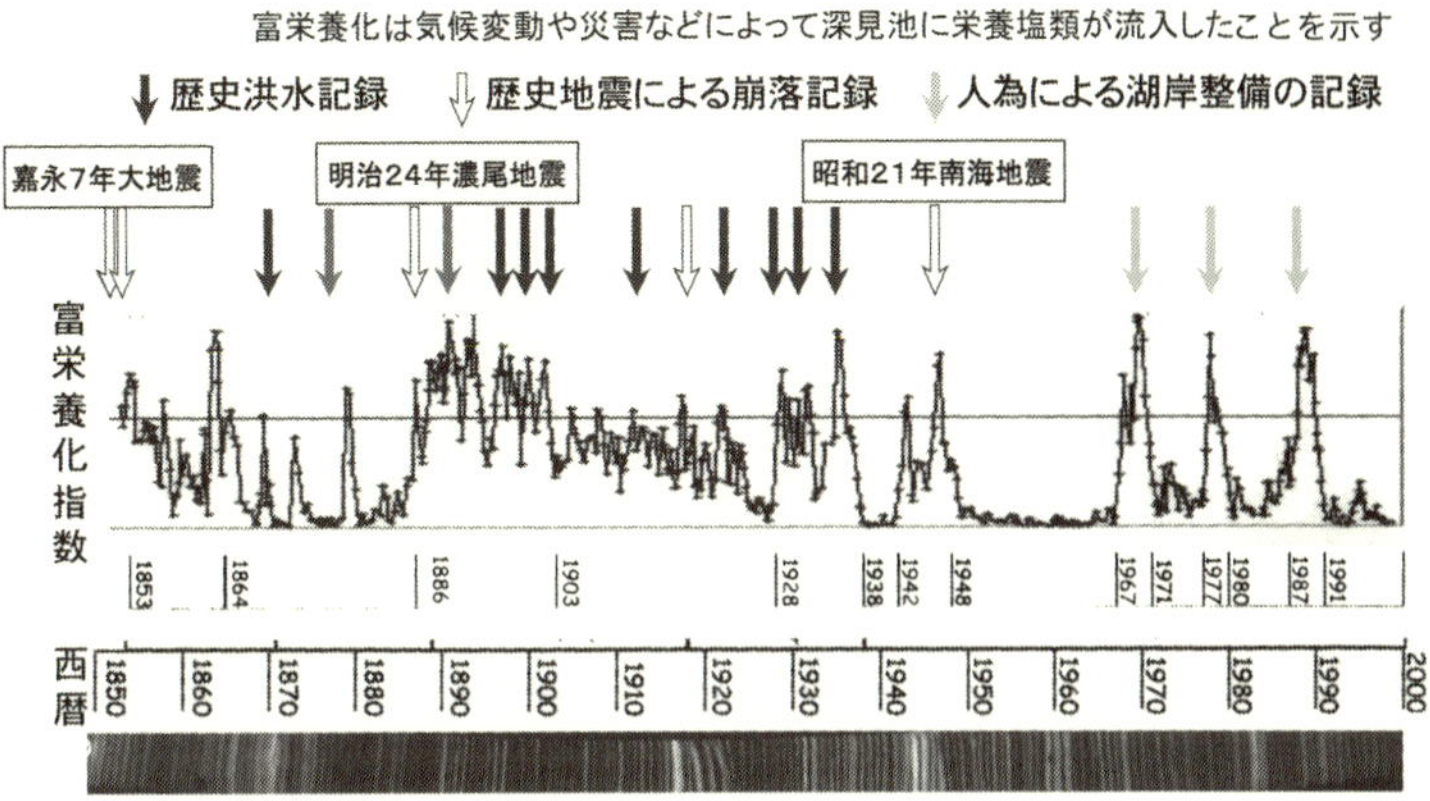

図2―8　長野県深見池の年縞に記録された洪水と地震の記録（石原ら、2002）※10

（3）災害史や中国大陸の気候を年単位で復元する

年縞が示す地震・洪水・人為的改変

地震や洪水の記録も、年縞の中には綺麗に残っている。図2―8は、長野県深《ふか》見《み》池《いけ》の年縞の分析結果である。※10 A.D.一八五〇年～二〇〇〇年までの記録である。

ここに示されているグラフは、珪藻という藻を分析した富栄養化指数である。珪藻を分析すると、湖が富栄養化したり、貧栄養化することがわかる。たとえば、洪水が起こると周辺からいろいろな有機物が湖に流れ込み、湖の水は富栄養化する。あるいは、地震が起これば、やはり地滑りなどで周辺からいろいろなものが流れ込むので、湖は富栄養化する。

図2―8の富栄養化指数にはいくつかのピークがあることがわかる。私は一九四六（昭和二一）年生まれであるが、一九四六年を見ると、ここにも富栄養化指数のピークがあることがわかる。この富栄養化指数のピークは、一九四六（昭和二一）年に南海地震が起こり、この南海地震の影響を受け

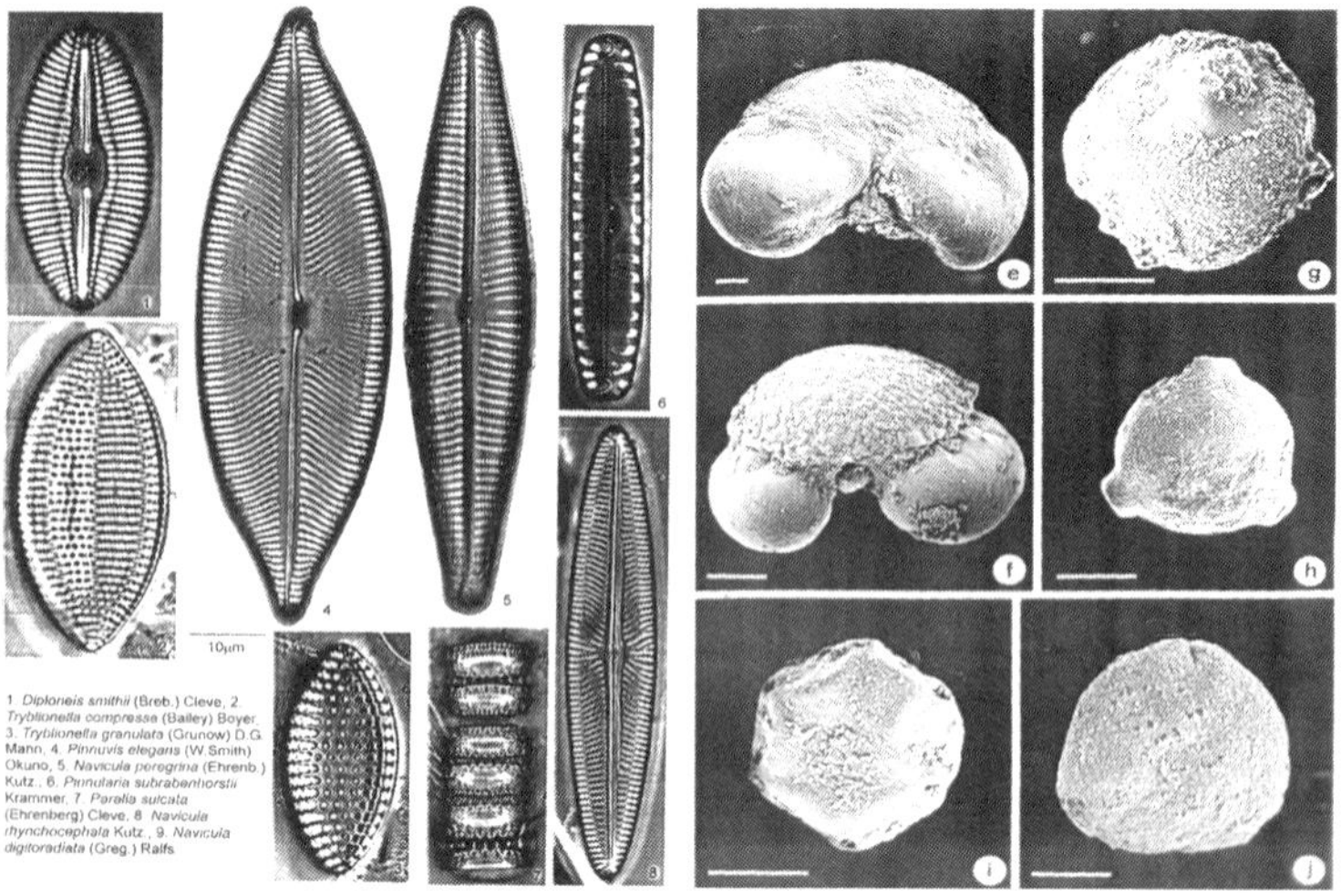

図２－９　花粉化石：e トウヒ属、f マツ属、g スギ属、h カバノキ属、i ハンノキ属、j ブナ属（藤木利之提供）（右）と、珪藻の化石（澤井祐紀提供）（左）。尺度はいずれも10ミクロン

て深見池周辺も揺れて、周辺から有機物が湖底に流入し、富栄養化指数が増大したと見なされるのである。

一八九一（明治二四）年の濃尾地震のピークなど、いくつかの地震や洪水の記録とこの富栄養化指数のピークはよく対応する。こうした年縞の分析によって、地震や洪水など災害の周期性も明らかにすることができるのである。

さらに人間による環境改変の証拠も明白に把握することができる。一九七〇年代以降、深見池周辺では護岸工事が行われた。その護岸工事による湖の富栄養化の証拠も明らかとなっている。護岸工事で、湖の周辺が改変されて、周辺からいろいろな有機物が湖に流入し、一九七〇年代以降では、三回の富栄養化指数の大きなピークが起きている。それらは、すべて人間による護岸工事の影響である。

自然破壊や汚染の歴史を定量的に年単位で復元する

さらに年縞の中には、花粉の化石（図2―9右）[※11]や珪藻の化石（図2―9左）[※12]など微化石が含まれている。この花粉や珪藻の化石を分析することによって、過去の森林の変遷や農耕の開始による森林破壊の歴史、さらには気候変動の実態を年単位で定量的に明らかにできる。

年縞は一本が一年という時間単位が明確にきまっているので、単位面積当たりの花粉の量を測定することによって、森の変遷を定量的に表すことができる。五年の間にどのような種類の森がどれだけ拡大したか、あるいはどれだけの森が破壊されたのかを定量的に把握できる。

年縞中の寄生虫の卵

珪藻の化石（図2―9左）は、湖の富栄養化などの水質の変動のみでなく、湖面の変動など水域の環境変動を表すのにたいへん優れている。こうした花粉や珪藻以外にも、寄生虫の卵も見つかっている。人間が湖の周辺に住んでいて糞便をすることで、堆積物の中に残るわけである。

昆虫の化石も環境史を復元する有効な指標

さらに、昆虫の化石[※13]も環境史を復元する上で有効な手がかりとなる。

花粉から過去の気候変動を復元する場合、まず、花粉がめしべの柱頭について、受粉し、そして実をつけ、これが地上に落ちて、芽を出して木になり、やっと花が咲いたところで、花粉分析が可能になるわけである。つまり、環境が変化してから結果が出るまでに花粉分析の場合には時間がかかる。

ところが、昆虫は気温が下がると暖かい所へすぐに移動するから、花粉よりも昆虫の化石のほうが、より気候変動を敏感に反映していることになる。昆虫の化石は、過去の気候変動などの環境を復元する上で非常に有効な指標となる。

中国大陸の気候変動も復元

また、年縞の中には中国大陸から飛んで来た黄砂も含まれている。水月湖や日潟の年縞の中には、大陸から飛来した黄砂がきちんと残っている。この黄砂の量の変動から日本の気候変動だけではなく、中国大陸内陸部での気候変動までも復元できるようになった。

中国大陸の内部がもしも乾燥したり、あるいは自然破壊によって森がなくなっていくと、黄砂の量は多くなる。逆に、雨が多くなり、湿潤化すれば、草が生えて黄砂は飛んで来なくなる。このことから、日本列島の気候だけでなく、中国の気候変動や環境変動も年単位で復元することができるようになったのである。

（4）過去の海面変動の詳細な復元

潟湖《せきこ》の年縞の分析

もう一つ、日本の年縞研究の大きな特色は、年縞の分析から過去の海面変動を年単位で復元できる

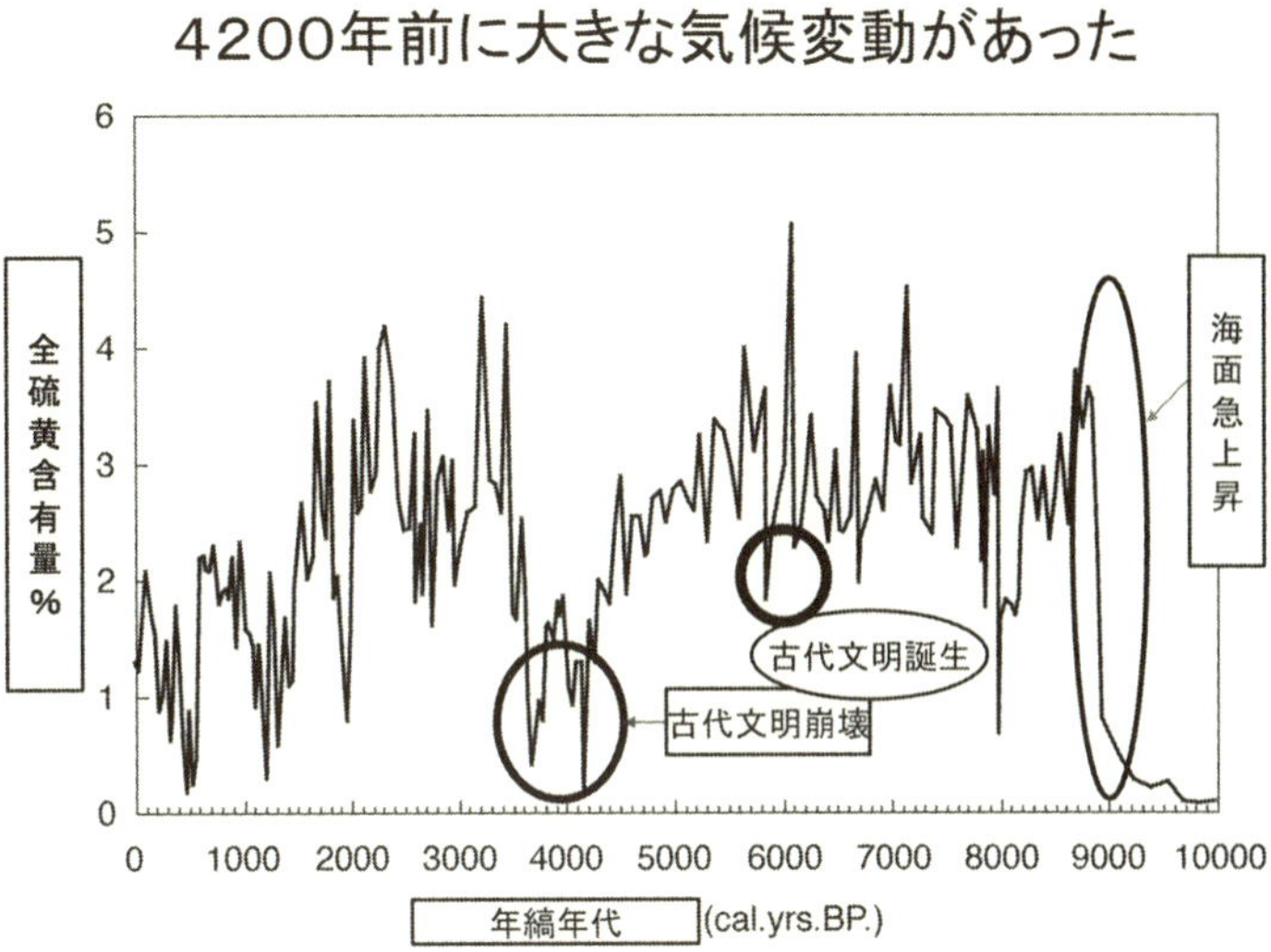

図2－10　鳥取県東郷池の年縞の分析（Kato et al., 2003）[※14] から明らかとなった過去1万年間の日本海の海面変動と古代文明の興亡 (Yasuda, 2008)[※15]

ということである。

これは世界でもきわめてまれな重要なことである。

世界の年縞の多くは火口湖（マール）から発見されている。このため海面変動との関係はほとんど解明できない。ところが日本で年縞が発見された鳥取県東郷池や、青森県小川原湖といった湖は、海と接続する潟湖なのである。福井県水月湖は潟湖ではないが、日本海と繋がっている。つまり、海面変動がダイレクトに湖面変動とリンクしているため、東郷池や小川原湖の年縞を分析することで、過去の海面変動を年単位で復元できるようになったのである。

これは、今まで世界の研究者の誰もができなかったことである。

図2―10は鳥取県東郷池の年縞の分析から加藤めぐみ氏ら[※14]が、過去一万年間の日本海

の海面変動を復元したものである。それと古代文明の興亡を比較したもの[※15]である。こうした年縞を分析することによって、湖面変動や海面変動を人類文明史の興亡との関係できわめて正確な年代のもとに復元できるようになった。

死海の年縞

この他にもイスラエルの死海[※16]からも年縞が発見されている（第五章図5―5参照）。死海にある年縞は日本の有機質に富んだ破砕性年縞とは異なり、激しい蒸発により湖底に石灰（アラゴライト）などが形成されることによってできた蒸発性年縞である。こうした死海の年縞からも第五章で述べるように、詳細な湖面変動や気候変動が明らかになっている。

2　氷の年層からも環境史を年単位で復元

（1）グリーンランドや南極の氷床に形成される年層

氷の年層から大気組成の変化を復元する

高精度の過去の気候変動を復元する手段として、湖の年縞以外にも、氷の中にある年層や年輪がある。

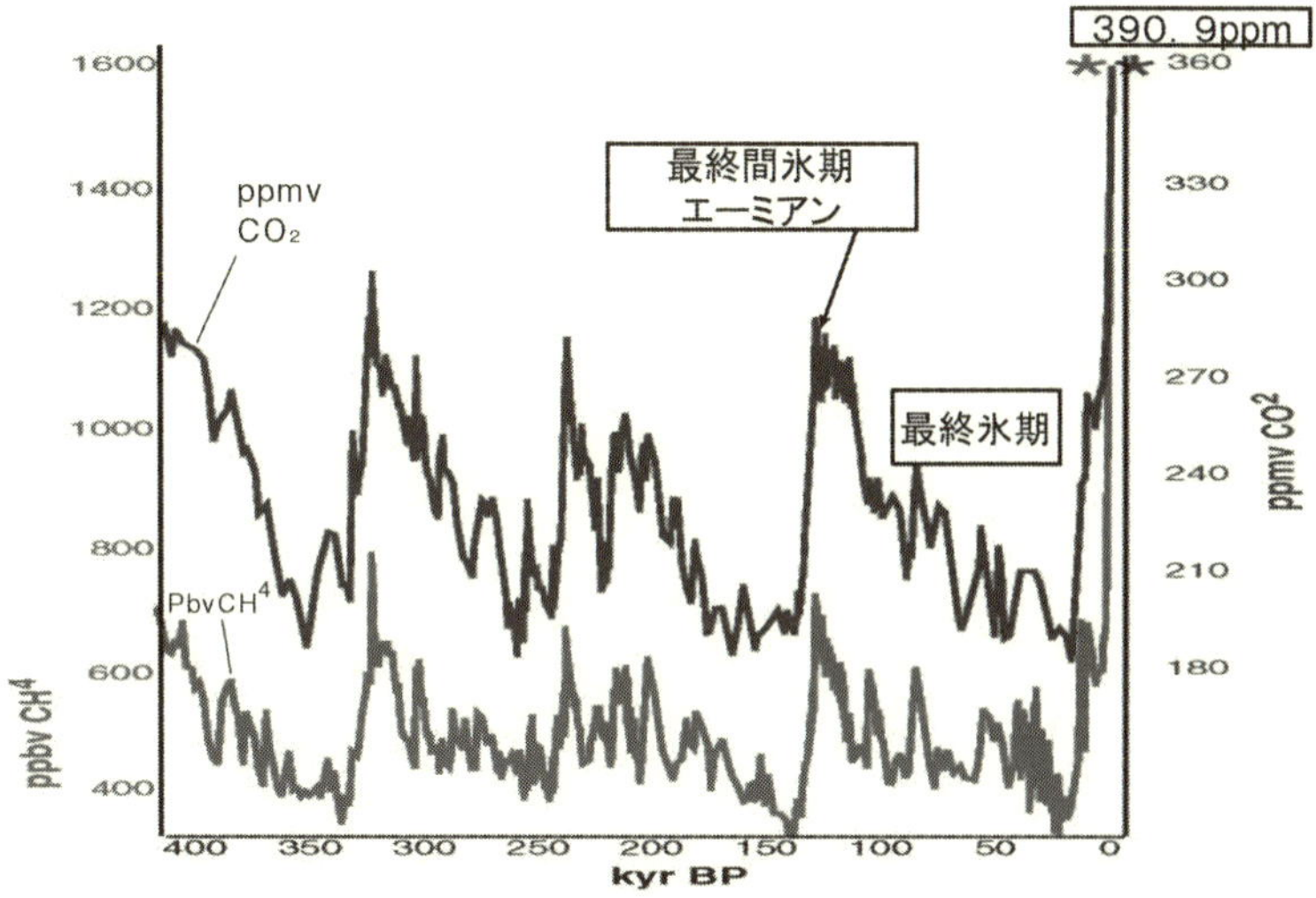

図2—11　南極ボストークアイスコアの年層の分析から明らかとなった過去40万年間の CO_2 とメタンの変動 (Oldfield and Alversen, 2003)※17。2012年は390.9ppmであったが、2016年には400ppmを超えると予測されている

グリーンランドや南極の氷をボーリングすると、氷は冬にできるので、冬は真っ白い層ができ、夏は氷が少し溶けるので、氷に密度の違いができる。密度の違う層がやはり年輪と同じようにセットになって、年層が形成されている。その縞々の年層の数を測定することによって年代が確定できる。

氷の中には氷が形成された時の空気が閉じ込められている（ただし最近では大気と氷の間の交換がなくなり、安定した状態で空気が氷の中に閉じ込められるまでには、数一〇年かかるのではないかという説も出ている）。その過去の空気を分析することによって、大気中の CO_2 の濃度やメタンの濃度がわかる。さらに氷は H_2O なので、酸素同位体比の分析から、過去の気温変動を明らかにできる。

この二〇年間は大気が異常

その閉じ込められた大気の組成を調べることによって、CO_2やメタンの変動が明らかになってきた。図2－11は過去四〇万年間の南極ボストークアイスコアのCO_2とメタンの変動を示したものである。[※17]氷期にはメタンやCO_2の濃度は低下し、間氷期には生物生産が増大してメタンやCO_2の濃度が上昇することが明白に示されている。

過去四〇万年間に出現した間氷期において、CO_2の濃度が三〇〇ppmを超えた時代はほとんどない。ところが私達の生きている現在の地球では、過去二〇年の間にメタンやCO_2の濃度が急上昇し、CO_2の濃度は今や（二〇一二年現在）三九〇・九ppmにまで達している（二〇一六年のCO_2濃度は四〇〇ppmに達するであろう）。

そのメタンやCO_2の濃度の急上昇は、人間の化石燃料の使用によってもたらされたものである。私達が作り出したこの二〇年間の大気の異常が、地球の歴史においては、いかに異常な時代であるかが明白に示されている。

さらに氷は水からできている。水の中に含まれる、酸素同位体比を分析していくことによって、過去の水温や気温の変化がわかる。

水温や気温の変動を復元する

酸素には、^{18}O、^{17}O、^{16}Oという安定同位体があるが、九九・七五八％は^{16}Oで占められている。わずかに、^{18}Oが〇・二〇三九％含まれている。ところが、この^{18}Oは温度が高い時に形成された氷の中

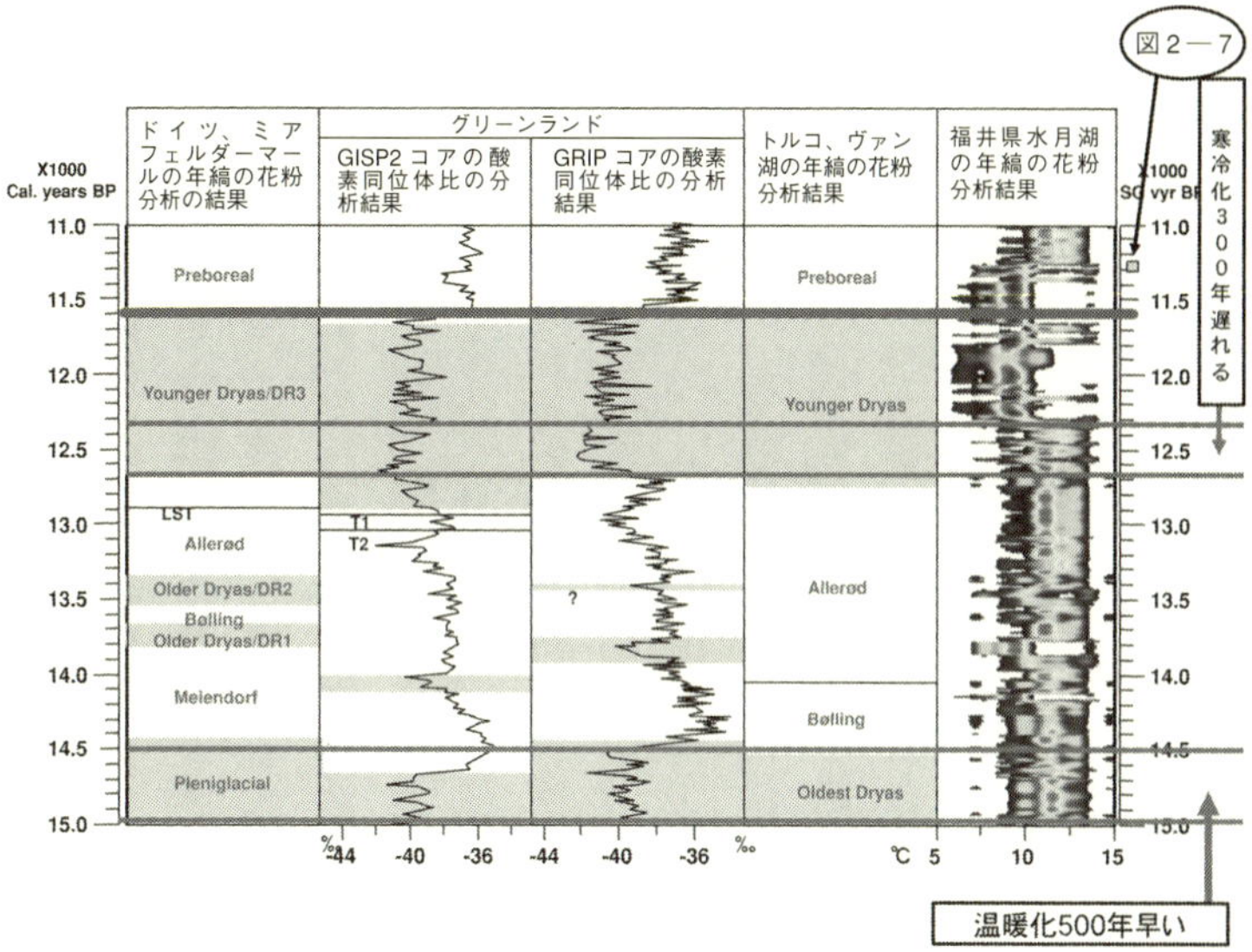

図2－12　ユーラシア大陸の気候変動の復元結果（Yasuda and Negendank, 2003）※19。水月湖の年縞の花粉分析結果（右端）の1万1500年前以降の時間軸はその後、変更されている

にはたくさん含まれるし、温度が低いと少ないことがわかって来た。そこで、^{18}Oの量を測ることで、過去の氷ができた時の気温、あるいは水温を復元することができるのである。

そのようにして復元されたものが、図2－12の中央のグリーンランドのGRIPコアとGISP2コアの分析結果である。これは、グリーンランドの氷のコアの中に含まれる、酸素同位体比から復元した過去の気温変動である。

この論文※18は、一九九三年に、『ネイチャー』に掲載された。デンマークのW・ダンスガード博士らがはじめて行った。今までは氷河時代はずっと寒い時代が続いていたと考えられて来た。ところが、復元してみると、氷河時代の気候は大きく変動していることがわかった。最近ではこれらの二地点のボーリングコアの年層年代にも疑問が出され、より正確なＮＧＲＩＰコアの分析結果[※20]が注目されている。

亜間氷期と亜氷期を繰り返した氷河時代

氷河時代は、約一〇万年の周期で氷期と間氷期を交互に繰り返すが、その氷河時代はずっと寒いままだったのだろうと思っていたら、そうではなかった。たとえば、図２―12[※19]は過去一万五〇〇〇年前から一万一〇〇〇年前の変動を見たものだが、この間にも、比較的温暖な亜間氷期と寒冷な亜氷期が交互に激しく変動を繰り返していることが明らかとなったのである。

さらに、気候が寒くなる時は緩やかに寒冷化し、暖かくなる時は急激に暖かくなることもわかった。亜間氷期と亜氷期は鋸の歯状に激しい変動を繰り返していた。ＮＧＲＩＰコアでは、深度一四九二・四五ｍの層準が、更新世と完新世の境界とされ、その年代は一万一七〇〇年前であるとされた。[※20]一万一七〇〇年前には、約三年の間にグリーンランドの年平均気温が一気に上がったと指摘される[※21]ようにもなった。このような激しい気候変動が過去にあったことがわかってきたのである。これによって、更新世と完新世の境界は、一万一五〇〇～一万一七〇〇年前の間に置かれることはほぼ確定した。

グリーンランドの年層の問題点

しかし、氷床のある極地には人類の居住は認められず、文明も発展しなかった。歴史との対応関係において、気候変動などの環境史を論じるには、年単位のもっと信頼できる正確な年代軸が、文明の発展した温帯や亜熱帯地域で得られなければならない。

氷床の年層が得られるグリーンランドは、基本的に文明が発展しなかった場所である。そういう極地の気候変動をいくら復元しても、私達が住む温帯地域の気候変動に適合できるかどうかは大きな問題なのである。

二〇〇三年に年縞に関する論文が『サイエンス』に載る

歴史の偶然とは面白いもので、グリーンランドで年層が発見されて、『ネイチャー』に論文が出たのが一九九三年。その年に、実は私達は年縞の本格的な研究に着手したのである。その年縞に関する論文※2が『サイエンス』に載ったのが二〇〇三年で、グリーンランドの氷床の年層の分析結果が刊行されてから、ちょうど一〇年後に、私達がモンスーンアジアの温帯地域の気候変動を年単位で復元する仕事を、世界ではじめて行ったのである。

しかし、福井県水月湖では、欧米の人が更新世―完新世の境界として大きな気候変動が存在したと指摘する一万一五〇〇～一万一七〇〇年前よりもっと大きな気候変動・環境変動の時代が、一万五〇〇〇年前に存在することが明らかとなったのである。しかもその一万五〇〇〇年前の気候変動が、日本列島の生態系や人類の文化により大きな影響を与え、縄文文化もこの地球温暖化の中で誕生している可能性が見えてきたのである。※22

サンゴや鍾乳洞による気候変動調査

さらに、酸素同位体比の測定は、サンゴの調査にも使われ、海水温の詳細な変動が解明されつつある。サンゴの中にも年輪が形成されている。サンゴの場合は年縞とは逆で、黒い層が夏の層で、白い層が冬の層になる。サンゴの組成は$CaCO_3$（炭酸カルシウム）なので、その中の酸素同位体比を分析することで、海水温の変化を年単位で明らかにできるようになった。

同じように鍾乳洞の石筍《せきじゅん》にも年輪が形成されており、その石筍の酸素同位対比を分析することによっても、高精度の気候変動が明らかになっている。福井県水月湖の年縞による時間軸は、中国の石筍の分析結果と対比することで、より正確な時間軸を確立することができたのである。※23

（2）気候変動と生態系変動の地域差が解明されはじめた

年縞と^{14}C年代測定値とのズレ

図2―13が、福井県水月湖の年縞を分析した花粉分析の結果である。※3 図2―13の左端に、堆積物の深度と放射性炭素同位体による^{14}C年代測定値が示してある。北川浩之氏※24が細かな間隔で加速器（AMS）を使用して水月湖の堆積物の^{14}C年代を測定した。

一方図2―13の右端にあるのは、年縞を一本一本、数えて得られた年縞年代である。この両者の年代測定値を比較すると、放射性炭素同位体の^{14}C年代と年縞を数えて得られた年代は大きく違うこと

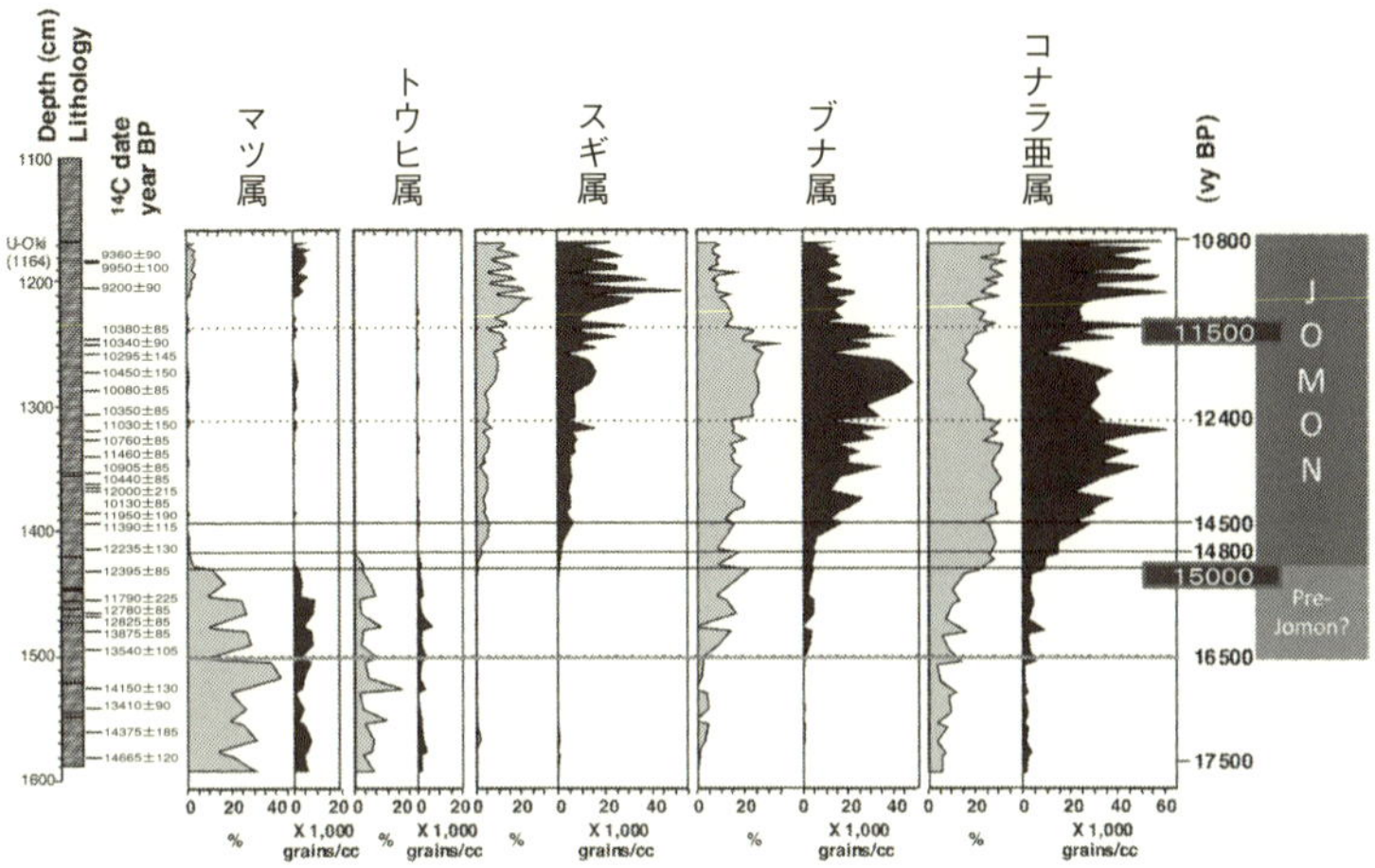

図２－13　福井県水月湖の花粉ダイアグラム（Yasuda et al., 2004　）※3。左が相対花粉の出現率（%）、右が絶対花粉の出現率（個）

がわかる。年縞を数えて得られた年代のほうがはるかに古く出ているのである。なぜ^{14}C年代測定値は新しく出るのか、それはすでに述べたように、この時代の^{14}C濃度が大きく変動したからである。この北川氏の^{14}C年代測定値と年縞年代を比較した研究が、^{14}C年代を補正して、暦年較正年代を確立する上で、きわめて大きな役割を果たした。

一万五〇〇〇年前の急激な地球温暖化

年縞を数えて得られた一万五〇〇〇年前に、たいへん大きな変動があったことが明らかとなった。これまであった五葉マツ亜属やトウヒ属、ツガ属など、氷河時代の寒冷で乾燥した気候を代表する植物が消滅し、コナラ亜属やブナ属、スギ属など後氷期型の温暖で湿潤な気候に適応する植物がこの時代から拡大をはじめる。一万五〇〇〇年前に急激な気候の温暖化が存在したのである。ト

ウヒ属が水月湖周辺から姿を消すのに、約一九〇年かかっていることが、明らかとなった。[※3]

一万五〇〇〇年前の地球温暖化は約五~六℃も地球の年平均気温が上昇するという急激なものであった。その地球温暖化に対応して新たに拡大してきたブナ属やコナラ亜属それにスギ属などの植物が安定的に拡大するのは、一万四五〇〇年前である。つまり、温暖な環境に適応した植物が、新たな環境に適応して安定的に生育するまでには、五〇〇〇年以上の歳月がかかったのである。

地球の年平均気温は五~六℃も上昇し、急激に暖かくなるのだが、生態系はそれに追いついていけない。新しい温暖な気候に適応した森林が安定的に形成されるまでには、少なくとも五〇〇〇年はかかったということである。

生態学者からは、極相林が形成されるまでには約八〇〇〇年かかるという説が提示されているが、水月湖の花粉分析の結果からは、五〇〇〇年以上必要であることが明らかとなった。

一万五〇〇〇年前に、たいへん大きな環境変化、つまり地球温暖化が起こったのである。

北半球の気候変動の分析結果

図2—12は水月湖の年縞分析の結果明らかとなった気候変動を、世界各地の年縞や年層の分析の結果明らかになった気候変動と比較して示したものであった。[※19]

湖底から発見された年縞と同じ年単位で形成された縞々は、グリーンランドの氷の中からも発見され、年層と呼ばれていることはすでに述べた。

グリーンランドでは、大陸氷床にボーリングをして、GISP2とGRIPそれにNGRIP地点からこれまで氷のコアが採取されている。図2―12の中央のGISP2とGRIPの二つのグラフが氷の年層の酸素同位体比を分析した結果であった。GISP2とGRIPの二本のアイスコアの分析結果は、ほぼ、よく対応していることがわかる。

図2―12の左端はドイツのミアフェルダーマール湖の年縞の花粉を分析して得られた過去の気候変動の結果であった。右から二つ目は、トルコのヴァン湖の年縞の花粉を分析して得られた気候変動の結果であった。

そして右端に二〇〇三年に『サイエンス』※2に掲載された水月湖の年縞の花粉分析から明らかとなった気候変動を示した。ただし、水月湖の一万一五〇〇年前以降の年縞年代は、新たな研究によって修正がなされている。この水月湖の年縞の分析結果とNGRIPを含む他の北半球の分析結果を比較してどこが違うであろうか。

日本はまっさきに温暖化の影響を大きく受ける

まず、グリーンランド、ドイツ、あるいはトルコでは、一万四五〇〇年前にならなければ、気候温暖化を明白に示す生態系の変化はない。ところが、すでに水月湖では、一万五〇〇〇年前に温暖化を明白に示す生態系の変化が見られる。

地球が一万五〇〇〇年前に急激に温暖化する時に、水月湖周辺の生態系の変化が世界の中でもっとも顕著に現われている。

地球温暖化の時代には、モンスーンアジアの日本列島は、世界に先駆けてまっさきに大きな影響を受け、生態系の変化にそれが反映されることが明らかとなって来た。

日本は、ヤンガー・ドリアスの寒冷化の影響は小さい

同様に、一度、温暖化した気候が突然、寒冷化する時代がやって来る。その寒の戻り期をヤンガー・ドリアスという。

ドリアスとは、チョウノスケソウという亜高山帯に生える、白い美しい花を咲かせる植物のラテン名（*Dryas*）から採った名前である。その、ヤンガー・ドリアスの寒の戻りがなぜ起こるかは、第三章で説明するが、ともかく、氷河時代が終わり、暖かくなったところに、突然、グリーンランド、ヨーロッパ、あるいはトルコでは、一万二八〇〇年前頃に寒の戻りが起こり、氷河時代に逆戻りするのである。ところが、日本はどうかというと、その寒冷化はヨーロッパなどに比べてきわめて小さなものであった。ヤンガー・ドリアスと呼ばれる世界的に引き起こされたという寒の戻りは、日本列島においては寒冷化の影響が生態系の変化として現われる時期が、ヨーロッパやグリーンランドよりも遅れ、そのうえそれほど大きな影響を生態系にあたえるほどのものではなかったことが明らかとなって来た。

生態系の変化には地域差がある

一九九三年にグリーンランドで年層が発見されて、はじめて極地の詳細な気候変動がわかったのであるが、[※18]それから一〇年経ち、私達の年縞の分析によって人類が暮らし文明の発展する温帯地域のアジアで、はじめて詳細な気候変動を明らかにすることができたのである。これにより、気候変動の

生態系に対する影響は一様ではない、地域差がある、ということが明らかになった。

このような氷期から間氷期に移行するような巨大な気候変動、一気に五℃も六℃も気温が上昇したり下降したりするような大変動の時代には、気候変動やその影響を受けた生態系の変化には、明白な地域差が存在したのである。

ＩＰＣＣの予測通りなら人類の生き残りは難しい

地球の年平均気温が、今世紀中にＩＰＣＣ（政府間気候変動パネル）が予測するように本当に最大四・八℃も上昇するとすれば、この晩氷期の時代の気候変動の規模に匹敵するわけだから、異常な気候大変動が起こることになる。

ホモ・サピエンスが誕生してから現在よりも地球の年平均気温が四℃以上高かった時代はいちどもないのであるから、四・八℃も上昇すれば、人類がこの地球に生き残ることは難しくなるだろう。「地球環境との関係においては、過去に引き起こされたことは、かならず未来にも引き起こされる」。

モンスーンアジアが温暖化の影響を大きく受ける

一万五〇〇〇年前の地球大変動の急激な温暖化の時代に、モンスーンアジアの生態系がいち早く大きな影響を受けた。ということは、来たるべき地球温暖化の影響をもっとも早く、かつまともに受けるのは、モンスーンアジアであると言うことでもある。

農耕はこうした地球の気候が氷期から後氷期へと大きく移り変わる、激動の晩氷期に誕生したのでである。

その晩氷期の気候変動と農耕の起源との関係の詳細については、第三章で詳しく述べる。

この分野のノーベル賞はクロフォード賞

スウェーデンには王立科学アカデミーがあり、そこではノーベル物理学賞、化学賞、経済学賞を選定している（ちなみに医学・生理学賞はカロリンスカ研究所が、平和賞はノルウェー・ノーベル委員会が、文学賞はスウェーデン・アカデミーがそれぞれ選定している）。

しかし私達の分野にはノーベル賞はない。そこで、私達の分野でノーベル賞に匹敵する賞は、クロフォード賞である。日本ではまだあまり知られていないが、ノーベル賞と同じくスウェーデン王から賞金をいただき、ノーベル賞と同じようなセレモニーを行う。

多分野にわたるために、地球科学や天文学、考古学などの分野では四年に一度受賞することになっている。グリーンランドの年層を分析したダンスガード博士は、一九九七年にこのクロフォード賞を受賞した。

クロフォード賞の候補になると、スウェーデン王立科学アカデミーで講演をして、晩餐会を開いていただく。ノーベル賞の食事は、世界でもっとも高くてもっとも不味い食事だと言われている。それを、アカデミーの会員が、皆、お金を払ってくれる（現在は払わなくなった）。

二〇一四年にイスラエルの死海の年縞を一緒に研究しているヘブライ大学のM・スタイン博士に「年縞でクロフォード賞をもらったらどうだろうか」と言ったら、「とんでもない、あの賞はノーベル賞と同じくらいきわめてレベルの高い賞だから、我々では無理だ」という答えが返ってきた。たしかに、クロフォード賞はノーベル賞にない分野の人々がいただく賞であり、四年ごとに私たちの分野は回って来る。日本人はノーベル賞は良く知っていて、ノーベル賞の候補になると大騒ぎするが、クロフォード賞についてはほとんど知らない。しかし、ヨーロッパではクロフォード賞はノーベル賞に匹敵する学術賞として、高い評価が与えられているのである。

図2－14　スウェーデン王立科学アカデミーに貢献した人達。下から2段目左から2人目はアカデミー前会長グナー・オキュスト博士。上から2段目右から4人目は筆者

私は、アジアではじめて年縞を発見し、長江文明を発見したということで講演をし、二〇〇六年にはスウェーデン王立科学アカデミーの会員に選ばれた。クラスX（人文社会科学）の分野だった。そしてスウェーデン王立科学アカデミーに貢献した人の中に、私の顔写真も掲載された（図2―14）。しかし、ノーベル賞の候補になれば研究所が建つが、クロフォード賞では建

たない。それほどに、私達の環境考古学の分野は、まだ日本では評価されていない。

3　高精度の環境史復元のために

(1)　深海底の堆積物からは高精度の環境史復元は難しい

エミリアニ曲線

深海底にボーリングをすることで深海底の堆積物に含まれる有孔虫を取り出し、その殻の酸素同位体比を分析することにより、過去一〇〇万年の海水温変動のカーブが明らかになっている。そのことによって約一〇万年周期で氷期と間氷期が交互に繰り返していることがわかった。それを最初に発見した人にちなんでエミリアニ曲線と呼んでいる。

しかし、深海底の堆積物は堆積速度がおそいため、長期の変動をおおざっぱに把握するのには適しているが、こまかな年単位の変動を復元することはできない。

千年先の未来より二〇年先の未来のために

日本は海底堆積物の研究には莫大な予算をつぎこんでいるが、陸上堆積物の年縞の分析にはほとんど予算をつぎこんでいない。しかし、海底堆積物の分析からわかることは千年、万年単位の変動であり、そこから見えてくる未来もまた千年先・万年先の未来なのである。しかし、今、国民の税金を投入して明らかにしなければならないことは二〇～五〇年先の未来なのだ。それを明らかにするためには、陸上の年縞の分析にもっと予算をつぎこみ、年単位の気候変動や環境変動を解明し、その上に立って近未来を早急に予測しなければならないのである。

（2）二五〇〇年前には、白色系民族が黄河にいた

DNA考古学

こうした年縞による高精度の環境史の復元以外に、私達は、DNAの分析を行っている。国際日本文化研究センターに在籍しておられた尾本恵一氏のご尽力によってDNA実験室が作られ、中国の湖南省城頭山《じょうとうざん》遺跡から出土した稲籾のDNAを矢野梓氏が佐藤洋一郎氏の指導のもとに分析した結果、それらはすべてがジャポニカタイプのイネであることが判明した。※25

長江文明はジャポニカのイネを栽培する文明であった。このほかにも佐藤氏や矢野氏は縄文時代の遺跡から出土した緑豆やクリなどの植物遺体のDNA分析を行うなど、植物遺体のDNA分析によるDNA考古学の道を開拓した。※25

DNA分析による民族移動の復元

さらに私達の研究所に来ていたワン・リー博士[※26]は中国の山東半島の二五〇〇年前の臨爾《りんじ》遺跡から出土した六〇体の人骨のミトコンドリアDNAの構成比を、上田信太郎氏の指導で分析した。このミトコンドリアDNAの塩基配列を六種類、取り出して比べてみた。

二五〇〇年前のミトコンドリアDNAの六種類の塩基配列の構成を見たところ、二〇〇〇年前のものとは全然違うことがわかった。塩基配列が二〇〇〇年前と二五〇〇年前とでは全然違うということは、二五〇〇年前と二〇〇〇年前では人種が違うということである。

現代の日本人と現代の中国人は二〇〇〇年前以降の塩基配列とよく似た配列を持っている。では、二五〇〇年前の塩基配列を持った人々はどこにいるのかというと、カザフスタン、さらに、もっと西のドイツ人やフィンランド人などの塩基配列がこれに近いことがわかった。

二五〇〇年前の中国人は白色系民族だった?

二五〇〇年前に、西方から、今の漢民族とは違う白色系の人々が大挙してやって来て黄河文明の中心地に住んでいたということである。その後、今の漢民族にあたる中国系の人々が、これを席巻していった。そういう流れも見えて来た。DNAも、環境考古学の重要な分析手法の一つである。

そのDNAを分析することによって、東アジアから南太平洋では民族の大移動があったことも、最近わかって来た。東アジアの民族移動が、台湾からはじまるポリネシア人の民族大移動を引き起こし、最後にイースター島にまで行き着くという巨大な民族大移動が過去に存在したこともわかりはじめ[※27]

ている。[28][29][30]縄文人が南方からだけでなく北方から南下した人々もかかわっていることもわかってきた。[31]また古墳時代になると階層分化により生活レベルの違いまで、人骨の分析から指摘されるようになった。[27]

（3）認知科学が解明する環境と人間の関係

自然と人間の関係を確かなレベルで解明する

このように環境の側さらには人間の側について、新しい研究方法の開拓の進展が見られるようになったが、環境と人間を繋ぐ関係性の解明についても新たな進展が見られるようになった。それは認知科学・情報環境学の進展[32]によってもたらされた。

年縞による高精度の環境史復元によって、歴史的事件が起こった時代が気候寒冷期であったとか、森の消滅が文明の衰亡と関連しているということは、これまでとは比較にならないほどの精度で示せるようになった。

しかし、気候が変動したり、森が消滅することにより、人間にはいったいいかなる影響が及び、それが文明の興亡にいかなる影響を与えたかのメカニズムについては、まだまったく未解明のままであった。

私は心と自然は一体であるという「心自一元論」を提唱したが、本当に自然は人間の心に影響をあたえているのであろうか。それが科学的に立証されなければ、いくら私が『森のこころと文明』[33]などという本を書いても、それはたんなる思いつきや印象による想像にすぎないことになる。しかし、そうした自然と人間の関係が、より確かなレベルで解明されるようになって来たのである。

森の高周波音を人間は全身で聞いていた

森が人間の体や心に本当に影響をあたえているのかどうか。この分野で最近注目すべき発見があった。それは大橋力先生らによる情報環境学のお仕事である。

大橋先生らは、森の音に注目した。※34 森の音のスペクトルを分析すると、森の高周波音は一三〇khもあることが判明した。人間に聞こえるのは二〇khであるが、森の葉ずれの音、鳥の声、虫の声、水の音などがあわさって一三〇khもあることがわかったのである。一方、都市の高周波音はせいぜい二〇kh以下であった。都市は昼間は大きな音がするが、車が通らなくなった深夜は静寂で、むしろ高周波ではなく機械音のような低周波音によって汚染されている。静寂は砂漠も同じで、都市と砂漠は命の音のない静寂な世界だった。都市砂漠とは生命の音のない世界を表現した名言である。

森の高周波音、それは命の音だった。この命の高周波音を人間は全身で聞いていた。たしかに耳で聞こえる音は二〇khであるが、実は人間は二〇kh以上の音を皮膚を通して全身で聞いていた。とくに大きな影響を受けるのが脳であった。その脳の中でも脳幹と呼ばれる生命の中枢を支える部分に高周波は大きく影響を与え、脳内物質の供給に深くかかわっていることが判明した。

環境の人間への影響が実証される日は近い

森の環境は、いまはやりのドーパミンやβエンドルフィンなど神経伝達物質の分泌を活発化させる一方、血液中の免疫グロブリンの量を増大させたり、ガン細胞を殺すＮＫ細胞を活性化させたりする脳内物質の分泌に深くかかわっていることが明らかとなりつつある。これまで森の中を散歩すると血液中の免疫グロブリンの量が増大することはわかっていたが、なぜ増大するのかそのメカニズムは不明のままであった。その一つに森の音が深くかかわっていることが判明したのである。

視覚を通して脳にとりこまれる情報は聴覚よりも桁違いに多く、その情報の分析はこれからの課題である。人間と環境の間には現在の科学ではまだ解明できていない深い関係があるはずである。

このように人間の体や心に森の環境、水の環境をはじめさまざまな人間をとりまく環境がきわめて大きな影響を与えていることがしだいに明らかとなりつつある。

とうぜんその環境の影響を強く受ける人間が作る文明もまた、環境の影響を強く受けるはずである。能登志雄先生[※35]は一九六〇年代に環境認知の重要性をすでに指摘されているが、風土の知覚や認識の問題を環境情報学や認知科学との連携の中で解明し、環境考古学の新たな方法論として確立していける可能性がようやく見えて来たのである。

かつて和辻哲郎氏[※36]が重視した風土に対する直感が科学的に実証される日も近いと思われる。

（4）近未来の気候変動を予測できる年縞

最重要課題は「生命の連鎖の持続」

二一世紀は地球環境問題で人類が苦しむ時代であることははっきりしている。

その危機の時代を乗り切るために重視しなければならないのは、現世的秩序を持った文明の価値の再発見である。[※37]

利用できる資源は限られている。広大な宇宙空間の中で、この漆黒の宇宙の中で、生命のある空間は今の所この地球にしかない。

いくら二〇年先、三〇年先でも、火星から食糧を輸入するような技術が発達するとは、とても思えない。

今、やらなければならないのは、超越的秩序を求めて宇宙へ出かけるよりも、現世的秩序の中で、どう巨木と共存していくか、どう美しい水を維持していくか、どのようにすれば生き物達と仲良く生きていけるのかということを真剣に考えることが必要なのである。

この限られた小さな地球の中で「生命の連鎖の持続」こそが、最重要課題なのである。

その生命の連鎖を持続させる持続型文明社会のキーワードは、稲作漁撈文明にあるというのが私[※38]の最近の考えである。

一万五〇〇〇年前の気候変動以上の温暖化

二〇三〇年頃に、人類は大きな危機に直面する可能性が大きい。エネルギー問題、食料問題、さまざまな問題が持ち上がるであろう。おそらく食料は現在の三分の一以下に減るであろう。

もっとも大きな問題は、水である。二〇三〇年頃には、少なくとも地球の年平均気温は二度上昇し、生物の多様性が失われ、サンゴ礁が消滅し、四〇億の人々が水不足に直面する可能性がある。

さらにＩＰＣＣは、地球の年平均気温は、今世紀中に最大四・八℃上がるかもしれないという予測を出していた。

四・八℃の気温の上昇率は、氷河時代が終わって後氷期という温暖な時代に移り変わる、今から約一万五〇〇〇年前に引き起こされた気候変動の規模に匹敵するものであった。

その一万五〇〇〇年前には、北極のグリーンランドの年平均気温が一気に七〜一〇℃も上昇したが、温帯の日本などでは五〜六℃上昇した。

その違いは、極地の変動が低緯度地域に比べてより大きく変動する緯度効果による。

人類滅亡の危機に直面

しかも、一万五〇〇〇年前に温帯地域の平均気温が五〜六℃上昇しても、当時の地球の年平均気温はまだ現在より二〜三℃低い状態だった。今世紀中に四・八℃も上昇するということは、現在よりも四・八℃上昇するということであり、それは氷期から後氷期に地球のシステムが大きく移り変った時代に匹敵する温度の上昇率なのである。何よりも現在より四・八℃も地球の年平均気温が高い灼熱地獄を、ホモ・サピエンスは誕生以来一度も体験していないのである。

氷期から後氷期へ移行する時に、地球では一体、何が起こったか。たとえばマンモスが絶滅し、旧石器時代の人々の生活は行き詰まった。

同じように地球の年平均気温が四・八℃も上昇したら、地球のシステムはまったく別のシステムになり、現代文明はもちろん崩壊し、人類さえ絶滅の危機に直面することになるであろう。

地球の年平均気温が現在より七℃も八℃も低い寒冷な時代は、すでに氷河時代に体験ずみである。だから仮に氷河時代がやってきても、人類はこの地球で生存できる。

しかし、私達ホモ・サピエンスは、地球の年平均気温が現在よりも四・八℃も高かった灼熱地獄を一度も体験していないのである。人類は寒冷気候は耐え忍ぶことができる。しかし四・八℃も現在より温暖な灼熱地獄で生き残ることは困難である。

二〇年先・五〇年先の予測が重要

危機を目前にしながら、二〇年先、五〇年先に完成するかどうかもわからない技術に、莫大なエネルギーや資金を投入することは現状ではできないのではないだろうか。

今、重要なことは二〇年先、五〇年先がどうなるか、ということである。

それをきちんと予測しなければならない。

そして、今からその予測に対応する「方策」と「解」を立てておかなければならない。

それが、現代の科学者がやるべきもっとも大きな至上命令であり、国家が総力をあげて取り組まなければならないことである。

そして、もう一つ現代の科学の大きな落とし穴がある。地球シミュレーターを動かして、年平均気温が一年単位でどれくらい上昇するか、CO_2濃度がどれくらい上昇するか、という予測が詳細にできるようになって来た。これは日本の科学者が世界に大きく貢献した金字塔である。

しかし、地球温暖化によって私達の生活はどのような影響を受けるのか、仙台の人は、東京の人は、京都の人はどういう影響をそれぞれ受けるのか——そういった話はこれまで十分にはなされていない。CO_2濃度がどれくらい上昇するかということは、科学者の知的好奇心の対象にすぎない。温度が何度上昇するかを見ていくことはとても面白い。ところが、それによって私達の生活は具体的にどんな影響を被るかという話は、巨大なプロジェクトが動いているにもかかわらず、少なくとも現時点では明白ではない。

今、緊急にやるべきこと

地球の気候変動が、千年後、万年後にはどうなるかという話はある。しかし、千年後や万年後の話をされても今は意味がないのである。今、しなければならないのは、この二〇年先、五〇年先の予測である。

しかも、気候の変動は、これまではグローバルだと言われていた。ところが、私達の年縞の研究によって、詳細に過去の気候変動を復元したところ、南極の気温が一℃上がれば、グローバルに日本の気温も一℃上がる、と言うわけではないことがわかってきた。

いくら北極を研究しても、日本人の暮らしを左右する気温上昇については、わからない部分が多いのである。ところが、現在、国家が莫大なお金を使っているのは、深海底の研究と極地の研究である。私達が実際に暮らしている日本の気候がどう変わり、日本人の暮らしがどんな影響をこうむるのかということに対する研究には、まだまだ十分な予算は投入されていない。

宇宙科学をはじめ、深海底の科学など、政府が巨額を投じているいわゆるビッグ・サイエンスがある。夢は大いにかきたてるものの、深海底の研究の成果によって一〇〇万年先の未来の話をされても困るのである。一億年先の話をされてはなおさら困る。

今、大事なことは、二〇年先、五〇年先がどうなるか、この我々の住む日本列島がどうなるか、日本人の暮らしがどうなるのかということの予測である。これが私達が今、緊急にやらなければならないことなのである。現在は、それほどさしせまった危機的な状況になっているのである。

第二章　注・参考文献

（1）安田喜憲「福井県三方湖の泥土の花粉分析的研究」第四紀研究　二一　二五五〜二七一頁　一九八二年
安田喜憲「最終氷期の寒冷気候について」第四紀研究　二五　二七七〜二九四頁　一九八七年
安田喜憲『気候と文明の盛衰』朝倉書店　一九九〇年
（2）Nakagawa, T., Kitagawa, H., Yasuda, Y., Pavel E. Tarasov, P. E., Nishida, K., Gotanda, K., Sawai, Y. and Yangtze River Civilization Program Members : Asynchronous climatic changes in the North Atlantic and Japan

during the Last Termination. ***Science*** ,299, 688-691, 2003.

（3）Yasuda, Y., Yamaguchi, K. , Nakagawa, T., Fukusawa, H., Kitagawa, J. and Okamura, M. : Environmental variability and human adaptation during the Lateglacial/Holocene transition in Japan with reference to pollen analysis of the SG4 core from Lake Suigetsu. ***Quaternary International,*** 123-125, 11-19, 2004.

（4）Nakagawa, T., Kitagawa, H., Yasuda, Y., Tarasov, P.E., Gotanda, K., Sawai, Y. : Pollen/event stratigraphy of the varved sediment of Lake Suigetsu, central Japan from 15,701 to 10,271 SG vyr BP (Suigetsu varve years before present): Description, interpretation, and correlation with other regions. ***Quaternary Science Reviews,*** 24, 1691-1701, 2005.

（5）Ramsey, C.B. et al. : A complete terrestrial radiocarbon record for 11.2 to 52.8 kyr B.P.. ***Science,*** 338, 370-374, 2012.

（6）Halita-Hovi, E., Sarrinen, T., Kukkonen, M. : A 2000-year record of solar forcing on varved lake sediment in eastern Finland. ***Quaternary Science Review,*** 26, 678-689, 2007.

（7）加藤めぐみ・福澤仁之・安田喜憲ほか「鳥取県東郷池湖底堆積物の層序と年縞」汽水域研究　五　一一七～一三七頁　一九九八年

（8）Fukusawa, H. : Varved lacustrine sediments in Japan. ***The Quaternary Research,*** 38, 237-248, 1999.

（9）上手真基・山田和芳・斉藤めぐみ・奥野充・安田喜憲「男鹿半島、一ノ目潟、三ノ目潟湖底堆積物の年縞構造　白頭山—苫小牧火山灰（Ｂ—Ｔｍ）の降灰年代」　地質学雑誌　一一六～一一七　三四九～三五九頁　二〇一〇年.

（10）石原園子・加藤めぐみ・谷村好洋ほか「化石珪藻群集による過去１６０年間の環境変遷」福澤仁之編著　『湖沼・内湾・レス堆積物によるアジアモンスーン変動のトリガーの解明』東京都立大学　九二～一〇六頁

二〇〇二年

（11）安田喜憲・福澤仁之・藤木利之ほか「自然教育園の泥土の花粉分析的研究Ⅱ」自然教育園報告　三三　四四五～四五九頁　二〇〇一年

（12）Sawai, Y., Nasu, H. and Yasuda, Y.：Fluctuations in relative sea-level during the past 3000 yr in the Onnetoh estuary, Hokkaido, northern Japan. ***Journal of Quaternary Science***, 17, 607-622, 2002.

（13）Mori, Y.：The origin and development of rice paddy cultivation in Japan based on evidence insect and diatom fossils. in Yasuda, Y. (ed.): ***The Origins of Pottery and Agriculture***. Lustre Press and Roli Boks, 273-296, 2002.

森勇一『ムシの考古学』雄山閣　二〇一二年

（14）Kato, M. Fukusawa,H. and Yasuda, Y.：Varved lacustrine of Lake Tougou-ike, western Japan, with reference to Holocene sea-level changes in Japan. ***Quaternary International***, 105, 33-37, 2003.

（15）Yasuda, Y.：Climate change and the origin and development of rice cultivation in the Yangtze River basin, China. ***AMBIO*** 14, 502-506, 2008.

（16）Enzel, Y. Agnon,A., Stein,M. (eds.)：***New Frontiers in Dead Sea Palaeoenvironmental Research***. The Geological Society of America. 2006.

（17）Oldfield, F. and Alversen, K.：The societal relevance of palaeoenvironmental research. in Alversen, K. et al. (eds.): ***Palaeoclimate, Global Change and the Future***. 1-11, Springer, 2003.

（18）Dansgaard, W., Johnsen, S.J., Clausen, H.B., Dhal-Jensen, D., Gunstrup,N.S., Hammer, C.U., Hvidberg, C.S., Steffensen, J.P., Sveinbjornsdottir, A.E., Jouzel,J., Bond, G.：Evidence for general instability of Past climate from a 250-kyr ice-corerecord. ***Nature***, 364, 218-220, 1993.

(19) Yasuda, Y. and Negendank, J.F.W. : Environmental variability in the East and West Eurasia. ***Quaternary International***, 105,1-6, 2003.
(20) Andersen, K. K. et al. : The Greenland Ice Core Chronology 2005, 15-42ka. Part1 : Constructing the time scale. ***Quaternary Science Reviews***, 25, 3246-3257, 2006.
(21) Walker, M. et al. : Formal definition and dating of the GSSP (Global Stratotype Section Point) for the base of the Holocene using the Greenland NGRIP ice core, and selected auxiliary records. ***Journal of Quaternary Science***, 24, 3-17, 2009.
(22) 安田喜憲『一万年前』イーストプレス　二〇一四年
(23) 中川毅「水月湖の年縞はなぜ重要か」月刊地球号外　63　一四～二四頁　二〇一三年
中川毅『時を刻む湖』岩波科学ライブラリー　二〇一五年
(24) Kitagawa.H. and van der Plicht, J.: Atmospheric radiocarbon calibration to 45,000 yr B.P.: Late glacial fluctuations and cosmogenic isotope production. ***Science***, 279, 1178-1190, 1998.
(25) 佐藤洋一郎『ＤＮＡが語る稲作文明』ＮＨＫブックス　一九九六年
佐藤洋一郎『稲の日本史』角川選書、二〇〇二年
(26) Wang, L. et al. : Genetic structure of a 2,500-year old human population in China and its spatiotemporal changes. ***Mol..Biol.Evol.*** 17-9, 1396-1400, 2000.
(27) 片山一道『海のモンゴロイド』吉川弘文館　二〇〇二年
片山一道『骨考古学と身体史観』敬文舎　二〇一三年
片山一道『骨が語る日本人の歴史』ちくま新書　二〇一五年
(28) 印東道子編『人類の移動誌』臨川書店　二〇一三年

(29) 篠田謙一『日本人になった祖先たち』ＮＨＫブックス　二〇〇七年
(30) 崎谷　満『ＤＮＡでたどる日本人一〇万年の旅』昭和堂　二〇〇八年
(31) 安田喜憲・阿部千春編『津軽海峡圏の縄文文化』雄山閣　二〇一五年
(32) 大橋力『情報環境学』朝倉書店　一九八九年
(33) 安田喜憲『森のこころと文明』ＮＨＫ出版　一九九六年
(34) 大橋力『音と文明』岩波書店　二〇〇三年
(35) 能登志雄『気候順応』古今書院　一九六六年
(36) 和辻哲郎『風土』岩波書店　一九三五年
(37) 安田喜憲『一神教の闇』ちくま新書　二〇〇六年
(38) 安田喜憲『稲作漁撈文明』雄山閣　二〇〇九年

第二章

照葉樹林文化論と農耕起源論

1　照葉樹林文化の誕生

(1) 百年後にも残る学問への憧憬

今から七〇年以上前の一九三四年〜三五年、中国東北部から北朝鮮にまたがる白頭山《はくとうざん》へ遠征が行われた。

隊長は今西錦司、副隊長は、西堀栄三郎だった。京都学派のフィールド科学の出発はこの時にはじまったと私は見なしている。

京都学派のフィールド科学

今西錦司先生[※1]は、もともとはカゲロウの研究をされていた。西堀栄三郎先生は、地球物理学者で、のちに南極観測をはじめた人である。このお二人が、おそらく野外でのフィールド科学を最初にはじめられたパイオニアであろう。

梅棹忠夫、吉良竜夫、川喜田二郎、藤田和夫らの諸先生も、若き隊員としてともに参加された。

梅棹忠夫先生は、国立民族学博物館を創設され長らく館長を務められた人である。

吉良竜夫先生は、滋賀県に琵琶湖研究所を作られて、初代の所長になられた。

川喜田二郎先生は、東京工業大学教授・筑波大学教授を歴任されカード式のフィールド科学のデーター整理法ＫＪ法を考案された。

藤田和夫先生は六甲山が、過去一〇〇万年の間に一〇〇〇ｍも上昇したという六甲変動を発見された方である。

そういう人々が中心となって、隊長に今西先生を担いで、一九四一年に、南太平洋のポナペ島、※2一九四二年には大興安嶺《だいこうあんれい》の調査※3に行っている。

これが、いわゆる京都学派のフィールド科学が本格的にサイエンスとして出発するはじまりだったと考えていいのではないかと思う。

京都学派というと、西田幾多郎など哲学の一派を思いがちだが、私達から見ると探検部と深い関係があった京都大学農学部のフィールド科学が、一つの大きな学問の流れを作っていったと思う。最近では今西錦司先生を頂点とするフィールド科学とともに、桑原武夫先生や上山春平先生そして梅原猛先生に繋がる人文社会系の学問の伝統もひっくるめて、「新京都学派」と呼ぶらしい。※4梅棹忠夫先生が創設された国立民族学博物館とともに、梅原猛先生が創設された国際日本文化研究センターも、京都大学人文科学研究所の流れをくむ「新京都学派」の学問の伝統の上にある。今西錦司先生の学問とともに、梅原猛先生の学問が「新京都学派」の根幹を形成する学問の重要な潮流であるように位置づけられている。※4今西錦司先生にあこがれ、梅原猛先生の指導をうけた者としては、うれしい限りである。私のごとき者も、「新京都学派」の末席に参加させていただき、思うぞんぶん研究をさせていただけたことに深く感謝している。

京都学派のフィールド科学には、これらの方以外にも、霊長類研究所を作られた河合雅雄先生、※6

京都学派フィールド科学の出発

- 1934－35　白頭山遠征
- ・隊長　今西錦司　副隊長　西堀栄三郎（京都一中山岳部）
- 1941年　ポナペ島遠征
- 1942年　大興安嶺探検
- ・隊長　今西錦司　副隊長　森下正明
- ・梅棹忠夫（動物）　吉良竜夫（植物）　川喜田二郎（地理）　藤田和夫（地質）伴豊（地理）　中尾佐助（農学）　本野洋一（地球物理）ほか立命館大学・京都工芸繊維大学の学生
- ・河合雅雄（サル学）　飯沼二郎（農耕文明論）

図3－1　京都学派フィールド科学の出発（安田喜憲原図）

あるいは西洋と東洋の農業の在り方、麦作農業と稲作農業の相違から農業の在り方を比較し、中耕農耕論を提唱された飯沼二郎先生[※7]など多くの研究者がいらっしゃる。素晴らしい学問の伝統が、京都大学にはあり、現在でも田中克先生[※8]をはじめとする先生方も、もちろんこういった先輩に負けず劣らず素晴らしい業績をたくさんあげておられる。私達が学生時代にあこがれた京都大学の学問の伝統は、こういう人々が作り上げたものだった（図3―1）。

ここでご紹介するのは、そうした綺羅星《きらぼし》のような研究者の中で、農学部出身の中尾佐助先生についてである。梅棹先生、吉良先生、川喜田先生、河合先生――これらの先生方の学問の一つを紹介するだけでも、一冊の本が書ける。そこで、私の分野にもっとも近い先生として、農学部出身の中尾佐助先生のご研究の一端を紹介したいと思う。

カカニの丘での発想

一九五二年のことである。敗戦後の日本がようやく世界に向かって国威を発揚しようとする時代に、マナスル登山が計画された。日本山岳会がマナスル遠征隊を組織した。その時の隊長が今西錦司先生で、中尾佐助先生はマネージャー役として同行した。

かつて登山とは、国の経済力や国威の発揚を担うものであった。中国や韓国もエベレスト登山を国家の威信をかけて行った。一九五二年のマナスル遠征は、まさに戦争に負けた日本が、その復興を世界に示すシンボルにもなった。

図3―2　ネパール、カトマンズ盆地と照葉樹（右下）。2015年4月25日午前11時56分（ネパール時間）頃、カトマンズはM7.8の巨大地震に襲われた。お世話になった人々は無事だろうか

遠征隊の予備調査が終わり、三カ月の長きにわたった旅から帰る時になって、今西先生と中尾先生は、ネパールのカトマンズ盆地（図3―2）を見下ろすカカニの丘の上で夕暮れに談笑した。

ようやく予備調査を終えて、三カ月後に山から戻ってきた。その時のことを、中尾佐助先生[※9]はこう書いている。

「ちょうど十二月の終わり近く、長いヒマラヤの旅がようやく終わりになり、明日は首都のカトマンズに入るという最後のキャンプは、盆地カトマンズを見下ろす山の峠にあるカカニという丘の上だった。明日は三カ月ぶりに、電灯もつき、飛行場もあり、風呂にも入られる文明の中に入っていくという日、私は今西錦司さんと、夕暮れの一刻、カトマンズの街の電灯の灯が見え始めた頃、芝生の上で話し合っていた。長い、はじめてのヒマラヤの旅で、見たり聞いたりしたこと

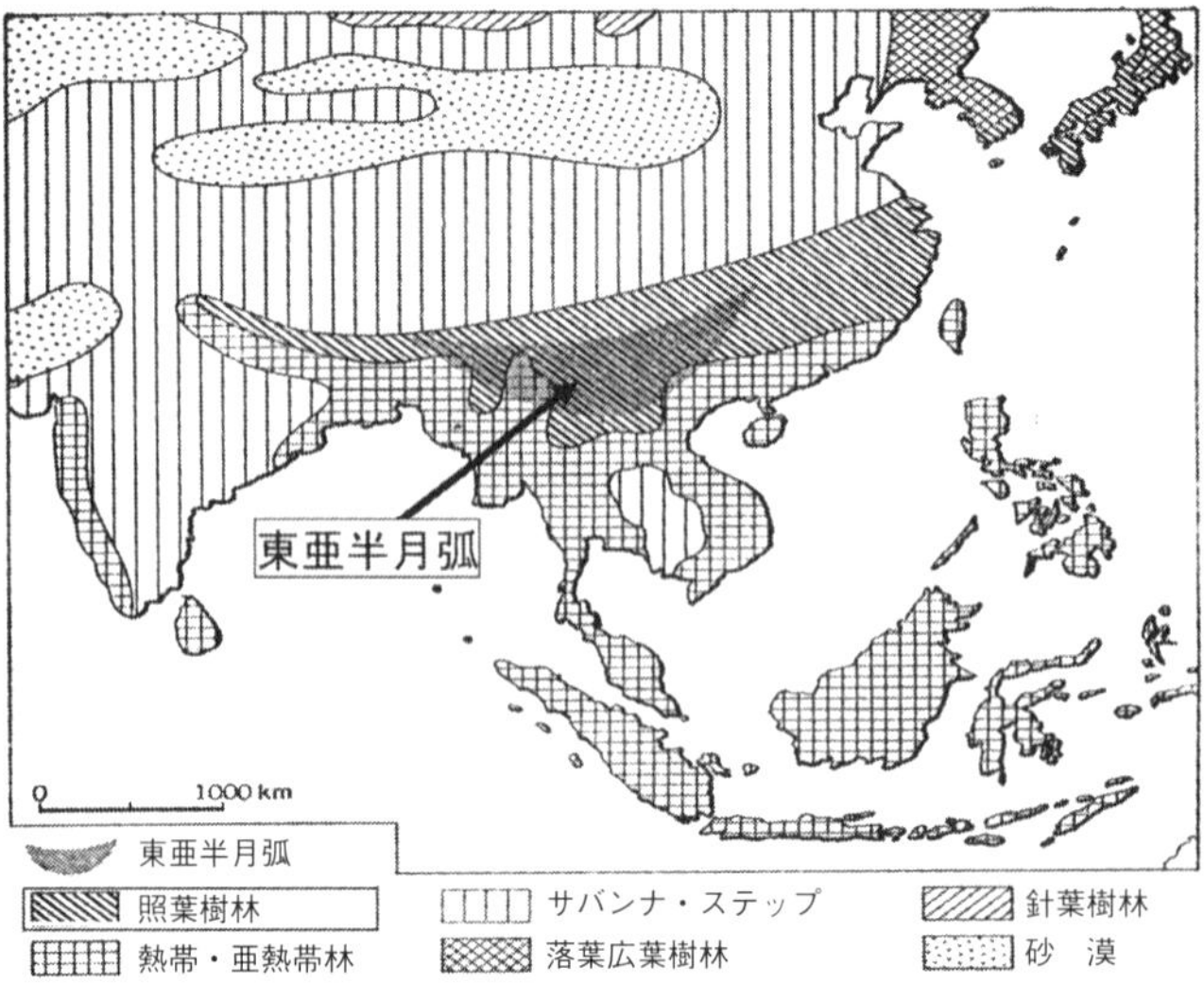

図3―3　照葉樹林の分布と雲南省を中心とする東亜半月弧の提唱（佐々木、1982）[※14]

はいろいろある。カトマンズの盆地を取り囲んだ山々は、だんだん暗くなっていく。その山々の相当の部分が、もくもくとした森林になっているのが遠望できた。歩き始めた頃には、まるでわからなかったその森林は、三カ月経ってみるとよくわかってきていた。常緑のカシ類を主体とした照葉樹林なのだ。それは、日本の南半分に見られる照葉樹林と、植物の種類構成も森林の生態的構成もほとんど共通している森林である。二人の意見は、ぴたりと一致した。そして、考えてみるとヒマラヤの中腹のネパールの照葉樹林は、東部ヒマラヤ、雲南省、湖北省、浙江省、九州、日本本土南部へとずっと連なっているのだ」（中尾、一九七六）[※9]。

照葉樹林とは、カシ類やシイ類さらにはクスノキやタブノキの森のことである。これらの樹木の葉の表面はクチクラ（角皮）層に覆われていて、テカッと光る（図3―2右下）ことから名づけられた。

カカニの丘に立ち、ふと足元を見ると常緑の広葉樹がある。「これは、日本のカシやシイから構成されている照葉樹林と同じではないか」ということを、中尾先生はその時発見された。カトマンズ盆地における森の生態系は、実は中国の長江流域を通って、日本列島にまで連なっている（図3―3）。この発見が後に「照葉樹林文化論」という壮大な文明論を生み出す出発点となったのである。

今西錦司先生の生き方

私があこがれたのは、この「照葉樹林文化論」と、今西錦司先生の生き方だった。

今西先生は、五〇歳近くまで無給の講師で、大学から給料をもらうことなく学問を続けられた。この今西先生の生き方に、一五年近くも恵まれない、日の当たらない助手生活を送っていた私は共鳴した[※5]。「それくらいのエネルギーがなければ、百年、いや千年後にも残るような学問はできない。やはりどうせやるなら百年、千年でも残るような学問をやってやろう。今は苦しくてもかならず理解される時が来る」。そう私も信じて生きて来た。

現在は少子化で大学までが倒産する時代になり、学問で生きようとする若い人たちは、なかなか研究者として恵まれた就職先も見つからないが、「いつかはかならず努力が報われる日が来る」、そう信じてがんばって生きてほしい。今西先生の学問はもちろんのこと、中尾先生達が打ち出した「照葉樹林文化論」も、おそらく百年、千年後も残る学説であると思う。どうせ一生をかけてやるのなら、百年後でも千年後でも残る学問をやる必要がある。

読者の皆さんの中には博士課程に進学して、研究者になることを目指している人もいるだろう。私は、学者になる時には、誰かにあこがれることが大切ではないかと思う。皆さんの指導教官の先生でもいい。誰でもいい。自分が目指そうとしている先生とその学問にあこがれるということが大切である。若いうちは、一つのあこがれを持つことが大事なのではないか。私があこがれたのは京都学派のフィールド・サイエンスを開拓された諸先生方であった。

(2) 世界ではじめての「森林環境文明論」

森が文化を創造する

カシ類やシイ類それにタブノキやクスノキの照葉樹の森を背景として、独特の文化が生まれたと中尾佐助先生は指摘した。

それを最初に指摘したのが、一九六七年に、中尾先生が発表された「農業起源論[※10]」においてであった。それは、今西錦司先生の還暦の記念論文集の中の一論文として、吉良竜夫先生、森下正明先生が編集されて、中央公論社から出版された。そこではじめて、中尾先生は「照葉樹林文化」という用語を使っている。

「照葉樹林文化」——そんな言葉を、今まで使用した人はいない。つまり、「文化とは人間が作るものである」という認識がそれまでは根強かった。ところが、照葉樹林文化というと「森が文化を作る」

と言っているわけである。中尾先生は「カシ類やシイ類の森が文化を作る」と指摘したのである。それは、今までの常識とは一八〇度違う考え方であった。

共通の森の生態系に、同質の文化がある

この中尾先生が一九六七年にはじめて提唱された照葉樹林文化論を受けて、上山春平先生、佐々木高明先生、そしてもちろんご本人である中尾佐助先生が、『照葉樹林文化』※11、『続・照葉樹林文化』※12を出版して、照葉樹林文化論は一躍有名になった。この中尾先生が照葉樹林文化論を展開されるうえで、佐々木高明先生が果たされた役割はきわめて大きい。照葉樹林文化論は佐々木高明先生と中尾佐助先生のお二人によって提案され発展させられた文化論である。

照葉樹林文化論とは、このように中尾先生と佐々木先生の独特の発想からはじまったものだが、それは「共通の森の生態系に、同質の文化がある」という説である。

それは世界ではじめての「森林環境文明論」だった。

そんな発想は、やはりヨーロッパ人にはできない。なぜなら「森と文化に深い関係があるなんて、あり得ないだろう、文化は人間が作るものだ」という発想が、欧米人のものの考え方であるからだ。

ところが、照葉樹林文化論は「森の生態系が文化の性質を規定する」という主客逆転の発想を生み出した。

それは、まさに森の民としての日本人の歴史認識、文化認識が照葉樹林文化論を生み出したのである。

こういう分野にノーベル賞はないけれども、もしもこういう分野にノーベル賞があれば、私は伊東俊太郎先生[※13]の人類文明史における五大革命説の提示とともに、日本人がもらうべきノーベル賞に値するものであると思っている。

ヒマラヤ→長江流域→西日本に広がる照葉樹林文化

照葉樹林とは、ヒマラヤから長江流域を通って西日本にまで広がる森である（図3―3[※14]）。これは、カシ類、シイ類、あるいはタブノキ、クスノキなどで構成される、常緑の広葉樹林である。この照葉樹の森の中には、共通の文化要素を持った人々が暮らしている。たとえば、納豆や餅などネバネバした食感を好み、味噌や醤油、ナレ鮨などの発酵食品を食べるというように、共通の文化要素がここにはある。

逆にミルクを飲まずバターやチーズを食べないというのも共通性である。

「カトマンズから中国の長江流域、そして西日本にかけて広がっている照葉樹林に、特有の共通した文化要素が存在する」と、中尾佐助先生[※10]と佐々木高明先生[※14]は指摘したのである。

理性中心のこれまでの文化論に反撃

「照葉樹林という共通の生態系が、特有の共通した文化を生んだ」。それは、「文化は人間が作るものだ。森の環境など関係ない」と主張してきた理性中心のこれまでの文化論に反撃を加える文化論だった。

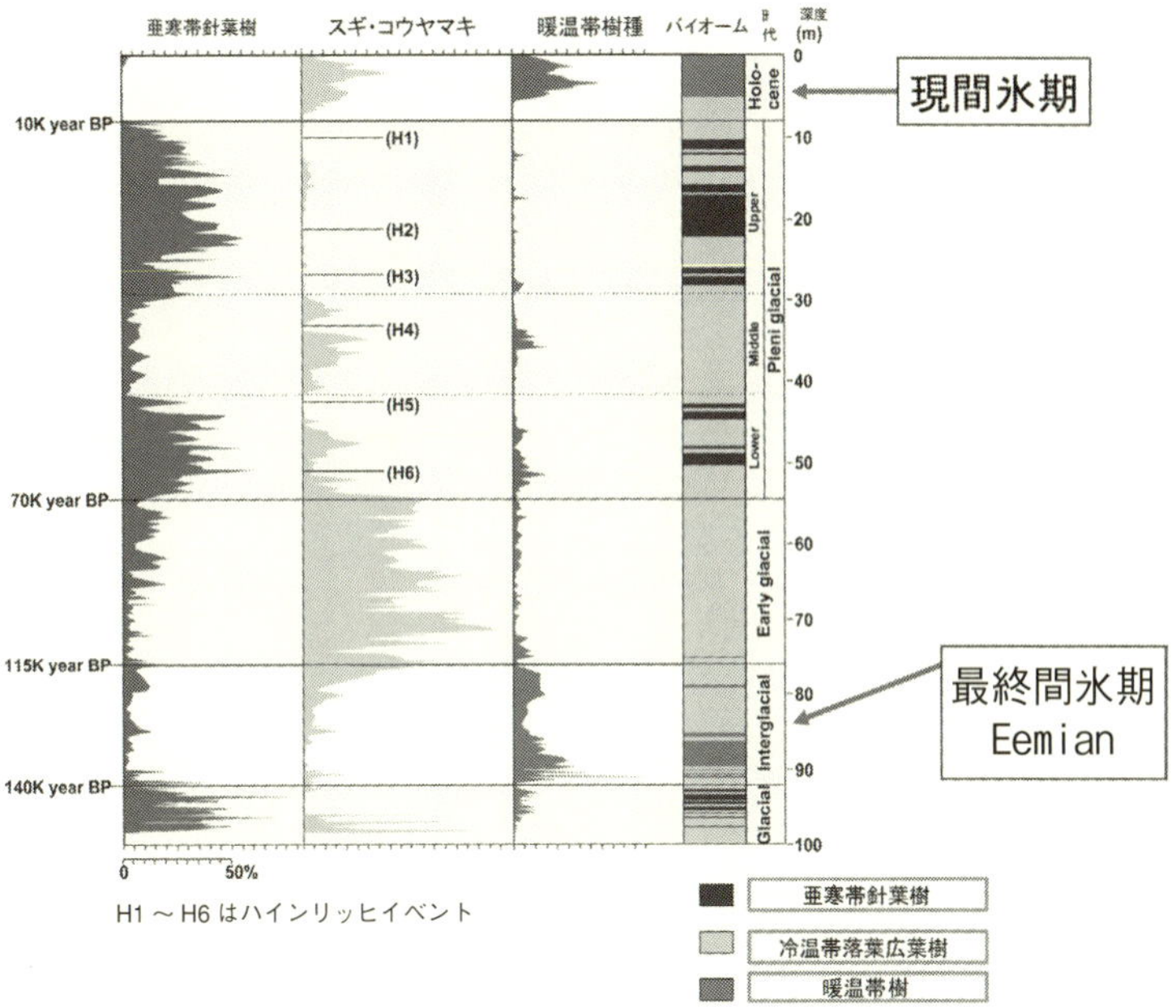

図3―4　福井県三方湖の花粉ダイアグラム（安田喜憲原図）

こうした照葉樹林文化の発展を支える舞台となった照葉樹林が、どのようにして形成されて来たかの歴史についても、最近の花粉分析の結果が興味深い事実を明らかにしている。

現代は、間氷期である。図3―4は、福井県若狭町三方湖《みかたこ》の花粉分析の結果[※15]である。

カシ類やシイ類の照葉樹林は、温暖な気候に適応した暖温帯性の森で、かつては京都盆地も、広くカシ類やシイ類の森に覆われていた。今はカシ類やシイ類の森は神社の鎮守の森に行かなければ見ることができないが、それは全部人間が切ってしまったからである。三方湖の花粉分析の結果は、その照葉樹林の破壊の事実を明白に示していた。

約七六〇〇～一五〇〇〇年前の時代に、

アカガシ亜属とシイノキ属の花粉が総樹木花粉の六〇％以上の高い出現率を示し、三方湖周辺が照葉樹林によって覆われていたことを示している。クスノキやタブノキもあったが、クスノキやタブノキの花粉は保存が悪くすぐに破壊されてしまうので、花粉分析の結果には表れてこない。

ところが約一五〇〇年前以降、人間が製塩や船の材料さらには建築材・土木用材としてこのカシ類・シイ類・クスノキ・タブノキの照葉樹林を破壊したために、二次林としてのアカマツ林が拡大して来た。

しかし、石油やガスが普及し、人間がアカマツ林の資源を利用しなくなるとともに、松枯れが進行し、現在ではふたたび三方湖周辺にはカシ類やシイ類の若木が勢力をもりかえしつつある。このことからも、現在の間氷期は、カシ類やシイ類それにタブノキやクスノキなどの照葉樹林の生育にはきわめて適した気候であることがわかる。

現間氷期は照葉樹林の生育に適していた

地球の気候は、約一〇万年の周期で氷期と間氷期を交互に繰り返している。では、一四万年前〜一一万五〇〇〇年前のもう一つ前の間氷期はどうであろうか。このもう一つ前の間氷期の時代に、カシ類やシイ類の照葉樹林が発展したかどうかというと、福井県三方湖の花粉分析の結果（図3―4）では暖温帯性のサルスベリ属などの花粉は高い出現率を示すが、カシ類やシイ類の花粉は間氷期の終わり頃に二〇％前後出現する程度である。

現在の間氷期のもう一つ前の最終間氷期を、ヨーロッパではエーミアン間氷期、日本では下末吉《しもすえよし》間氷期と言う。このもう一つ前の下末吉間氷期、エーミアン間氷期の気候は、カシ類やシイ類の照葉樹

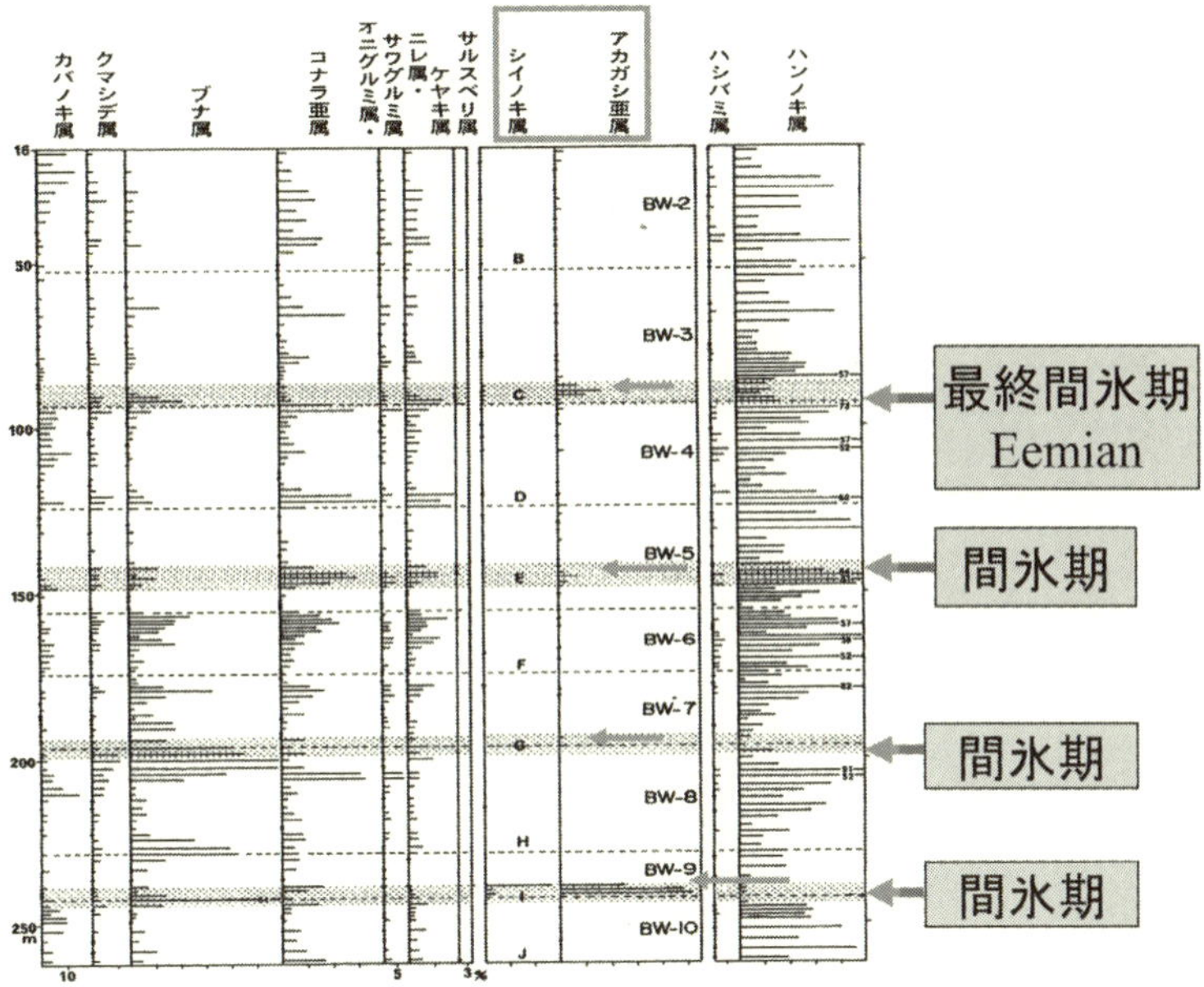

図3―5　琵琶湖の花粉ダイアグラム（三好、1994）[※16]

の森の発展には適していなかったようである。

図3―5は、滋賀県琵琶湖の晩氷期以前の堆積物の花粉分析の結果[※16]である。現間氷期の堆積物の分析結果は示されていない。ここでも最終間氷期（エーミアン間氷期）には、カシ類やシイ類の花粉が少ししか出てこない。さらにもう一つ前の間氷期では、ますます減っている。さらにそのもう一つ前の間氷期には、カシ類やシイ類の照葉樹林ほとんど出現しない。ところがさらにもう一つ前の間氷期だと、急激に増加し、五〇％以上に達しているのがわかる。

この花粉分析の結果による限り、間氷期にはいつでもカシ類やシイ類の照葉樹林が拡大するわけではないことがわかる。間氷期には照葉樹林の拡大に適した間氷期と、そうでない間氷期があるようである。

もちろん、花粉分析の間隔が粗いため、カシ類とシイ類が高い出現率を示す層準が抜け落ちている可能性も十分あるが、気候が暖かければ、カシ類やシイ類の森が増えるというわけではないようである。やはり、カシ類やシイ類の照葉樹の森が増えるためには、それなりの気候条件、土壌条件が必要なのである。

現間氷期（一万一五〇〇年前～一万一七〇〇年前の間にはじまる）は、まさにそういう面では、カシ類やシイ類の照葉樹の森の発展にまことに適応した気候条件を持っていることになる。それ以前の間氷期は、カシ類やシイ類の照葉樹の森には、必ずしも適していなかった。最も適したのは、四つ前の間氷期である。この四つ前の間氷期には、確かにカシ類やシイ類の花粉が多産した。この時代は現間氷期と似たような気候条件があったことになる。しかし、それ以降、現間氷期までの三つの間氷期には、ほとんどカシ類やシイ類の森はなかったのである。

ホモ・サピエンスの進化と照葉樹林

私達の直系の祖先である現代型新人ホモ・サピエンスは、約二〇万～一五万年前に誕生した。ホモ・サピエンスが約二〇万年前に誕生してから体験した間氷期の中で、照葉樹林が発展できたのは、まさに現間氷期のみである。

一四万～一一万五〇〇〇年前の、ヨーロッパではエーミアン間氷期と呼ばれるもう一つ前の最終間氷期には、カシ類やシイ類の森はあまり発展することができなかった。現代型新人が二〇万～一五万年前に誕生してから現代にいたるまで、その脳容積は、ほとんど変わらないと言われている。したがって、もう一つ前の最終間氷期（エーミアン間氷期）でも、現代型新人ホモ・サピエンスは文明を発展させてもよかったはずである。しかし、なぜか現代型新人は、最終間氷期（エーミアン間氷期）では文明を発展させることができず、その後、一〇万年近い氷河時代（図3―4）を経て、今から一万一五〇〇～一万一七〇〇年前にはじまる、現間氷期においてはじめて、文明を手にすることができたのである。

この、現間氷期においてのみ人類が文明を手にすることができた背景には、言語の獲得などのホモ・サピエンスの進化とともに、カシ類やシイ類の照葉樹の森の発展に適したという気候条件が、どこかで深くかかわっていたと、私は考えている。

（3）現間氷期でのみなぜ文明が誕生したのか？

ホモ・サピエンス誕生の時代は激しい気候変動の時代だった

現代型新人ホモ・サピエンスが誕生した二〇万～一五万年前の地球はどんな時代だったのか。それが、福井県三方湖の花粉分析の結果（図3―4）から明らかとなった。

現代型新人ホモ・サピエンスが誕生した時代、二〇万～一五万年前という時代は、リス氷河期の後半にあたる時代である。花粉分析をして、私も本当に驚いた。スギ属の花粉が、ある時は九〇％と大量に検出されたかと思うと、突然、なくなる。そして、また一〇〇〇年くらい経つと大量に出て、また突然なくなる。スギは、雨の多い所に生育する。スギが多い時代は多雨、少ない時代は乾燥気候を示す。激しいスギ属の花粉の出現率の変化は、乾湿の激しい変動がこの時代にはあったということを示していると私は考えている。

雨がものすごく降ったかと思うと、突然、降らなくなる。そうしたことが約一〇〇〇年くらいの間隔で交互に引き起こされた。そしてリス氷河期の末期にはまったくスギ属の花粉は出現しなくなる（図3―4）。著しく乾燥し寒冷な時代が到来した。その激しい気候変動の時代に、現代型新人ホモ・サピエンスが誕生しているのである。

世界ではじめて明らかにした間氷期の長さ

その現代型新人ホモ・サピエンスが誕生した後、最終間氷期（エーミアン間氷期）の温暖期がはじまる。今までは、間氷期は約一万年間継続すると言われていた。現在の私達が生きている現間氷期も、一万一五〇〇～一万一七〇〇年前にはじまっているから、もうそろそろ間氷期は終わりつつあるというのがこれまでの定説だった。

ところが、福井県三方湖の花粉分析結果では、最終間氷期（エーミアン間氷期）は一四万～一一万五〇〇〇年前、つまり、二万五〇〇〇年もの間連続していたことがわかった（図3―4）。間氷期はもっと長いということを、私達は世界ではじめて明らかにした。

二〇万～一五万年前に誕生した現代型新人ホモ・サピエンスは、なぜもう一つ前の最終間氷期（エーミアン間氷期）では、文明を誕生させることができなかったのであろうか。

後期旧石器革命

一五万年前には確実に現代型新人ホモ・サピエンスは誕生しており、以来、現代型新人ホモ・サピエンスの脳容積が、時代が進むにつれてどんどん大きくなっていったという証拠はない。そこでは脳の容積よりも神経伝達回路の発達が注目されている。

ホモ・サピエンスは言語を七万～五万年前の亜氷期の寒冷期に獲得し、三・五万～三万年前の最終氷期最寒冷期に突入する時代に、一つの石核から大量の石器を作ることができるようになった。これは「後期旧石器革命」と呼ばれる技術革新である[※17]。こうした技術革新は、脳の神経伝達回路が発達した結果であり、さらにその技術を発達させる要因であったと見なされる。

注目されるのは、こうした現代型新人ホモ・サピエンスが新たな技術革新を成し遂げる時代が、いずれも最終氷期の中の気候悪化の地球環境が激変する時代に相当していることである。

人類は激動の晩氷期に農耕革命を成し遂げる

かつて私は、ネアンデルタール人が絶滅し、現代型新人ホモ・サピエンスが発展できる契機は、最終氷期最寒冷期に向かう気候悪化にあったという説[※18]を提示した。ホモ・サピエンスは最終氷期最寒冷期を生き延びる技術を獲得し、ネアンデルタール人はその寒冷気候に適応できずに絶滅した。

そうしたホモ・サピエンスの最終氷期最寒冷期の寒冷な気候に適応するための技術革新が、一つの

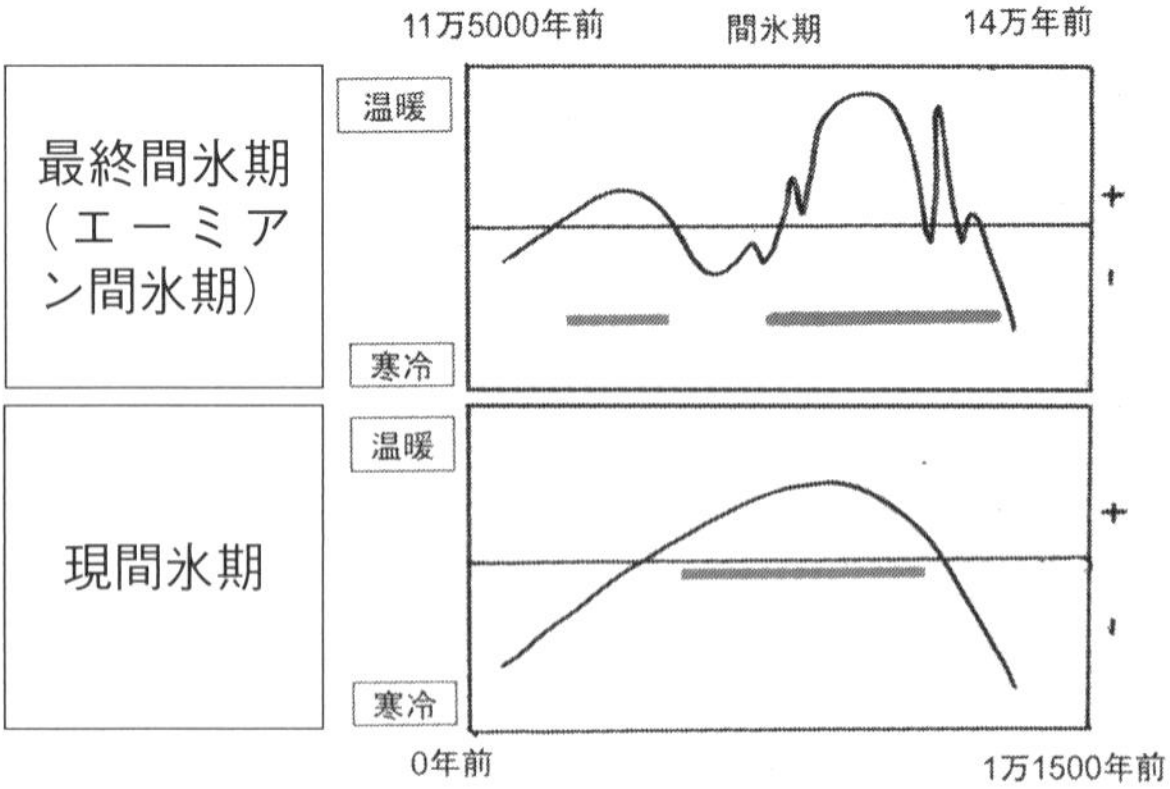

図３―６　エーミアン間氷期（上）と現間氷期（下）の気候変動の模式図（安田喜憲原図）

石核から大量の石器を作り出す技術革新であった。たしかに、ネアンデルタール人も石器作りの名人だったが、彼らは一つの石核から一つの石器しか作れなかった。ホモ・サピエンスは、一つの石核から大量の石器を作り出す技術革新を、最終氷期最寒冷期に突入する気候悪化の時代に成し遂げた。

そして最終氷期最寒冷期から現間氷期の温暖期に移行する激動の晩氷期に、ホモ・サピエンスは農耕革命を成し遂げることによって、現間氷期における文明の発展をもたらす契機を作り出した。

不安定だった最終（エーミアン）間氷期

しかし、なぜもう一つ前の最終間氷期（エーミアン間氷期）で、現代型新人ホモ・サピエンスは大きな飛躍を遂げることができなかったのか。しかも、最終間氷期（エーミアン間氷期）は二万五〇〇〇年もの間、続いたのにである。なのになぜ、現代型新人ホモ・サピエンスは文明を誕生させることができなかったのか。

最終間氷期（エーミアン間氷期）の環境の背景をさらに詳細に調べてみた。すると、最終間氷期（エーミアン間氷期）には、温暖な時代がたしかにあることはわかるが、温暖な時代と寒冷な時代が何度も入れ替わっていて、後半は冷涼であったことが判明した（図3―6）。

一方、現間氷期を見ると、非常に安定した温暖な時代が過去一万一五〇〇～一万一七〇〇年の間継続して来た。これに対して最終間氷期（エーミアン間氷期）の気候は、一気に温暖化するけれど、また寒くなり、そして再び温暖化するというようにきわめて不安定な気候だったことが明らかとなった。

もしかすると、これから気候変動期に入るのかもしれないが、少なくとも最終間氷期（エーミアン間氷期）に比べて、現間氷期の気候はたいへん安定していることがわかった。

おそらくこの安定した気候条件が、現代型新人ホモ・サピエンスに文明を発展させることを可能にしたと思う。

現代の私達は文明を謳歌し、地球を支配し、自然を支配し人間の王国を作ることに成功している。だがそういう文明を誕生させることができたのは、現間氷期の気候がきわめて安定しているという条件によってはじめて可能であったのではあるまいか。

現代型新人ホモ・サピエンスは変動する地球環境に適応する中で、新たな技術革新を成し遂げ、生き延びるための知恵と技術を獲得していった。その技術革新が脳内の神経伝達回路の発達によってもたらされたとしても、その神経伝達回路の発達をもたらす契機は、やはり地球環境の変化にあった。

しかし、今、私達はその現代型新人ホモ・サピエンスに刺激を与え文明を育んだ、安定した現間氷期の気候を、自らの手によって改変し、気候を不安定化させ、地球温暖化という危機を自らの手で招来させつつあるのである。

なぜ最終氷期の晩氷期でのみ農耕が誕生したのか？

最終間氷期（エーミアン間氷期）の気候は不安定だった。これに対して、現間氷期の気候は非常に安定的であったという気候的なバックグラウンドがあった。しかし、人類が文明へ突き進むか突き進まないかという分かれ道を生み出したのは、農耕の誕生であった。人類が農耕を手にしなければ、文明は誕生し得なかった。

リス氷期から最終間氷期（エーミアン間氷期）に向かう晩氷期にも、最終氷期最寒冷期から現間氷期に向かう晩氷期と類似した気候変動が存在したことが、三方湖の花粉分析の結果[※15]から明らかになっている。なのに現代型新人ホモ・サピエンスは農耕をはじめていない。

気候が温暖化しても、現代型新人ホモ・サピエンスの社会は、依然として狩猟採集社会の中にあった。最終氷期最寒冷期から現間氷期の温暖期に移行する一万五〇〇〇年前から一万一五〇〇〇年前の間の激動の晩氷期でのみ、ホモ・サピエンスは農耕革命を成し遂げることによって、現間氷期における文明の発展をもたらす契機を作り出した。ではなぜ最終氷期最寒冷期から現間氷期の温暖期に移行する激動の晩氷期でのみ、農耕が誕生したのか。

農耕の開始こそが、現代文明繁栄への出発点であることは疑いない。農耕を人類がはじめなければ、今日のような文明の展開はあり得なかった。

ではなぜ現代型新人ホモ・サピエンスは、最終氷期最寒冷期から現間氷期への移行期の晩氷期でのみ、農耕をはじめることができたのであろうか。

2　稲作農耕の起源地を新たに発見

(1)　稲作の起源地は長江中下流域

長江の森に住む短頭の人々が農耕をはじめた

図3―7は、最終氷期最寒冷期の東アジアの古地理図である。[※19] 海面が現在よりも一〇〇m以上低いので、台湾は大陸と陸続きだったし、対馬暖流は、もちろん日本海に入ることはできなかった。津軽海峡は三本の氷の橋で北海道と本州を繋げていた。長江の海岸線は、五〇〇km以上も沖合にあって、沖縄と接していた。

図3―7に示すように、当時の中国東北部は、乾燥し草原が広がっていた。乾燥した草原には長頭の人が住んでいた。

これに対して、長江よりも南から日本列島にかけては、森の生態系が広がっていた。そこには、短頭の人が住んでいた。沖縄の港川原人《みなとがわげんじん》がまさにそうであるが、ジャワからもワジャク人という短頭の人達が発見されている。こうした森の中やその周辺で暮らした短頭の人々が、農耕をはじめるのである。

森の中に定住し、森の中の植物資源を上手に利用できるノウハウを持った短頭の人が、東アジア最

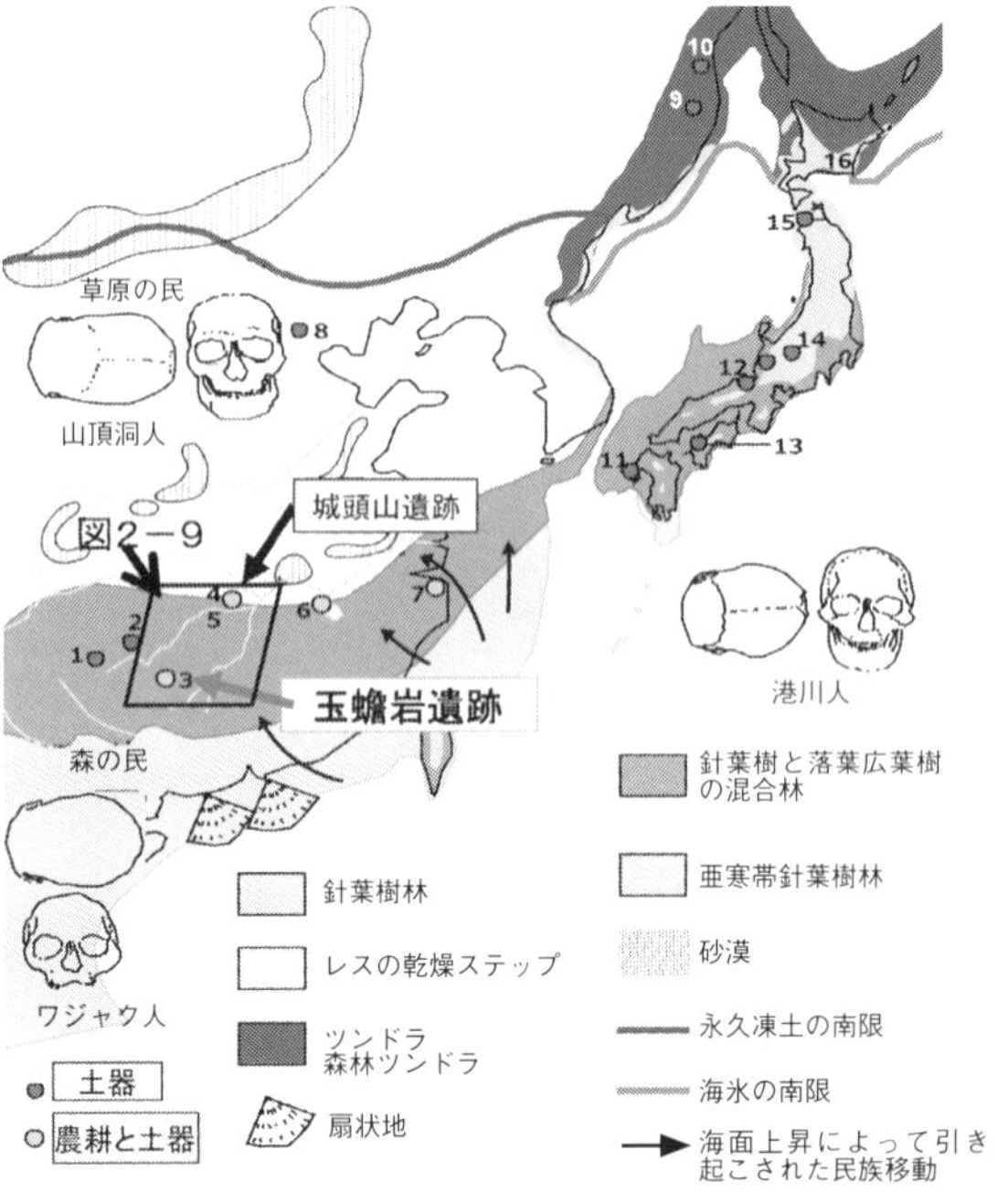

図3―7　2万ー1.6万年前頃の東アジアの古地理と最古の土器と農耕遺跡（Yasuda、2002に追加）※19
1：広西省柳州大龍潭遺跡　2：広西省桂林廟岩遺跡　3：湖南省玉蟾岩遺跡　4：湖南省八十垱遺跡　5：湖南省彭頭山遺跡、城頭山遺跡　6：江西省万年県仙人洞遺跡、吊桶環遺跡　7：浙江省河姆渡遺跡　8：河北省虎頭梁遺跡　9：ロシア・フーミ遺跡　10：ロシア・ガーシャ遺跡　11：長崎県福井洞窟遺跡　12：福井県鳥浜貝塚　13：愛媛県上黒岩遺跡　14：長野県下茂内遺跡　15：青森県大平山元遺跡　16：北海道大正3遺跡

古の農耕革命の担い手だった。

図3―8が最古の農耕遺跡の一つと見なされている湖南省玉蟾岩《ぎょくせんがん》遺跡である。

この洞窟に住んでいた人々が、一万年以上前から原始的な稲作を行っていたと見なされているのである。玉蟾岩遺跡の、にょきにょきと林立した地形は、タワー・カルストと呼ばれる石灰岩地形である。タワー・カルストの洞窟が一軒の家のようになって、そこで暮らした人々が、目の前にあった石灰岩の凹地（ドリーネ）周辺に生育していた野生イネを栽培化したのではないかと見なされている。

ただ、玉蟾岩遺跡から明らかに栽培型の稲籾が出土しているのだが、その年代測定値にはまだ疑問が残っている。なぜならそれは稲籾そのものの年代測定値ではないからである。その年代は、稲籾を出土した土壌中に含まれる炭片の年代なのである。

図3—8　中国湖南省玉蟾岩遺跡、中央のタワー・カルストの洞窟に居住した人々がドリーネの低湿地で稲作をはじめた（竹田武史撮影）

長江中流域の人々が食料危機に直面

なぜ長江中下流域が最古の稲作農耕の起源地となり得たのであろうか。

長江中下流域の湖南省洞庭湖《どうていこ》周辺は、最終氷期最寒冷期に、広大なレスの平原と草原が広がり、そこは、旧石器時代人にとって狩猟適地であった。洞庭湖周辺と洞庭湖に流入する沅江《げんこう》流域には多くの旧石器時代の遺跡が集中し、高い人口圧があったことがわかっている（図3—9）[※20]。

しかし、一万五〇〇〇年前以降の地球温暖化によって、乾燥した草原に生育するウマやバイソン・オーロックスなどの大型哺乳動物が、草原の湿原化・気候の湿潤化と森の拡大の中で姿を消していった。

ヨモギやイネ科植物の生える乾燥した草原にかわっ

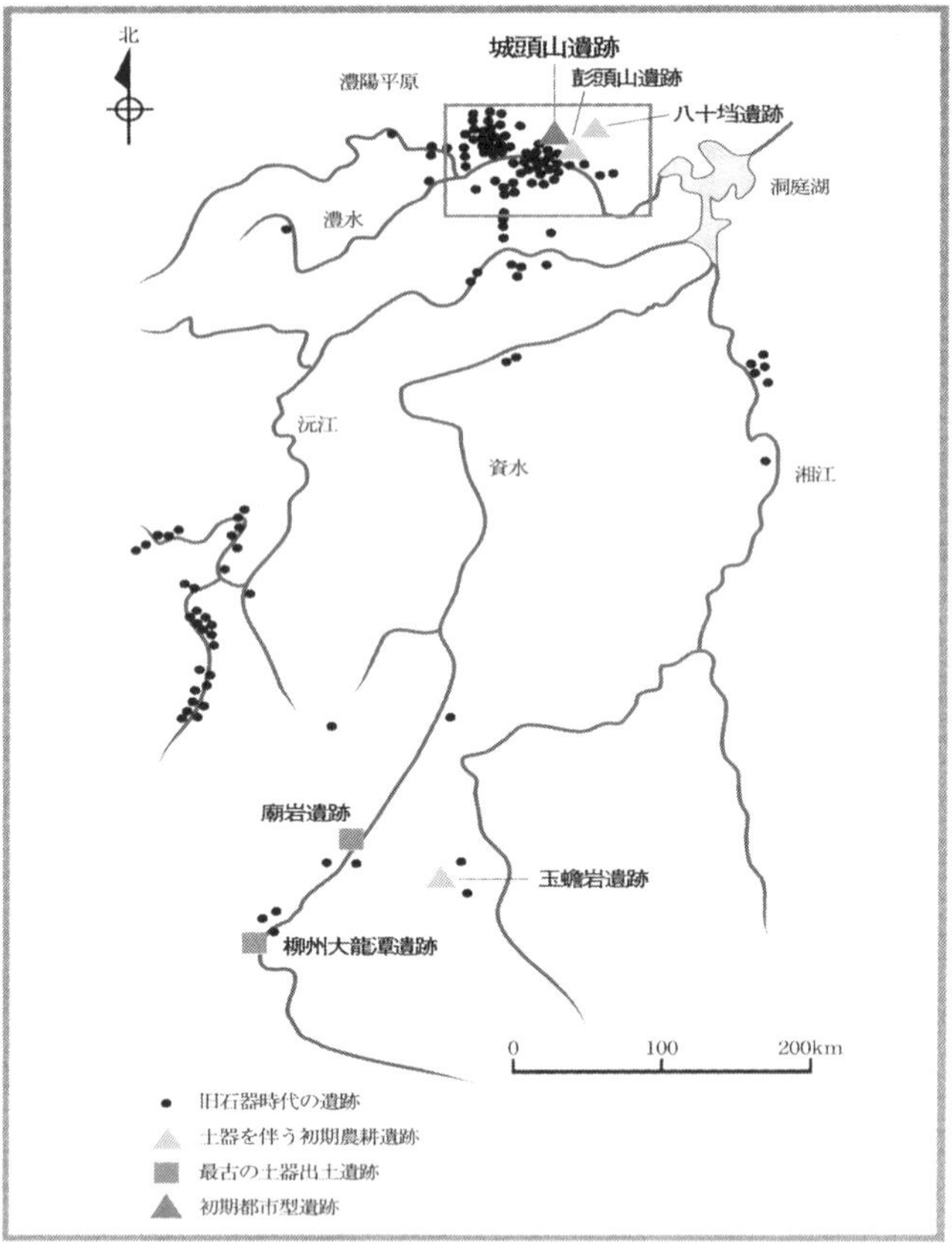

図3—9　湖南省の旧石器時代の遺跡分布と最古の土器と農耕遺跡（梅原・安田、2004）※20

て、スゲ類やコケ類の生育する湿地草原が広がり、カバノキ属やハシバミ属の広葉樹やマツ属やトウヒ属の針葉樹の森が拡大してきた。

食料となるヨモギ属やイネ科植物の生える乾燥した草原が、湿生草原や森に変わることによって、これらの大型哺乳動物は食料を失った。さらに地球温暖化にともなう気候の湿潤化は、冬の雪の量を増大させた。積雪量の増大は、草原を雪で埋め尽くし、冬の食料の獲得を困難にした。

マンモスは一万五〇〇〇年前に、このモンスーンアジア南部の大草原からまず姿を消していった。その大型哺乳動物を主たる食料としていた草原のビッグチーム・ハンター達の多くは、一万五〇〇〇年前の地球温暖化と環境の激変によって、食料危機に直面することになった。

（2）野生イネが栽培イネへと一気に変換

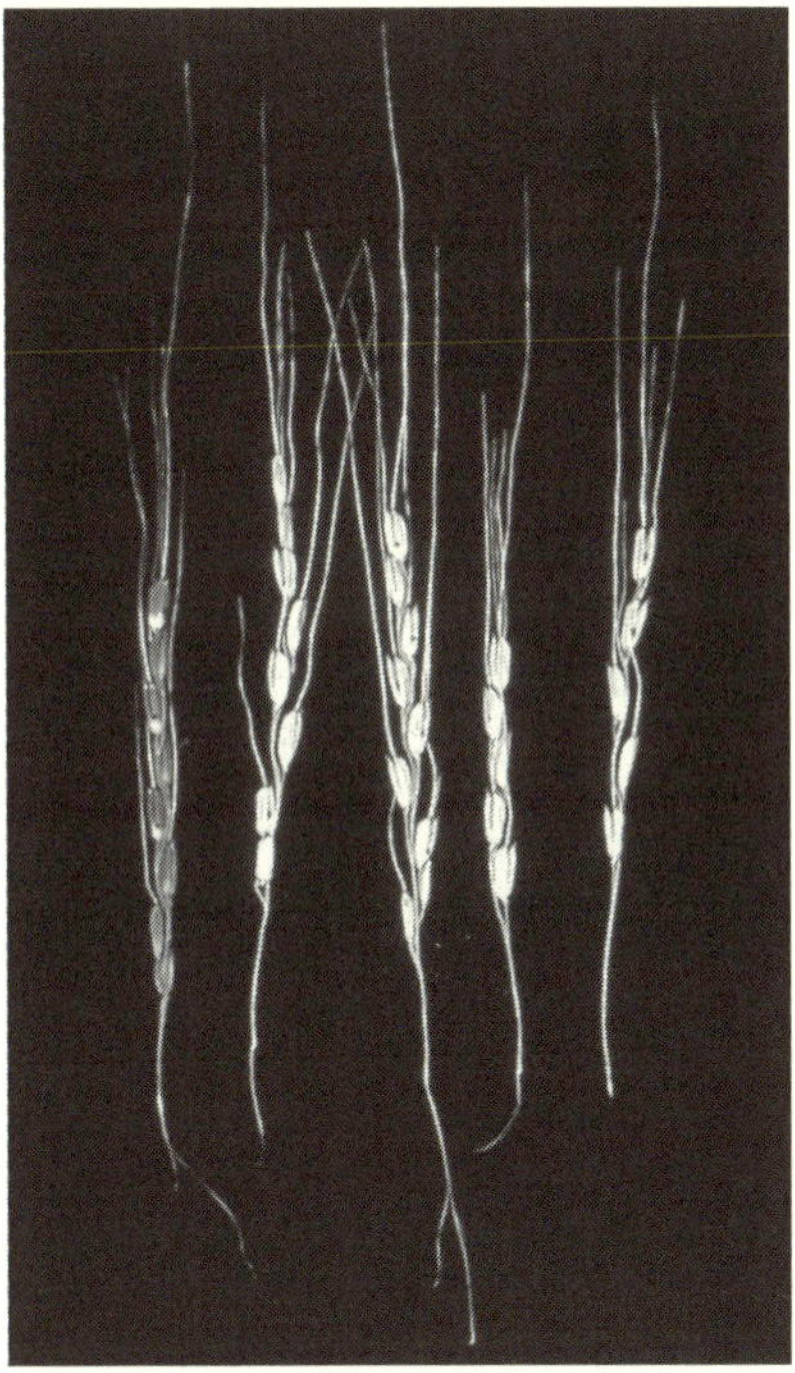

図3—10　野生イネ（*Oryza rufipogon*）（竹田武史撮影）

野生イネの生育地が北上した

とりわけ高い人口圧のもとにあった洞庭湖周辺の危機はより深刻であったと見なされる。そうしたところへ野生イネ（図3—10）が生育地を拡大して北上してきたのである。野生イネもまた北方の新たな環境に適応するために、栄養繁殖から種子繁殖へと適応戦略を遂げ、実をいっぱいつけていた。

そうした実をつけはじめた野生

イネに注目したのが、食料危機に直面していた長江中下流域の江西省万年県仙人洞遺跡や湖南省玉蟾岩遺跡に暮らしていた旧石器時代の人々であった。

新たな技術革新としての農耕がはじまるためには、ある程度の人口圧が必要である。多くの人々が食料危機に直面し、パニックに陥った時、それらの人々の中から新たな技術革新の芽をつむぎ出す人間がかならず生まれるものである。そうした人々が江西省万年県仙人洞遺跡や湖南省玉蟾岩遺跡に暮らしていた旧石器時代の人々であったのではないだろうか。

たしかに現時点においては、玉蟾岩遺跡や仙人洞遺跡の稲作の証拠は第一級の証拠ではない。江西省万年県仙人洞遺跡の一万五〇〇〇年前のイネの証拠はプラント・オパール（植物珪酸体）からの証拠である。プラント・オパールからは野生イネか栽培イネかの区別ができない。さらにすでに述べたように玉蟾岩遺跡の一万四〇〇〇年前の稲籾の年代は稲籾そのものの年代ではなく、稲籾を含む地層に含まれた炭片の年代であった。

多くの問題がまだあるとは言え、仙人洞遺跡や玉蟾岩遺跡の人々が、一万五〇〇〇年前以降、イネ（野生種か栽培種かは別にして）を洞窟内に持ちこんでいたことは、間違いない事実であった。

多年生の野生イネが一年生の栽培イネに変わる

野生イネに人手が加わることによって、種子をつけない多年生の野生イネが、種子をつける一年生のイネに変わることが、はからずも野生イネの遺伝的発質を保存していた岡彦一氏[※21]らの努力によって明らかになっていた。

生育地の北限に位置するきびしい環境の中で、野生イネ自身が多年生の栄養繁殖から種子繁殖へと生理的適応をしていたその時に、食料危機に直面していた人類の手が加わることによって、多年生の栄養繁殖の野生イネは、一年生の種子繁殖の栽培イネへと一気に転換していったのではないだろうか。

一万五〇〇〇年前の地球温暖化によって、オリザ・ルフィポゴンという野生イネが生育地を北上させた。その北上の過程で、野性イネ自身が新たな環境に適応する必要にせまられ、栄養繁殖から種子繁殖の機能を獲得し、大量の実をつけていた。オリザ・ルフィポゴンの分布地帯の北限で食料危機に直面していた人々がそれに出会った。人々が野生イネの中で突然変異によって脱粒性の少ない性質のものを選択的に選ぶことによって、稲作がはじまったのである。

人口圧も農耕への転換を促した

リス氷期から最終間氷期（エーミアン間氷期）への移行期にも、類似した環境変動が存在した。当然野生イネのオリザ・ルフィポゴンは温暖化にともなって北上したであろう。しかし、その時、決定的に異なっていたものがあった。それは現代型新人ホモ・サピエンスの人口圧である。

誕生してまだ数万年しかたっていないホモ・サピエンスにとっては、このリス氷期から最終間氷期（エーミアン間氷期）の移行期に、農耕を誕生させるだけの技術と人口圧がなかった。このため旧来の狩猟採集を継続することによって、なんとか生き残ることができたのであろう。

これに対し、最終氷期最寒冷期から現間氷期への移行期には、ホモ・サピエンスの人口圧は、食料危機と飢餓を引き起こすほどまでに増大していた。従来の狩猟採集の暮らしだけではもはや生存することがかなわなかった。その食料の危機と絶滅の危機に直面して、ホモ・サピエンスは農耕という新たな食料獲得の技術革新を行ったのである。

そして現間氷期の安定した温暖な気候によって、現代型新人ホモ・サピエンスは文明を発展させることができたのである。

3　照葉樹林文化の発展段階説

（1）照葉樹林文化のセンターは雲南省か？

照葉樹林文化はヒツジ・ヤギなど乳用家畜を持たない

照葉樹林帯には共通して存在するいくつかの文化要素ある。まず、ウルシ、コウゾ、ミツマタ、カジノキを利用する。あるいは、お茶を飲む。蚕を飼って絹を作る。それから、鵜飼いをする。ネバネバした食感を好み、納豆や餅が大好きである。また、味噌や醤油、酢、麹《こうじ》、ナレ鮨など、発酵食品を作って食べる。これらが、照葉樹林帯の共通の文化要素である。

ネバネバしたもの、お餅や納豆などが大好きで、発酵食品を作る。けれども、ミルクの利用をしないのである。私はこのミルクの香りが全然しないことに注目した。家畜の乳利用をしないのである。

ヒツジやヤギ、ウシの乳を利用して、バターやチーズを作ることをしないのである。それは石毛直道氏[※22]の乳利用の分布図に見事に示されていた。この乳利用をしない所の代表が照葉樹林文化圏なのである。

照葉樹林文化の民は、納豆や餅のようなネバネバしたもの、あるいは味噌や醤油、ナレ鮨、麹のような発酵食品にはたいへん興味を示す一方で、バターやチーズ、ミルクに対しては、一切関心を持たないのである。

この、乳利用にほとんど関心を示さず、ヒツジやヤギなどの乳用家畜を持たないことが、照葉樹林文化の大きな特色である。

それ以外の食品加工技術としては、たとえばドングリやクズ、テンナンショ、あるいはコンニャクイモなど、アクのあるもののアク抜きに関しては、水さらしの技術を用いる。また、主食はアワ、ヒエ、キビなどの雑穀とイネなどの夏作物である。

照葉樹林文化は「森と水と泥の文明」

以上が照葉樹林文化の共通の文化的要素である。そして、彼らは泥と木と水の文明を作った。これは、松本健一氏[※23]が指摘されているように「泥の文明」といってもいい。

水田は、泥の文明の象徴である。しかし、注意しなければならないことは、泥の文明はモンスーンアジアに限ったわけではなく、アフリカにもあるので、泥の文明をモンスーンアジアの稲作漁撈文明のみにあてはめることはできない。

同時に照葉樹林文化は「森の文明・木の文明」である。木を大量に使う。

そして、水田を作り、維持するためには水がいる。水を持続的に使用するためには森がいる。照葉樹林文化は「森と水と泥の文明」だった。その「森と水と泥の文明」が照葉樹林という森の生態系にぴったりと適応して存在する。これが、照葉樹林文化なのだ。

雲南省稲作起源説の根拠

中尾佐助先生達は、その後、照葉樹林文化のセンターとして、雲南省に注目した。[※12] 雲南省が照葉樹林文化のセンターであり、その一帯を「東亜半月弧」（図3―3）と名づけた。

なぜ、東亜半月弧かと言うと、西の麦作農耕地帯では、麦作農耕の発祥地として「肥沃な三日月地帯」が古くから指摘されていた。中尾先生はそれを「西亜半月弧」と呼び直し、東の照葉樹林文化のセンターを「東亜半月弧」と呼んで対応させたのである。

では、なぜ照葉樹林文化のセンターを雲南省に求めたのか。

これには、現在流行しているDNAの研究が深く関わっていた。中川原正兼氏は、雲南省が最もイネのDNAのバリエーションが大きいことを発見された。これはたしかな事実であり、そこから、N・バビロフ博士の「遺伝的形質の多様性の大きいところが、その種の起源地である」という説に即して、雲南省をイネの起源地であると想定されたのである。その雲南省稲作起源説を強力に推し進められたのが渡部忠世氏[※24]であった。

そして、雲南省が照葉樹林文化にとって重要な作物であるイネの起源地であるならば、この雲南省こそが、照葉樹林文化の故郷ではないかと考えるにいたった。

たしかに雲南省には、日本とよく似た文化的要素がたくさん残っている。雲南省では、私が小さい時に、母が作ってくれたような料理が普通に出てくる。フナと大豆を味噌で煮込んだような料理など、日本人が昔食べたものと同じものを今でも食べている。

雲南省の少数民族の村へ行くと、日本の昔に帰ってきたような気がする。私が小さかった頃の、故郷の生活と同じような生活をしている人がたくさんいる。現在の民俗的事例から「どうやら雲南省には照葉樹林文化の要素が強く残っている。日本とよく似た文化的要素があるので、照葉樹林文化のセンターではないか」ということを、中尾佐助先生達も実感されていたのであろう。

そこへ、中川原正兼氏のＤＮＡの話がやってきた。それは渡りに船の自然科学の装いをした理論だった。彼らの意見はピタリと一致して、「雲南省は照葉樹林文化のセンターである」と長い間考えられてきたのである。

しかし、この雲南省や貴州省の高原地帯に中心を持つ東亜半月弧に照葉樹林文化のセンターを置く説は、現在大きく見直される必要がある。そのきっかけを作ったのが、私達の稲作の起源に対する新たな発見だった。[※19]

照葉樹林文化の発展段階説

「雲南省が照葉樹林文化のセンターである」と見なすには、多くの疑問が出てきた。その一つの疑問が、稲作の起源論から提示された。

中　尾（1967）説	佐々木（1982）説
Ⅰ．野生採集段階 ナッツ（クリ・トチ・シイ・ドングリ・クルミ） 野生根茎類（クズ・ワラビ・テンナンショウ） Ⅱ．半栽培段階――品種の選択・改良はじまる． クリ・ジネンジョ？・ヒガンバナ Ⅲ．根菜栽培植物栽培段階 サトイモ・ナガイモ・コンニャク 焼畑（ブッシュファロー）	Ⅰ．プレ農耕段階 （照葉樹林採集・半栽培文化）
Ⅳ．ミレット栽培段階 ヒエ・シコクビエ・アワ・キビ・オカボ （グラスファロー？）　西方高文化影響下に成立	Ⅱ．雑穀を主とした焼畑段階 （照葉樹林焼畑農耕文化）
Ⅴ．水稲栽培段階 イネ水田栽培・灌漑その他の施設・永年作畑	Ⅲ．稲作ドミナントの段階 （水田稲作農耕文化）

図３―11　照葉樹林農耕文化の発展段階（佐々木、1982）[※14]

一九六七年に、中尾佐助先生が照葉樹林文化論を提示した時に、中尾先生は、照葉樹林文化には五つの発展段階があるということを指摘している（図３―11）。

第一段階は、野生採集段階。これは、クリやトチ、シイ、ドングリ、クルミなど、あるいはワラビ、クズ、テンナンショなど、野生にあるものを採集している段階。

第二段階は、半栽培段階。これも、中尾佐助先生がはじめて作られた用語である。野生採集段階と農耕段階の中間に、半栽培という段階を置いた。たとえば、クリがその典型である。青森県三内丸山遺跡の花粉を分析した結果、クリ属の花粉が全体の九〇％も出現した[※25]。つまり、三内丸山遺跡周辺の少なくとも集落の中心地から約五〇m以内に、クリの大森林がなければ、九〇％ものクリ花粉が出現することはない。三内丸山遺跡では、クリを集約的に利用していたのである。人工的にクリ林を作らなければ、九〇％もの花粉が出ることは、まずない。現在のクリ園に近い状態までクリを管理していたことが昆虫化石の分析からもわかっている。[※26]中尾佐助先生は、こうした、人間が意図的に手を加えて管理維持した状態を「半栽培」段階と呼んだ。[※27]第三段階は熱帯から亜熱帯に生育する根菜栽培植物の栽培段階がある。これは、サトイモやナガイモのようなイモ類の栽培を中心とした段階である。

そして、第四段階目にヒエ、シコクビエ、アワ、キビ、陸稲《りくとう》といった雑穀を栽培する段階がある。最後の第五段階に、やっと稲作ドミナント段階がやって来る。

照葉樹林文化にとっては、稲作がもっとも重要なはずなのに、「稲作は照葉樹林文化の発展段階の最終段階のフェイズ（様相）にある」[※12]と書いている。

照葉樹林文化のセンター

繰り返すが、雲南省に照葉樹林文化のセンターを設定するにあたって、中尾佐助先生達が重視したのは、そこがイネの起源地であるということだった。なのに、照葉樹林文化の発展段階ではイネは最終段階にしか位置づけられていない。

もしイネの起源地を照葉樹林文化のセンターとして位置づけるのなら、稲作は照葉樹林文化の初期の段階から照葉樹林文化の重要な位置を占めていなければならないはずである。

ところがこの照葉樹林文化のセンターを決める上で重要な要素になったイネは、照葉樹林文化の発展段階では最終段階にしか位置づけられていないのである。

一九八二年に、佐々木高明先生が[※14]、やはり照葉樹林文化の発展段階を論じておられるが、佐々木先生は、稲作以前の雑穀を主とした焼畑段階が、照葉樹林文化の中心であると考えた。

中尾佐助先生は照葉樹林文化の発展段階を五つの段階に区別したが、佐々木高明先生は野生採集段階に続く半栽培段階、根菜植物栽培段階を一つにして、プレ農耕段階と呼んで、四番目の雑穀栽培段階を、雑穀を主とした焼畑段階として位置づけた。佐々木高明先生は、二番目の焼畑を中心とする雑穀の栽培段階、ヒエ、シコクビエ、アワ、キビの栽培が照葉樹林文化のクライマックスであるとしている。その後に、外部のものとして稲作がやってきたのだ、という説になる（図3―11）。

中尾説、佐々木説いずれの発展段階においても、稲作は照葉樹林文化の最後の段階に置かれている。これまで、^{14}C年代測定を行って稲作の起源を調べると、中尾佐助先生や佐々木高明先生が照葉樹林文化のセンターとして設定した雲南省では、稲作の起源はいくら遡っても四二〇〇年以上前には遡らない。それ故、照葉樹林文化の最後の発展段階に稲作ドミナント段階を置かざるをえなかったのであろう。

（2）自分の足で確かめた事実が重要

東亜半月弧

照葉樹林文化のセンターを雲南省を中心とする東亜半月弧に置き、その発展段階の最終段階に稲作ドミナント段階を置くという中尾説と佐々木説は、今、大きく揺らぎはじめている。

照葉樹林文化のセンターとしての東亜半月弧を雲南省を中心とする地域に置くという重要な根拠は、そこが稲作の起源地であったからである。にもかかわらず、照葉樹林文化の発展段階においては稲作ドミナント段階は最終段階に置かれていた。

これは論理矛盾だった。

もし稲作の起源地であることが雲南省に東亜半月弧を設定する重要な根拠なら、稲作は照葉樹林文化の発展段階の初期から重要な役割を果たしていなければならないはずである。照葉樹林文化のセンターを雲南省を中心とする東亜半月弧に置くという説は、はじめから矛盾をかかえていた。

その照葉樹林文化のセンターを雲南省を中心とする東亜半月弧に置く仮説に決定的な変更をせまったのが、私達の[※19]稲作の起源についてのまったく新しい事実の発見であった。

これまで稲作は雲南省で起源したと考えられていた。なぜ、雲南省かというと、雲南省にはイネの遺伝的形質に多様性が見られたからである。遺伝子のバラエティの大きい所が、その作物の起源地であるというバビロフの仮説に従えば、当然、雲南省で稲作がはじまったことになる。

しかし、雲南省の稲作の考古学的な証拠は、いくら古く見ても四二〇〇年以上前には遡れなかった。それ故、稲作の起源はいくら遡っても、四二〇〇年以上前に遡ることはないだろうというのが、これまでの定説でもあった。

「稲作の起源は、四二〇〇年以上前には遡らない。しかも、その稲作は雲南省で起源した」ということが長らく定説になっていた。

しかし、これが学問の大きな落とし穴だった。

稲作の起源地のはずなのに冷涼

雲南省は、高原地帯である。たとえば雲南省最大の都市昆明《こんめい》の海抜は、約一八〇〇mにもなる。七月、八月に行っても、涼しいくらいで、京都のように、蒸し暑くはない。一年中、さわやかで生活しやすいのだが、海抜一八〇〇mの常春の地を稲作の起源地とすることに対して、私は昆明に到着した瞬間に「おかしい」と思った。「なぜ、こんな冷涼な高原地帯を稲作の起源地と言うのだろうか」と。

イネは、もともと亜熱帯性の植物である。それが、なぜこれほど冷涼な一八〇〇mの昆明などの雲《うん》貴《き》高原で稲作が起源したと言うのだろうか。「なぜ、中尾佐助先生や佐々木高明先生のようにフィールド・ワークを行っている人が、こんなところに稲作の起源地を設定したのだろうか」と、私は疑問に思った。

DNAから見れば、確かに雲南省は遺伝的変異が大きい所である。しかし、なぜ遺伝的変異が大きいのか。それは雲南省は、いろいろなイネの品種を持った民族が集まった民族の坩堝《るつぼ》だからなのではないか。

私[※28]が述べたように、雲南省にはいろいろなイネの品種を持った民族が四二〇〇年前以降に繰り返し流入し、それぞれの村で違った品種が栽培されていたために、イネの遺伝的形質に多様性が生まれたのではないか。

雲南省のイネの遺伝的変異は人工的なものだった

雲南省のイネの遺伝的変異は、人工的に作り上げられたバリエーションの高さだった可能性が出てきたのである。もともとの野生イネの品種に遺伝的変異が高かったわけではない。

四二〇〇年前以降に大民族移動があって、雲南省の山岳地帯にいろいろな品種を持った人々が各地から逃れて来た。逃れて来た人々が、孤立的にそれぞれの品種を守りながら栽培していたので、イネの品種に大きな遺伝的変異が出て来たのではあるまいか。

しかし、当時はそういうことはわかっていない。なのに自分の目で見たものしか信用しない中尾佐助先生や佐々木高明先生は、バビロフ博士の「遺伝的多様性の大きなところが起源地である」という仮説に立脚した中川原正兼氏のＤＮＡの分析結果を、盲目的に信用された。それが大きな誤認につながってしまったのではないだろうか。

フィールド科学をする上で重要なことは、自分が足で稼いだ事実、自分が確信を持って自分の目で確かめ、足で集めた事実、その事実に忠実になることが一番重要だ。誰がなんと言おうと、そこが基本になる。それは梅棹忠夫先生[※29]が繰り返し主張されていることでもある。

中尾佐助先生達が、もしも冷静になって、「たしかに雲南省には、照葉樹林文化の要素である伝統的な文化的要素がいくつも残っているし、ＤＮＡの分析結果も遺伝的に大きな変異を示しているが、海抜一八〇〇ｍの冷涼な所では、稲作が起源するはずがないなあ」と常識的に思えば、また違った発見があったのかもしれない。

雲南省の高原地帯が稲作の起源地にはなり得ないことは、素人考えでもわかる。どうして、素人でも発想できることが考えられなかったのか。それは、先進的な科学の装いをもった他人の分析科学のデータに迷わされたためである。

今や、ＤＮＡは生物学や農学を席巻している。しかし同時に、それだけを不用意に過信してしまった時には、大きなしっぺ返しがあるということである。

フィールド科学をするのなら、やはり自分の足で稼ぎ、自分の目で確かめ、肌で体感し、自分が集めたデータに基づいて、新しい説を立てるべきである。そうでなければ大きな失敗をすることになる。

「目の前にクスノキの大木がある」ということは事実である。そして、このクスノキのそばに神社の祠《ほこら》がある。これも事実である。このような、あるがままの自然に忠実に、あるがままの自然の秩序――これを、私は[※30]「現世的秩序」と呼んだが、この現世的秩序に忠実にものを見ること。これが、まずフィールド科学では絶対に守られなければならない鉄則である。それを忘れると、フィールド科学は大きな失敗をする。

稲作は雲南省ではなく、長江中・下流域で誕生した。[※19]その一万年以上前に誕生した稲作をベースにして、照葉樹林文化が展開したのである。したがって稲作は照葉樹林文化の発展段階の初期から深く関わっていたのである。中尾佐助先生[※10]や佐々木高明先生[※14]が指摘されるような「稲作は照葉樹林文化の発展段階の最終段階にポッと出現した」のではなく、発展段階の初期から照葉樹林文化の根幹を形成するものとして、深く関わっていたのである。

4　硬葉樹林文化論の展開

(1) ヒマラヤの気候変動や環境破壊の歴史を調査

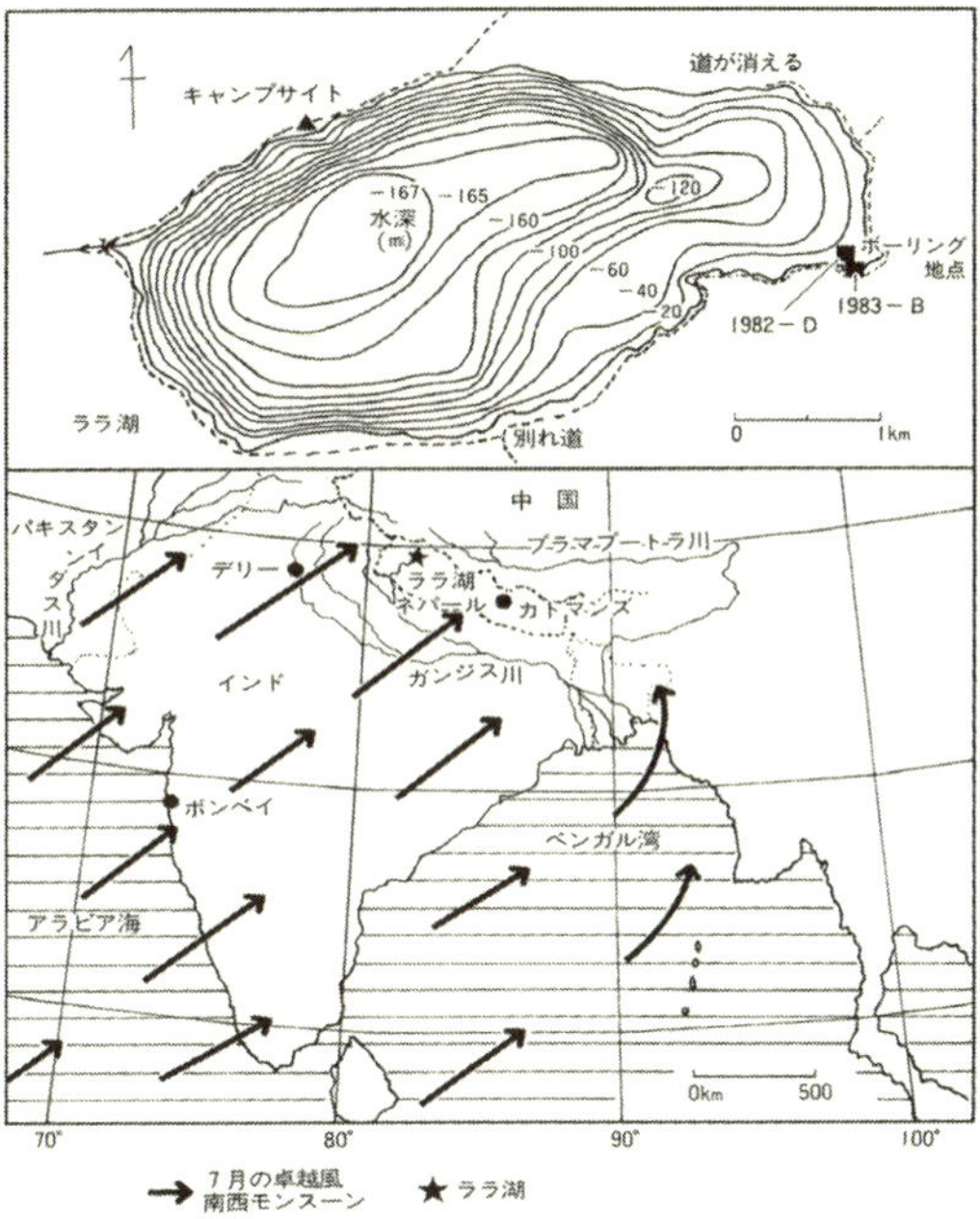

図3―12　西ネパールのララ湖の位置と等深線図（安田、1990）※31

海抜三〇〇〇mのララ湖へ

照葉樹林文化に対して中尾佐助先生※9は硬葉樹林文化論を一九七六年に提唱した。

その硬葉樹林文化の存在に私が関心を持ったのは、やはり中尾先生と同じくヒマラヤに行った時であった。なぜかユーラシア大陸の屋根ヒマラヤに登るとユーラシア大陸が見えてくる。

私がヒマラヤにはじめて行ったのは一九八二年であった。隊長田端英雄先生、副隊長氏原暉男先生のヒマラヤの

図3—13　秋風の吹く西ネパール、ジュムラの町とアフリカンミレットとシコクビエ（上）と飛行場の子供達（下）

エクスペディション（遠征）に参加させていただいたのが最初だった。中尾先生が照葉樹林文化を発想されたカカニの丘にも立って、「あこがれのヒマラヤに来たなあ」という感慨にもひたった。

　私のエクスペディションにおける役割は、西ネパールの海抜三〇〇〇mのララ湖（図3—12）に行き、湖底の堆積物を採取して花粉分析を行い、ヒマラヤの気候変動や環境破壊の歴史を解明するということであった。

大量のボーリング機器を運ぶために

ララ湖までの道のりはたいへんだった。ララ湖は海抜四〇〇〇mの峠を三つ越えてやっとたどり着くことができる西ネパールの僻地にあった。おまけに大量のボーリング機器を運んでいかなければならない。

カトマンズで日本から送った調査機器をまず通関しなければならない。調査機器が無事に通関できれば、あとは自分の努力次第でなんとでもなるが、この調査機器の通関をいかにうまくかつ早くやるかが、その後の調査がスムーズに行くかどうかの鍵となる。

無事に調査機器の通関を終え、こんどは調査機器を西ネパールの中心地ジュムラ（図3—13）まで送ることになった。しかし、カトマンズからジュムラまでの直行便はあるが、飛行機が小さすぎてとても大量の荷物を運べない。そこでいったんインドに陸路で入り、ふたたびネパール

図3—14　ララ湖に行く途中のパラガオン村の子供達。この子供達の暮らしもずいぶん良くなっていることであろう。2015年4月25日の巨大地震で、この子供達は生きているだろうか

図3—15　主食はロウテイとよばれるアフリカンミレットの粉でつくったホットケーキだった。唐辛子をつけて食べる

図3―16　35歳当時の私は元気いっぱいだった。西ネパールのララ湖へのトレッキング（上）とララ湖の湖畔（下）

に入って、ネパール・ガンジーに着き、そこからより大きな双発の飛行機でジュムラにまで調査機器を運ぶことになった。

真夜中にカトマンズ発のバスに荷物を積み込んで、デコボコ道をゆられてインド国境を通過し、ふたたびネパール・ガンジーについたのは翌日の夕暮れのことだった。しかし、飛行機は発着便数が少なく、多くの人が殺到して、予定していた便に荷物を積むことはできなかった。やむなく空港で一晩野宿することになった。翌朝、亜熱帯の朝露でびっしょりぬれた体は、たちまちのうちに強烈な太陽にさらされ、朝露は蒸発していった。双発の飛行機に調査機器を積むことができたのはその日の夕方だった。

海抜二五〇〇ｍのジュムラは高原の秋風が吹いていた。そこで一〇〇人近いポーターを集めてララ湖に向けて重い調査機器を運んで行くことになった。途中何泊もテントに泊まりながら、四〇〇〇ｍ

の峠をいくつも越えてララ湖に向かった（図3―14）。主食はアフリカンミレットで作ったロウテイ（図3―15）である。ホットケーキと言えば格好がいいが、ぱさぱさで塩で味つけしただけで、とても喉をとおらない。そこで唐辛子で唾液を出してそれを喉に押し込む。

図3―17　西ネパールの天空の湖ララ湖

距離感を錯覚した危険な選択

当時私は三五歳で元気いっぱいだった（図3―16）。誰よりも早くララ湖に到着した私は、しかし、とんでもない過ちをすることになる。

目の前に美しいララ湖（図3―17）が広がっていた。対岸にはこれからのキャンプサイトになる軍の基地が小さく見えた。道は二つに分かれていた。左の道が幅広く、明らかにここを行けば対岸のキャンプサイトにたどりつける。しかし、日はまだ高く、他の隊員ははるか後方だった。「ようしすこし遠回りかもしれないが、右の道を行ってあらかじめ湖の予備調査をしておこう」と思った私は、右の細道を歩きはじめた。しかし、それは実に危険な選択だった。

湖は大きく東に湾曲し、行けども行けども対岸に着けそうにない。だんだん日が暮れて来た。そういった場合は引き返して、もとの道に戻るのが鉄則である。私は戻るべきか進むべきか迷った。なぜなら、対岸のキャンプサイトが見えていたからである。

「このまま行けば今来た道を戻るよりは、早く着くことは間違いない」。私は前進を決断した。しかし、ヒマラヤは全体の地形が大きく、近くに見えても実はずいぶんと遠い場合がたびたびある。私は完全に距離感を錯覚していた。とうとう日が暮れて真っ暗闇になってきた。懐中電灯をとりだすと、あいにくバッテリー切れで、すぐに暗くなってしまう。おまけに新月で月明かりもほんのわずかだった。それでも細道は暗闇の中でうす白く見えたので、それをたよりに歩きつづけた。

ところが突然その細道がバッタリとなくなり、ブッシュになった。しかし、このブッシュをぬければキャンプサイトは目と鼻の先である。がんばって藪こぎをすることにした。しかし藪こぎは大変だった。暗闇の中、棘の多い低木の中を歩くのは一苦労だった。湖岸に下りて水につかって歩けば少しは楽かもしれないと思い、湖岸に下りようとしたら、そこは急な崖になっていて五ｍほど急崖を滑り落ちた。メガネが吹っ飛んだ。暗闇の中、手探りでさがしたら偶然にもメガネが手に当たった。「あった！」。ほっとした。

湖岸は急崖で危険であることがわかったので、再び崖をよじ登った。疲れ果ててとうとう動けなくなった。夜は豹などの猛獣が徘徊するところなので野宿は危険だし、こんなブッシュの中では寝ることもできない。「ここでくたばるのか」とも思った。なぜか遠い日本にいる家族の顔が懐かしく思い出された。

「ここでくたばるわけにはいかない」。最後の力をふりしぼってブッシュをかきわけたら、目の前に再びうす白い道があらわれた。「ああ助かった！」と思った瞬間、道の穴に足をとられて切り株にひざ小僧をしたたか打ちつけた。これが切り株ではなく石だったらおそらくひざの皿が割れていたであろう。

午後一一時頃キャンプに着いたらみんな大騒ぎだった。てっきり先に着いていると思った私がいないのだから。ガイドたちは私を捜しにまた元の道を戻って行ったという。もうしわけなかった。

フィールド科学はいつも危険と背中合わせ

こんな時に携帯電話があったらどんなに便利だったろうと今は思うが、一九八二年当時はヒマラヤの山中で使える携帯電話などまったくない時代であった。

キッチンボーイが持ってきてくれた暖かいスープがおいしかった。私は幸いにも助かったが、こうした軽はずみな判断が時には死をまねき、エクスペディション全体がダメになることがある。フィールド科学で行ってはならないことは、自分の力量を超えた無謀はしないこと。「まあいいだろう」という軽はずみな行動は絶対さけ、たえず細心の注意で安全を心がけることが必要である。

「フィールド科学はいつも危険と背中合わせであることを、肝に銘じなければならない」。以来、私は自らが隊長になっていくつものエクスペディションを実施したが、一度も事故や遭難が起こったことはない。それはこのヒマラヤでの体験が教訓となっている。二〇一五年四月二五日、ネパールはM7・8の巨大地震に見舞われた。ガイドやキッチンボーイはみんな無事だろうか。

図3―18　ララ湖でのボーリング風景（氏原暉男撮影）（上）とボートの上での一休み（下）

ララ湖のボーリング

さて、私に課された課題は、ララ湖の湖底の土を取り、土の中に含まれている花粉の化石から、過去の環境の歴史を復元するということであった。

まず湖の深さを日本の不二ロイヤル株式会社からいただいた魚群探知機で測深した。湖は予想以上に深く、最深部は一六七mあった（図3―12）。湖底の土を取るために、私はリビングストンサンプラーを持っていった。二人乗りの大きなゴム・ボートの真ん中に穴を開け、そこからサンプラーを湖底に差し込む。そして、湖底の堆積物を一mずつ採取するのである。湖の堆積物は、上から順番に同じ穴のものを採取していく必要があるので、ケーシングと呼ばれるガイドの役割をするパイプの中をボーリングしていく（図3―18下）。

午前中は波一つない穏やかな湖も、午後になると白波が立つほどに激しく荒れる。できる限り早朝に出発し、湖が静かな間に作業を済ませる必要があった。こうして得られたサンプルは日本に持ち帰り、花粉や珪藻の化石の分析をする。

その結果、現在のセメカルピフォリアガシの森が形成されたのは九〇〇〇年前であること、さらに人間による森林破壊も一五〇〇年前からはじまっていたことなど、多くの新たな発見があった。その分析結果については『気候と文明の盛衰』[※31]などに報告しているのでご参照いただきたい。

セメカルピフォリアガシとの出会い

図3—19　セメカルピフォリアガシの林（上）。セメカルピフォリアガシのゴワゴワした葉（下）

ララ湖で私が出会ったカシの木は、セメカルピフォリアガシ（図3—19）であった。

中尾佐助先生がカカニの丘で出会ったのは、日本にもある常緑のカシやシイに近い照葉ガシであった。ところが私が西ネパールのララ湖で出会ったカシは、それとは少し違うものであった。

このセメカルピフォリアガシの実物を見て、私は驚いた。中尾佐助先生がカカニの丘で見られたいわゆる照葉ガシは、葉の表面がテカテカしていた。ところが、このセメカルピフォリアガシの葉には、裏を見ると毛が生えていてゴワゴワしているではないか。それは、中尾先生がカカニの丘で見られた照葉ガシとはまったく違うカシだった。

同じカシの仲間であってもセメカルピフォリアガシの葉はゴワゴワしている。照葉樹林の場合は林床に入っても、ジメジメしてどこか鬱陶しい。ところがこの西ネパールのセメカルピフォリアガシの林床はきわめてカラリとして、爽やかなのである。「このカシは中尾先生が見られたカシとは違うな」と思った。

セメカルピフォリアガシが生えていたのは、日当たりの良い南斜面だった(図3―20)。北斜面には、モミやマツ、カバノキなどが生育し、森林限界に近い所には、シャクナゲなどが生えていた。

西ネパールから地中海へつながるカシ

中尾先生が見られたカシの木は、ネパールから中国南部、そして日本へと繋がる照葉樹林帯に特有の常緑のカシだった。しかし、私が西ネパールのララ湖周辺で見たセメカルピフォリアガシは、西ネパールから地中海へ繋がるカシであることを田端英雄先生が教えてくださった。中尾佐助先生[※9]はこれを硬葉ガシと呼んでいるが、それは乾燥した気候に適応するカシの仲間だったのである。

私がララ湖周辺で見たセメカルピフォリアガシは、地中海沿岸に生育するコルクガシやセイヨウヒイラギガシなどと同じ仲間だったのである。

地中海沿岸のカシの葉もツルツルしておらず、ゴワゴワしている。裏には、毛が生えている。なぜ

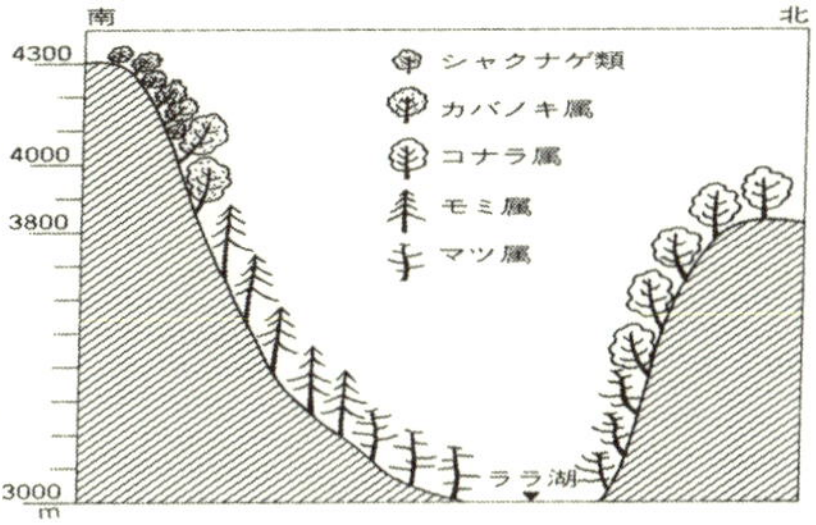

図３－20　セメカルピフォリアガシは日当たりのよい南向き斜面に生育していた（左）。模式図（右）は安田（1990）※31による

毛が生えているかというと、できるだけ蒸発を防ぎ乾燥に耐えるためなのである。同じカシの木でも、照葉ガシのカシとはまったく違うものだった。

中尾佐助先生は、一九五二年にマナスルへ行った帰りに、ネパールで照葉ガシを発見して、照葉樹林文化論を展開した。一方、私がはじめてヒマラヤへ行って発見したのは、硬葉ガシだった。その硬葉ガシは、地中海につながっていた。

「地中海文明につながっていく森を私はヒマラヤで発見したのである」。

一九八二年にヒマラヤへ行って、地中海文明につながる硬葉ガシのセメカルピフォリアガシに出会って以来、私は地中海文明の研究に着手することになった。中尾先生はヒマラヤから東へ行き照葉樹林文化論を展開することになったが、私は西へ行き、地中海文明の研究に着手することになった。

（2）硬葉樹林文化の特色

乳利用をする硬葉樹林文化

地中海沿岸に発展した文化に対して、一九七六年に中尾佐助先生[※9]は「硬葉樹林文化」という名前を与えた。照葉樹林文化の根幹を形成するものは、イネであった。稲作は一万年以上前からはじまっており、照葉樹林文化の母胎を形成するものだった。これに、アワなどの雑穀、納豆、コンニャク、鵜飼、養蚕、ウルシなどをともない、ネバネバした食品を好んで、乳利用をしない文化が照葉樹林文化だった。

これに対して硬葉樹林文化の主要な穀物は大麦と小麦である。これらは、冬作物であり、夏作物のイネやアワを栽培した照葉樹林文化とは相違している。イチジクやオリーブ、ナツメヤシ、クルミ、アーモンド、ピスタチア、西洋スモモなど、果樹の利用が見られる。照葉樹林文化では、これに対応する果樹はクリやトチノキになる。

また照葉樹林文化ではタンパク源は魚介類や野生の鳥獣であった。硬葉樹林文化では、タンパク源としては、エンドウマメやヒヨコマメ、ソラマメのような豆類がたいへん大きな役割を果たした。そういうものにミックスして、ヒツジやヤギなどの家畜を利用し、肉を食べ、毛皮をとり、ミルクを絞って飲んで、バターやチーズを作る。つまり乳利用をする点が照葉樹林文化とは根本的に異なる。照葉樹林文化の人間は、お餅が大好きである。だが、硬葉樹林文化の人々は、餅を好まない。

お餅が大好きな照葉樹林文化

欧米へのおみやげとして、お餅を買っていってはいけない。私の友人がドイツからきて、たまたま福井県でフィールド・ワークをした。その時に、「ここの名物はなにか」と聞かれたので、「羽二重餅だ」と答えた。彼はそれをおみやげとしてドイツに持ち帰った。その後、一カ月ほどして、私がドイツへ行ってみると、おみやげだったはずの羽二重餅は、彼の机の上に置きっぱなしになっていた。なぜ、放りっぱなしだったのか聞いてみると、「これはなんだ？　どうしても食べられない」と言う。つまり、彼らにとっては、餅を食べることはたいへん難しいようなのである。パンを食べることに慣れた人々にとっては、餅を食べることは難しいようだ。彼らは、パンのようなパサパサした食感が好きで、餅のようにネバネバしたものは、なかなか好きになれないのである。納豆のようにネバネバしたものや、魚の燻製やサキイカのような臭い食べ物も苦手なようである。

中尾佐助先生は、硬葉樹林文化の特色として、「ロバのいる風景」をあげている。そして、硬葉樹林文化は巨大な石の文明を作るということである。照葉樹林文化が牛や水牛のいる泥の文明、木の文明、水の文明であるとすれば、硬葉樹林文化はウマやロバのいる石の文明を作ったと言うことができる。

麦作文化は暴力的でガサツ

図3—21は、シリアのパン売場の風景である。パン屋で焼きたてのパンを道路に干している所である。私達の感覚から言うと、食べ物をゴミのおちている道路に並べて置くことは、考えられないこと

図3－21　焼きたてのパンは熱いので道路で冷ましているシリアの子供達。2012年以来の内戦でこの子供達は今どうしているだろうか

である。ゴミがあって汚い所であっても、彼らは平気である。焼き終えたパンは、乾いているので、食べるときにパンパンと塵を払えば食べることができる。

ところが、お米はそういうわけにはいかない。炊きあがったお米のなかに石ころ一つ入っていても〝ガリ！〟と歯に当たり食べられない。お米を扱う時には、細心の注意を払って異物を取り除く必要がある。ここにも、稲作文化と麦作文化の違いが、明らかに現われている。パンを食べる人の文化、麦作文化は、やることが非常に暴力的でガサツである。これに対して、お米を食べる稲作文化は非常に繊細で清潔感の高い文化だと言える。

しかし、「稲作農耕地帯に行くと、トイレの臭いがするではないか、どこが清潔だ」という反問がある。実は、私も長らく、そう思ってきた。私たちが小さい頃の田舎では、たしかにトイレの臭いがした。それが、田舎の恥だと私も長いこと思っていた。

私が広島大学でお世話になったことのあるアメリカ帰りの教授が、意気揚々と凱旋帰国されたときの第一声は、「安田君、日本はstinkyだね！」というものであった。stinky――つまり、「うんこ臭い」ということである。当時は一九七〇年代前半で、日本はまだ水洗トイレは完全に普及していなかった。最近では、さすがにどんな田舎へ行ってもうんこ臭くはないけれども、昔は肥溜めがあった。それは人糞を肥料にするためである。

これは、見方を少し変えれば、素晴らしい循環型の利用であることがわかる。人間の糞尿を、かたちを変えて水田へ戻すのであるから、まさに循環型の利用をしているわけである。

水洗トイレを考えたのは畑作牧畜民

ところが、パンを食べる人々の所を旅行すると、トイレの臭いのする所は少ない。先ほどのような、シリアのような貧しい所でも、うんこの臭いはしない。「トイレはどこにあるのだろう」と思うほどである。実は、人糞は再生利用せず、捨てるだけなので、トイレは深い穴を掘って作られている。あるいは、水で流している。水洗トイレは、麦作農耕地帯の畑作牧畜民が考え出したものである。

稲作農耕民は、糞尿をもう一度肥料として再利用する。しかし、畑作牧畜民には、そういう発想はない。糞便は汚いので、早く処理してしまえということで、水で流したり、深い穴に溜める。シリアやトルコ、イラクへ行っても、トイレの臭いのする所を探すのは、難しいのである。

さらに地中海沿岸の硬葉樹林帯では気候が乾燥しており糞便の再生利用が難しいということもある。照葉樹林帯では気温と湿度が高く、糞尿がバクテリアによって肥料に変わるという利点がある。臭い一つとっても硬葉樹林文化と照葉樹林文化では違うのである。

地球の生命を再生させる原点

最近「心の鍛錬」のためにトイレ掃除が流行している。他人の糞便を片付けて綺麗にすることが、

図３－22　硬葉樹林文化を代表するオリーブ畠とオリーブの漬物（右下）

心の鍛錬になる。他人が排便したものを綺麗にすることができない人々は、地球環境を守ることもできないのかもしれない。

他人が排便したり廃棄したゴミを集める人々は、これまで社会の底辺にいると思われていた。しかし、実はそうした人々の心こそが一番美しいのである。他人が排便したり、捨てたりしたゴミを後始末する人の心こそが、この地球の生命を再生させる原点なのかもしれない。

中国人のトイレが汚いことは有名である。自然の荒廃の程度とトイレの汚さはどこかで深く繋がっている気がする。地球環境を守り美しい自然を復活させるためには、中国の人々はまず公衆トイレの掃除をはじめることが必要であろう。

オリーブは硬葉樹林文化の重要な要素

オリーブは、地中海沿岸の硬葉樹林文化の重要な作物である。オリーブ（図３—22）は、ギリシャを代表する作物であり、オリーブを作ることによって、オリーブ油を得ることができた。これによって、地中海沿岸からメソポタミアの食生活は、大きく変わった。油で揚げることによって、ものを柔らかくして食べることができるので、オリーブ油の発見が食材の種類を飛躍的に増大させたのである。これまで堅くて食べられなかったものが、油で揚げることによって柔らかくして食べられるようになった。

オリーブ油は地中海沿岸の人々の食生活を、革命的に変えた。また、オリーブは漬け物にもなる。さらに最近ではオリーブ油が動脈硬化などの成人病にも効果があるとされ注目されている。

図３－23　ギリシャでよくみかけたコクシフェラガシのマッキー。背後に広がるのは山火事の跡

地中海沿岸では山火事が多発

図３―23は、硬葉ガシの代表であるコクシフェラガシである。家畜が絶えず若芽を食べ続けるだけではない。山火事によって頻繁に影響を被るので、これ以上、大きくなることができない。

また、図３―23の背後の山の黒い部分は山火事のあとである。地中海沿岸は、夏に雨が降らない。二〇〇四年のオリンピック開催中のギリシャで、ほとんど雨が降らなかったことからも、それはわかると思う。夏の高温によって大地や草木がカラカラに乾いて、おまけに雨が降らないので、たびたび山火事が発生する。このコクシフェラガシはそうした山火事にも強い性質を持っていて、山火事で上部が燃

図3－24　ヤギは森を食べ尽くす黒い悪魔に見えた（ギリシャで）（上）。トルコのトゥーズ湖畔のヒツジの群れとハゲ山（下）

えても、ふたたび根の部分から萌芽再生することができるのである。

地中海沿岸では、夏はほとんど雨が降らないので、激しく乾燥してたびたび山火事が起こる。この山火事が起こることも、森林の成長を妨げる要因になっている。地中海沿岸では、一度、森林を破壊すると、あとは荒廃したハゲ山が広がる風景になるだけである。

ヤギ、ヒツジが森を破壊する

そのうえ、彼らはヒツジやヤギなど家畜を放牧し、それらの家畜の乳から、バターやチーズを作る。ギリシャのチーズは、白い色をしている。なぜ白いかというと、それはヤギやヒツジの乳から作ったチーズだからである。普通のチーズは、黄色い色をしているが、これはウシの乳から作られている。ヤギやヒツジの乳から作ったチーズの色は、白くなる。

このヤギやヒツジなどの家畜が森を破壊する。ヤギ（図3—24上）はコクシフェラガシの低木によじのぼってでも若芽を食べつくす。ギリシャの白いチーズは森を失ったシンボルの色なのである。

硬葉樹林文化は巨大な石の文化

図3―25がレバノンのバールベック神殿である。硬葉樹林文化が石の文化であることは、このバールベック神殿にシンボライズされている。これほど巨大な石の神殿を作ることをどうして思い立ったのであろうか。傍らに立っている人と比べたらその大きさがよくわかる。これほど巨大な石の神殿を、よくぞ作ったものだと思うけれども、「森を破壊し尽くしてレバノン山脈をハゲ山に変えてまで、どうしてこんなに巨大な神殿を建てる必要があったのか」と考え込んでしまう。なぜ森を破壊し尽くすまでして、こんなに巨大な神殿を建てる必要があったのか。

その質問はそっくりそのまま現代文明にもあてはまる。あと二〇〇〇年後に、もしまだ地球に人類が生き残っていたら、彼らはきっと同じ質問をするだろう。「二〇世紀や二一世紀の人類は、石油を搾取し尽くし、自然の資源を搾取して、どうしてこんなに巨大なビルや建築物を建てる必要があったのか」と。

森が石油に変わっただけで、私達人類は二〇〇〇年前も

図3―25　畑作牧畜文明のシンボル、レバノンのバールベック神殿。前方、右から3番目の柱の前にいる人の大きさと比べるといかに巨大な石の神殿かがわかる

今も同じことを繰り返しているのである。

その自然資源を搾取する文明の潮流を変えなければならない。そうしなければ、あと二〇〇〇年も人類がこの地球で生き続けることは不可能なのである。

5　麦作農耕の起源

(1) ヤンガー・ドリアスという寒の戻り

一万二五〇〇年前のシリア

硬葉樹林文化を発展させることになった西アジアの肥沃な三日月地帯の周辺では、どのようにして麦作がはじまったのであろうか。

それはシリア北限のガーブ・バレイ（図3―26）の花粉分析結果※32に明示されていた。栽培型のムギ型花粉が暦年代一万二五〇〇年前から出て来る。このことから私※33は一万二五〇〇年前が麦作のはじまりだと考えている。

その麦作農耕が開始された時代は、花粉分析の結果ではアカザが多く、またヨモギなどの他の草本も多く出現している。アカザが多いということは、著しく気候が乾燥化していたということである。著

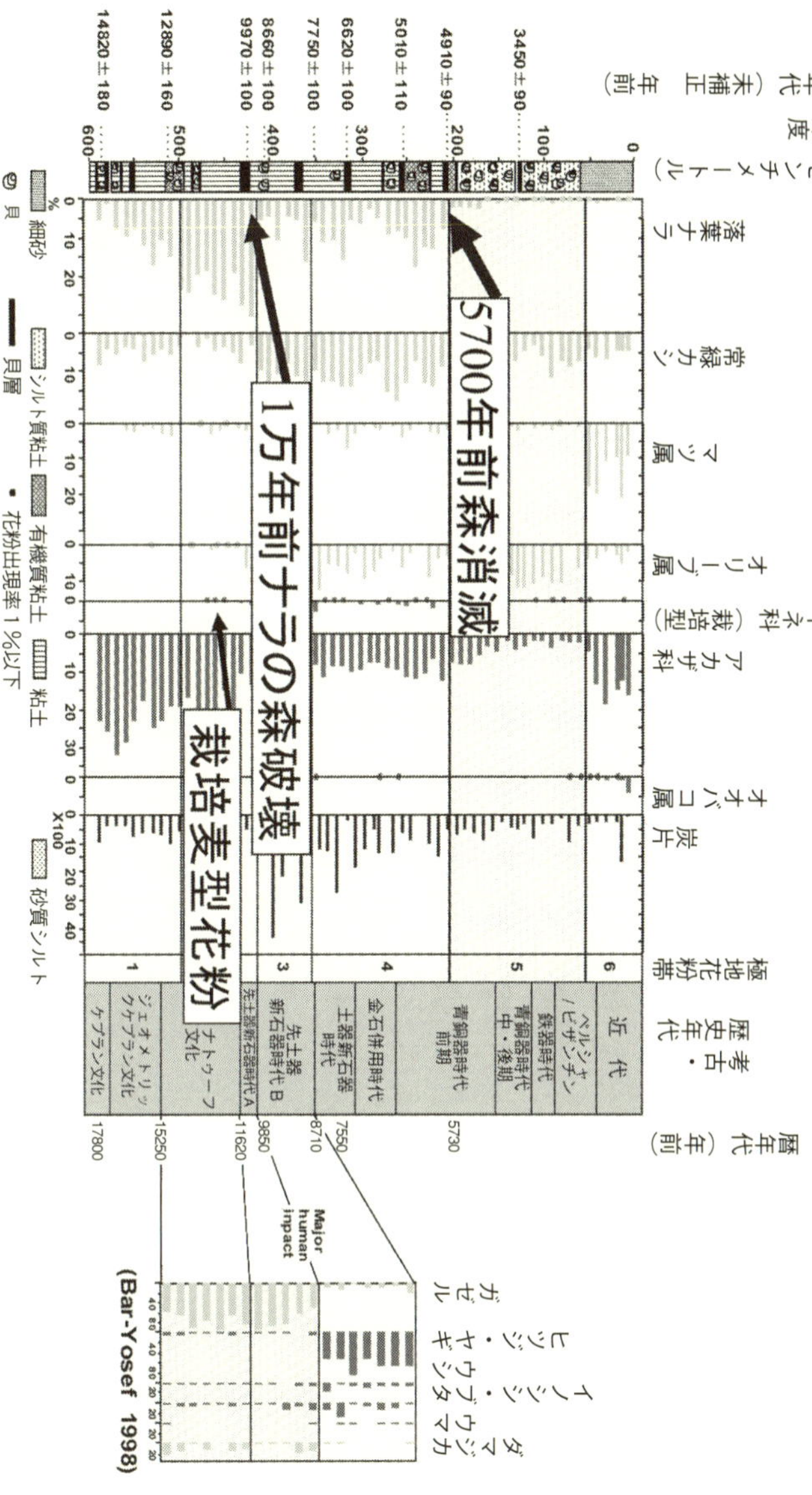

図3—26　シリア、ガーブ・バレイの花粉ダイアグラム（Yasuda et al., 2000）※32

しく気候乾燥化が進行した一万二五〇〇年前に、ガーブ・バレイ周辺では麦作農耕がはじまっている。

では、なぜ気候が乾燥化したのか。

ヤンガー・ドリアスと呼ばれる寒冷期

稲作農耕は、一万四〇〇〇年前からすでにはじまっていた可能性が高いのであるが、麦作農耕はそこまでは遡らない。一万二五〇〇年前にはじまったと考えられる。その時代は、ヤンガー・ドリアスと呼ばれる、寒の戻りが引き起こされた寒冷・乾燥期にあたる。

麦作農耕がはじまった一万二五〇〇年前という時代は、一万五〇〇〇年前から急激に温暖・湿潤化した気候が、突然、逆に寒冷・乾燥化する時代にあたっている。温暖化していた気候が突然、氷河時代に逆戻りしたヤンガー・ドリアスと呼ばれる時代である。

深層水の循環が停止した

なぜ、気候が氷河時代に逆戻りしたのか。

氷河時代の北アメリカはローレンタイド氷床と呼ばれる巨大な「大陸氷床」に覆われていた。厚さ二〇〇〇m以上の、巨大な氷河が北アメリカ大陸の大半を覆っていたのである。それが、一万五〇〇〇年前以降の気候の温暖化によって、どんどん融けていく。そして、現代の五大湖の数倍もあるような、巨大な氷河湖が形成された。その氷河湖の東側は、氷の堤防でできていた。温暖化がはじまったとは言っても、氷河湖の東側には、まだ氷河が残っていた。

ところが、さらなる温暖化で氷河湖の東側の堤防が融けたとたんに、溜っていた氷河湖の冷たい水が、現在のセント・ローレンス川流域を通って、一気に大西洋に流れ込んだのである。

地球には、約二〇〇〇年で北大西洋から潜り込み、南極をまわって、北太平洋で上昇し、太平洋からインド洋の表層をまわって、もう一度北大西洋に戻り、そこで再び深海底に潜り込むという、巨大な深層水の循環がある。この深層水の循環が地球の気候のメカニズムを決めているのではないか、と言われている。その地球の気候のメカニズムを決めている深層水が沈み込む入り口に、冷たい氷河湖の水が一気に流れ込んだのである。

淡水の比重は海水より軽い。冷たい軽い淡水が、深層水が沈み込む入り口に、言わば帽子のようにポコンと乗った。ご存知のように水は四℃の水が一番重い。ところが四℃以下の冷たい氷水で薄められたために、表層水は深海に沈みこむことができなくなって、深層水の循環が止まり、一気に気候が氷河時代に逆戻りした、と言うのである。それが、ヤンガー・ドリアスと呼ばれる寒の戻り期である。

このヤンガー・ドリアスの寒の戻りが、じつはレバント廻廊（シリアからレバノン・ヨルダンに至る大地溝帯の北縁部分）の麦作農耕の起源にはたいへん大きな意味を持ったのである。ガーブ・バレイ周辺で農耕のはじまる一万二五〇〇年前は、まさにヤンガー・ドリアスの真只中に相当し、この時代の気候は激しく寒冷・乾燥化していた。

豊かな森が縮小した

気候が乾燥化し湖面が低下したことが、農耕を誕生させる大きな要因だった。図3―27は、その状

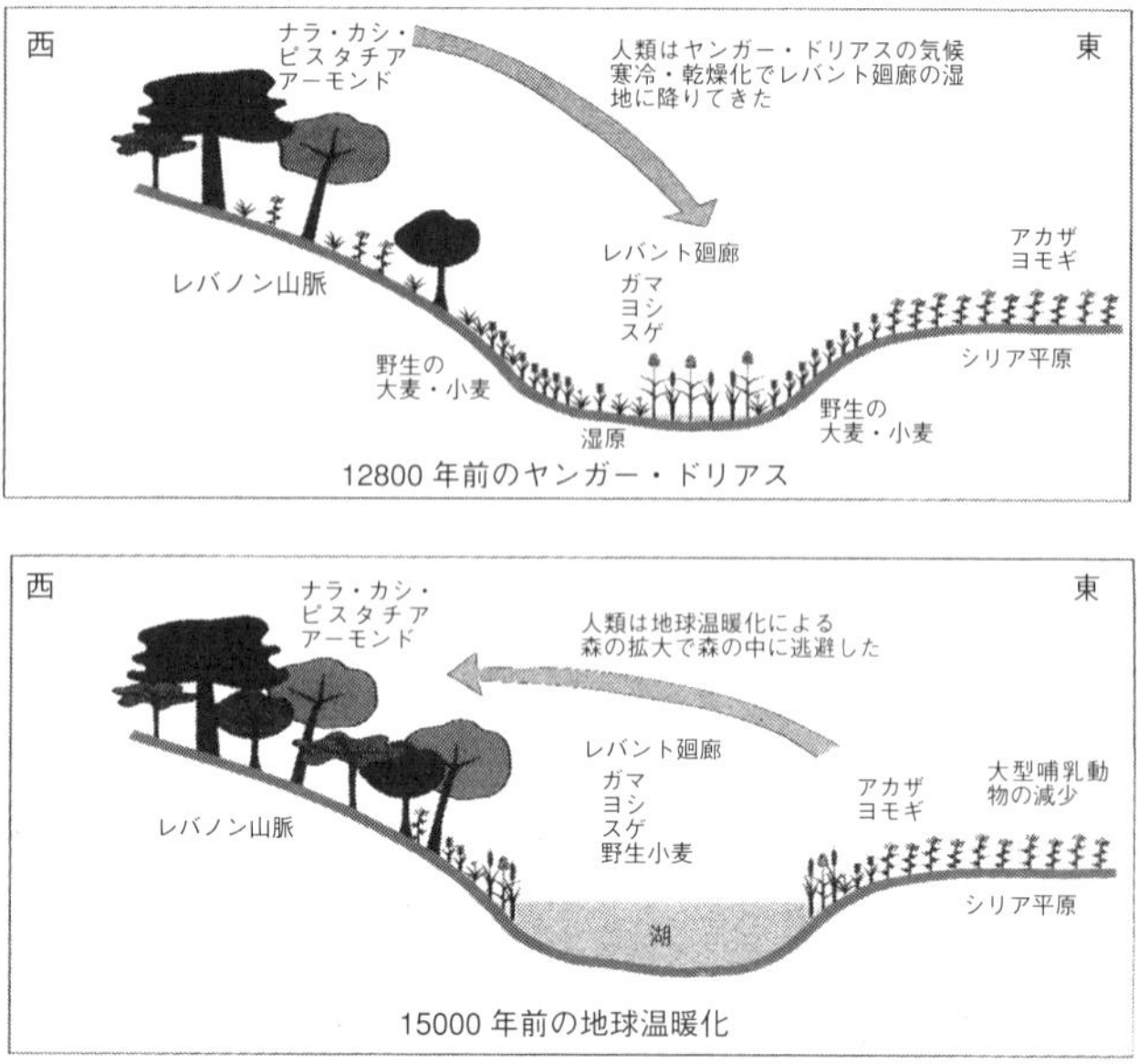

図３—27　ヨルダン渓谷やレバント廻廊における農耕の起源模式図。１万5000 年の地球温暖化で人々は森に逃げ込み定住革命をなしとげる（下）。１万 2800 年前のヤンガードリアスの寒冷・乾燥化でレバント廻廊やヨルダン渓谷に下り、農耕を開始する（上）（Yasuda, 2002）※19

態を模式的に示したものである。

一万五〇〇〇年前以降、気候が温暖・湿潤化したことによって、レバント回廊の周辺の山々には落葉ナラ、ピスタチア、アーモンドなどの森が拡大して来た。人々はその森の中で定住生活を開始し、人口もしだいに増加していた。この時代は、落葉のナラやピスタチア、アーモンドの森の資源を利用して、人々は豊かな生活を営むことができた。大地溝帯の底であるヨルダン渓谷にも、まだ大きな淡水湖が存在した（図３—27の下）。

ところが、一万二八〇〇年前にヤンガー・ドリアスの寒冷期が襲来する。気候が寒冷化・乾燥化したことにより、周辺にあった落葉のナラやピスタチア、アーモンドの森が縮小する。人々は、それまで利用して生活してきた森の資源が、気候の寒冷化により縮小することによって、食料危機に直面した。

大地溝帯の底に降りて野生の麦類と出会った

さらに気候の乾燥化で、人々は水を求めて、レバント廻廊の大地溝帯の底へ降りていった（図3—27の上）。そこには、湖が干上がったあとの湿地があった。湿地には、水鳥や渡り鳥が群れていた。

レバント廻廊やヨルダン渓谷はヨーロッパとアフリカの渡り鳥の通り道になっており、いまでもわずかに残った湿地に、大量の渡り鳥が羽を休めるために群がっている。湿地には魚もいた。そして、その周辺には野生の大麦や小麦が生えていたのである（図3—28）。野生の大麦や小麦は野生イネとは違い、禾本科《かほんか》の一年生の草本であり、もともと種子繁殖していた。しかも野生の麦類自身も気候の寒冷化の中、子孫を保存するために大量の種子をつけていた。

図3—28　レバノン山脈の東側につらなるレバント廻廊の肥沃な低地には野生の麦類が生育していた

麦作農耕への第一歩がはじまった

しかし、野生の大麦や小麦はすでに述べたように一年生の草本なので、実が熟せば子孫を増やさなければならないので自動的に落ちる。自然に実が落ちてしまえば、人間は食べられない。そこで、人々は、その中から突然変異で出現した脱粒性の小さなものを選択的に選び、農耕への第一歩がはじまったと考えられている。

麦作農耕はヤンガー・ドリアスの寒冷期が襲来したことによって、それまであった豊かな森が縮小して、新たな食料を獲得する必要が出てきた時にはじまっているのである。

たとえば、シリアのアブフレイラ遺跡の人々は、手当たり次第に周辺の雑草や食べられそうなものを集めていた。そして、その中から、唯一、食べられるものを選んで農耕をはじめたことが、明らかとなっている。

人類は脱粒性の小さなものを選択的に選び、集落の周辺で栽培をはじめる。それを繰り返すことによって、安定して脱粒しない種類を手にすることができるようになり、いつしか集落の周辺には麦畑が形成されていったのである。

(2) 家畜とセットになった麦作

畑作牧畜のライフスタイルのはじまり

図3―26のシリアのガーブ・バレイの花粉分析の結果[※32]では、一万年前を境にして、これまであった落葉ナラなどで構成された森が、突然、減少をはじめる。それはこの時代に激しい森林破壊が起こっ

たことを示している。西アジアでは一万年前に、落葉ナラの森の破壊がすでにはじまっていた。

図3―26の右端には、ガーブ・バレイ周辺の遺跡から出てくる動物の骨の種類の変化を示した。一万年以上前のＰＰＮＡ（先土器新石器時代Ａ）という時代には、野生のガゼルが圧倒的に多数を占めている。ところが、ＰＰＮＢ（先土器新石器時代Ｂ）と呼ばれる時代になると、突然、ヒツジやヤギが出てくる。これは、どうやらヒツジやヤギを連れた人々が、大挙してガーブ・バレイ周辺にやって来て、大森林を破壊したことを示している。

大麦や小麦を栽培し、ヒツジやヤギを飼って、パンを食べて肉を食べ、ミルクを飲む畑作牧畜民のライフスタイルは、一万年前のＰＰＮＢ期には確立していたことが、この分析結果から明白である。

最古の森林破壊の証拠

そして大麦や小麦を栽培し、ヒツジやヤギを飼って、パンを食べて肉を食べ、ミルクを飲む畑作牧畜のライフスタイルは、激しく森を破壊する性質を一万年前から持っていたことも、このガーブ・バレイの花粉分析の結果は示していた。これは、これまでに明らかになった人類最古の森林破壊の証拠である。そして、今から約五七〇〇年前には、もうガーブ・バレー周辺からはほとんど森が消滅していたことも明らかになった。

6　これで東洋と西洋は対等になった

（1）東亜稲作半月弧と西亜麦作半月弧

稲作漁撈民と畑作牧畜民の相違

照葉樹林文化の稲作と硬葉樹林文化の麦作の決定的な相違は、稲作農耕民はタンパク質を魚介類から摂取し、味噌や醤油の発酵食品を開発したのに対し、麦作農耕民は、ミルクを飲み、バターやチーズを作り、肉を食べることによってタンパク質を摂取したことである。

そこで私は[※19]、タンパク質を魚介類から摂取し、コメを食べる人々を稲作漁撈民と呼び、タンパク質をミルクや肉に求め、パンを食べる人々を畑作牧畜民と呼んだ。

照葉樹林文化の人々は、ミルクを飲むことはなく、ねばねばしたお餅が大好物だった。ところが硬葉樹林文化の人々は、家畜を飼い、ミルクを飲んでバターやチーズを作り、肉を食べ、ぱさぱさしたパンが大好物だった。

ミルクを飲むか飲まないかということがまず照葉樹林文化と硬葉樹林文化の決定的な相違だった。照葉樹林文化は「ミルクの香りのしない文化」だった。これに対し硬葉樹林文化はミルクの香りがプンプンした。

照葉樹林文化を創造した稲作漁撈民は、タンパク質を魚介類や野生動物の肉から摂取した。これに対し硬葉樹林文化の畑作牧畜民は、家畜を飼って、ミルクを飲みバターやチーズを作り、肉を食べることによってタンパク質を摂取した。

このライフスタイルの相違が、地球環境とりわけ森林に対して大きな影響をもたらすことになった。第五章で述べるように、ヒツジやヤギの家畜を飼う畑作牧畜民のライフスタイルは、地球上の森という森を食い尽くし、森・里・海の水の循環系を破壊し尽くした。一方、魚介類からタンパク質を摂取した稲作漁撈民は、森を守り、森・里・海の水の循環系を守る持続型のライフスタイルを確立したのである。

「東亜稲作半月弧」と「西亜麦作半月弧」

これまで、稲作と麦作の起源を見てきた。この二つの農耕の起源から、ユーラシア大陸における二つの文明の発祥地を設定することができる。それは照葉樹林文化と硬葉樹林文化である。

高等学校の世界史の教科書には、肥沃な三日月地帯というと、西アジアの麦作農耕地帯ばかりが取り上げられきたが、そうではなく、東アジアにはもう一つ、稲作漁撈をベースにした肥沃な三日月地帯があったのである。これを、私は[※33]「東亜稲作半月弧」と名づけた。

これに対して、西アジアのほうは「西亜麦作半月弧」と呼んだ。この東西二つの半月弧、肥沃な三日月地帯が東洋と西洋の文明の源流となるのである。麦作農耕の誕生と稲作農耕の誕生という二つの農耕革命こそが、ユーラシア大陸の東西の文明発展への第一歩なのである。

今までの中尾佐助先生らの東亜半月弧は雲南省がセンターだったが、それを長江中下流域を中心とした地域に移さなければならない。なぜなら稲作の起源地は雲南省ではなく、長江中下流域にあることが確実になって来たからである。そこで東亜半月弧を雲南省の高原地帯から、長江中下流域の低地帯へ移動させ、その上で、その半月弧を、「東亜稲作半月弧」と呼ぶことにした。ここにはじめて照葉樹林文化のセンターが、稲作の起源地に設定されたことになる。

あわせて従来の麦作農耕の誕生した肥沃な三日月地帯は、「西亜麦作半月弧」と呼ぶことにした。

この西亜麦作半月弧で発展した麦作は、当初から硬葉樹林文化の発展段階にかかわっているのに、稲作は照葉樹林文化の最終段階にしかこれまでは位置づけられていなかった。これに私は反論を展開した。

「東洋の文明を揺籃した照葉樹林文化は、その誕生の当初から稲作と深く関わり、西洋の文明を揺籃した硬葉樹林文化はその誕生の当初から麦作と深くかかわって発展してきたのである」。

こんなあたりまえのことが、今までの照葉樹林文化論では無視され、稲作は照葉樹林文化の最終段階に位置づけられていた。それはとりもなおさず稲作の起源が麦作よりも新しく、せいぜい四二〇〇年前にしか遡らないという誤った事実認識にもとづいた発展段階論であった。

この点については照葉樹林文化の提唱者のお一人である佐々木高明先生の近著『照葉樹林文化とは何か[※34]』の中で佐々木先生と私が激論を闘わせているので、あわせてご一読くだされば幸いである。

（2）照葉樹林文化は稲作が軸、硬葉樹林文化は麦作が軸

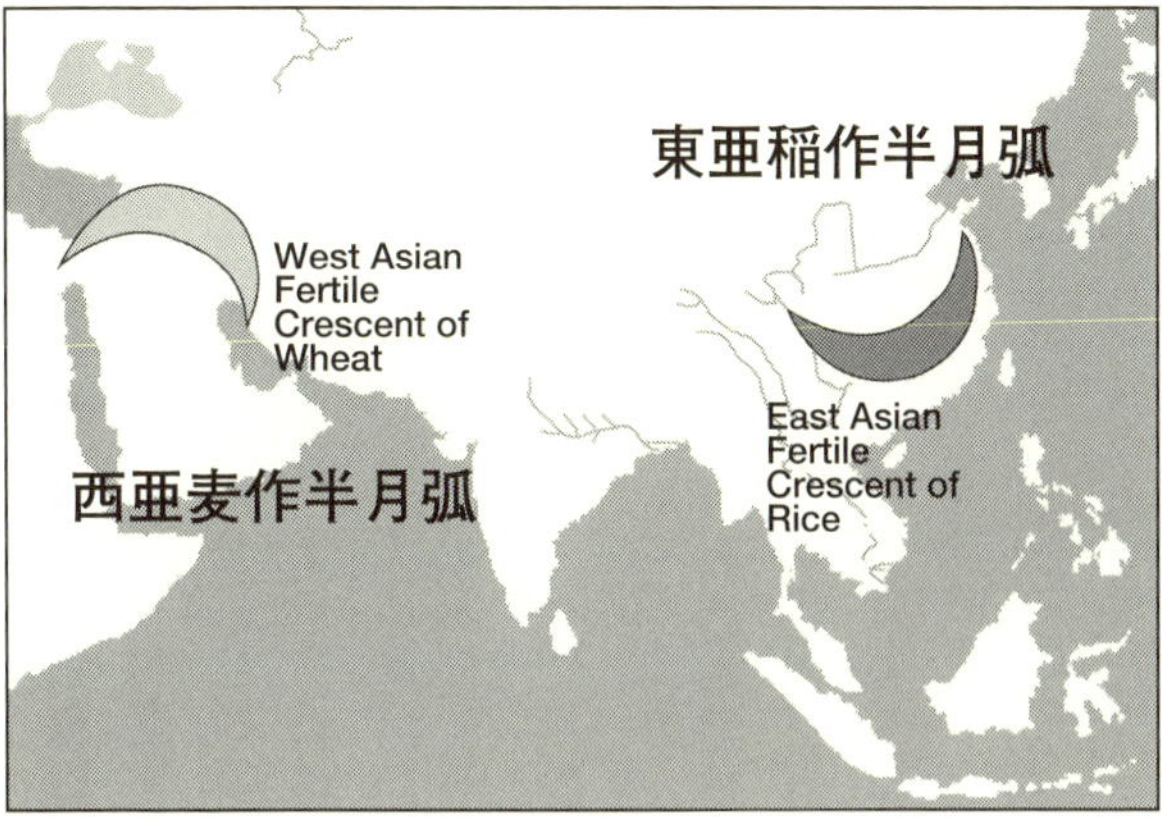

図3―29　東亜稲作半月弧と西亜麦作半月弧の提唱（安田　1999）※33

東西の文明は同じスタートラインに立つ

いずれにしても、「東亜稲作半月弧」と「西亜麦作半月弧」を設定することによって（図3―29）、はじめて東洋と西洋は文明史的に同じスタートラインに立つことができ、対等になったことを、視覚的にも説明することができた。そして、照葉樹林文化は稲作を軸に誕生発展し、硬葉樹林文化は麦作を軸に誕生発展した文化であると位置づけることができたのである。

これまでの中尾佐助先生※12の東亜半月弧の設定にしろ、川勝平太氏※35の「東アジアの豊穣の半月弧」の設定にしろ、いずれもユーラシア大陸における東洋と西洋のバランスの回復を試みることであった。

東西両文明の起源地を特定できた

中尾先生の東亜半月弧は雲南省に中心が設定されてお

り、現在の稲作起源地とは位置的にずれがあった。私はそれを稲作が起源した長江中下流域に設定しなおした。また川勝平太氏の「東アジアの豊穣の半月弧」はすばらしい発想であるが、農耕が起源した西アジアの肥沃な三日月地帯に対比するには、少しエリアが広すぎる。そこで私は[※36]この川勝平太氏の「東アジアの豊穣の半月弧」を「東アジアの肥沃な大三角地帯」と呼ぶことにした。中尾先生、川勝氏そして私の説もいずれも西洋にかたよった人類文明史のバランスを回復させる試みであった。

「西亜麦作半月弧」の設定によって、西洋文明を発祥させた麦作と牧畜をセットにした畑作牧畜文明の起源地と、西洋文明の揺籃の発祥地が特定できた。「東亜稲作半月弧」を設定することによって、稲作と漁撈をセットにした稲作漁撈文明の起源地と、東洋文明揺籃の発祥地が特定できた。このことによって東洋と西洋はやっと対等になったのである。

第三章　注・参考文献

(1) 斉藤清明『今西錦司伝』ミネルヴァ書房　二〇一四年
(2) 今西錦司編『ポナペ島』彰考書院　一九四四年　講談社復刻版　一九七五年
(3) 今西錦司編『大興安嶺探検』毎日新聞社　一九五二年　講談社復刻版　一九七五年
(4) 柴山哲也『新京都学派』平凡社新書　二〇一四年
(5) 安田喜憲『環境考古学への道』ミネルヴァ書房　二〇一三年
(6) 河合雅雄『河合雅雄著作集　全一〇巻』小学館　一九九六―一九九七年
(7) 飯沼二郎『飯沼二郎著作集』未來社　一九九四年

(8) 田中克『森里海連環学への道』旬報社　二〇〇八年
(9) 中尾佐助『現代文明ふたつの源流』朝日選書　一九七八年
(10) 中尾佐助「農業起源論」吉良竜夫・森下正明編著『自然』三二九〜四九四頁　中央公論社　一九六七年
(11) 上山春平編『照葉樹林文化』中公新書　一九六九年
(12) 上山春平・佐々木高明・中尾佐助『続・照葉樹林文化』中公新書　一九七六年
(13) 伊東俊太郎『伊東俊太郎著作集　全十二巻』麗澤大学出版会　二〇〇八—二〇一〇年
(14) 佐々木高明『照葉樹林文化の道』NHKブックス　一九八二年
(15) 安田喜憲「北陸地方の植生史」安田喜憲・三好教夫編著『日本列島植生史』一〇五〜一一一頁　朝倉書店　一九九八年
(16) 三好教夫「森林植生の変遷とその周期性」伊東俊太郎・安田喜憲編『文明と環境』学振新書　一五一〜一六八頁　一九九五年
(17) 加藤晋平『日本人はどこから来たか』岩波新書　一九八八年
(18) 安田喜憲『世界史のなかの縄文文化』雄山閣　一九八七年
(19) Yasuda,Y. (ed.) : *The Origins of Pottery and Agriculture*. Lustre Press and Roli Books, Delhi, 2002.
安田喜憲『稲作漁撈文明』雄山閣　二〇〇九年
(20) 梅原猛・安田喜憲『長江文明の探究』新思索社　二〇〇四年
(21) 岡彦一編訳『中国古代遺跡が語る稲作の起源』八坂書房　一九九七年
(22) 石毛直道「稲作社会の食事文化」佐々木高明編『日本農耕文化の源流』三八九〜四一四頁　日本放送出版協会　一九八三年

（23）松本健一『泥の文明』新潮選書　二〇〇六年
（24）渡部忠世『稲の道』ＮＨＫブックス　一九七七年
（25）安田喜憲「クリ林が支えた高度な文化」梅原猛・安田喜憲編著『縄文文明の発見』ＰＨＰ研究所　一一八〜一五三頁　一九九五年
（26）森勇一「人里昆虫が語る人工の林」梅原猛・安田喜憲編著『縄文文明の発見』ＰＨＰ研究所　一五四〜一八一頁　一九九五年
（27）中尾佐助「半栽培という段階について」どるめん　一三巻　六〜一四頁　一九七七年
（28）Yasuda,Y.: Climate change and the origin and development of rice cultivation in the Yangtze River basin, China. ***AMBIO***, 14, 502-506, 2008.
（29）梅棹忠夫『文明の生態史観はいま』中公叢書　二〇〇一年
（30）安田喜憲『一神教の闇』ちくま新書　二〇〇六年
（31）安田喜憲『気候と文明の盛衰』朝倉書店　一九九〇年
（32）Yasuda, Y., Kitagawa, H., Nakagawa, T.: The earliest record of major anthropogenic deforestation in the Ghab Valley, northwest Syria. ***Quaternary International***, 73, 127-136, 2000.
（33）安田喜憲『東西文明の風土』朝倉書店　一九九九年
（34）佐々木高明『照葉樹林文化とは何か』中公新書　二〇〇七年
（35）川勝平太『文明の海洋史観』中公叢書　一九九七年
（36）安田喜憲「東アジアの肥沃な大三角地帯」比較文明研究　一三　七五〜一一九頁　二〇〇八年
Yasuda, Y. (ed.): ***Water Civilization ; From Yangtze to Khmer Civilizations***. Springer, Heidelberg, Tokyo, 2012.

第四章

稲作漁撈文明論

——長江文明の発見

1　人類文明史の一大発見

（1）稲作漁撈民が文明を持っていた

人類史を書き換える発見

一九九三年、梅原猛先生と中国の浙江省に旅する機会があった。

まず浙江省河姆渡《かぼと》遺跡をご案内することにした。梅原先生は河姆渡遺跡から出土した七六〇〇年前の稲束を見られて、たいへん感動されていた。

当時はまだ稲作の起源は、雲南省で五〇〇〇年前に誕生した、という説が主流の時代であった。ところが河姆渡遺跡からは七六〇〇年前の稲束が出土していた。梅原先生は「これはひょっとすると人類史を書き換える発見かも知れない。安田は稲作漁撈文明の研究をするように」とおっしゃった。

でも私はそれまで地中海文明を研究していた。「稲作というのは私達が慣れ親しんだもので、わざわざ研究しなくてもわかるし、せいぜい五〇〇〇年ぐらい前でたいしたことはないだろう」と思っていた。

「安田、この良さがわからんのか！」

その後、浙江省の良渚《りょうしょ》遺跡群に行ったところ、「出土した五〇〇〇年前の宝物を梅原先生にお見せします」と館員が大事そうに持って来たものがあった。中を開けたら石ころが入っていた。私は地中海文明の研究をしていたので、ミケーネの黄金のマスクが宝物だと思っていた。だから金銀財宝が出て来るかと思っていたのである。ところが出て来たものは石ころだった。「石ころが宝物？」。こんなもの「たいしたものではないのではないか」と思って、私はあまり興味を示さなかった。ところが梅原先生は、その石ころ（玉琮《ぎょくそう》）（図4―1）を取り出して、見られた瞬間に手が震えておられる。

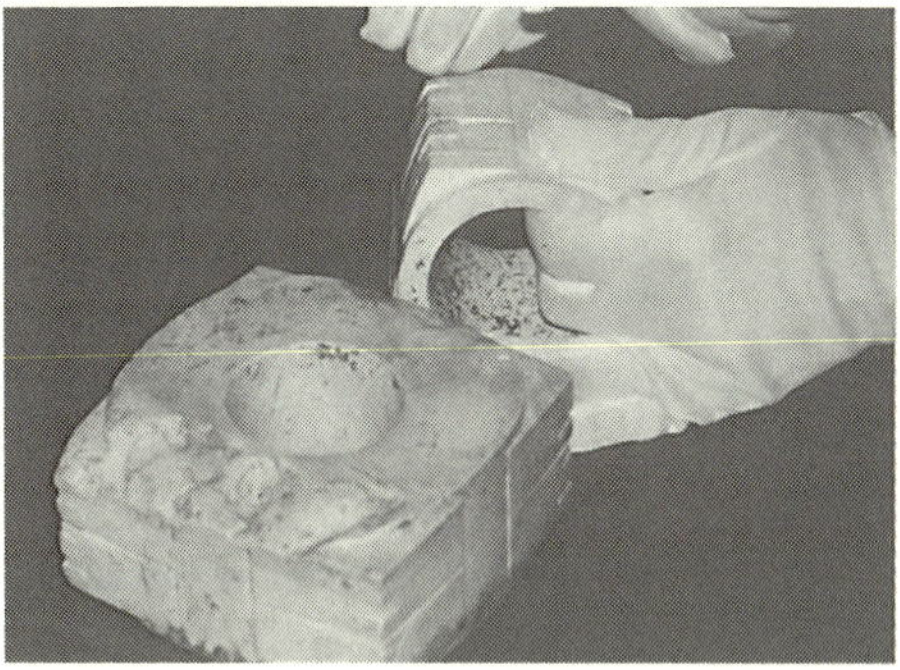

図4―1　玉琮を手に取る梅原猛先生の手は興奮で震えていた

一九九〇年代のはじめ、中国はまだ発展途上で、トイレが臭い。「早く帰りたいな」と思って私は立っていた。すると梅原先生から、「安田、この良さがわからんのか！」という厳しい叱責がとんできた。梅原先生から叱責されたのは後にも先にもこの一回だけである。しかし、私には心ときめくような興奮はなかった。ミケーネの黄金のマスクや大理石の神殿さらにはギリシャの美しい彫刻に比べると、それはいかにも地味であった。

長江文明の発見

「どうしてそんな石ころを見て興奮しなければいけないのか」

とさえ思っていた。ところが梅原先生は、その玉を見られた瞬間に、ここに巨大な稲作漁撈文明が存在することを直感されたのである。この文明は後に「長江文明」と名づけられ、人類文明史の一大発見の扉を梅原先生は開かれたのである。

一九九三年の暮れ、ＮＨＫ京都局で宵越しトークという番組があった。当時京セラ株式会社会長をなさっていた稲盛和夫先生と梅原猛先生がご一緒された。

その時、「中国の稲作の起源は古くて、それに立脚した古代文明を私は発見しました。調査費の援助をお願いします」と、梅原先生は稲盛先生に頼まれたのである。稲盛先生は三分考えておられて、「わかりました。今日の食事は高いものになりましたね、あははは!」と調査費を支援してくださった。

調査費をいただいたからもう否応なしである。私はまだ地中海文明の研究が完全に終わっていないので、もっとやりたかった。ところが梅原先生から「明日から中国へ行って交渉してくるように」と言われて、どちらかというと無理やり拉致されて、中国の調査を開始した。

その後、稲盛和夫先生も浙江省博物館を訪ねられ、玉のある収蔵庫に入られた。「二〇～三〇分ぐらいで出て来る」とおっしゃって入られた。ところが一時間たっても出て来られない。稲盛先生もその玉を見られた瞬間に、そこに巨大な文明があることを直感されたのである。

畑作牧畜民の文明とはまったく違う文明の可能性が見えてきた

このお二人の日本の巨人のご支援を得て、長江文明の研究が本格的にはじまったのが一九九四年であった。

最初、私は稲作漁撈民を馬鹿にしていた。「コメ作りなら日常的にやっていることではないか。なぜ今さら調査しなければならないのだ」とさえ思っていた。

長いこと稲作漁撈民のハニ族の研究をされている欠端実先生から『聖樹と稲魂』[※1]という名著をいただいていたが、本気で拝読していなかった。それぐらいに私は西洋の文明、つまりパンを食べて肉を食べてミルクを飲む畑作牧畜民の文明にあこがれていたのである。

ところが研究をはじめてみると、現代の西洋文明の源流になったパンを食べてミルクを飲んで肉を食べる畑作牧畜民の文明とはまったく違う文明が存在する可能性が見えて来たのである。「コメを食べて魚を食べる稲作漁撈民が、文明を持っている」とは思いもよらなかった。

しかもその文明は奥が深かった。コメを作り、魚を食べる稲作漁撈文明は奥が深い。やってみてはじめてその奥深さを実感した。

稲作の起源は、一万四〇〇〇年前まで遡る可能性が出て来た。その一万年以上前にはじまった稲作をベースにして、文明が、約六三〇〇年前に長江流域で誕生していた。

私達が長江文明を発見したというニュースが新聞の一面に最初に載ったのは一九九四年一一月八日のことだった。

日本の考古学者からの強い批判

すると日本の考古学者から強い批判が出た。梅原先生は考古学者ではない。私は環境考古学者であるが、純粋の考古学者ではない。「考古学の素人が長江流域にありもしない都市文明があると言い出した」とか「漢代のものを五〇〇〇年前のものと言いふらしている」と批判された。

もっとひどいのは「私達が四川省の文物局の収蔵庫に入って文物を持ち出した」というたれ込みが中国大使館にあったことである。中国大使館は急遽、四川省文物局の担当者に何万点もある文物を一点一点調べさせた。結局何もなくなっていないことが判明したのであるが、こうした悪質ないやがらせが頻発した。

新しい発見にはたえず批判がつきものである。考古学の世界は嫉妬やねたみが渦巻く世界である。男の嫉妬ほど始末の悪いものはない。

こうして私達は嫉妬と批判と嘲笑の中で、長江文明の探求のプロジェクトを推進することを余儀なくされたのである。

湖南省城頭山《じょうとうざん》遺跡は都市型の遺跡だった

図4―2は私達が発掘調査した六三〇〇年前の湖南省の城頭山遺跡である。

周辺が城壁で囲まれている。中国湖南省文物局と共同で発掘調査した。この発掘報告書[※2]は二〇〇七年に全体で一二〇〇ページ以上の大部の報告書として刊行された。

これまで日中の考古学者による共同研究はいくつも実施されているが、こうした本格的な発掘調査報告書が刊行されたのは、はじめてである。

私は「城頭山遺跡が都市の遺跡である」と指摘した。しかし「コメを食べて魚を食べている稲作漁撈民が、文明を持っているはずがない」と、多くの考古学者はいまだに思っている。

コメと魚介類を食べる人々は文明を持っていないと考えられてきた

現代文明の代表はヨーロッパ文明やアメリカ文明、古代文明の代表はエジプト文明、メソポタミア文明、インダス文明、黄河文明の四大文明である。これらの文明はみなパンを食べてミルクを飲んで肉を食べる畑作牧畜文明である。ヒツジやヤギを飼う文明である。

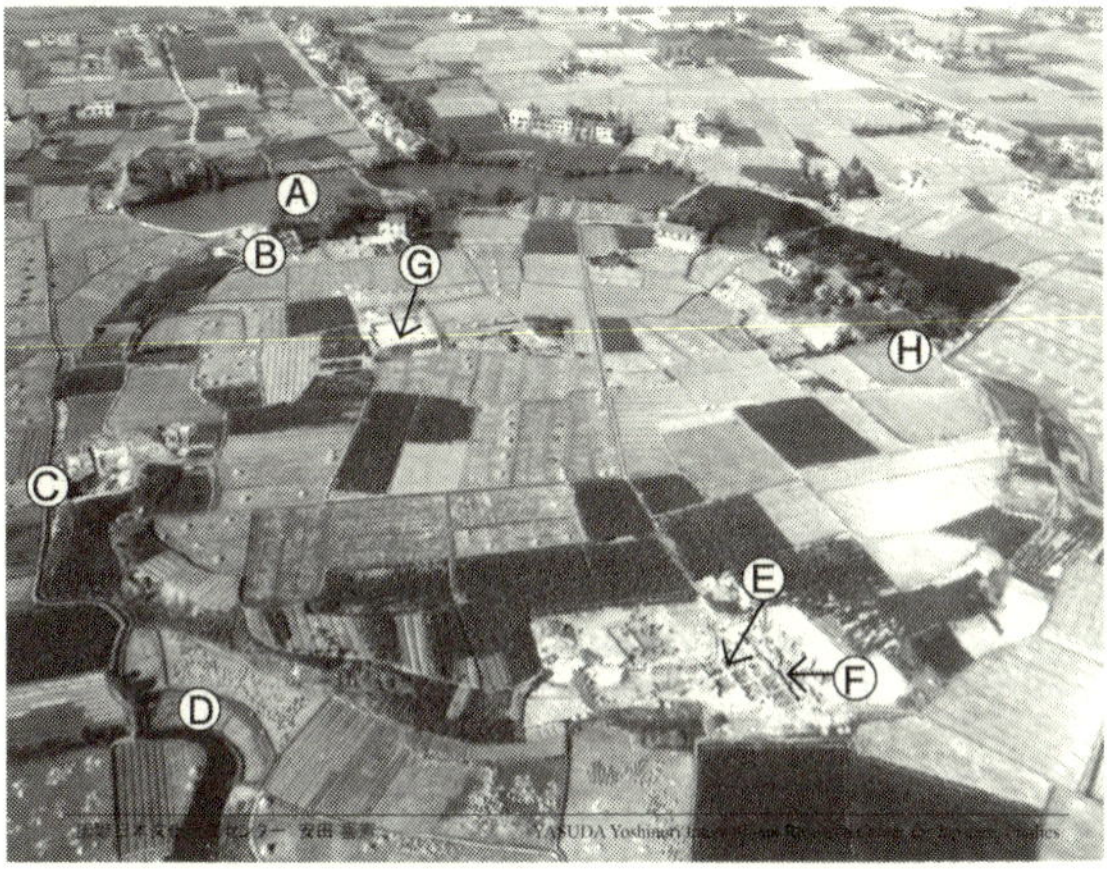

図４―２　中国湖南省城頭山遺跡。Ａ―Ｈは発掘調査地点。Ａ灌漑のため池　Ｂ城壁断面　Ｃ南門と船着き場　Ｄ城壁の外側の運河・水路　Ｅ祭壇　Ｆ最古の水田　Ｇ首長級の館（祭政殿）　Ｈ北門（宮塚義人・工藤忠撮影）

こういう人々だけが文明を持っていて、コメを食べて魚介類を食べる人々は文明を持っていないと長いこと考えられて来たのである。

私達は、「いやそうじゃない。コメを食べて魚介類を食べる稲作漁撈民も、メソポタミア文明と同じように六〇〇〇年前から文明を持っていた」と指摘したのである。

六三〇〇年前の円型の城壁

図４―２の円形の城壁の向こうには、稲作のために必要な、灌漑の溜池がある。Ａ～Ｈまでの記号は、私達が日中共同で一九九七年から発掘調査をはじめた場所である。湖南省城頭山遺跡は直径三六〇ｍの円形の城壁に囲まれた都市型の遺跡であった。

図4―3　中国雲南省エルハイ湖のボーリング（竹田武史撮影）

まずこの城壁がいつから作られたのか、その年代を測ってみた。その結果は、B.C.四三〇〇年、すなわち六三〇〇年前に城頭山遺跡が作られはじめたことが明らかとなった。六三〇〇年前にこの城頭山遺跡の城壁が作られはじめるわけであるが、それではいかなる理由と、いかなる契機で円形の城壁をもつ遺跡が作られはじめたのか。

長江流域では六三〇〇年前に気候変動があった

長江文明が、何を契機として誕生したかを探るためには、環境を復元する必要があった。私達[※3]は雲南省エルハイ湖にボーリングをして、深さ二五mの湖の最深部の堆積物を採取した。

船をチャーターして、船底に穴を開けて、エルハイ湖の湖底にボーリングをして、堆積物を採取した（図4―3）。このエルハイ湖の湖底堆積物を分析した結果、六三〇〇年前に長江流域には大きな気候変動があったことが明らかとなって来た。

西アジアでは、この完新世中期のクライマティック・オプティマム（気候最適期）の終焉を物語る気候の冷涼化と乾燥化の開始が明白になるのは、五七〇〇年前である。ところが、東アジアの長江流

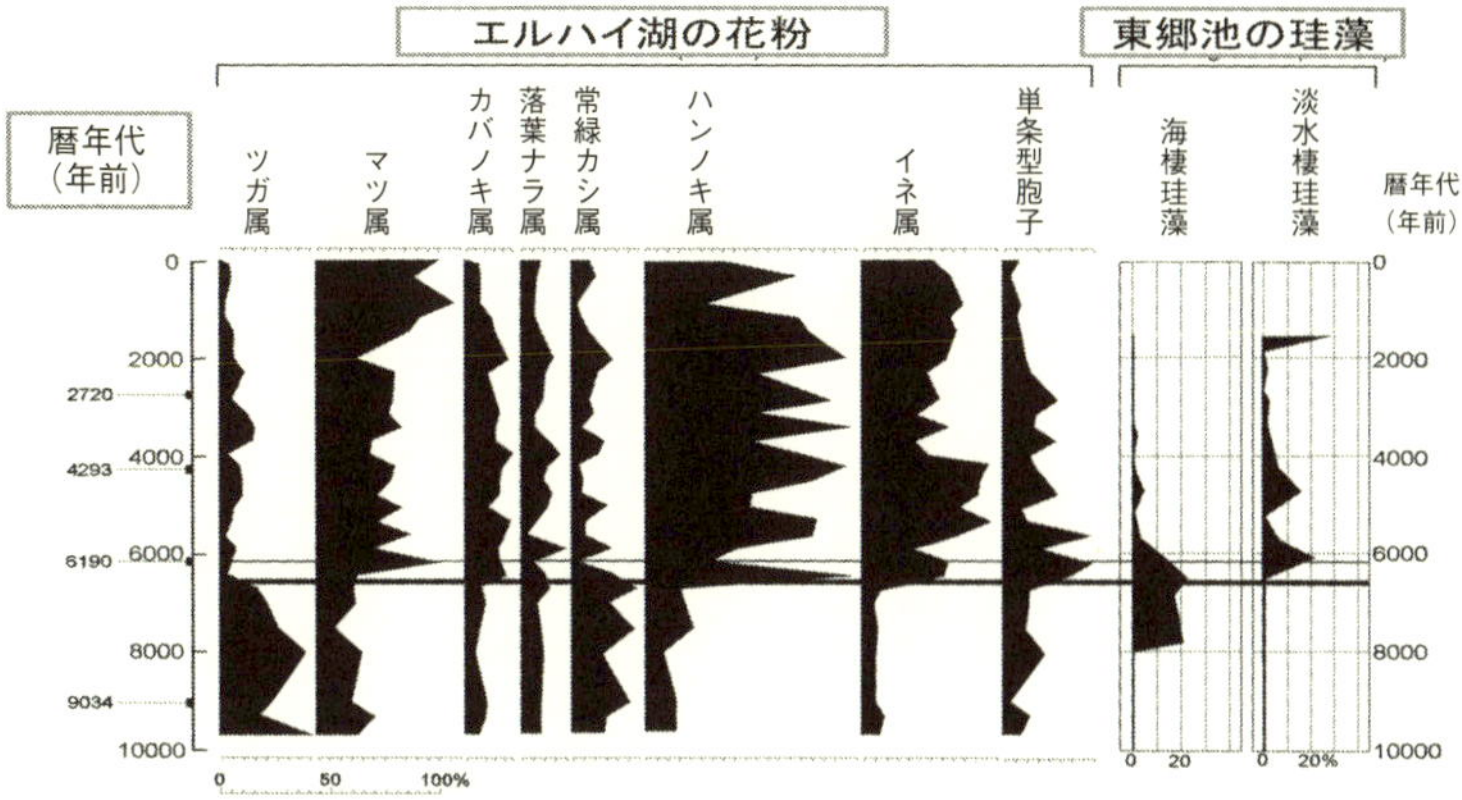

図4―4　エルハイ湖の花粉のダイアグラム（左）と鳥取県東郷池の珪藻のダイアグラム(右)。6300年前に大きな環境変動が存在したことを示す（Yasuda et al. 2004）※3

域では、すでに六三〇〇年前に気候の冷涼化と乾燥化がはじまっていたことが明らかとなって来た。

鳥取県東郷池の年縞の分析結果とも一致した

図4―4の左部分はエルハイ湖の花粉ダイアグラムである。六三〇〇年前になると突然ハンノキ属の花粉が増加する。それ以前の堆積物では、ハンノキ属の花粉はほとんど出現しないが、六三〇〇年前になると、突然、増加して来る。では、なぜ増加するのかというと、湖面が低下したからである。つまり、エルハイ湖の湖面が低下してハンノキが生えるような湿地が拡大したのである。ではなぜ湖面が低下したのか。それは降水量が減少し乾燥気候になったからである。

同じようなデータを、鳥取県東郷池《とうごういけ》の年縞の分析結果からも得ることができた。六三〇〇年前から、淡水性の珪藻が急激に増大して、東郷池の湖面が低下したことを示している（図4―4右）。東郷池は日本海と直結しているラグーン（潟湖）である。その東郷池の湖面が低下し、淡水性の珪藻が増加したということは、日本海の海面が低下したことを示す。海面の上下変動は気候変動とリンクしている。日本海の海面が六三〇〇年前から低下したということは、気候が冷涼化したことを示す。

つまり東アジアの長江流域の気候は六三〇〇年前から冷涼化と乾燥化を開始したのである。

西アジアでは、五七〇〇年前にならないと気候の冷涼化と乾燥化が明瞭にならないが、東アジアでは、すでに六三〇〇年前から気候の冷涼化と乾燥化がはじまっていることが明らかとなったのである。

チベット高原の湖、死海のデータとも一致

チベット高原南部の海抜五〇三〇mにあるプモユムコ（Pumoyum Co）湖のデータは、やはり、五七〇〇年くらい前から、急激に南西モンスーンが弱化していることを指摘している。西村弥亜氏ほか[※4]は、五五〇〇年前から南西モンスーンの影響が弱化したと報告しているが、単位体積あたりの花粉化石の増加、炭酸カルシウムの挙動から見て、南西モンスーンの弱化は、五七〇〇年前よりはじまっていたと見なされる。

さらに図5―24（第五章）はイスラエルの死海の湖面変動の分析結果である。死海の年縞の分析結果から、六三〇〇年前に死海の湖水位が急激に低下したことが示されている。死海でもこの時代に激しい干ばつに見舞われていたのである。

図2―10（第二章）は、東郷池の年縞の総硫黄含有量の分析結果[※3]である。東郷池は日本海とつながっているために、海面が上昇すると海の影響により堆積物中の硫黄含有量が増加し、海面が低下すると

硫黄含有量が減少する。その総硫黄含有量の変動から復元した海面変動の結果を見ると、すでに六三〇〇年前に、一度、大きな海面の低下がはじまっていることがわかる。その後、五八〇〇年前、五三〇〇年前、四五〇〇年前、そして四二〇〇年前に大きな低下期がある。

六三〇〇年前の冷涼期に入ると北緯三五度以南の地では夏雨が減少した

このように見ていくと、後氷期のクライマティック・オプティマム（気候最適期）と呼ばれる高温期は、六三〇〇年前頃に終わり、完新世後半の冷涼期に入ったことがわかる。それでは長江流域では気候が冷涼化すると、なぜ乾燥化するのか。それはこの気候の冷涼化が、長江流域では南西モンスーンの弱化をもたらし、夏雨が減少したためであると見なされる。

南西モンスーンはインド洋からやって来た湿った気団である。それは日本列島に梅雨をもたらす。インド洋から南西モンスーンがやって来ると、インドでは「モンスーンバースト」と呼ばれる激しい雷と豪雨が襲来する。その湿った気団はヒマラヤにぶち当たり、方向を東に変えてヒマラヤ・チベット山塊の南側を東に向かって移動し、東南アジアでヒマラヤ・チベット山塊の東麓をぐるりと迂回して北上し、中国大陸に入る。最初に中国大陸に入る所が、この雲南省なのである。そしてその延長は湿舌として日本列島に達し、梅雨をもたらす。

ところが六三〇〇年前の気候の冷涼化によって、日本列島に梅雨をもたらす南西モンスーンの活動が弱化し、空《から》梅雨になったのである。この気候の乾燥化が契機となって、城頭山遺跡が誕生した可能性が大きくなって来たのである。

乾燥化で稲作に関わる都市型集落が誕生した

ではなぜ気候が乾燥化することによって、城頭山遺跡が誕生する契機が与えられたのか。それは気候の乾燥化で、城頭山遺跡のある洞庭湖の湖面が低下し、そのほとりには広大な水田に適した低湿地が出現したからである。さらに気候の乾燥化によって稲作に必要な灌漑水を確保することが必要となった。灌漑水の確保には共同作業が必要で、その作業を統率するリーダーも必要になった。

たしかに城頭山遺跡の城壁は、灌漑用の溜池を造成する目的で作られたようにも見える。さらに干ばつなどの不作を乗り切るための豊穣の儀礼も発達したであろう。

豊穣の儀礼をつかさどるシャーマンが神官となって、大きな力を持ちはじめたと考えられる。こうして六三〇〇年前の気候変動、とりわけ長江流域では気候の乾燥化が契機となって、稲作という生業と深くかかわった都市型集落が誕生したのではないかと思われる。

これまで西アジアで都市が出現するのは五七〇〇年前と言われて来たが、東アジアでは六三〇〇年前まで遡るのではないか、と私は考えはじめた。

乾燥化で畑作牧畜型の都市文明も誕生した

西アジアの麦作と牧畜をセットにした畑作牧畜型の都市文明は、五七〇〇年前に誕生する。これも気候の冷涼化・乾燥化が深く関係していた。※5

メソポタミアのチグリス・ユーフラテス川やエジプトのナイル川沿いにはもともと麦類を栽培する農耕民が暮らしていた。ところが五七〇〇年前の気候の乾燥化によって、周辺の草原地帯でヒツジやヤギを飼って暮らしていた人々が水をもとめてチグリス・ユーフラテス川やナイル川沿いに集まって来た。この気候の乾燥化を契機とする大河のほとりへの人口の集中が都市文明誕生の契機であったと私は[※6]一九九〇年に指摘した。

大河のほとりに牧畜民がやって来たことによって、農耕民と牧畜民の文化の融合が引き起こされた。畑作牧畜型の都市文明誕生の背景には牧畜民の色濃い影が漂っている。金銀に執着する嗜好性や、金属器の武器を発達させ交易を重視する点などは、いずれも牧畜民の文化的伝統から生まれたものだと私は考えている。王の出現も家畜の群れを統率するリーダーと同じ意味合いを持っていたのではないかと見なしている。さらに大河のほとりへの人口の集中は、余剰労働を生み出し、ピラミッドなどの巨大建造物を作ることができたのである。

これに対して稲作漁撈型の文明[※7]は、六三〇〇年前に誕生の萌芽が見られた。東アジアの長江流域では、気候の乾燥化は、すでに六三〇〇年前にはじまっていた。近年の死海の年縞の分析結果も、六三〇〇年前の著しい気候の乾燥化の存在を明らかにしていた。今後、西アジアにおいても、都市文明の誕生が六〇〇〇年前頃までさかのぼる可能性は高い。

とくにヨーロッパでの研究は、今や東アジアの私達の研究に追従するところもあり、クライマティック・オプティマム（気候最適期）の高温期が五七〇〇年前ではなく六〇〇〇年前頃に西アジアでも終わっていたというデータが、そのうちにヨーロッパでも出て来る可能性がある。メソポタミアにおいても最古の都市型集落が、これからの発掘調査によって六〇〇〇年前頃までさかのぼる可能性がある。

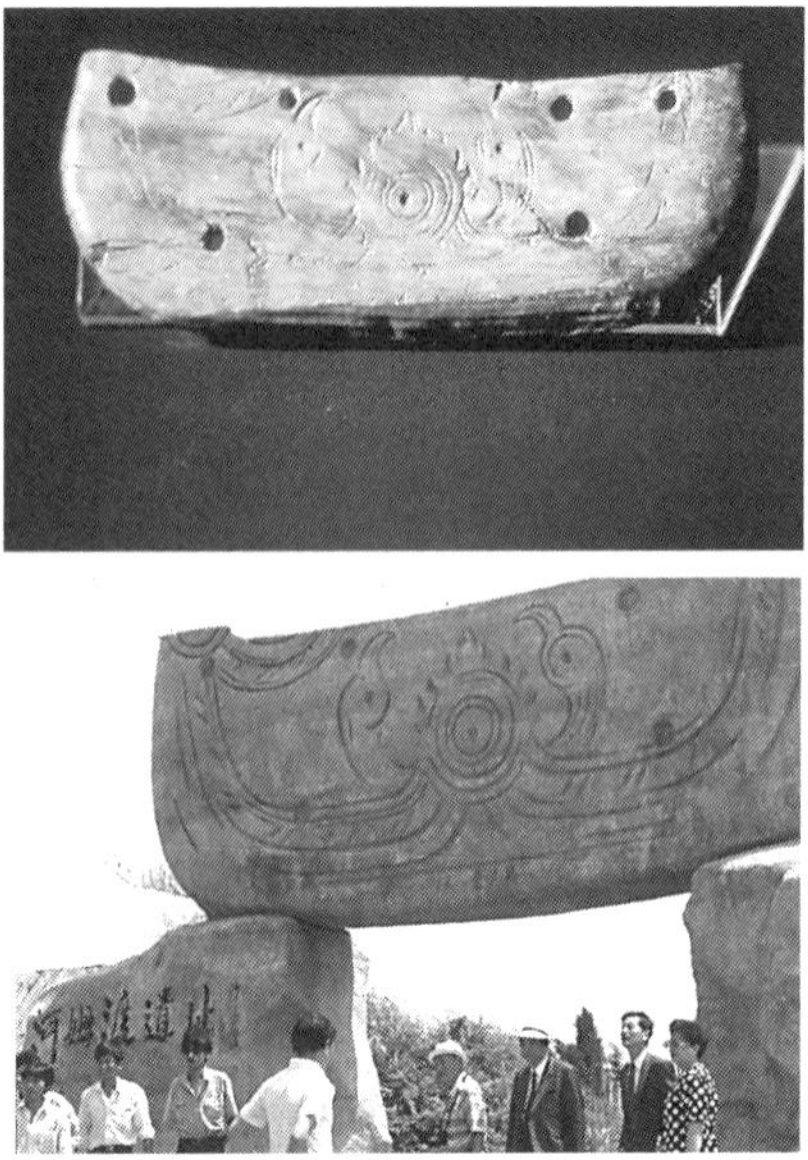

図4―5　浙江省河姆渡遺跡の7600年前の象牙に彫られた五輪の太陽を抱える2羽の鳥（上）と、それを復元したもの（下）

魚を獲り船で移動する漁撈民の役割

西アジアの場合には都市文明の誕生には、牧畜民が大きな役割を果たしたが、東アジアの長江流域には牧畜民はいなかった。では誰が牧畜民の役割を果たしたのであろうか。

それは漁撈民であったと私[※7]は見なしている。魚介類を獲り、船で移動する漁撈民が、西アジアの牧畜民と類似した役割を文明の誕生期に果たしたと私は見なしている。

なお、ヒプシサーマルとかクライマティック・オプティマムを気候最適期と呼ぶ。日本ではこの時代を縄文海進期と言い、七五〇〇〜六三〇〇年前の時代は高温期で、現在より地球の年平均気温が二℃ほど高い時代であった。この呼び名は冷涼な地域に暮らすヨーロッパ人がつけた名前である。一九六〇〜七〇年代は氷河時代がやって来ると言われていた時代で、現在よりも高温な時代は、あたかもパラダイスのように思われていた時代であったためにこのように気候最適期という呼び名が生まれた。しかし、地球温暖化によって現在より二℃も地球の年平均気温が高くなる時代が、とてもパラダイスとは思えない時代が到来しつつある現在、この気候最適期という呼び名は再検討する必要が出て来た。

（2）太陽・山・柱・鳥・蛇・玉を崇拝した長江文明

「太陽は鳥によって運ばれている」と考えられていた

この長江の人々が崇拝したものは太陽である。稲作漁撈民にとっては太陽が一番重要だった。太陽は東の空から昇って西の空へ沈んでいく。その季節の運行に応じて稲作漁撈民は、いつ種籾を播いたらいいか、いつ田植えをしたらいいか、いつ稲刈りをしたらいいかを判断した。その太陽は鳥によって運ばれていると稲作漁撈民は考えた。

図4―6　城頭山遺跡の東門の背後から発見された中国最古の祭壇（上）と祭壇から発見された人骨（下）

図4―5は七六〇〇年前の浙江省河姆渡遺跡から見つかった象牙に彫られた彫刻である。五輪の太陽を二羽の鳥が運んでいる様が彫られている。

古代長江の人々は、「太陽は鳥によって運ばれている」と考えていた。

その太陽は、朝、東の空から生まれて、西の空で死ぬ。しかしまた翌

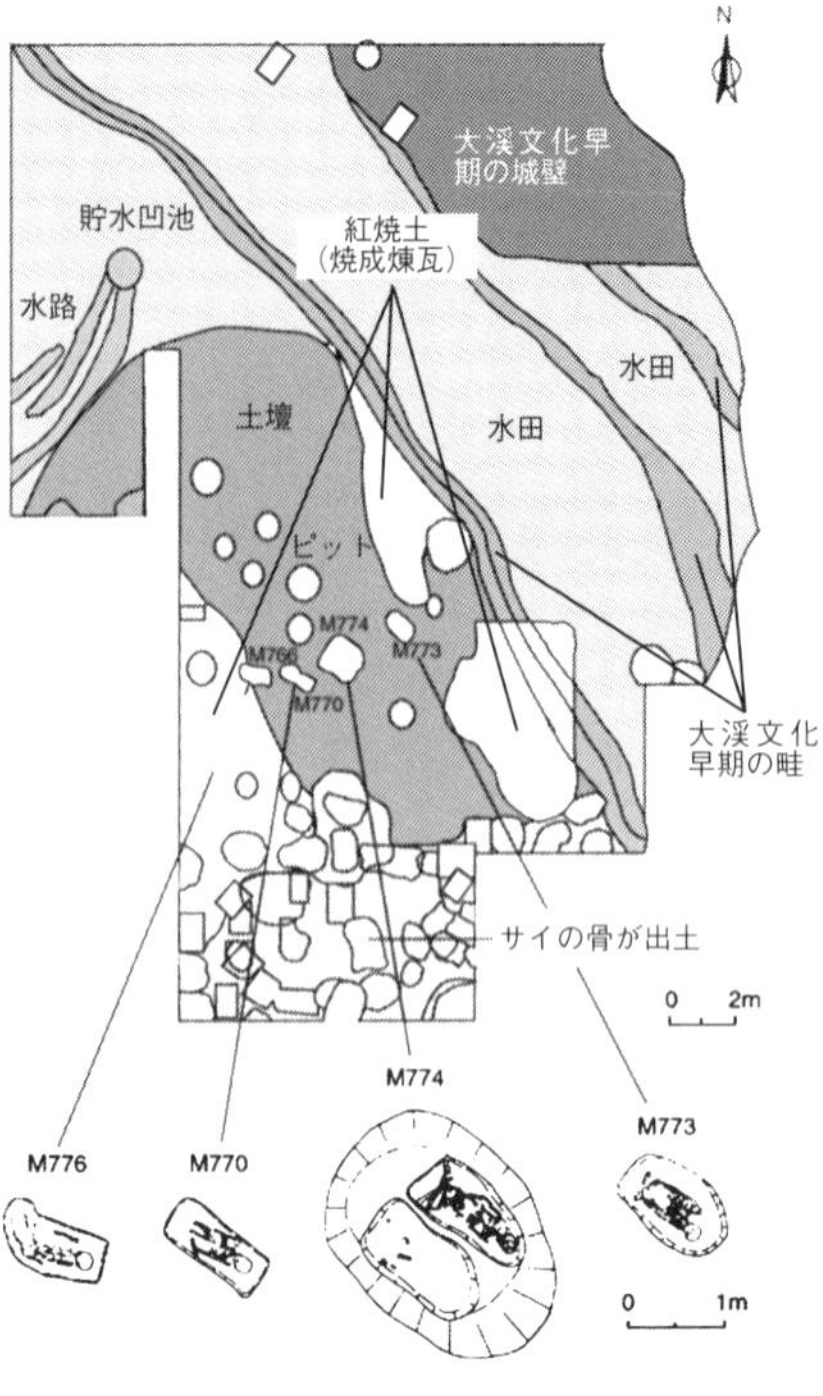

図4―7　中国最古の祭壇には人間が生贄にされていた。その頭は太陽の昇る東南に向けられて屈葬されていた（安田、2009）[※7]

朝、生まれ変わる。

蛇が脱皮することは生まれ変わるという意味だった。太陽からはじまってこの地球の生きとし生けるものは、すべて生まれ変わるという世界観を稲作漁撈民は持っていたのである。

城頭山遺跡からは六〇〇〇年前の中国最古の祭壇（図4―6）が発見された。[※7]祭壇は、東門の背後から見つかり、生贄になったと見なされる屈葬された人骨（図4―7）の頭部も太陽の昇る東南を向いていた。おそらくここで太陽を崇拝する豊穣の血の儀礼が行われたであろうと私[※7]は推測した。

巨木の柱は、天地結合のシンボルだった

図4―8は、六〇〇〇年前の大型建物の柱穴である。長江文明は、木の文明だった。巨大な柱穴が巨木の柱の存在を示している。その柱穴の底には、焼いた煉瓦が敷かれていた。泥の平野であるために、柱を固定する礎石を得ることがむずかしかった。そこで、焼いた煉瓦を敷いて、その上に巨木の

図4―8　城頭山遺跡の巨木の柱穴を持つ大型建物（右）と城頭山遺跡の航空測量写真（左）(宮塚義人撮影)

柱を建てたのである。

その柱穴の大きさは直径一・五mもあった。この巨木の柱を軸にして、建物を建てている。六〇〇〇年前の巨木の柱を使った建築物は、高床式倉庫であったと見なされる。

地中海文明は、「石の文明」であった。これに対し長江文明は「木の文明」だった。木は腐るので、六〇〇〇年前の巨木の柱を使った建物は全部なくなってしまった。しかし、城頭山遺跡には、直径一m以上もある巨木の柱を使った建物群が存在したのである。

長江文明の人々は柱を大事にした。なぜ、柱を大事にしたのか。

それは、柱が天と地を繋ぐものだからである。天地結合のシンボルが柱なのだ。稲作漁撈民は、天地の結合の中に豊饒を祈った。

図4—9　**滇王国の青銅器に彫金された図柄。羽飾りを先端につけた聖なる柱にくくりつけた水牛を、羽飾りの帽子をかぶった人が生贄にする場面（右）(雲南省博物館編『雲南省博物館』文物出版社　1991年)。現在でもミャオ族の人々の間で行われている水牛の生贄（左）（竹田武史撮影）**

「北の馬の文化」・「南の牛の文化」

図4―9右は中国雲南省で発展した滇《てん》王国の青銅器に彫金された図柄である。羽飾りの帽子をかぶった人が、今、水牛を生贄にしている。現在でも貴州省のミャオ族の人々が水牛を生贄にして、同じことを行っている（図4―9左）。柱の先には鳥の羽が飾られている。稲作漁撈民は天地結合のシンボルとして柱を崇拝した。

この図柄には長江文明の人々が柱と鳥、そして馬ではなくて牛を大事にしたことが語られている。馬を大事にしたのは黄河文明の人々であるが、牛を大事にしたのは長江文明のお米を食べて魚介類を食べる稲作漁撈民だった。

福永光司氏[※8]は中国文明を「北の馬の文化」、「南の船の文化」というみごとな対比の中で明らかにされたが、乗り物という観点からではなく、動物という観点から見れば、「北の馬の文化」に対して「南の牛の文化」であると言うことができる。

現世的秩序のシンボルとして蛇を崇拝した

長江文明の人々が崇めたのは、超越的秩序のシンボルとしての龍ではなく、現世的秩序のシンボルとしての蛇であった。

長江文明の人々は自然に存在しないものを創造することをきらい、あるがままの自然を崇拝することを重視した。

蛇は豊饒と再生のシンボル

地中海文明の研究に没頭していた頃のことである。ギリシャ・ローマでは、二匹の蛇が注連縄《しめなわ》のように絡み合っている図柄が建物や土器に造形されていて、それがずっと謎だった。「一体何だろう、どうしてこんなものを、大切な壷などに造形しているのだろうか」と考えていたが、よくわからなかった。

伊東俊太郎先生の研究会で吉野裕子先生[※9]にお会いした。その時、吉野先生が、「安田さん、注連縄は蛇ですよ！」と、言われた。

I・ニュートンがリンゴの落ちるのを見て万有引力を発見したと言われるように、学問の展開も、意味のあるたった一言で大きく変わるものである。吉野裕子先生の「安田さん、注連縄は蛇ですよ！」というその一言が、私の長年の謎をすべて解明してくれたのである。

注連縄は二匹の蛇が絡み合っている姿だった。蛇は注連縄のようにからまりあって交尾する。なぜその交尾している蛇の姿が豊饒のシンボルになったのかは、蛇の交尾の時間が非常に長く、かつ蛇は脱皮をするからであった。交尾の時間が長いことは性のエネルギーが強いということであり、

図4―10　滇王国の日本の神社とそっくりの高床式住居（青銅製）。入口には蛇の彫刻が置いてある（雲南省博物館編『雲南省博物館』文物出版社　1991年、張増祺『晋寧石寨山』雲南美術出版社　1998年）

たくさん子供を産む豊穣のシンボルになり、脱皮することは生命の再生と循環のシンボルだった。それ故、古代の人々はこれを崇めたのである。

注連縄は神道のシンボルでもある。滇王国の青銅器には日本の神社とまったく同じ高床式の建物が彫金されたものがあり、その入口には蛇の彫刻が置いてある（図4―10）。日本の神道のルーツは、この長江文明にまでたどり着く。

神社の社殿が二匹の蛇が交尾する注連縄で飾られているのと、蛇そのもので飾られているのとは、同じ風景なのである。

玉は山のシンボルだった

さらに長江文明の人々は玉を崇拝した。何故、玉を崇拝したか、私は長いことわからなかった。梅原猛先生はその玉を見られた瞬間に手が震えるほどに興奮されていた。私は何回見ても感動できなかった。「どうしてこんな石ころがいいんだろう。金銀の方がよっぽど光輝いていていいじゃないか」とさえ思っていた。「何故、長江文明の人々は、金銀財宝ではなくて玉を崇拝したのか」。それが謎だった。

何故長江文明の人々が玉を至宝にしたかがわからなくて、私は長いこと悩んでいた。二〇〇四年、『山海経《せんがいきょう》』という長江文明の神話を原文で読んでいた時のことである。そこには、「こんなめずらしい動物がいる、こんな怪獣がいる」とかいろんな面白いことが書いてあったが、最初のくだりにはかならず、「何々山には何々玉が採れる」と、書いてあった。「何々山には何々玉が採れる」。つまり「山は、玉と深い関係がある」ということがそこには書いてあったのである。

玉は山から流れてくる川原で採れる。そこで「玉は山のシンボルではなかったか」と考えた。そうしたらすべてが解けた。

稲作漁撈民は天地の結合に最大の価値を置いた

稲作を行うためには水がいる。水は山から流れてくる。その水源の聖なる山を集落に持って来ることはできないから、豊穣を願って、その聖なる山で採れる美しい玉を集落へ持って来て、人工的に加工し、豊穣の儀礼を行ったのではないか。

山もまた柱と同じく、天地の懸け橋だった。稲作漁撈民は天と地を結合することに最大の価値を置き、そのための柱を大事にしたのと同じように、山もまた天に向かう岩の梯子として大切にされたのである。山は天地を結合することによって、豊穣の雨をもたらすのである。

会津磐梯山の磐梯という字を思い出してほしい。磐というのは岩であり、梯は梯子である。会津磐梯山は、天に向かう岩の梯子だったのである。山は天と地をつなぐ岩の梯子だったのである。山は天地を結合するシンボルだった。その山のシンボルが玉だったのである。徳一はその磐梯山の麓に、東

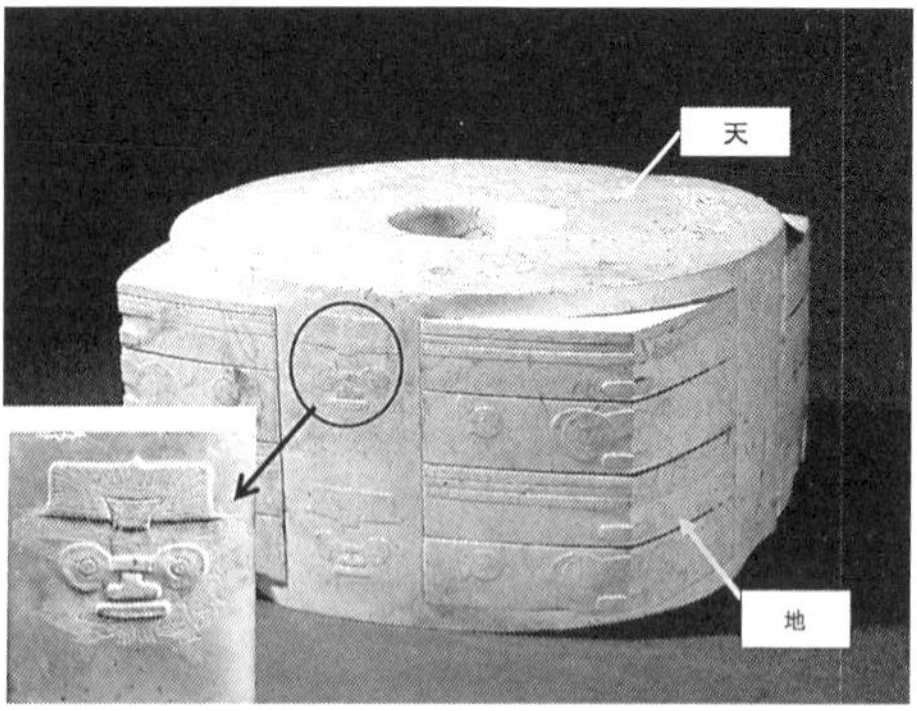

図４―11　長江文明は玉器文明であり、玉は山のシンボルだった。玉琮の側面には細かな神獣人面文様（左下）が彫られていた（浙江省文物考古研究所ほか編『良渚文化玉器』文物出版社　1989 年）

北地方の山岳信仰のメッカになる彗日寺を建立したのである。

そう解釈すると、すべてが解けた。私はこの時はじめて自分が長江文明の調査研究をやってきたことの意味が理解できた。

浙江省良渚遺跡群の反山《はんざん》遺跡などから出土した玉琮（図4―11の）は丸と四角のセットでできていた。中国の古典『淮南子《えなんじ》』の「天文訓」の中には、「丸は天と言い、地は方と言う」と書かれている。この玉琮もまた天地の結合を現しているのである。山が天地の架け橋であったと同時に、その山のシンボルである玉器にも天地の結合が表現されていたのである。

あたかも神の啓示が降って来るように、新たな発見はある日突然やって来る。まったく予期しない時に、一筋の光明がさし、あたかもこれまで見えなかったものがはっきりと見えて来る、そして眼前には、まったく新たな世界と価値観・パラダイムが広がって来る。

森・里・海の命の水の循環系を維持する持続型文明

玉が山のシンボルであることを発見した時、長江文明の真価が、人類文明史における意味が私には見えてきた。

それは森・里・海の命の水の循環系を維持する持続型文明社会の重要性の発見であった。大地に自らのエネルギーを投入し、命の水の循環系と生物の多様性を守り、大地と生きとし生けるものとともに、持続的に千年も万年も生き続けることに最大の価値を置いた文明の発見だった。これまで何気なく見ていた棚田が光り輝いて見えて来たのはこの時だった。

図4―11の玉琮の側面には細かい神獣人面文様が彫られている。これを見て稲盛和夫先生は感動された。五〇〇〇年前の玉琮に彫られた細かい文様の直径は約三cmである。この約三cmのものを拡大すると、図の左下のようになる。アメリカインディアン（ネイティブアメリカン）のような鳥の羽飾りの帽子をつけた人物が、トラの目に触っている。体には再生と循環の渦巻きの文様が全面に刻まれている。そして足は三本指の鳥の足である。この人物は天地を自由に往来できる鳥人間だった。

稲作漁撈民の精緻さ・清潔さの由来

直径約三cmのこの細かな神獣人面文様を五〇〇〇年前の長江の人々は、硬い玉に彫ったのである。この浮き彫りをどうやって作ったかということを稲盛和夫先生は研究されたが、セラミックの専門家の稲盛先生をもってしても、この技術を完全に復元することはできなかった。ダイヤモンドカッターやレーザーで彫るのだったらわかるが、五〇〇〇年前の人々がどうやってこの細かな浮き彫りを、何を使って硬い玉に彫ったのであろうか。

その細かさ、精緻さ、そして清潔さが、稲作漁撈民の特色である。稲作漁撈民は細かいこと、精緻なことが得意で、清潔さを好むのである。

現在でも、世界の半導体の八割は稲作漁撈社会で生産されている。それは稲作がきわめて精緻な作業だったからに他ならない。水平な水田を作ることからはじまって、種籾の選別、田植え、水の管理と田の草取り、害虫の駆除、そしてやっと穫り入れ。穫り入れたあとも人間の口に入るまでには、精緻な脱穀が必要である。だから稲作をやることによって、非常に繊細な感覚が養われ、精緻なモノヅクリの感覚も養われたのである。

お米を食べる過程はきわめて清潔であることを要求する。つまり、高温多湿の風土ではバクテリアや細菌などが発生しやすく、衛生面において気をつかわなければならない。お米を食べるためには、清潔な作業の積み重ねが必要なのである。シリアで見たように焼きたてのパンが熱いからと言って、ゴミだらけの路上で冷やすことはできないのである。稲作漁撈民の持つ清潔さは、何をどのように食べるかということから来ているのである。

（3）稲作漁撈型の都市

最古の焼成煉瓦と籾殻《もみがら》

稲盛和夫先生は京セラ株式会社の中に玉器プロジェクトを立ち上げてくださり、玉器の謎や煉瓦の謎の解明にあたってくださった。柱穴の底に敷き詰められていた煉瓦が本当に焼いた煉瓦かどうかということを立証するために、煉瓦の中の焼成温度を調べてくださった。

カオリンという粘土鉱物は、六〇〇℃以上に熱せられると、そのピークが消える。遺跡から見つかった煉瓦のカオリンのピークを調べることで、このことがわかる。もしカオリンのピークがなければこの煉瓦は六〇〇℃以上の温度で焼かれたことになる。

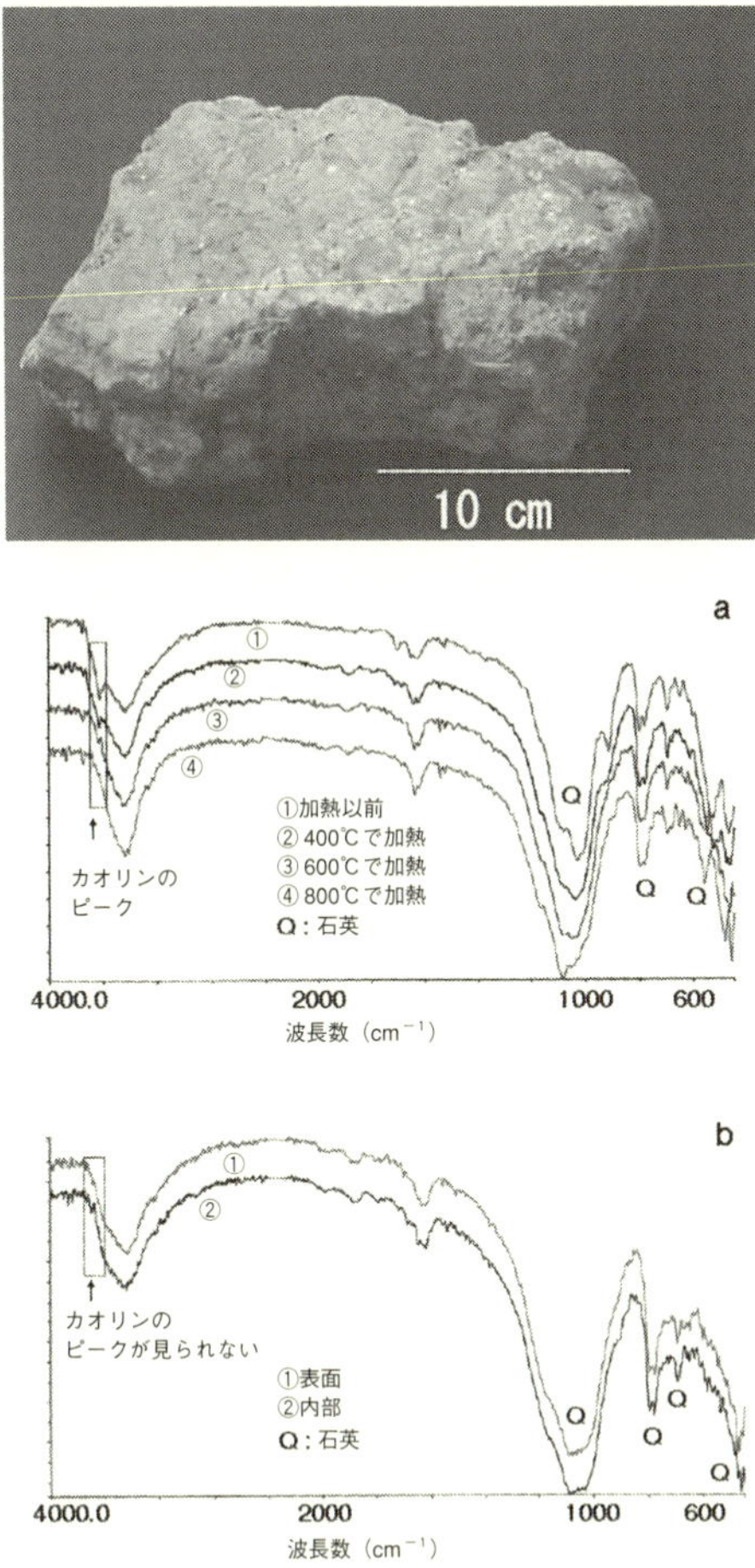

a 約 20 万年前のステージ 8 のレス堆積物の分析結果
b 大渓文化の焼成煉瓦の分析結果

図 4 —12　城頭山遺跡から出土した煉瓦（上）（竹田武史撮影）とその赤外線吸収スペクトル分析の結果（下）。煉瓦は人工的に焼成された世界最古の焼成煉瓦であることが判明した（安田、2009）※7

図4―13　中国湖南省城頭山遺跡のE・F地区（図4―2参照）の発掘調査によって、中国最古の水田址と最古の祭壇が発見された（竹田武史撮影）

京セラ株式会社の渡会幸彦氏の協力によって分析した結果（図4―12）、城頭山遺跡から出土した六〇〇〇年前の紅焼土《こうしょうど》と呼ばれていた煉瓦のカオリンのピークは、ほとんど消えていた。これまで紅焼土は偶然の火事でできたものだと見なされていた。火事でできたものなら、火にあたった部分とそうでない部分の焼成温度は違うはずである。しかし、紅焼土と呼ばれていた方形のブロックの両面は、ともにカオリンのピークが消えるほどに熱せられていた。このことから遺跡から見つかったものは、大半が六〇〇℃以上で人工的に焼かれた焼成煉瓦であることがわかった。それを、床や柱の土台に敷き詰めていたのである。

外山秀一氏[※10]によって、城頭山遺跡からは六五〇〇年前の中国最古の水田址も発見された（図4―13）。外山秀一氏のプラント・オパール（植物珪酸体）の分析の結果、通常の水田址では考えられない大量のプラント・オパールが検出された。城頭山遺跡の泥土の中からも、籾殻のプラント・オパールが大量に検出された。人々は何らかの目的で籾殻を集めていたようである。そこで渡会氏は焼成煉瓦を焼く燃料としておそらく籾殻を使用したのではないかという想定のもとに、籾殻で煉瓦を焼く実験もしてくださった。結果はすばらしい見事な焼成煉瓦ができたのである。

バリ島では今でも籾殻で煉瓦を焼いたり、焼き物を焼いている。最高の燃料は籾殻だそうである。火がゆっくりとまわってよく焼き固まった煉瓦ができるそうだ。おそらく城頭山遺跡の籾殻は、こうした燃料としても使用されたのであろう。

大半が粘性あるジャポニカタイプだった

籾殻そのものの遺体も何点か見つかっている。佐藤洋一郎氏と矢野梓氏らが、出土した六〇〇〇年前の籾殻のDNAを分析した結果、大半がジャポニカタイプのイネであることが明らかとなった。※11 長江流域の人々は、ねばねばしたモチゴメを好んだと書いたが、すでに六〇〇〇年前から粘性のあるジャポニカタイプを食べていたのである。長江文明はジャポニカ米の文明であった。人々の食べ物に対する嗜好は、長年にわたって形成されたものである。照葉樹林帯に暮らす人々がねばねばした餅が大好物なのは、六〇〇〇年以上も前から栽培していた粘性の高いジャポニカ米を主食として来たからに他ならない。

稲作は照葉樹林文化の最終段階ではなかった

照葉樹林文化の重要な要素であるねばねばしたお餅が大好物だという文化的特殊性は、照葉樹林文化の最終段階に突然出て来たものではなく、ねばねばしたジャポニカ米を食べはじめた六〇〇〇年以上も前の古い時代から存在したものなのである。稲作を照葉樹林文化の最終段階に持って来るこれまでの発展段階説は、この点においても誤りであることがわかる。

図4―14　焼成煉瓦を敷き詰めた首長級の館。建物には突き出しの入り口がある

図4―15　首長級の館の復元図（宮塚義人作成）

首長級の館と神殿

二〇〇〇年の発掘調査の時には、建築史の宮本長二郎先生[※12]に調査していただいた。その結果、焼成煉瓦を一面に敷き詰めた発掘地点G地区から、首長級の館や神殿と見なされる建物が見つかった（図4―14）。首長級の館と見なされた長方形の大型建物には、突き出しの入口があり（図4―14）、列柱廻廊を有していた。壁の外側にもう一回り柱列があり、軒先が作られていたのである。

この大型建物の中には、炊事場は発見できなかった。食べ物を料理したあとも、いっさいなかった。

宮本先生は、「ここは首長が政務を執り行った場所、祭政殿である」と考えられた。宮塚義人氏が図4―15のような復元図を書いてくれた。天皇陛下が謁見されるときに使用する御簾《みす》のようなすだれもあったと見なされている。

図4—16　焼成煉瓦の出土状況（左）と焼成煉瓦で敷き詰められた道路（右）

稲作漁撈民は太陽の赤色を重視した

この列柱廻廊の様式があることは、柱と軒先によって家が囲まれているということである。このことは、ここが特別の建物であることを意味している。しかも、基壇は焼成煉瓦で作られていた。おそらく、壁も焼成煉瓦で作られていたことであろう。赤色であることが、ポイントになる。

稲作漁撈民は、赤色をたいへん重要視した。それは太陽の赤であろう。

この首長級の館の東側には、もう一つ前殿、正殿、脇殿がセットになった建物が見つかった。脇殿の一つはまだ発掘していないが、おそらく、東側にはもう一つ脇殿があると思われる。それはおそらく神殿であったと考えられ、宮本長二郎先生[※12]はそれを祖先祭祀を行った祭場殿と名付けられた。神殿と見なされる建物の下からはお墓が発見されたからである。祖先祭祀をつか

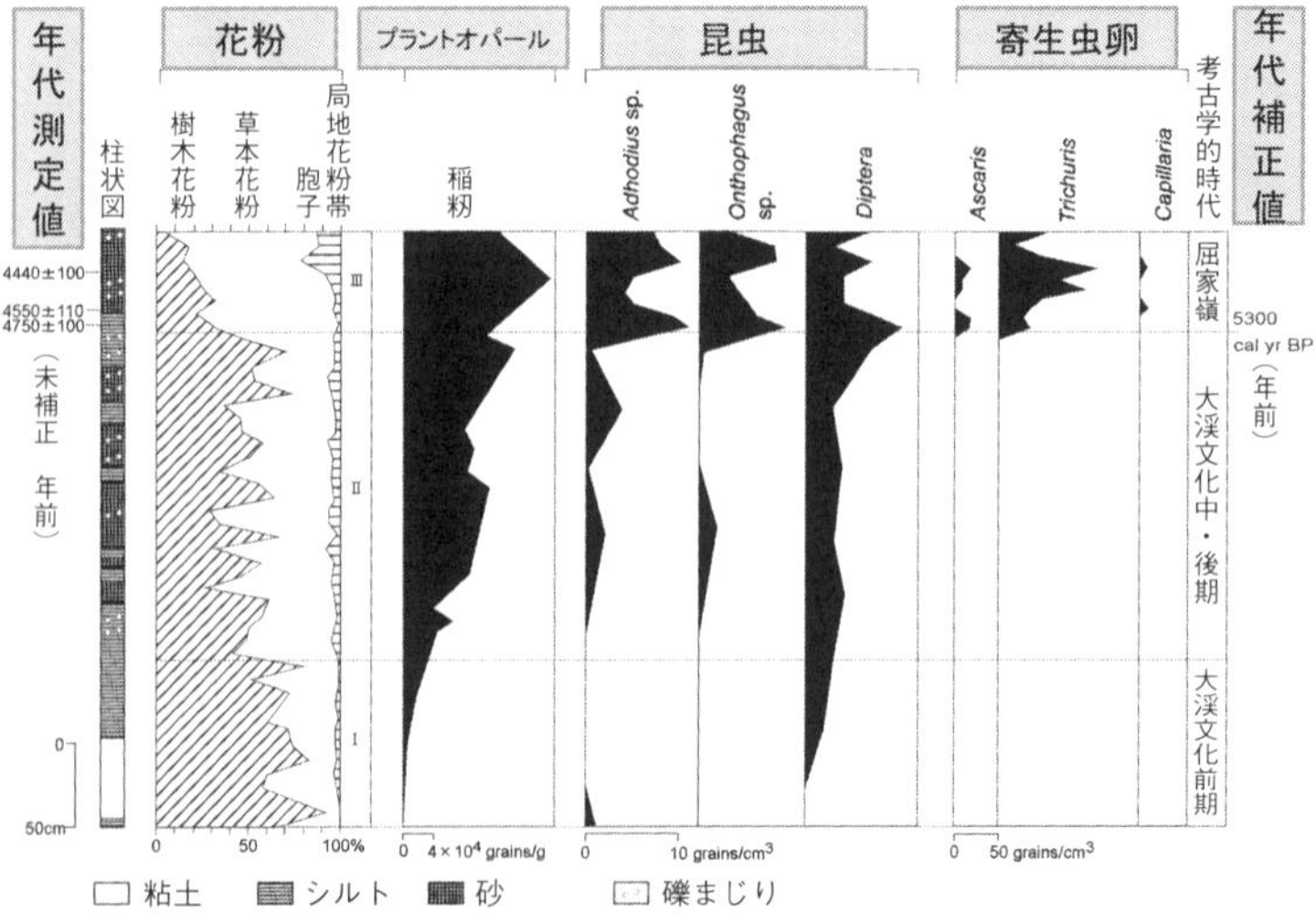

図４―17　城頭山遺跡の南門、船着き場の堆積物の花粉・プラントオパール・昆虫・寄生虫卵の分析結果（Yasuda et al. 2004）[※3]

さどる建物ではなかったかと見なされている。

そして首長級の館と神殿の北側には真っ赤な焼成煉瓦で敷き詰められた道路が東西に走っていたのである（図４―16）。

五三〇〇年前の人口は二〇〇〇〇人くらいで平城京の二倍

城頭山遺跡の土壌の中に含まれる寄生虫卵、あるいは昆虫化石を分析してみた。そうすると、六三〇〇年前から人間が城壁を作り、都市型の集落を作りはじめるけれども、とくにこの集落が爆発的に拡大したのが、五三〇〇年前であることがわかってきた。

森勇一氏[※13]の分析によると、五三〇〇年前から、ハエやフンコロガシといった、汚染を示す昆虫の化石が急増してくる（図４―17）。

また、金原正明氏[※14]の寄生虫卵の分析結果では、ベン虫や回虫の寄生虫の卵が出て来た（図

4―17）。

つまり、五三〇〇年前から、城頭山遺跡の汚染が深刻になり、人口が急増したということが、これによって明らかになったのである。

この寄生虫卵の出現率は、奈良の平城京の二倍にもなり、単純に計算しても、奈良の平城京の二倍の人口があった可能性がある。

図４―18　5300 年前頃の城頭山遺跡の復元図（宮塚義人作成）

図４―18が、宮塚義人氏[※15]による五三〇〇年前の、城頭山遺跡の復元図である。東・北・南に城門があった。東門の背後にあった六〇〇〇年前の祭壇は、この時代にはなくなっていた。遺跡の中央の西寄りには首長級の館があって神殿があり、遺跡中央の東寄りには巨大な高床式の木造建築がある。東西に走る道路は赤い煉瓦で敷き詰められていたようだ。さらに南門の近くにはドックらしき船着場があり、環濠をへて水上交易も行われていたようである。そして城頭山遺跡の人口は、少なくとも二〇〇〇人くらいはいたというのが、現在の私達の推定である。

メソポタミアの都市遺跡と同じ規模

この城頭山遺跡の規模は、偶然だが、メソポタミア最古

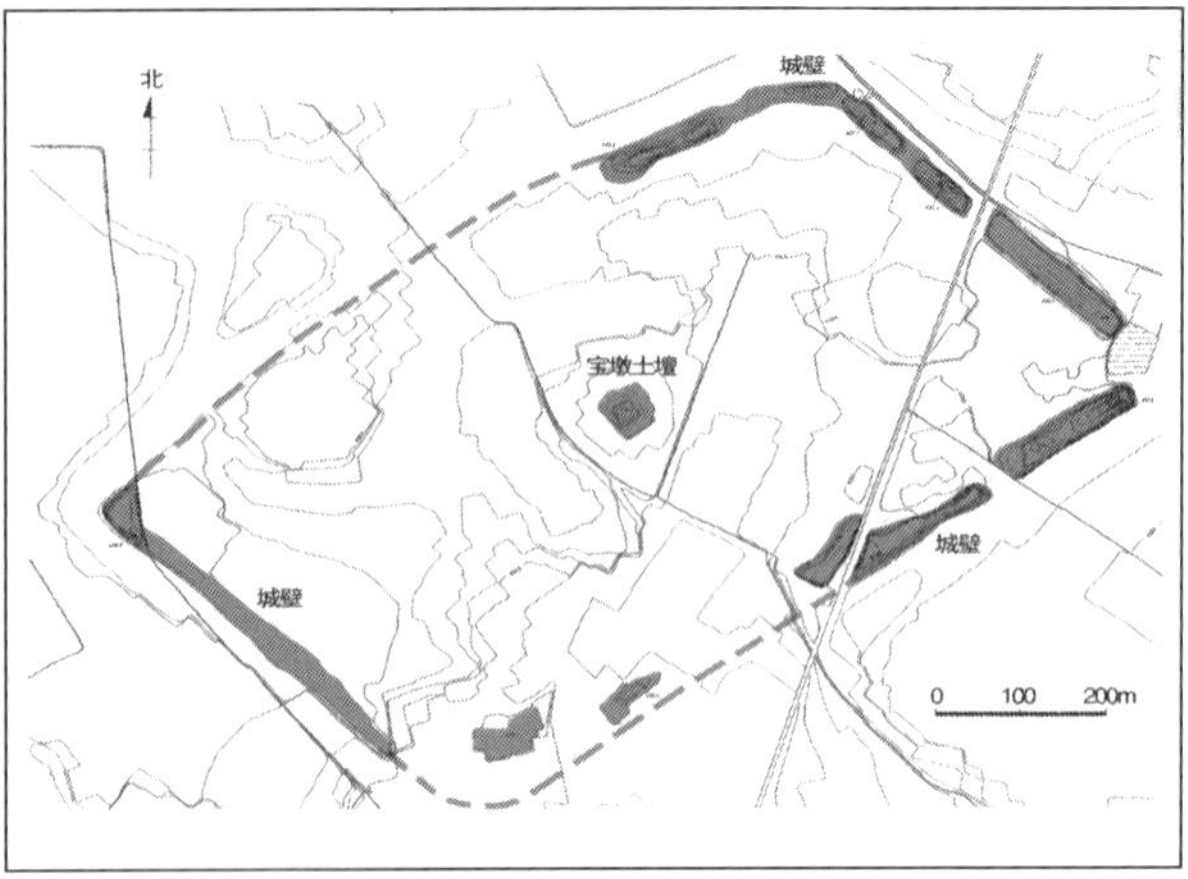

図4―19　四川省龍馬古城宝墩遺跡の平面図（梅原・安田、2004）※22と城壁の断面写真（右下）。遺跡中央の宝墩土壇は階段ピラミッドの構造を持っていた

の都市遺跡エリドゥの規模とほとんど同じである。エリドゥ遺跡の城壁は四角であるが、城頭山遺跡は丸である。

さらに時代が新しくなり一九九四年に私達が日中共同で発掘調査した四五〇〇年前の四川省龍馬古城《りゅうまこじょう》宝墩《ほうとん》遺跡は、長軸が一一〇〇m、短軸が六六〇mという長方形の城壁に囲まれた巨大な都市遺跡（図4―19）であった。

城壁の幅が約四〇m、高さが一〇mから一五mもあった。あまりに大きいので、地元の人は自然の山だと思っていた。ところが衛星写真で上から見ると長方形の巨大な城壁の一部であるということがわかった。この遺跡の面積は六六万㎡である。遺跡の中央にあった宝墩土壇は、階段ピラミッド型であった。

さらに、四五〇〇〇年前になると、湖北省石家河《せきかが》遺跡（図4―20）、あるいは浙江省良渚《りょうしょ》遺跡群などのように、一〇〇〇万㎡以上の巨大な遺跡が出現して来る。一〇〇〇万㎡というのは、メソポタミアの都市ウルクの町に匹敵する大きさである。ウルクの都市規模と湖北省の石家河遺跡の規模はほぼ同じである。

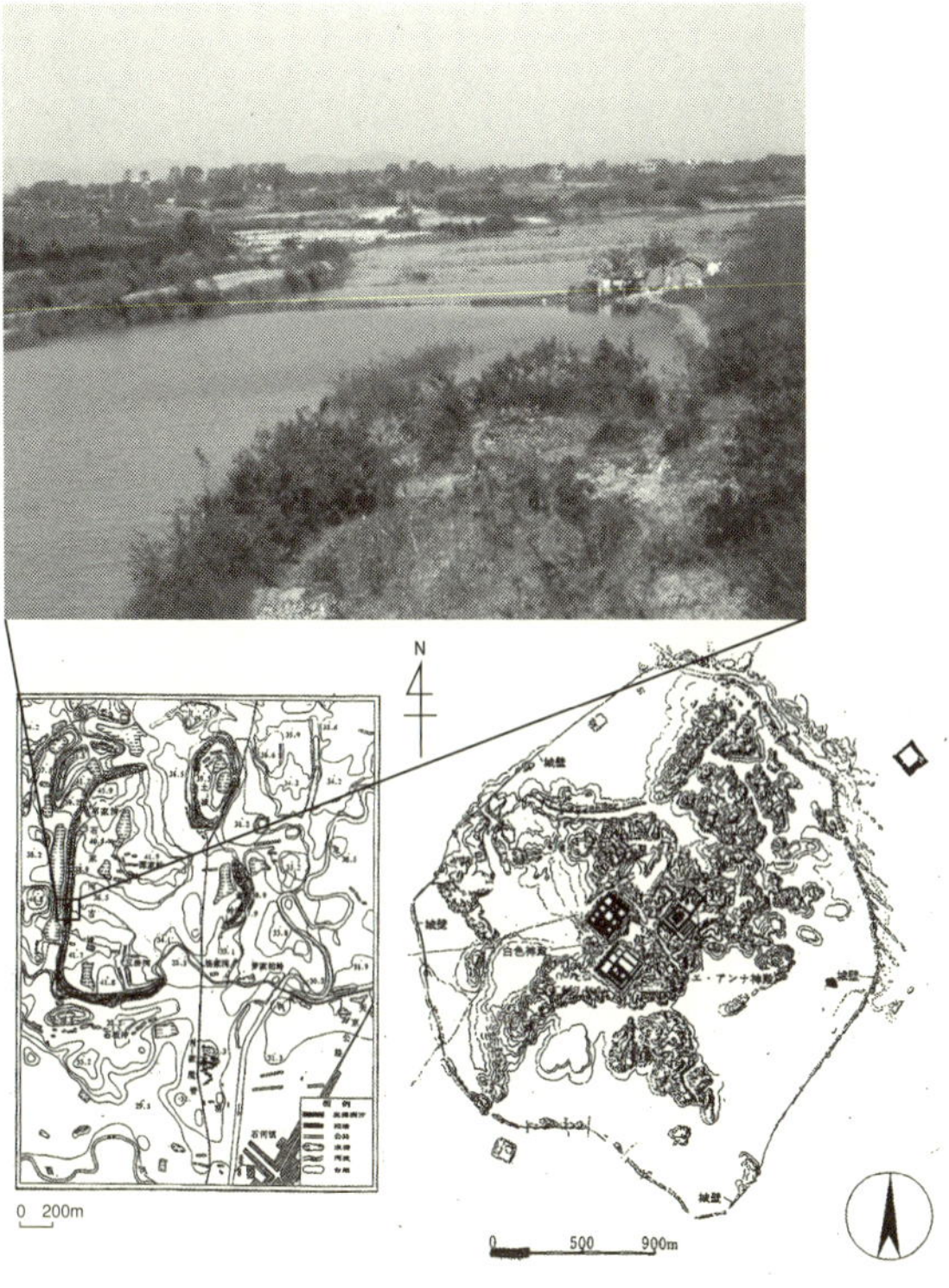

図4―20　湖北省石家河遺跡の城壁と環濠を北方から望む（上）。石家河遺跡の平面図（左下）とメソポタミアのウルクの平原図（後藤健「インダス・湾岸における都市文明の誕生」金関・川西編『文明と環境　第4巻　都市と文明』朝倉書店　1996年）（右下）

ウルク遺跡は煉瓦と石で作られていたから、六〇〇〇年前の都市の遺構が、そのまま現在でも残っている。ところが長江の巨大遺跡は泥と木でできているから、都市の遺構は跡形もなくなっている。しかも中国の農民は城壁の土を全部持っていって、田んぼの客土に使うために、元々あった城壁もほとんどなくなっている。巨大な遺跡の痕跡を知ることができるのは環濠だけである。その環濠を発掘することによってしか当時の遺跡の規模を知ることができない。

「中国文明は千年以上も遅れている」と見なされて来たが

今までは中国文明の源流は黄河文明だと言われていた。ところが、メソポタミア文明が五七〇〇年前に都市文明の段階に入っていたにもかかわらず、黄河文明は四〇〇〇年前にならないと都市文明の段階に突入しない。

「メソポタミア文明に比べて千年以上も中国文明は遅れている」とこれまで見なされて来た。「東洋の人間は西洋に比べて遅れているから、文明の段階に突入するのも遅れるのは当然のことだ」と、これまで私達は思ってきたのである。

しかし、稲作農耕の起源は麦作農耕と同じか、やや古い時代からはじまっていた可能性が高い。なのに、なぜ東洋の稲作農耕社会は文明というものを手にすることなく停滞的だったと見なされて来たのか。それは「稲作農耕社会が文明を発展させない封建的な非近代的社会であったからだ」と、長い間、日本人は見なして来たからだ。「稲作漁撈民が文明など持っているはずがない」と、日本人だけでなく、アジアの稲作漁撈民が長い間、思って来たのである。

日本の歴史学者や考古学者はマルクスの妄想を信奉して来た

その背景にはK・マルクスが考えたアジア的生産様式という概念が深い影を落としている。

アジアはアジア的生産様式によって、長い間奴隷社会や農奴社会が持続し、封建社会が長らく続いて、近代化が遅れ、文明は停滞した――これはマルクスが東洋の稲作漁撈社会に対して抱いた勝手な妄想であった。

マルクスは一度もアジアの稲作漁撈社会を訪れたこともなく、机上の思索で東洋の稲作漁撈社会を裁断したのである。

そのマルクスの妄想とでもいうべきアジア的生産様式の歴史観を金科玉条のごとく信奉して来たのが、戦後日本の考古学者や歴史学者であった。

なんと言うことであろう。日本の歴史学者や考古学者は、稲作漁撈社会を一度も訪れたことのないマルクスの机上の空論を信奉し、自らの足元の価値を真摯に見つめようとするどころか、そうしたやり方に異論を唱える研究者を学会から追放さえして来たのである。

中国文明の源流は稲作漁撈の長江文明

こうして稲作はアジア的生産様式の代表と見なされ、「稲作漁撈民が文明を発展させるということなどありえない」という妄想が、人々を支配してしまった。

「稲作漁撈社会は、奴隷社会・農奴社会・封建社会と密接に結びつき、水利共同体は、いまわしい封建的共同体組織にしばられた社会であった。そんな社会が、文明を誕生させるはずがない」と、日本人は長い間信じ込まされて来たのである。

それはまさにマルクス主義の歴史観を持った考古学者や歴史学者の罠であった。戦後の日本人はこの罠にみごとにはめられたのである。

しかし、それが長江文明の発見によって、木っ端微塵に粉砕されようとしているのである。中国文明の源流は、稲作漁撈の長江文明にあったということである。しかも、その文明は今までの文明とはまったく違って、お米を食べて魚介類を獲る、稲作漁撈文明[※7]だったのである。

畑作牧畜型の社会は奴隷を作る

稲作は畑作に比べてきわめて複雑な労働を必要とする。種籾を選別し、苗代を作り、田植えをして、水を定期的に入れ替えて、田の草を取り、害虫の駆除をしてやっと稔り入れの季節をむかえることができる。極めて複雑な重労働が要求される。生産意欲のない奴隷や農奴ではコメ作りはできない。

さらに自然にもやさしい農業であることが最近注目されて来た。

稲作は水源林としての森を保全し、水田は地下水をきれいにして命の水の循環系を守り、生物多様性を温存し、周辺の気候をおだやかにさえしていることが明らかとなって来た。自然にやさしく、自然の生き物たちと共存していくためには、人間も重労働を果たすことが必要なのである。

これに対して麦作は、冬雨のやって来る直前に畑を耕し、種籾をまいたらあとは稔り入れまでなにもする必要はない。麦は冬に成長するから雑草を取る必要もないし、害虫との戦いもない。麦作は生産意欲のない奴隷でもできるのである。だから奴隷社会が発展したのである。王は都市にいて消費者として君臨し、農民は奴隷として生産に従事するという畑作牧畜型の都市文明が誕生したのである。

マルクスの発展段階説は稲作漁撈社会には適合しない

稲作漁撈社会は王自らも労働を大切にした。農民とともに働くことが王の役割でもあった。「勤勉こそ最高の美徳」であったのが稲作漁撈社会なのだ。

それゆえ都市や集落の構造もおのずから畑作牧畜文明のものとは異なったものにならざるを得なかった。畑作牧畜型の都市は王が交易と消費を行うセンターとして発展したのに対し、稲作漁撈型の都市や集落は生産と密接に結びついたセンターとして発展した。たくさんお米を収穫するために種籾を分配したり、あるいは豊穣の儀礼を司る祭祀のセンターとしての機能を強く持っていたのが稲作漁撈型の都市や集落であった。

マルクスの歴史の発展段階説は、西洋の畑作牧畜民の社会には適用できるかもしれないが、東洋の稲作漁撈民の社会には適用できないのである。

畑作牧畜型の都市に環濠はない

畑作牧畜型の都市、つまりメソポタミアやインダス、エジプトといった都市の遺跡には城壁がある。稲作漁撈型の都市の城頭山遺跡にも、城壁や城門があった

	文明の二つのタイプ	
	畑作牧畜型都市	稲作漁撈型都市
城壁	＋	＋
城門	＋	＋
環濠	－	＋
祭壇	＋	＋
神殿	＋	＋
王宮	＋	＋
港	－	＋
金属	＋	－
玉	－	＋
文字	＋	－

＋重視　－重視せず

図4―21　稲作漁撈型都市と畑作牧畜型都市の比較（安田喜憲原図）

（図4―21）。

また、祭壇、神殿、王宮も両者に共通してある。ところが、畑作牧畜型の都市には、環濠はない。畑作牧畜型の都市の交易は馬やラクダなど陸上の交易が重要な役割を果たしたのに対し、稲作漁撈型の長江の都市相互間の交易は、船による水運が重要な役割を果たしたと見なされる。

稲作漁撈文明では文字より「言霊」を大切にした

しかし両者の決定的な相違は文字と金属器である。

畑作牧畜型のメソポタミアでは、楔形文字が、エジプトではヒエログリフと呼ばれる象形文字が、黄河文明にも甲骨文字と呼ばれる象形文字がある。インダス文明にはまだ解読されていないが、インダス文字がある。これに対して、稲作漁撈文明に文字はない。

おそらく文字のかわりに長江文明など稲作漁撈型の人々は「言霊《ことだま》」を重視したと私は考えている。長江文明の担い手であったミャオ族などの現在の雲南省や貴州省に暮らす少数民族は、伝統的に文字を持たない。そのかわりに「言霊」を大切にした。[※7][※16]私は抜歯の風習はこうした「言霊」を重視した民族に特有の風習ではなかったかと考えている。

さらに長江文明では、金属製の武器をそれほど当初は重視しなかった。畑作牧畜文明の黄河文明では、青銅器がすでに文明の要素として重視されているが、長江文明では金属器は当初はそれほど重要視されなかった。その代わりに重要視されたのが、玉器なのである。素晴らしい玉器。これが、畑作牧畜型と、稲作漁撈型の文明の大きな違いである。それをまとめると図4―21のようになる。

文字と金属器は畑作牧畜文明に特有の現象

「文字と金属器がないから長江文明は文明ではない」というのがこれまでの日本の考古学者の強い意見であった。しかし、文字と金属器を重視したのは、たえず戦争をして金属器の武器が必要な社会であった。文字は奴隷から税を収奪するための記録の手段として必要であった。それらは、畑作牧畜型の都市文明に特有の現象であった。

インカ文明、マヤ文明と照合すれば稲作漁撈社会の文明を理解できる

稲作漁撈社会やトウモロコシやジャガイモを栽培する社会では、文字や金属器はそれほど必要ではなかったのではないだろうか。事実、トウモロコシやジャガイモの栽培に生業をおいたインカ文明は長い間、金属器の武器を大量に持つことなく、文字もない社会が続いていた。マヤ文明においては文字はあったが、金属器はほとんど使用しなかった。

「インカ文明やマヤ文明は文明ではない」と言う人はもういないと思う。金属器と文字は畑作牧畜型の文明の一つの重要な文明の要素ではあるが、それがないから文明ではないとはもう言えないのである。

稲作漁撈民が作り出した長江文明には特有の文明要素があるし、畑作牧畜民が作り出したメソポタミア文明にも特有の文明要素がある。同じように中南米のマヤ文明やインカ文明にも特有の文明要素があるのである。「メソポタミア文明の文明要素をすべてそなえていなければ文明ではない」と言うのは、西洋の文明史観に毒されたきわめて偏狭な人類文明史の解釈であると言わざるを得ない。

2　四二〇〇年前の気候変動が世界を変えた

（1）長江文明は、冷涼・乾燥化で衰亡した

フウの木出土の謎

城頭山遺跡の泥土の花粉を守田益宗氏[※17]が分析した結果、カシ類やシイ類の樹木花粉が多く検出された（図4―17）。まさに城頭山遺跡は照葉樹の森に囲まれて立地していたのである。

ところが、遺跡から出土する材木の種類を米延仁志氏[※18]が分析したところ、花粉では周辺にカシ類やシイ類の照葉樹林が成立していることがわかっているのに、遺跡から出てくる材木の八〇％近くがフウの木（*Liquidamber*）であった（図4―22）。これは、いったいどういうことなのか。

周辺にカシやシイの森がたくさんあったにもかかわらず、城頭山遺跡の人々が利用していたのは、フウという木であった。これが、もう一つの大きな謎を提示することになった。なぜ、城頭山遺跡の人々は、フウという木ばかりを使っていたのか。周辺には、カシやシイの木がたくさんあるにもかかわらず、それを使わずにフウの木ばかりを城頭山遺跡の人々は使っていたのである。

生木と乾燥木との違い

米延氏はフウの木を使って実験して見た。するとフウの木の生木は石器で容易に切れるけれども、乾燥すると硬くなってなかなか切れないことがわかった。城頭山遺跡の人々がフウの木だけを選択的に伐採して利用したのは、こうしたフウの木の材木の特性があったからであることがわかった。たくさんあるカシやシイの木は硬くて伐採・加工することが石器では困難だったのであろう。

それは日本の縄文のクリの木ともよく似ていた。たしかにクリの木も生木は石器で簡単に切れるが、乾燥して硬くなるとなかなか切れない。縄文人がクリを利用したことによって縄文時代にはクリの木の文化やクリの木の神話が生まれたものと見なされる。同じようにフウの木をいつも使用していた城頭山遺跡の人々も、フウの木の文化や神話を生みだしたことであろう。

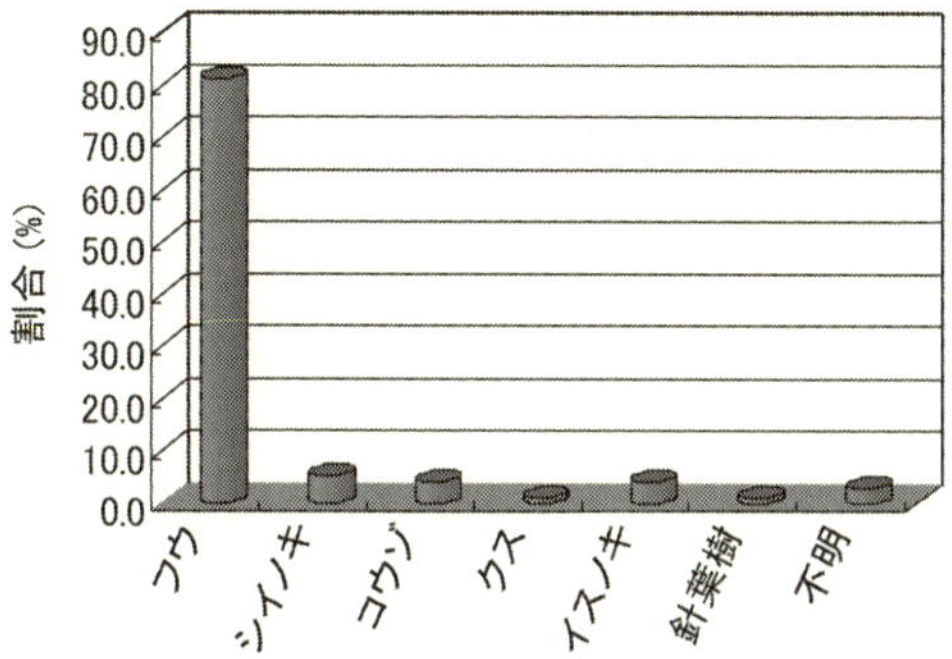

図4—22　城頭山遺跡から出土した木材の分析結果から、フウの木を多用していたことが明らかとなった（米延、2007）※18

大洪水のために衰亡したとされてきたが

長江文明は、四二〇〇年前に突然、衰亡する。

図4—23は、長江文明の遺跡の面積の変遷を示している。初期の城頭山遺跡や鶏叫城《けいきょうじょう》遺跡などでは、遺跡の面積は約一〇万㎡くらいであるが、四五〇〇年前に突然、爆発的に大

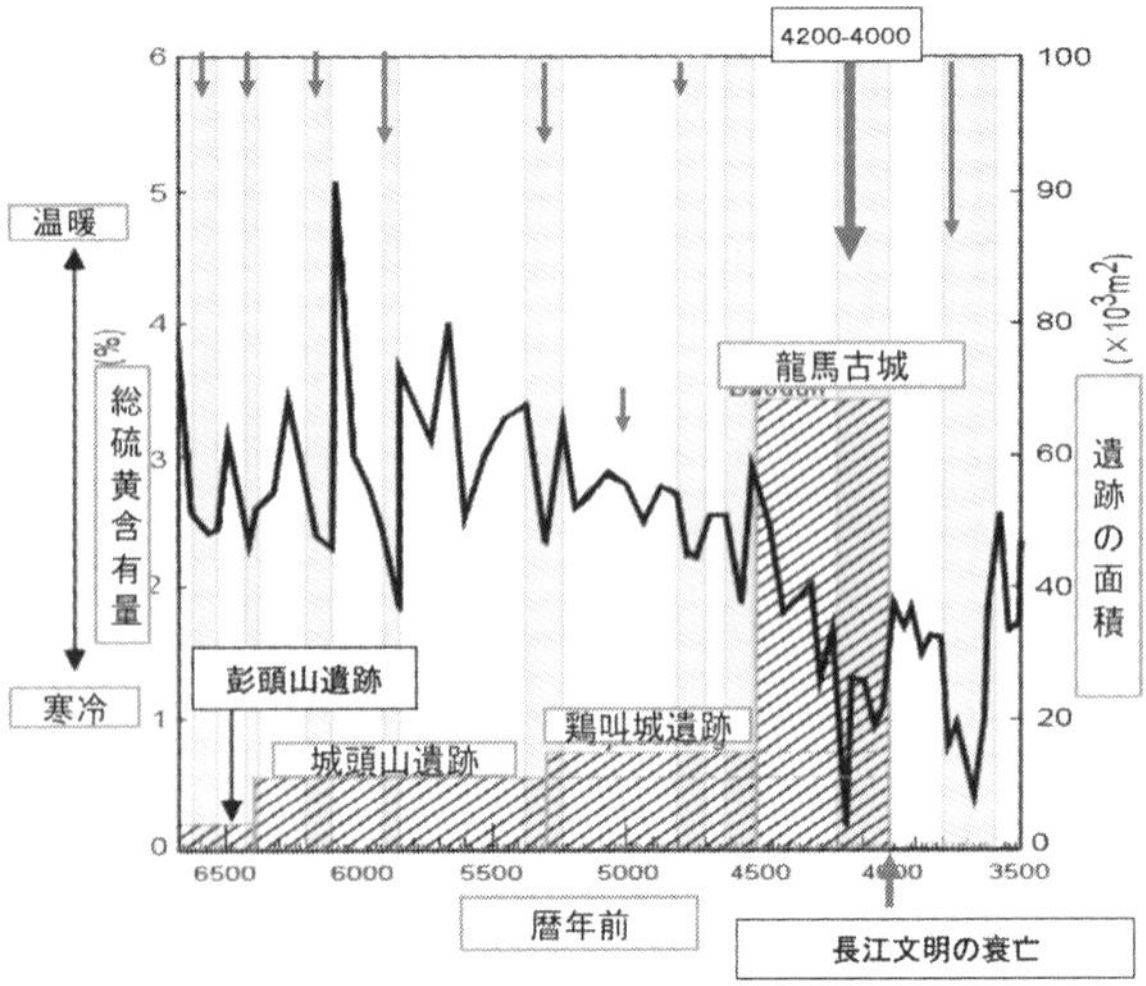

図4―23　鳥取県東郷池の年縞堆積物の総硫黄含有量変動から明らかになった日本海の海面変動と長江文明の遺跡面積の変遷（Yasuda et al. 2004）※3

きくなる。四川省龍馬古城宝墩遺跡は六六万㎡、湖北省石家河遺跡は、一〇〇万㎡に達する巨大な遺跡である。浙江省良渚遺跡群の規模も一〇〇万㎡以上に達していると推定される。そうした巨大遺跡が、なぜか四二〇〇年前以降に急激に衰退していき、四〇〇〇年前には完全に崩壊する。

なぜ長江文明は、衰亡したのであろうか。

今までは、大洪水によって衰亡したと言われていた。長江下流域の遺跡は、たしかに洪水層に覆われている。今でも、長江流域の四川省や重慶などでは大洪水が起こっており、そういった大洪水が起きて、長江文明が衰亡したのではないかと指摘されて来た。

四二〇〇年前は冷涼・乾燥で大洪水は起こりにくかった

ところが、私達が環境史を復元すると、逆のことが見えて来た。

長江文明が衰亡した時代は、著しい冷涼・乾燥期であった（図4―23）。冷涼でしかも乾燥期で大洪水の起こりにくい気候条件だった。今まで主流だった洪水説は、検討を要することが、わかって来た。

ではなぜ、冷涼・乾燥期に長江文明は衰亡したのであろうか。

六三〇〇年前のクライマティック・オプティマム（気候最適期）の高温期の終焉にともなう冷涼で乾燥化した気候が、長江文明を発展させる大きな要因であった。乾燥化することによって湖沼の水位が低下し、水田に適した耕地が広がった。これが、稲作漁撈の長江文明を発展させる大きな要因となった。

ところが、四二〇〇年前にさらに激しい冷涼・乾燥化が起こると、長江文明は衰亡する。これまでにない激しい冷涼化が起こり、乾燥化が著しく進むことによって、長江文明は衰亡した。なぜか。

図4―24　シリア北西部、4500―4200年前のテル・レーランの王宮跡（左下）とテル・レーラン遺跡（遠景の小高い丘）

同じ気候変動が四二〇〇年前のメソポタミアにもあり、文明が崩壊した

実は、同じ気候変動がメソポタミアでもあったことがわかって来た。

シリア北西部の、チグリス・ユーフラテス川流域のテル・ブラックという巨大な遺跡には二万人近い人が住んでいたと言われている。このような、テル・ブラックやテル・レーランのような巨大遺跡が、やはり四二〇〇年前につぎつぎと放棄されていくのである。

図4―24の左下は、テル・レーラン遺跡の王宮跡であるが、実はこの王宮は作りかけのままで、四二〇〇年前に突然放棄されるのである。今ではまったく必要のない排水溝も作られている。

テル・レーラン遺跡も四二〇〇年前に突然、放棄される。では、なぜ放棄されたのか。その原因は、四二〇〇年前の気候変動にあった。

四二〇〇年前に、気候が乾燥化する。それが、メソポタミア文明衰亡の大きな要因であった。[※19]四二〇〇年前の大干ばつの襲来によって繁栄をほこったアッカド王国は崩壊していったのである。

テル・レーラン遺跡の上には現在、小さな村が営まれているが、その村の命の水を提供する井戸は、現在では地下三〇〇mまで掘り下げないと水が得られない状態である。

森の崩壊↓川の水量減少＋大干ばつ↓文明崩壊

しかし、テル・レーランが繁栄した時代の王宮には、排水溝も設けられていた。当時の技術ではとても三〇〇mの井戸は掘れない。五mの井戸を掘るのがせいいっぱいだったろう。――したがってテル・レーラン遺跡が発展していた当時は、現在よりはるかに地下水位が高く容易に水を得ることができたのである。それが四二〇〇年前の気候の乾燥化で水を得ることができなくなり、人々はテル・レーラン遺跡を放棄した。

乾季のテル・レーラン遺跡周辺の川はみんな干上がっていた。遠くに肥沃な三日月地帯の山々が見えるが、木一本ないハゲ山に変っていた。

この森の破壊によって肥沃な三日月地帯の山地から流れてくる川の水量が減少した。その時に引き起こされた四二〇〇年前の大干ばつによって、テル・レーラン遺跡は、飲み水さえなくなり崩壊していったのである。

「文明を発展させる要因は、文明を衰亡させる要因にもなる」

メソポタミア文明は、五七〇〇年前の気候の乾燥化が契機となり、文明が発展したのであるが、それを上まわる四二〇〇年前の激しい乾燥化により、文明は衰亡した。

「文明を発展させる要因は、ここでも文明を衰亡させる要因だった」。「文明を発展させる要因が、同時に衰亡させる要因にもなる」という人類文明史の公理は、現代文明にもあてはめることができる。

現代文明にも同様の危機

化石燃料を使用することによって産業革命が起こり、さらにアメリカ型の大量生産・大量消費のシステムは、原子力発電によって安いエネルギーが供給されることにより加速度的に発展した。原子力による安価なエネルギーの供給が、現代文明を発展させる原動力だった。しかし、この現代文明を発展させた化石燃料の使用が地球温暖化を引き起こし、二〇一一年の福島原子力発電所の事故を契機に、日本は今、原子力発電の危機に直面しているのである。

長江文明も六三〇〇年前の気候の冷涼・乾燥化が契機となって発展したのであるが、やはり四二〇〇年前のより激しい気候の冷涼・乾燥化によって衰亡していったのである。

おそらく、鄧小平氏によって「豊かになれるものから豊かになれ」という合言葉で経済発展の契機を与えられた現代中国文明を衰亡に導くものは、貧富の格差の増大であろう。豊かになれるものから豊かになった結果、中国は大発展したが、その結果生まれた貧富の差・格差社会が、中国文明の衰亡をもたらすであろう。

「文明を発展させる要因は、文明を衰亡させる要因になる」のである。

古代文明は四二〇〇年前に、ほぼ一斉に危機に直面した

エジプト文明にも同様の危機があった。古王国時代は、五七〇〇年前の気候の乾燥化でナイル川の水位が低下する時代に、発展の足がかりを与えられた。ところが四二〇〇年前にそれを上まわるはげしい気候の乾燥化とナイル川の水位の低下によって、古王国時代は終わり、第一中間期の暗黒時代がはじまるのである。古代文明は四二〇〇年前に、ほぼ一斉に危機的状況に直面するのである。

(2) 四二〇〇年前の民族大移動

黄河流域の人々が長江流域に侵入した

それではなぜ四二〇〇年前の気候の冷涼・乾燥化が長江文明を崩壊させたのか。それには、長江文

明の北に位置した、黄河流域の人々の動勢が深くかかわっていた。
四二〇〇年前の気候の悪化により、黄河流域の人々も大きな影響を受けていたことが最近わかって来た。

私は四二〇〇年前に大きな気候の悪化があったということを、中国でも指摘して来た。それを聞いていた中国の研究者が、それではということで黄河流域の研究をはじめた。すると、黄河流域でも、四二〇〇年前〜四〇〇〇年前頃に激動があり、大汶口文化《だいもんこうぶんか》が崩壊していることが明らかとなって来たのである。[20][21]

気候の冷涼化により、黄河流域に住んでいた人々が大挙して南下し、長江流域に侵入して、長江文明を担っていた人を蹴散らしたのである。

黄河文明を代表する歴史書は司馬遷の『史記』である。『史記』には、「かつて長江流域には三苗《さんびょう》という人々が住んでいた。それを、炎帝が何度も蹴散らしていった」と書かれている。

長江流域の人々は雲貴高原へ逃れ棚田を造成した

四二〇〇年前の気候の冷涼化を契機として、北方から黄河文明を担っている畑作牧畜民が大挙して南下をはじめた。そして、長江流域にいた人々を蹴散らしていったのである。

なぜ蹴散らすことができたのか。それは黄河流域の人々が金属器を手にし、馬を使用して攻めて来たからである。戦車に蹴散らされた長江流域の人々は、内陸へ落ち延びた。向かった先は雲南省や貴州省の山岳地帯だった（図4—25）。

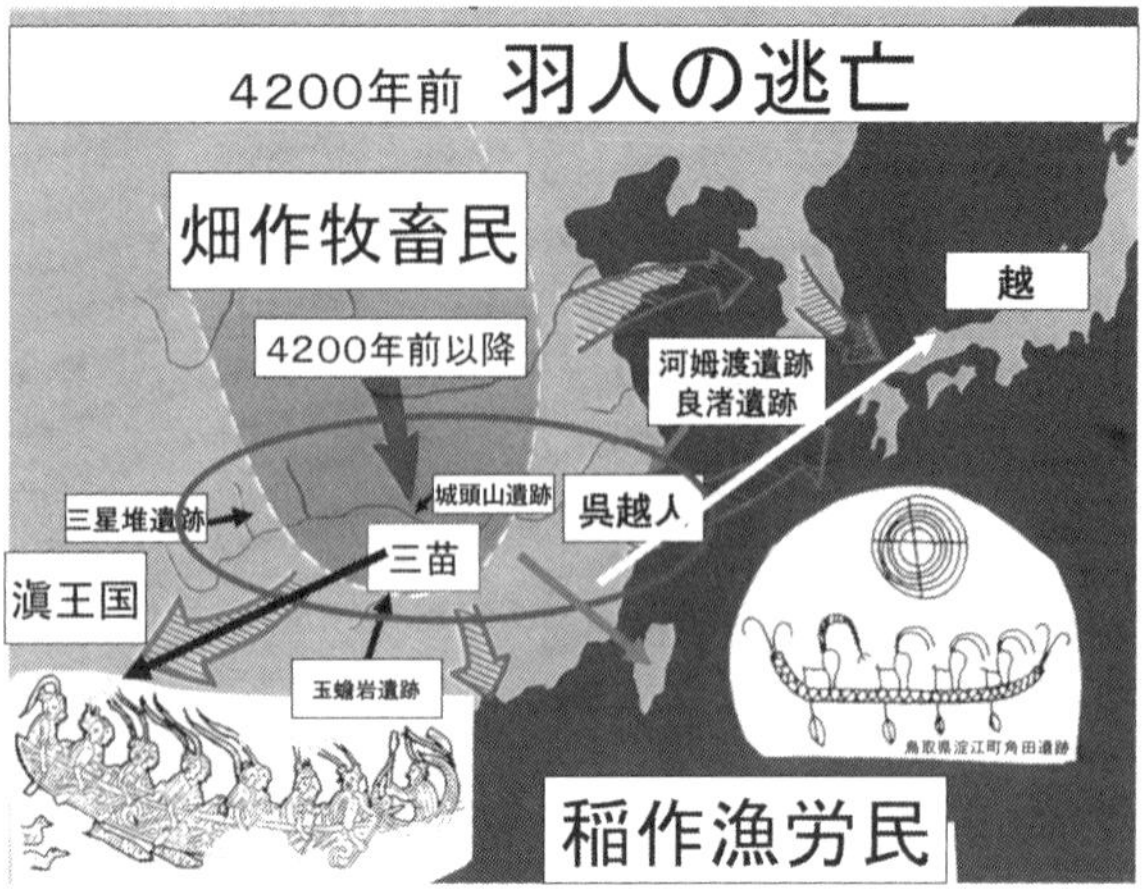

図4―25　4200年前の気候変動と東アジアの民族大移動（安田、2009）※7（角田遺跡の羽人の図は千田稔『王権の海』角川選書、1998、滇王国の羽人の図は張増祺『晋寧石寨山』雲南美術出版社1998を参照）

つまり、長江流域で栽培していたイネの種を持って、雲貴高原の山の中へ彼らは逃げていったのである。だが、そこは谷あいの急傾斜地だった。彼らは山の斜面にはいつくばって、天にまでとどく美しい棚田を造成したのである。したがって、雲南省や貴州省などの美しい棚田の大半は、この四二〇〇年前以降に作られたものなのである。

海岸にいた人々はイネを持ってボート・ピープルになった

一方、海岸付近にいた人々はどこへ落ち延びたか。彼らはイネの種籾を持って、ボート・ピープルとなって台湾や日本へ逃れて来たのである。そして、日本へ稲作を伝えたのである。

雲南省のイネのDNAに多様性があるということは事実である。しかし、それは四二〇〇年前以降、長江流域にいたさまざまな少数民族が、さまざまなイネの品種を持って雲南省へ逃げ込んで来た結果だった。さまざまな民族が多様な品種を持って移住したために、イネの遺伝的形質に多様性が生まれたのである。

滇王国は長江文明の末裔

長江流域に暮らしていた人々は、雲南省や貴州省の山の中に逃げ込んで、そこで滇王国という王国を作った。

図4―26　着飾ったミャオ族の人々が、鳥を先端に水牛の角を中段に付けた蘆笙柱の周りを、青銅の太鼓や竹の笙の音にあわせて踊る（竹田武史撮影）

滇王国は長江文明の逃亡者達の王国だった。

その滇王国の末裔が、今の雲南省や貴州省に住んでいるミャオ族、あるいはイ族やハニ族などの少数民族である。彼らの顔は漢民族の顔だちとは違い、日本人によく似た顔だちをしている。

その長江流域から逃げて行った一つの民族が、ミャオ族である。かつて彼らは長江流域に住んでいた。それが、今、雲南省や貴州省の山の中に住んでいる。ハニ族なども、もともとはミャオ族だった。これが周恩来氏によっていくつもの部族に分断されたと、中国、貴州大学の李国棟氏は指摘する。

フウの木に対する強い思い入れ

ミャオ族の人々は、今でも鳥と太陽を崇拝し、集落の真ん中にはフウの木でつくった蘆笙柱《ろしょうばしら》を立てて崇拝している（図4―26）。そして自分たちを「フウの木の子孫である」と考えている。

城頭山遺跡では、人々はフウの木ばかりを使っていた。周辺にはカシやシイの森があったにもかかわらず、なぜか、城頭山遺跡の人々はフウの木ばかりを使っていた。つまり、フウの木に対する強い思い入れを、城頭山遺跡の人々は持っていたのである。これと同じ伝統を、今のミャオ族の人々も、持っている。おそらく城頭山遺跡に暮らしていた人々は、ミャオ族の祖先であったろう。

ミャオ族の人々は、集落の真ん中に蘆笙柱を立てた。蘆笙柱は、フウの木で作らなければならない。そして、お祭りの太鼓の木鼓もフウの木をくりぬいて作らなければならない。そして彼らはフウの木の子孫であるという神話を持っていた。

現代の日本では、アメリカフウが街路樹などにも使われている。カエデによく似た葉をつけ、秋になると、真っ赤に紅葉する。フウの木の仲間は、秋には真っ赤に紅葉するのである。

北からの民族移動の波が、東南アジア、イースター島にまで到達する

ミャオ族の人々は「我々の祖先は、かつて長江流域に住んでいた。そして、北方からやって来た人々と戦った。戦って、戦争に負けた。負けたことで、我々の祖先は首を切られてしまった。その時に流れた真っ赤な血が、葉について赤くなった。だからフウの木は秋になると真っ赤に紅葉するのだ。このフウの木の赤い葉の色は、祖先の悲しみの血の色なのだ」という神話伝承を持っている。

このことからも、現在、雲南省の山中にいるミャオ族やトン族あるいはイ族といった少数民族の人々が、かつて長江中流域の平地に住んでいた人々の末裔であることがはっきりわかる。北方から畑作牧

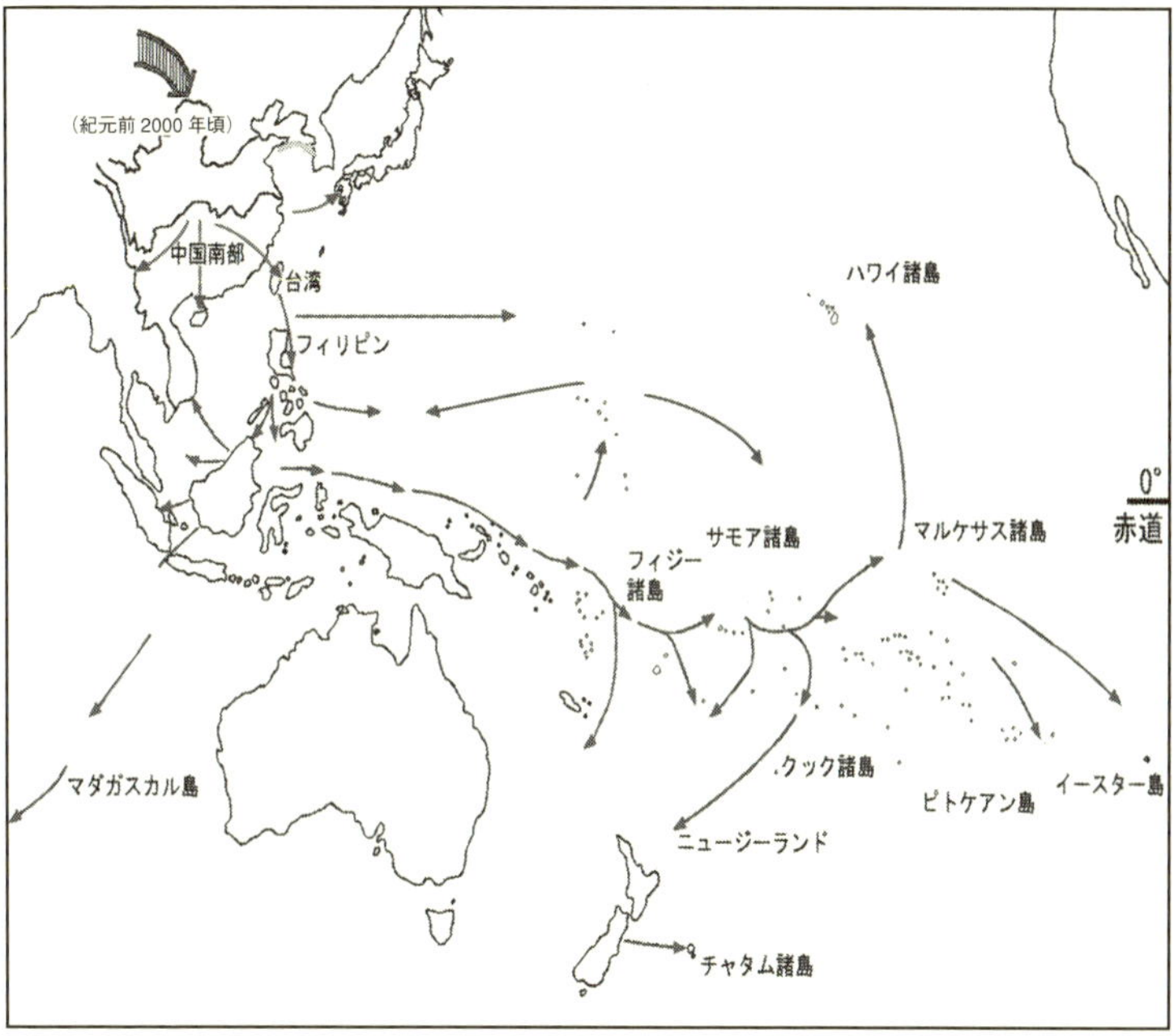

図 4 —27　中国大陸の民族移動は南太平洋の民族大移動の引き金になった（上）（印東道子編『人類の移動誌』臨川書店　2013、片山一道『海のモンゴロイド』吉川弘文館　2002　ほかによる）。雲南省の滇王国の青銅器の人物の顔（左下）（王渓地区行政公署編『雲南省李家山遺跡青銅器』雲南人民版社　1995）とイースター島のモアイの顔（右下）がともに長顔なのはこのことを表しているのかもしれない（安田、2009）※7

畜民が大挙して南下することにより、彼らは雲南省や貴州省の山中へ追われ、移動することを余儀なくされたのである。

四二〇〇年前の気候の冷涼化を契機として、民族移動の波が北からやって来たことにより、長江流域にいた人々は、南へ移動した。あるいは日本や台湾へ渡った。その動きが、さらに大きな民族移動の波となり、やがて東南アジアから南太平洋のイースター島にまで到達する民族大移動（図4―27）を引き起こすのである。

私は『長江文明の探究』[※22]と『稲作漁撈文明』[※7]という本を刊行した。書店で見かけたら、ぜひ手にして見てほしい。この本には、写真家竹田武史氏によるカラー写真もたくさん掲載されている。この新しい文明としての長江文明の発見は、人類文明史における重大な発見になることは間違いない。

3　クメール文明にみる長江文明の遺産

（1）メコン川を下って人々は逃れた

長江流域を追われてメコン川を下ったという仮説

長江文明が崩壊したことによって、雲南省や貴州省の山中へと追われた人々が、さらにメコン川や

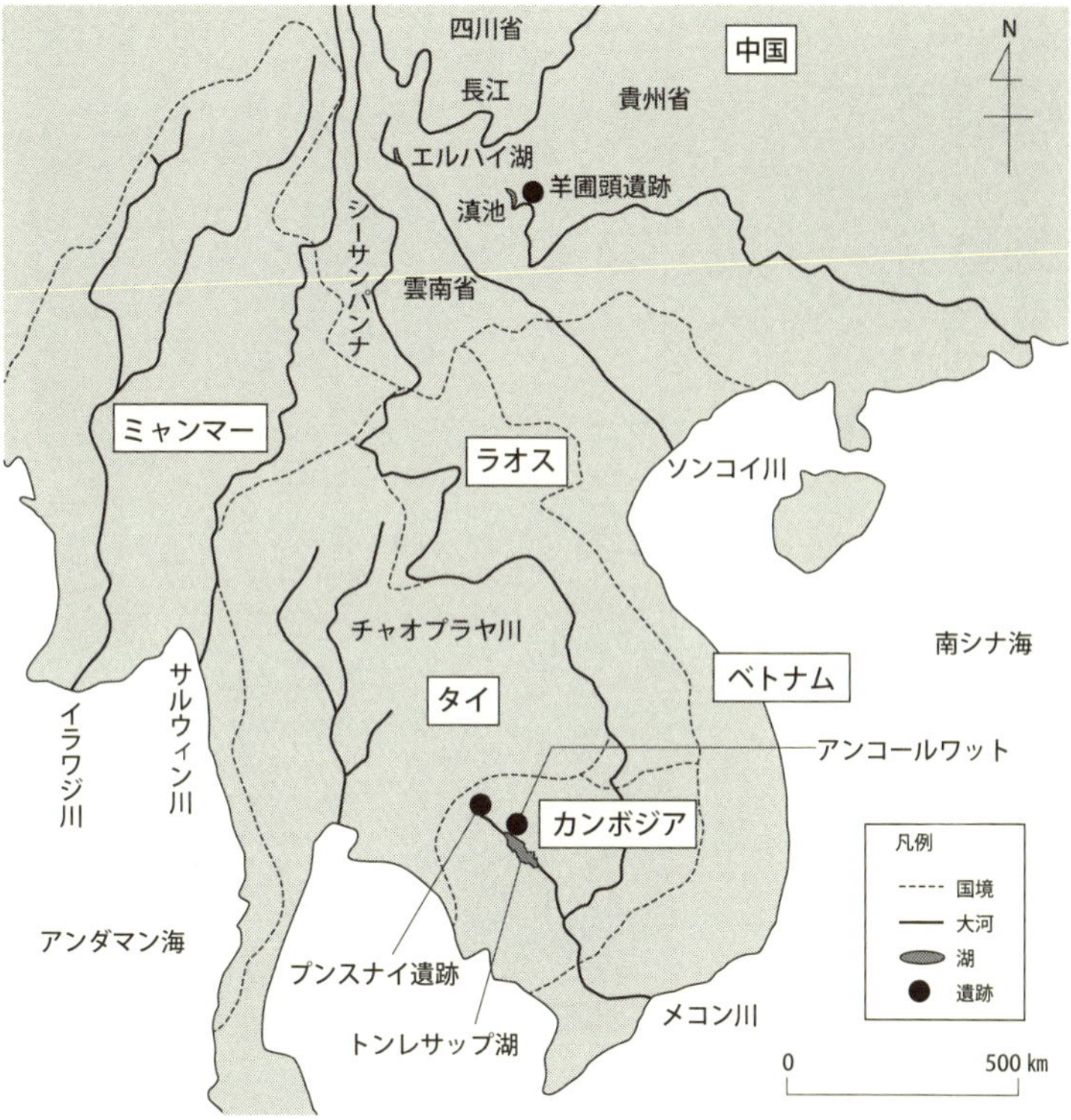

図4―28　東南アジアの位置図（上）とカンボジア東部を流れるメコン川（下）

ソンコイ川、サルウィン川を下って、東南アジアにまで逃れて行ったのではないかという仮説を私は持っていた。

その仮説を立証するために二〇〇六年から東南アジアの仕事

をはじめた。

長江と同じくタイやラオスそしてカンボジアやベトナムを流れるメコン川やミャンマーを流れるサルウィン川の源流も雲南省やチベット高原にある。ベトナムのハノイに流下するソンコイ川の源流も雲南省である。雲南省にいた人々が船に乗ればいっきにベトナムやあるいはラオス、さらにはカンボジアやミャンマーに行くことができる。

長江流域を追われた人々は、いったんは雲南省や貴州省の山中に逃げこむが、さらに船でメコン川

図4―29　トンレサップ湖とアンコールワット、アンコールトム、プンスナイ遺跡の位置関係（上）。雨季のカンボジアのトンレサップ湖は見わたすかぎり水に覆われ（中）、軒先まで水がやってくる（下）

図4—30　アンコールトムの石像（左）とアンコールワットの女性の彫刻（右）

（図4—28）を下っていったのではないかという仮説を立証するために、私はカンボジアの発掘調査を行うことにした。

アンコールワット以前のクメール文明の痕跡があるはず

図4—29中はカンボジアの雨季のトンレサップ湖である。このトンレサップ湖は、乾季と雨季で水位には一〇m以上の大きな変動がある。琵琶湖よりもはるかに大きいこの巨大な湖の北側にアンコールワットやアンコールトム（図4—30）のよくご存知の遺跡がある。アンコールワットとアンコールトムは九世紀頃に突然繁栄する遺跡である。

これまでは、文明の痕跡のない所に、突然、アンコールワットやアンコールトム遺跡に代表されるクメール文明が誕生したと言われていた。しかし、文明はある日突然、まったく文明の痕跡のな

図4―31　カンボジア、プンスナイ村に祀られていた髑髏

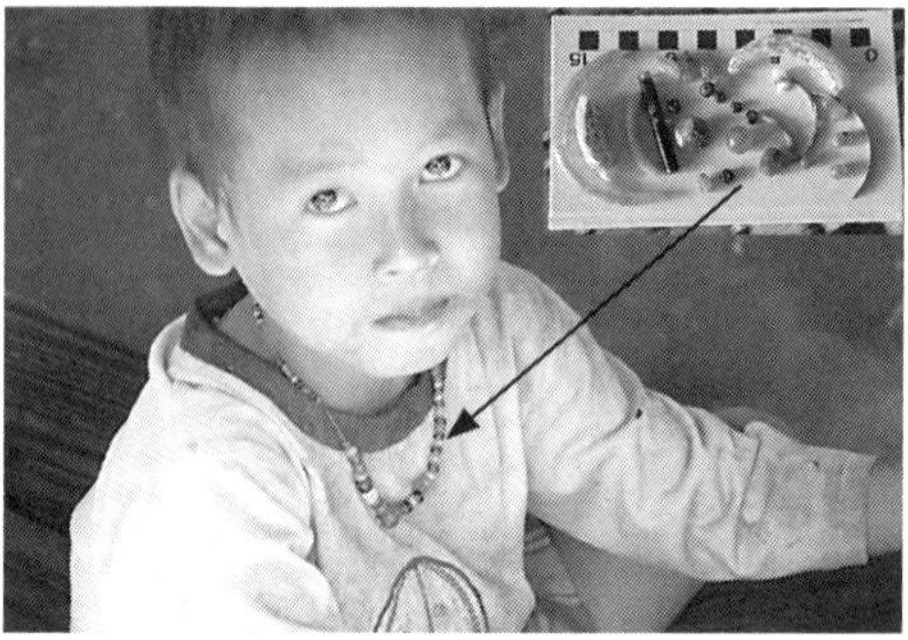

図4―32　ビーズのネックレスをした子供と、盗掘されたビーズや玉製品（右上）

い所に巨大なものが出現して来るのはまれである。私はどこかにアンコールワット以前のクメール文明の繁栄した痕跡があるはずだと長い間思っていた。

プンスナイ村の髑髏の山

グーグル・アースを見ていたら、アンコールワットの北西約七〇kmの所に何か円い、自然の地形では存在し得ないものが見つかった。

私は環境考古学者なので、パッと見た瞬間に、これは遺跡だとわかった。火山地形でない限り、自然地形ではこのような円形の地形はできない。

現地のプンスナイ村に行ったら髑髏が積んであった（図4―31）。「ああこれはポルポトの時代に虐殺された人々だなあ」と思って「ポルポトに殺された人ですか」と聞いたら、「いやいや違う」と言う。「どこから出てきた」と聞いたら、何も言わない。

言う。
「おかしいなあ」と思って、学校の裏の方に行ったら穴ぼこだらけだった。その穴から出て来たと

繰り返されて来た盗掘

それは二〇〇〇年ほど前のお墓を盗掘した穴だった。そこから出て来た金属器やビーズなどの副葬品を売るために、村人が盗掘を繰り返していたのである。

しかし人骨は売るわけにいかないのでそのまま残った。さすがにここは敬虔な仏教徒の国なので、人骨を粗末にしてはいけないということで、集めてお祀りしていたのである。

地元の子供の胸元を見たらビーズでいっぱいに飾っている（図4―32）。「これはどこから出たの」と聞いたら、「お父さんからもらった」という。お父さんはどこから取ってきたのか、その辺の墓を掘って売れるものは売り払い、残ったものを子供の首飾りにしていたのである。

「ひょっとしたら村人はまだものすごい宝物を持っているんじゃないかな」と思って、探してみた。おばあさんの持っていたものを出してもらったら、ガラス玉やビーズさらには玉製品などが出て来た（図4―32右上）。

これまでに盗掘された墓は一〇〇〇基以上だが、それでもまだ未盗掘の所がいっぱい残っている。そのお墓の数の多さを見れば、そこがいかに人口の密集した都市であったかということがわかる。

私の予想どおり、この直径四㎞もある円形の地形は、明らかに遺跡であるということがわかった。そこでこのプンスナイ遺跡を発掘調査することにした。

（2）長江文明とインド文明の影響を受けたクメール文明

プンスナイ村はじまって以来のイベント

調査許可をとって発掘するとなったらたいへんだった。

発掘調査地点は村の聖地として村人が崇めている所だったので、発掘調査の前に大臣が来てお祭りをして、お祈りのセレモニーをして村人の許しと地霊の許しを得る必要があった。

プノンペンからわざわざ四人の副大臣や日本大使をはじめ、カンボジア政府の高官が一〇人もやって来るという大変なセレモニーとなった。おそらくプンスナイ村はじまって以来のイベントであったのであろう。

まず地雷の除去

大臣や日本大使が来るとなると、地雷探知機で地雷があるかないかを探査した。毎日歩いている所だから、「そんな所に地雷はないだろう」と言っても、「いやここは必ずあるはずだ」と言って探査した結果、一つ見つかったのである。

約四〇〇人の村人全員がセレモニーに参加し（図4—33）、お坊さんを一〇人も呼んだり、楽器を演奏する人、食事のまかないをする人、それにカメラマンや報道陣でごったがえしていた。

それでも村人が聖地と崇める場所を発掘させていただくには、村人の許しと彼らの心の安心が必要である。長い長いお坊さんの読経のあと、村人全員が大地の霊にお参りし、副大臣の長い挨拶を聞いて、食事をしてやっと終わった。さすがは信仰心の厚い仏教徒の国だと感心した。

セレモニーを済ませて発掘を開始した。

図4―33　プンスナイ遺跡での発掘前に大地の霊に許しを請うセレモニー

気温四〇℃・冷蔵庫なし

図4―34は私達が毎朝目撃した光景である。人豚一体というか、じつに巧みにオートバイに豚をくくりつけて、おまけに人間まで載せて運ぶ。これで約七〇km先のシムリアップにまで豚を売りに行くのである。

私はネパールでも牛を背負っている子供に出会ったが、こうしたアジアの国々は、もともと人間と動物の間に大きな垣根がなかったのではないかと思う。

図4―35は私達が暮らした発掘ステーションの台所である。家を三軒借りて、日本人一〇名、カンボジアの首都プノンペンから文化芸術省や国立博物館の職員さらには大学の研究者と学生四〇名、人夫となる村人を一〇〇名近く雇って、発掘調査を行った。

気温は四〇℃近くあるのに冷蔵庫はない。

なぜなら電気が夕方の六時から夜の一〇時までしか来ないか

図４―34　毎朝のように見かけた人豚一体の光景

図４―35　電灯も冷蔵庫もない発掘ステーションの台所。それでも下痢はしなかった

らである。冷蔵庫を維持するだけの電気がないので、賄い人のおばさんやアシスタントの人達は毎日市場に買い出しに行き、ご飯を作ってくれる。市場に行って買って来たものはその日のうちに食べるということをしないと腐ってしまう。それでも誰もお腹を壊すことはなかった。

稲作漁撈の都市なら環濠があるはず

私達はまず遺跡の全貌を把握するために航空測量を行った。

宮塚義人氏によって行われた航空測量の結果、円形のプンスナイ遺跡の東西の直径は四km、南北は三kmあることが判明した（図４―36）。私達は二〇〇七年から二〇一〇年の四年の間にA地区からL

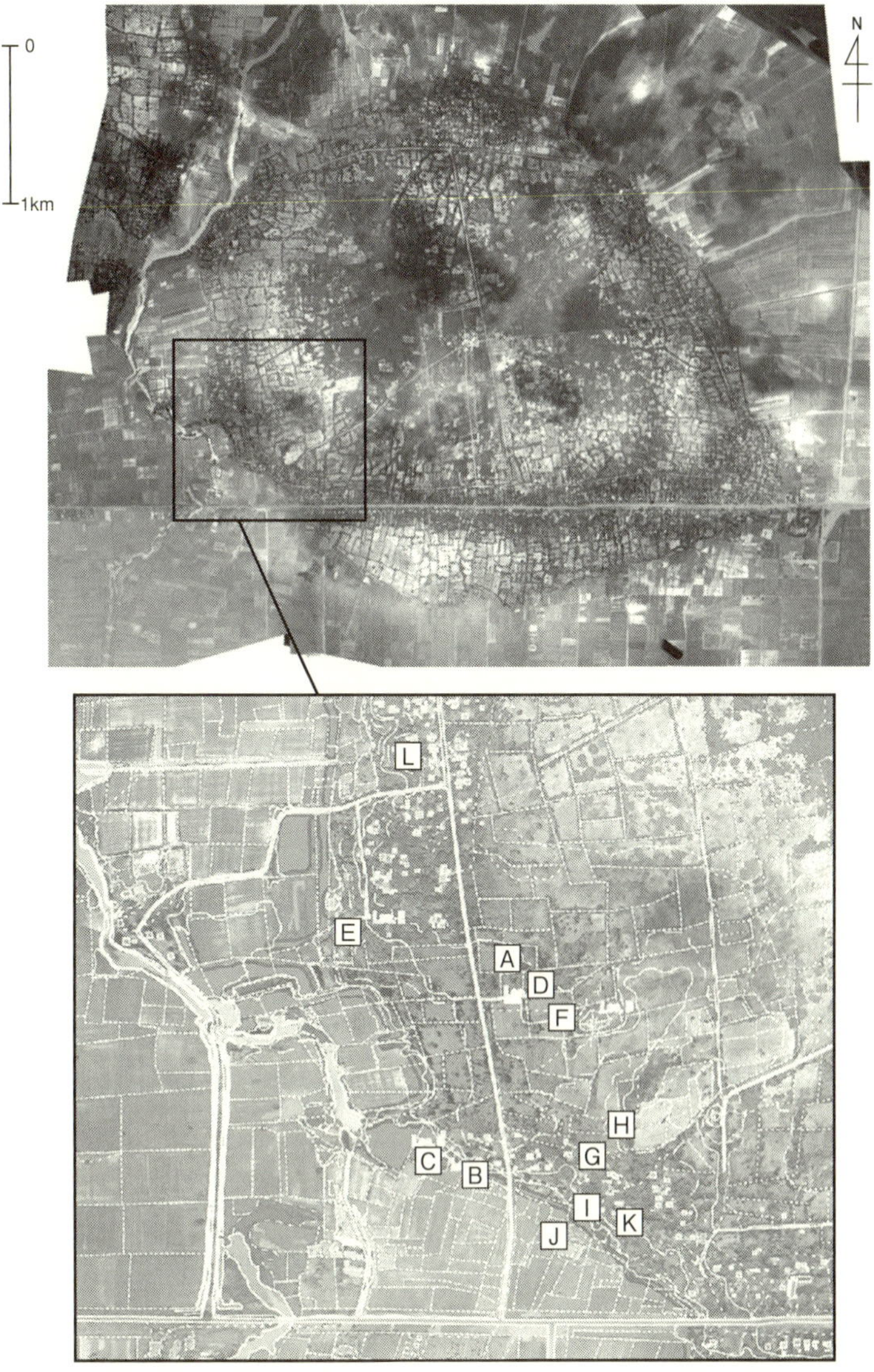

図４—36　プンスナイ遺跡の全景（上）とカンボジア、プンスナイ遺跡南西部の航空測量写真と発掘調査区（下）。遺跡の周囲には環濠の跡らしき水たまりが存在する（宮塚義人撮影）

図4—37　プンスナイ遺跡の環濠跡と見なされる凹地B・C地区（上）と環濠の内側に埋葬された兵士と見なされる人骨（下）

地区まで、全部で一二地区の発掘調査を実施した。発掘調査の結果はYasuda,（2012）[※23]を参照いただきたい。

　プンスナイ遺跡が稲作漁撈型の都市なら、環濠があるだろうと思っていた。これまで私達が中国で調査した城頭山遺跡やその南にある鶏叫城遺跡、さらには四川省龍馬古城宝墩遺跡なども、環濠によって囲まれていた。航空測量の結果、円形のプンスナイ遺跡の周辺には環濠らしきものが見つかった。

　稲作漁撈をやるためには灌漑水が必要不可欠であるから、環濠があるはずである。同時に環濠は河川や湖と直結して、内陸水運による物資の運搬や人々の移動や交流にも大きな役割を担っていたと見なされる。その環濠はやはり遺跡を取り囲むように湿地の窪みとして残っていた（図4—37上）。

　その湿地をまず発掘調査し、環濠堆積物を確認した。環濠の堆積物は酸化鉄の沈着した褐色のシルト層であった。予想していたほど環濠の水深は深くなく、ときには干上がることもあったようである。

身長一八〇㎝の軍人らしき人骨

プンスナイ遺跡の中央部には村人が今でも寺院と呼んで聖地とあがめている高さ一五m前後、直径六〇m前後のマウンドがあった。そのマウンドは中国式の版築という工法で封土が固められていた。二〇〇七年一月〜三月に、私達はそこをD地区と呼んで発掘調査した。

村人が言うように、まずA.D.六〜七世紀の寺院の基壇跡が発見され、その下三・五mから、プンスナイ遺跡では最も古いと考えられる墓跡群（図4―38）が発見された。墓跡群は複雑に重なり合っており、B.C.五世紀頃の人骨や遺物がたくさん出て来た。

その中で一八〇㎝近い長身の人骨が見つかった（図4―38右下）。人骨の傍らには青銅や鉄の剣が副葬され、さらにヘルメットをかぶって、肩の部分には陶器で作られた軍人の肩章にあたるものが置かれていた。宮塚義人氏が「エポレット」と名付けたそれは、頸の長い特殊な壷型土器の口の部分を切って作られたものである。

図4―38　最古の墓石群から発見された身長180cm近い長身の人骨は、頭を西にして伸展葬で埋葬されていた

エポレットをともなった人骨は明らかに軍人で、主体部の王を守るために陪弔《ばいちょう》されたのであろうか。期待が膨らむ。

「え、女性ですか！」

ところがその人骨を調べた土井ケ浜《どいがはま》・人類

学ミュージアム名誉館長の松下孝幸氏[※24]は、「この人骨は女性の可能性がある」と言うのである。「えっ女性ですか！」私は一瞬、問い返した。

身長一八〇cm近くもある大男の兵士だと思っていたその人骨が女性だとしたら、「このプンスナイ遺跡は女王の国であったかもしれない」と、とっさに思った。

稲作漁撈社会は女性中心

雲南省のミャオ族やトン族などの稲作漁撈民は、今でも家長は、女性のおばあさんである。私は雲南省と四川省の境界にあるロコ湖の少数民族モソ族を訪ねた時のことを思い出した。家長はおばあさんで、イロリのまえにでんと座り、おじいさんはこそこそと隅のほうでひかえていた。

稲作漁撈社会は本来は女性中心の社会だった。

欠端実氏[※1]が指摘しているように、ハニ族の社会では、穫り入れの時、初穂の儀礼で最初の稲穂を刈り取り、家の神棚にそなえるのは、おばあさんの役目である。その初穂が翌年の種籾になる。その重要な儀礼は女性がとりしきる。家には二つのベッドがあり。一つは稲魂が寝るベッド、もう一つはおばあさんが寝るベッドである。ところがおじいさんやおとうさんが寝るベッドはないのである。稲作漁撈社会は女性の地位が高い。

松下孝幸氏の鑑定では、D地区では一三体の人骨が発見されたが、明白に男性であると断定できたのはBurial 04の遺体のみで、あとは女性二体（Burials 12,15）と小児三体（Burials 11,14,14A）であり、残りの七体の人骨は男女の性差を明白に区別できなかった。しかもそれらの男女の性差を明白に区別できない人骨にはエポレットをつけていたものが存在した。すでに述べたようにエポレットをつけている人骨は明らかに兵士である。

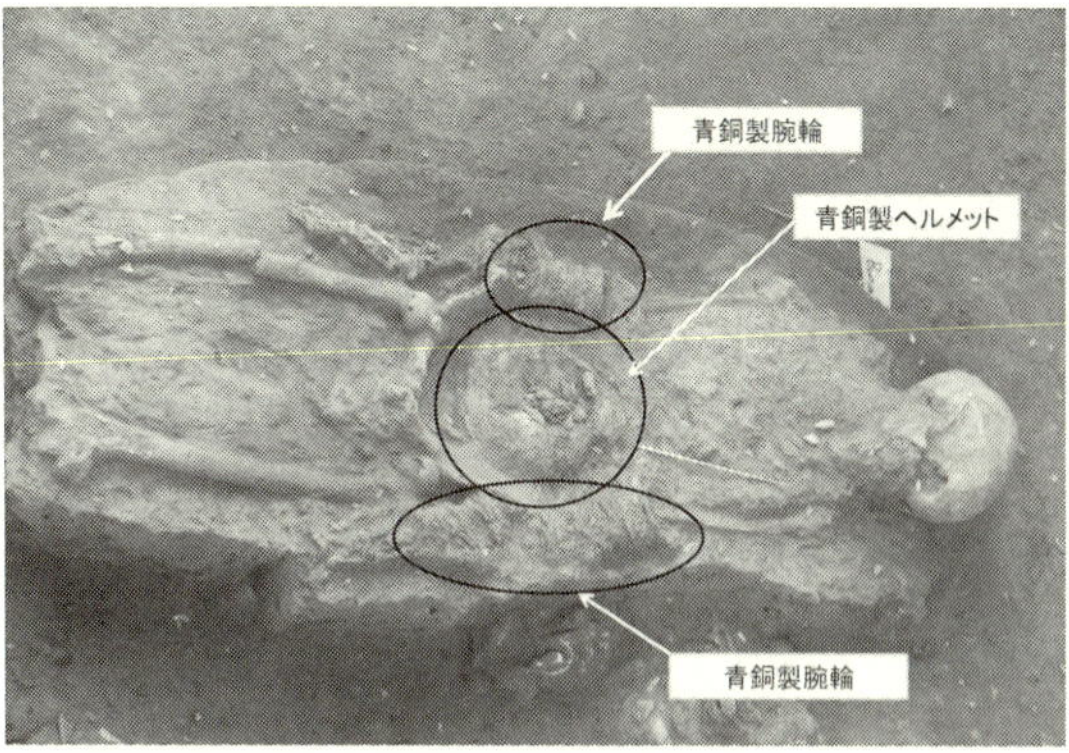

図4—39　プンスナイ遺跡E地区から発見された腕輪族の女性人骨。頭を西に向けて埋葬された女性は、大量の青銅の腕輪をし、お腹の上にはヘルメットが置いてあった

プンスナイ遺跡には地位の高い女性がいた

さらに女性のみを埋葬した墓地が、E地区から発見された。E地区とL地区は遺跡の西端に位置しているが、松下孝幸氏によれば、E地区から発見された人骨はほとんどが女性であり、伸展葬で頭は西枕だった。逆にL地区から発見された人骨はほとんどが男性であった。

明らかに男女の埋葬場所が相違し、女性は男性に隷属して埋葬されるのではなく、明らかに女性は女性独自の埋葬場所を持っていたのである。

しかもE地区の北部に埋葬されていた女性は、「腕輪族」と呼ばれるほど青銅製の腕輪など多くの装身具をつけており、明らかに社会的地位の高い女性であることがうかがわれる（図4—39）。E地区北部のグループは子供も腕輪をして埋葬されていた。

逆にE地区の南部の墓跡群からは、青銅製の腕輪をしない人骨が見つかった。

Ｅ地区の墓跡群は北と南では青銅器の腕輪をしているグループと、していないグループに分けられ、明らかに女性であっても階級差が存在したことがわかる。南部の青銅製の装身具をつけない女性は侍女であったのかもしれない。

このように女性が独自の埋葬場所を持ち、かつそこに埋葬された女性が多くの装身具を身につけ、兵士かもしれないヘルメットを持ち、侍女と見なされる女性をはべらせていたことは、プンスナイ遺跡に地位の高い女性がいたことを示している。しかも兵士として存在したことを物語っているのではないか。

「アマゾネスの世界がカンボジアで発見された」とニュースになった

稲作漁撈社会はもともとは母権制の社会で、時には女性が兵士となって戦場で戦うことがある。Ｅ地区やＤ地区で発見された「エポレット」を共伴する女性の人骨は、兵士である可能性が高い。

そこで私達はこの事実を記者発表したが、日本ではまったく話題にならなかった。ところがその記事がネットで配信されたとたん、「アマゾネスの世界がカンボジアで発見された！」と、センセーショナルなニュースとなって世界中をかけめぐった。それは欧米の一神教の男中心の父権主義の国に暮らす人々にとっては、アマゾネスの世界を彷彿とさせるに十分な発見だったのである。

ギリシャ神話に出てくるアマゾネスの社会とは、黒海沿岸にいた女性中心の社会のことである。アマゾネスとは体の一部が一つないという意味である。つまり弓を射るときに右利きの人は右側の乳房がじゃまになるので切り落としたと言われるほどに戦闘的な女性中心の社会のことを意味する。

欧米のキリスト教の男性中心の父権主義に立脚した社会に暮らす人々にとっては、アマゾネスの世界は自分たちの世界とはまったく異質の世界のことに思えるのである。だから大きなニュースになったのであろう。

しかし、稲作漁撈社会の延長に暮らす私達日本人にとっては、女性中心の社会はあたりまえのことのように思え、それほどめずらしいことではない。邪馬台国の女王は卑弥呼であり、神功皇后も女性であり、沖縄では最近まで戦闘に際して、まず女性が先頭に立って闘ったと欠端実氏[※1]から教わった。また欠端氏は「蔑視」の「蔑」とは先頭に立ったシャーマンの女性を切り殺した時に使った言葉であることも教えてくださった。

長江流域から日本列島さらには東南アジアにかけての稲作漁撈社会では、女性中心の社会が広がり、そこでは戦闘の際には女性が武器を持ってまっさきに闘ったのである。その稲作漁撈社会の女性戦士の証拠がプンスナイ遺跡から発見されたのである。

湖南省の土器とまったく同じ土器が出土した

お墓からはこれまでに数万点のビーズ（図4―40）、数千点の土器、さらに青銅器、鉄器、ガラス、ラピスラズリ、さらには金銀の装飾品など多くの遺物が発見されている。

出土した土器を見てびっくりした。

私が中国湖南省城頭山遺跡で発掘したものとまったく同じ黒陶土器（図4―41左）があるではない

図４―40　プンスナイ遺跡から発見されたビーズやガラス玉

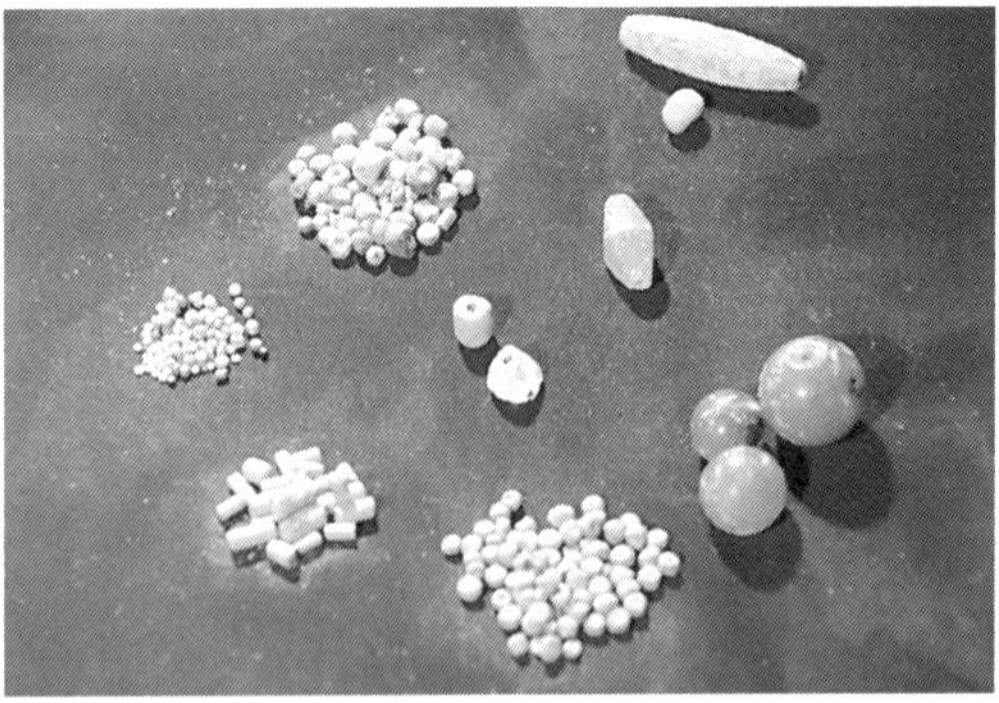

図４―41　プンスナイ遺跡から出土した長江文明と類似した黒陶土器（左）とプンスナイ遺跡から発掘された太陽紋のついたケンデイ（中央）と滇王国の雲南省羊圃頭遺跡から発掘した太陽紋の付いた土器（右端）。右の二つはともに太陽信仰のシンボルと見なされる（竹田武史撮影）

か。それを見た瞬間に、「あっ、もうこれは長江から来た人じゃないか」と思うぐらい、中国の長江文明の匂いが強くした。

祭祀に使用した土器だと思われるケンデイと呼ばれている注口土器の側面には、太陽の模様が描かれていた（図４―41中央）。その太陽紋と同じ文様を持った土器を私達は雲南省昆明の滇王国の羊《よう》圃《ほ》頭《とう》遺跡で発掘していた（図４―41右端）。

それはともに太陽を崇拝する稲作漁撈民の精神世界を現したものであるが、その図柄はまったく同じだった。

アンコールワットの壁画にも描かれたケンデイ

このケンデイと呼ばれる注口土器

は、これまでせいぜい一〇世紀ぐらいのものと見なされていた。ところが黒陶土器と同じ時代のB.C.五世紀から出ていることも確認された。これまで考えられていたよりもはるかに古く、B.C.五世紀にまでさかのぼることが明らかとなった。ケンデイは聖水を入れる壷で、アンコールワットの壁画にも描かれている。水の儀礼がすでにB.C.五世紀から存在したことが明らかである。水の文明のシンボル的土器である。

長江文明と同じ黒陶土器やケンデイに描かれた太陽紋の存在から、私はこのプンスナイ遺跡には当初から中国長江文明の影響が色濃く存在したことを直感した。

青銅器原料の七割以上が中国南部から来た

その中国長江文明の影響があるという私の仮説を決定的に立証したのが、別府大学平尾良光氏ら[※25]が行った青銅器の同位体比分析による産地同定であった。平尾氏らは、プンスナイ遺跡から出土した青銅器の腕輪などの青銅製品を蛍光X線装置を使って成分分析した。プンスナイ遺跡から発見された青銅器の成分は、①銅＋鉛、②銅＋錫＋鉛、③銅＋錫に分類された。

これを見るとD地区の土器の編年表で最も古いとされた、Burials 01,02から出土した青銅器は①銅＋鉛か②銅＋錫＋鉛であり、E地区のBurials 12,14から出土した青銅器はすべて③銅＋錫であった。

そして、青銅器に含まれる鉛同位体比を測定した産地同定結果から見ると、プンスナイ遺跡から発見された青銅器の七割以上は、中国南部の長江流域の鉱山の原料を使っていることが明らかとなった。残り二割がN領域（マレー半島の一部と思われるが、鉱山は特定できない）であった。

なんとプンスナイ遺跡の青銅器の原料の七割以上が、中国南部の長江流域の鉱山の原料から作られていたのである。

北から南への物と人の移動が立証された

大半の青銅製品の原料は中国南部の長江流域の鉱山からもたらされたものであった。鉱石を運ぶのは人である。中国南部からの人と物の移動がプンスナイ遺跡ではきわめて重要なものであったことが明らかとなった。北から南への物と人の移動が立証されたのである。

私は出土した土器に中国の長江文明を代表する黒陶土器がふくまれていたり、聖なる水を注ぐ容器として使用されたと見なされるケンデイに描かれた太陽の紋様が、雲南省滇王国の羊圃頭遺跡の土器に描かれた太陽紋と酷似していることから、このプンスナイ遺跡には中国長江文明からの強い影響があると推測した。今回の平尾氏の青銅器の産地同定の分析結果によって、私の仮説がまさに裏付けられたのである。

滇王国の高度な青銅器文明

私はとっさに、中国四川省三星堆《さんせいたい》遺跡の青銅製の仮面を思い出した。B.C.一五〇〇～一〇〇〇年頃、中国長江流域では三星堆遺跡に代表されるような青銅器のすぐれた文明が発展していた。「目玉の飛び出した青銅の仮面を見て、人々はその青銅器を制作する技術の高さに驚いたのではないか」というのは、長年製鉄業にたずさわってこられた東京電力会長数土文夫氏の意見であった。目玉を二〇cm近くも突出させる技術は、冶金学的にはきわめて高度で、おそらくその高度な技術に人々は驚嘆したのではないかと数土氏は指摘する。

それほどまでに長江文明の青銅器生産の技術は高度なものであった。そしてその延長上のB.C.五世紀からA.D.三世紀に、雲南省の滇王国の青銅器の文明が発展するのである。巨大な銅鼓とその上に造形された精緻な文様に代表される滇王国の青銅器文明も、高度な青銅器製作の技術を持っていた。貯貝器（コヤスガイのお金を入れる容器）の蓋に、儀礼の情景を彫像したり、当時の人々の暮らしを細かに青銅で彫金する技術も、きっと人々を驚嘆させるに十分であったろう。

滇王国は女王国であった

滇王国の貯貝器の蓋には、女王と思われる身分の高い人を中心として、機織りをしている女性達や、人間が大蛇の生贄になる儀礼が彫像されていた。その儀礼を御輿に乗って平然と見下している女性が彫像されている。そうした滇王国の青銅器の貯貝器の蓋の部分に彫像された当時の人々の暮らしから、滇王国が女性の地位の高い女王国であったことは確実である。長江文明の逃亡者の国、滇王国は、女性が大きな力を持った女王国であった。その青銅器と女性の地位の高い稲作漁撈社会の長江文明の南への流れが、プンスナイ遺跡なのである。

中国から東南アジアへの民族大移動は水系によった

平尾氏ら[※25]はベトナムから出土した青銅器も、同じく中国南部の長江流域を原産地とすることを明らかにした。しかし、鉱山はまったく別であった。ベトナムから出土した青銅器とカンボジアから出土した青銅器の鉱山はまったく別だった。こうしたことは、カンボジア・タイとベトナムでは青銅器の原料の供給ルートが異なっていたことを示している。

しかも供給されたあとも相互に交流することはほとんどなかった。つまりメコン川流域とソンコイ川流域とは相互に交流がなかったことを物語っている。カンボジアとベトナムの間にはアンナン山脈がある。アンナン山脈を東西に横断する交流は、かつてほとんど行われていなかったのである。東南アジアにおいては、東西の陸路の交流を凌駕し、水系に沿った南北の交流が盛んだったのである。

東南アジアへの民族の大移動や物資の移動は、メコン川やサルウィン川そしてソンコイ川の巨大河川に沿って、北から南へ、あるいは南から北へ、上流から下流へ、下流から上流へと移動していたことを示している。流域を東西に横断する陸上の交易はそれほど盛んではなく、中国大陸と東南アジアの交流には、大河川による南北の水運が重要な役割を果たしたのである。

ソンコイ川を下った倭族が日本へ

プンスナイ遺跡に暮らした人々は、雲南省や貴州省からメコン川を下ってやって来た人々の子孫であった。彼らの祖先を訪ねれば、それはおそらくモン・クメール語族にあたる倭族に行きつくのではないかという仮説を、私は持っている。

倭族に注目されたのは鳥越憲三郎氏[※26]であった。

倭族はメコン川やサルウィン川の上流部の雲南省シーサンパンナを中心に暮らしている。かつては平地で水田稲作を行っていたが、タイ族と争い山岳地帯に追われて、今は焼畑で暮らしている。焼畑での暮らしは山岳地帯に追われたために仕方なくはじめたものである。倭族の中で、メコン川を下った人々がカンボジアまでやって来て、プンスナイ遺跡を作ったのではないか。さらにソンコイ川を下った人々は、ベトナム北部に達したあと、中国江南の沿岸部を北上し、日本列島に漂着した可能性がある。鳥越氏[※26]が日本の稲作漁撈社会と倭族の社会の類似性を強調したのは故なしとしない。さらに欠端実氏[※27]が指摘する日本の神話伝承が伝わったルートも、まさに雲南省からいったんソンコイ川を下ってベトナム北部に到達し、それから中国江南の沿岸部を北上して日本列島に到達するルートであった。

倭族はプンスナイ遺跡の建国者？

倭族は最近まで首狩りを行っていた。水牛を生贄にし、木鼓を作り、木の文化の伝統を持っている[※28]。色黒の地肌や顔つきはカンボジア人にそっくりであり、赤と黒の色を好み、言語的にもモン・クメール語族に位置する倭族こそ、このプンスナイ遺跡の建国者達の仲間なのではないかと、私は思っている。

プンスナイ遺跡から黒陶土器や太陽紋をもった注口土器が見つかったことによって、四二〇〇年前の大きな気候変動以降、北から攻めてきた畑作牧畜民に追われた人々が、雲南省や貴州省さらにはラオスやタイそしてカンボジアに逃れて来たという私の仮説が、少しずつではあるが立証に近づきつつある。

図4―42　プンスナイ遺跡F地区からは全面に漆喰が塗られたプラスターマウンドが発見された。マウンドの北西から屈葬された生贄が見つかった

白い漆喰が塗られた巨大マウンドを発見

二〇〇八年一月〜三月の調査でF地区の本格的発掘調査を実施した。

発掘調査を進めると、大きな石が円形に配置されたマウンドがあることがわかった。さらに、石の上や周りの表面は、すべて漆喰で固められていた。F地区のマウンドは長軸が一八m、短軸が一五mだった。溝の底から三mの高さを持つ巨大マウンドであり、全面に漆喰が塗られていた（図4―42）。大型の墓かと思い、マウンドの中央部にトレンチを入れてみたが、三m近く掘っても漆喰の層が見つかるばかりであった。石と石の間にも丁寧に漆喰が塗られ、細い溝のような遺構も見つかった。明らかに、水に関する何らかの施設のようである。

二〇〇八年一二月に、これらの場所をボーリングし、八m下まで掘っても、漆喰・粘土層以外は見つからず、石室や木棺は見つからなかった。

この白色の層が本当に漆喰であるかどうかの化学分析を立命館大学篠塚良嗣氏に依頼した結果、サンゴの二分の一以上の炭酸カルシウムを含んでおり、明らかに漆喰であることも判明した。しかし、プンスナイ遺跡の周辺には石灰岩は分布せず、遠方から漆喰を運び込んだことは明らかである。

そこでこのマウンドは墓ではなく、「水の祭壇」と考え、このマウンドを「プラスターマウンド」（漆喰盛り土）（図4―43）と呼ぶことにした。マウンドの一番高い場所から水を流してみると、中央の白く、高い部分がヒマラヤ山脈で、その北側からメコン川、ベトナムに流れるソンコイ川が東に流れ、インダス・ガンジス川が西に流れているようにも見える。まるで、ヒマラヤを含む東南アジアの地図のようである。東と南に、深い穴があり、底まで漆喰で固められていた。ここがインド洋と南シナ海を表しているのであろうか。

図4―43　姿を現したプラスターマウンドの全貌（竹田武史撮影）

チャクラをくわえた人骨

さらにこのプラスターマウンドの北西隅からは膝を極度に折り曲げ、頭を東にして埋葬された人骨が三体発見された。通常の埋葬は頭を西にした伸展葬であり、この埋葬のしかたは異常である。

この膝を極度に折り曲げ、頭を東にして埋葬された人骨の中で、二〇〇九年一月～三月の発掘で発見された男性人骨（F地区Burial 07）は「エポレット」を持っていただけではなく、「チャクラ」に似た、鉄製のリングまで口にくわえさせられていた（図4―44右）。

チャクラは密教法具に登場するものであり、チャクラをつけた戦士の彫像がアンコールワットの壁画にも彫刻されている（図4

—44左）。またカンボジアのいくつかの寺院の入口には、チャクラがシンボルとして造形されている。

聖なる水の思想が存在した

このチャクラに似た鉄製のリングをくわえた人骨の下部から発見された有機物の^{14}C年代は、B.C.三八〇年であった。その人骨の下部から、すでに述べた「水の祭壇」と見なされる漆喰を塗ったプラスターマウンドが発見されていることから、このF地区のプラスターマウンドの造成期期は、少なくともB.C.五世紀にまで遡ると見なされる。

こうしたことから、B.C.五世紀には聖なる水の思想が、このカンボジアに存在していた可能性を私は考えた。アンコールワットやアンコールトムは、水の信仰と山の信仰を基本に置いた中国とインド思想の影響を強く受けて作られた都市や神殿であった。その水と山を信仰する思想がすでにB.C.五世紀に存在していた可能性が出て来たのである。

図4—44　プンスナイ遺跡のプラスターマウンドの上から発見された、チャクラのようなものを胸元に置いて生贄になった人骨（右）。アンコールワットの壁画に描かれたレリーフの人物もチャクラのようなものを胸元に飾っている（左）（宮塚義人撮影）

中国と共通する血の儀礼

プンスナイ遺跡からは二〇一〇年の段階で合計六三体の人骨が発見されているが、膝を立てて屈葬の形式で埋葬されているのは上記の三例のみであり、他の人骨はいずれも伸展葬であった。こうした特異な埋葬形式から、プラスターマウンドから発見された三体の屈葬人骨は水の祭壇の生贄になった人骨であると考えた。

水の祭壇と名付けたプラスターマウンドの上では、稲作の豊穣の儀礼が行われたのであろう。そしてその儀礼の時に人間の生贄が行われたのではあるまいか。膝を立てて屈葬の形式で埋葬された人骨はまさにその生贄になった人骨であった。

私は中国湖南省城頭山遺跡で発掘した六〇〇〇年前の最古の祭壇を思い出した。この祭壇からも人骨が四体発見された。人骨はいずれも頭を南東の方向に向け、膝を極度に折り曲げた屈葬の形式で埋葬されていた（図4—7）。

頭を太陽の昇る東方に向けている点と言い、屈葬で葬られている点と言い、プンスナイ遺跡の埋葬形式と類似していた。城頭山遺跡は六〇〇〇年前のものであるため、人骨とともに埋葬されていたのは、ウシの下あご骨とシカ科の動物の骨だった。[※7]私はこうした動物は農耕儀礼にささげられた生贄であり、人骨も膝を極度に折り曲げた屈葬で葬られていることから、稲作の豊穣の儀礼に供犠された生贄ではないかと指摘した。

ミャオ族に残る水牛の生贄は豊穣の血の儀礼の名残

稲作漁撈民の社会においては、稲作の豊穣の儀礼を執り行うとき、動物や人間を生贄にする血の儀礼が行われたのではあるまいか。翌年の種籾を血に浸すことで豊穣を確かなものとするような血の儀礼は、佐々木高明先生[※29]によって、稲作農耕社会で広く行われていたことが指摘されている。滇王国の青銅の貯貝器の蓋には、巫女と考えられる人間がマンと呼ばれる大蛇の生贄になる儀礼が彫金されていたし、青銅器には水牛を生贄にする図柄が彫像されていた。ミャオ族では現在でも水牛の生贄を行っていた（図4―9）。

今回プンスナイ遺跡の水の祭壇と呼んだプラスターマウンドの上から発見された屈葬の人骨も、やはり稲作の豊穣の儀礼にともなって供犠された生贄であったのではあるまいか。

水の祭壇の原型

二〇〇九年一月〜三月の調査でG地区から発見されたプラスターマウンドも、F地区と同様な規模であったが、かなり盗掘を受けており、表面はかなり荒らされていた。F地区より新しい時期の遺物が発見されており、プラスターマウンドは時期を違えて作られているようである。

G地区のプラスターマウンドでは南東部から北東部、北西部にかけてトンネル状の掘り込みが見られ（図4―45）、一部の天井が落ちたような段差が見られた。また、北西部にバライ（人工の水たまり）と見なされる小さな貯水池や、井戸のような深い穴があり、トンネル状の掘り込みに水を通していたようであった。

トンネルの構造と、北西部にバライと見なされる貯水池が発見されたことにより、この漆喰を全面に塗ったプラスターマウンドは、明らかに水に関連する儀礼を行った祭壇であったと断言できた。

祭壇の頂部から水を流すとトンネル状になった通路を通り、最後に貯水池に流れこむしかけになっていたように見える。カタツムリのようなトンネルを漆喰で作成しており、水の回廊が円形に循環して、最後に北西部の貯水池に流れ込むしかけになっていたものと見なされる。

こうした水の祭壇はアンコールトムにある「ニャック・ポアン」（図4—46）の原型になるものと見なされる。ニャックポアンでも祭壇の中央部の水が周辺へと流れ下り、その聖水を飲むと病気が治ると信じられていた。

図4—45　プンスナイ遺跡G地区からはトンネル状の構造が見られるプラスターマウンドが発見された

図4—46　アンコールトムのニャックポアンは水の祭壇だった。プンスナイ遺跡のプラスターマウンドはその原型となったのではないかと見なされる

千年以上続いた水の文明

今回の漆喰で塗られた水の祭壇の発見から、聖なる水の思想がB.C.五世紀にはすでに存在していた可能性が高くなった。さらに漆喰は

本来、西方起源のものであることから、漆喰を全面に塗った水の祭壇の発見は、西方の文明の影響、とりわけインドの水の思想の影響があったことを物語っている。

こうした水の儀礼に関連する祭壇が、アンコールワットを千年以上もさかのぼるB.C.五世紀に構築されていたことは、カンボジアのクメール文明が水を崇拝する水の文明であったことの明白な証である。しかもその水の文明が、千年以上の長きにわたってカンボジアでは受け継がれていたのである。

インド文明の影響

これまでカンボジアのプンスナイ遺跡への影響については、中国長江文明からの影響のみ考えていた。黒陶土器など中国の長江文明と類似した土器が存在し、青銅器の産地同定の結果、大半のものが中国南部の鉱山で採掘したものであったことから、中国の長江文明の強い影響を想定していたのである。しかし、この真っ白な漆喰を塗った水の祭壇の発見と大量のビーズの存在、ヒンドゥー教や仏具で武器にも使用されたチャクラに類似した遺物の出土、さらには、アーリア人とみなされる人骨まで出土したことから、明らかにカンボジアのクメール文明には古い時代からインド文明の影響があったことを見逃すことができなくなった。

「扶南国」との関連

「水の祭壇」はクメール文明の重要な遺跡であり、「ニヤック・ポアン」などがそれにあたると考えられてきた。クメール文明に大きな影響を与えたインド文明は、アンコール遺跡群をさかのぼること千年、B.C.五世紀にはカンボジアまで到達していた可能性が出てきた。

我々は今、このプンスナイ遺跡が、中国に朝貢し（中国に独立国として認識させ）、インド文明の影響を受けた『南斉書《なんせいしょ》』に書かれている「扶南国《ふなんこく》」と関連する遺跡ではないかという仮説のもとに、さらに調査研究を継続している。

（3）抜歯が語る二回の気候冷涼化による民族大移動

千年後に、もう一度気候冷涼化

四二〇〇〜四〇〇〇年前の気候冷涼化のあと、もう一度、東アジアの民族移動に決定的な意味を持った気候冷涼化がある。それは約一〇〇〇年後の三五〇〇〜三二〇〇年前の気候冷涼化である。

四二〇〇〜四〇〇〇年前の著しい冷涼期のあと、気候は温和化する。ところが三五〇〇年前から気候はふたたび冷涼化し、三二〇〇年前には著しい冷涼期をむかえる。

四二〇〇年前の気候冷涼化が長江文明の崩壊に決定的な意味を持ち、東アジアに大民族移動があったことはすでに述べたが、それから約一〇〇〇年後の三二〇〇年前にも、東アジアは大きな民族移動に見舞われる。

死海の年縞分析とも一致

こうした、三五〇〇年前にはじまり三二〇〇年前に気候冷涼化の極期をむかえる激しい環境の変化は、近年、M・スタイン博士ら[※30]によるイスラエルの死海の年縞分析の結果（第五章図5―24参照）にもきわめて明白に記録されており、世界的に存在した気候変動であったことが明らかとなった。

すでに私[※31]が指摘したように、この三五〇〇～三二〇〇年前の気候冷涼化の時代に、地中海沿岸ではヒッタイト帝国が崩壊し海の民が沿岸部を荒らしまわる激動の時代をむかえた。

日本は縄文時代晩期であった

この時代の日本列島は縄文時代晩期に相当する。その縄文時代晩期の気候が冷涼期に相当することは、阪口豊氏[※32]や私[※33]の指摘以来、多くの花粉分析の研究者によっても指摘されて来た。

阪口豊氏[※32]による長野県唐《から》花《け》見《み》湿原の花粉ダイアグラムでは、約三二〇〇年前の層準を境として、モミ属、トウヒ属、五葉マツ亜属、ツガ属が急増し、冷涼化がはじまったことが明示されている。さらに阪口氏[※34]は尾瀬ヶ原の花粉分析の結果からも、この時代の気候の冷涼化の傾向をより詳細に復元している。ハイマツの花粉の変動を指標とした気温変化曲線によれば、気候は三四〇〇年前頃より冷涼化の傾向を示し、三〇〇〇年前頃には著しい冷涼期をむかえている。そしてその冷涼期は二二五〇年前頃まで継続する。

川崎市の堆積物も三五〇〇年前の冷涼化を示す

こうした気候の冷涼化は、花粉分析の結果のみでなく、埋積浅谷や海岸地形変化など、さらには同位体地球化学の分析結果からも指摘されている。

川崎市川中島中学校の校庭から採取したかつての東京湾に堆積した内湾性堆積物の$\delta^{13}C$／$\delta^{12}C$とC／N比の測定結果は[※35]、全長四三・七五mの堆積物のうち、深度四〇・六mから九・二八mの間で、一八層準の^{14}C年代測定法値が報告され、かなりの精度の高い時間軸が設定されている。その分析結果によれば、三五〇〇年前に、大きな変化があったことがわかる。堆積物中の有機物の供給源は海水中のプランクトンと陸上から運ばれた生物遺骸である。この二大供給源の炭素同位対比とC／N比はそれぞれ異なった値を持つことが明らかとなっている。海洋プランクトンの$\delta^{13}C$比はマイナス一九〜マイナス二三‰、C／N比は三〇より大であることがわかっている。

川崎市川中島中学校の堆積物の分析結果では、三五〇〇年前に、急激にC／N比が増加し、$\delta^{13}C$比が減少する。このことはこの時代に陸上の供給源の有機物が増大し、海の影響が後退したことを示している。すでに述べたように、花粉分析の結果などからこの時代に気候が冷涼化したことが指摘されていることから、このC／N比の増大と$\delta^{13}C$比の減少は、急速な海退によって引き起こされたと見なされる。それはこの時代に埋積浅谷が形成され、海水準が低下した事実が全国的に指摘されていることとも矛盾しない。

さらに森勇一氏[※36]による愛知県庄内川の沖積平野に立地する町田《ちょうだ》遺跡の珪藻分析の結果は、松河戸《まつかわど》火山灰が降灰した^{14}C年代二四〇〇年前の時代を境として、大きな変化が存在することを明らかにしている。

三四〇〇年より以前の堆積物は、汽水性の内湾に生息する珪藻 *Aulacoseira granulata* が優占し、周辺には内湾の水域が広がっていった。ところが三四〇〇年前を境として、淡水の底生や着生種の *Pinnuralia* 属や *Eunotia* 属が急増する。こうした *Pinnuralia* 属や *Eunotia* 属は淡水中にも生息する珪藻であり、三四〇〇年前の気候の冷涼化とともに、庄内川河口周辺の海水域が縮小し、水田稲作に適した三角州の低湿地が拡大していったことを示しているのである。

東アジアで再び畑作牧畜民の侵入

この三五〇〇年前にはじまり、三二〇〇年前に極限に達する気候冷涼期に、東アジアではふたたび北方から畑作牧畜民の侵入があり、中国は春秋戦国の大動乱の時代へと突入した。この時代も大量の難民が雲南省や貴州省に移動するとともに、メコン川やソンコイ川さらにはサルウィン川を下って、東南アジアへと人々が大移動したと見なされる。

稲作伝播＝ボート・ピープル仮説

日本列島に水田稲作が伝播するのがこの時代であることは、この気候変動の影響を受けた人々がボート・ピープルとなってやって来たためであると見なすことができる。

この稲作伝播＝ボート・ピープル仮説は、一九九二年に私[※37]がはじめて指摘したことであるが、その仮説がやっと最近になって日本の考古学者にも受け入れられるようになったと思う。

水田稲作の東南アジアへの伝播

東南アジアに水田稲作農業が広く伝播するのは、この三五〇〇年前頃からはじまる気候変動期以降のことであると私は見なしている。

東南アジアへの稲作の伝播も、この三五〇〇〜三二〇〇年前の気候変動によって、南方への民族移動が引き起こされ、稲作が伝播したと私は考えているのである。

もちろんこれからの調査で東南アジアでは、より古いインディカ米の栽培の証拠が発見されるかもしれないが、現段階では、三五〇〇年以上前まで稲作の起源をさかのぼるのがやっとで、より古い証拠があったとしても四二〇〇年前までさかのぼる程度であろうと私は見なしている。

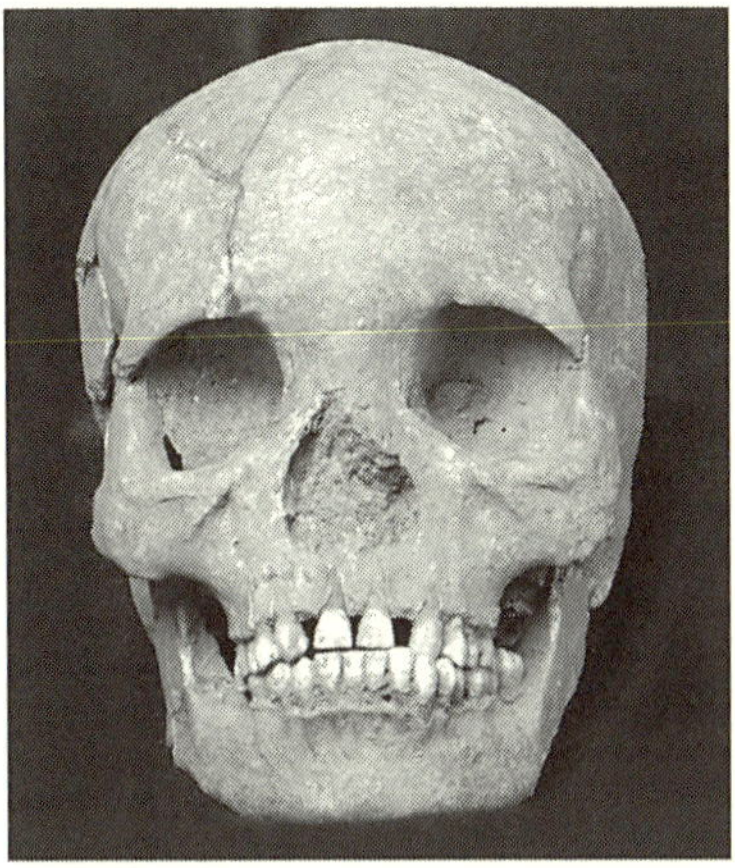

図４―47　プンスナイ遺跡から発見された抜歯のある人骨（竹田武史撮影）

抜歯の人骨は民族の大移動を示す

雲南省や貴州省さらには福建省や台湾そして日本列島に逃れた人々と同じく、東南アジアに逃れた人々も、抜歯の風習を堅持していた。

松下孝幸氏※24はカンボジアのプンスナイ遺跡の人骨の中に抜歯をした人骨があることを発見した（図４―47）。しかも同じ場所、上顎の側切歯のみ抜歯していた。抜歯のある人骨は現在までにプンスナイ遺跡から九体発見されている。抜歯は男性人骨と女性人骨ともに実施され、女性五体、男性四体の人骨について施されていた。抜歯が男性・女性とも同じ比率で施されていることも、女性の社会的地位の高さを示すものであろう。

同じ頃（B.C.五世紀～A.D.三世紀）のカンボジア以外の遺跡を調べてみると、ベトナム南部、中国江蘇省などにも上顎の側切歯のみを抜いた例が見つけられた。そして、松下氏が長年にわたって研究されている土井ヶ浜《といがはま》遺跡では多くの人骨にその例が認められる。すでに述べたように漢民族の遺跡からは抜歯が見つかっていない。それは四二〇〇年前の大きな気候変動によって北西方から侵入した漢民族の祖先になる抜歯の風習を持たない畑作牧畜民が、抜歯の風習を持った稲作漁撈民を追い出した結果であった。[※7]

故郷の長江流域を追われた人々がメコン川を下り東南アジアに逃れてきた事実を、このプンスナイ遺跡の抜歯のある人骨は物語っている。さらに海岸部に暮らしていた人々は、ボート・ピープルとなって台湾や日本にやってきて、抜歯の風習をもたらしたというのが私の仮説である[※7]（もちろん縄文人も抜歯の風習を持っており、新たにやって来た稲作農耕民と、もともといた縄文人は類似した風習を持っていたのである）。

漢民族に追われて抜歯の風習を持つ少数民族が逃亡した。その避難先は、日本だけではなく、カンボジア、ベトナムにも避難して来たのである。プンスナイ遺跡の青銅器の原産地が中国江南地方が大半であるということの背景には、こうした東アジアの大民族移動が存在したのである。

弥生時代に大陸から渡来

カンボジアのプンスナイ遺跡から、松下孝幸氏によって、はっきりと抜歯の風習のある人骨（図4

―47）が確認された。

西日本の弥生時代の人骨が、中国大陸の山東半島や長江下流域の人々の人骨と形質人類学的に類似していることは、金関丈夫氏[※38]の土井ヶ浜の人骨の研究以来、近年では埴原和郎先生[※39]の弥生人百万人渡来説、さらには山口敏氏[※40]らの長江渡来説においても、広く認識されるようになった事実である。

こうした事実から百万人の渡来があったかどうかは別にして、[※41]弥生時代に稲作をたずさえた人々が大陸から渡来したことは、もう事実として認めなければならないであろう。

日本列島では縄文時代後期以降、抜歯が盛んとなる。そして縄文時代晩期から弥生時代にも抜歯の風習が存続した。ところが中国大陸では四〇〇〇年前までは盛んに行われていたが、それ以降は衰退し、日本の弥生時代の開始期にあたる春秋戦国時代にはわずかに梁玉城《りょうぎょくじょう》遺跡出土の人骨に見られるほかは、皆無となる。[※42]

ところが今回、私達が発掘調査したカンボジアのプンスナイ遺跡では、A.D.二〜三世紀になっても抜歯の風習が残存しているのである。

抜歯周辺文明論

篠田謙一氏[※43]は現在の中国人や東南アジアの人々のミトコンドリアＤＮＡのハプログループＭ８ａの塩基配列を持つ集団別分布を分析し、興味深い事実を指摘している。

ミトコンドリアのＤＮＡハプログループＭ８ａを多く持つ集団は現在の漢民族に多く、その周辺に居住する雲南省の少数民族やベトナムやカンボジアの人々、そして韓国の朝鮮族や日本人は、ハプログループM８ａの頻度が低いというのである。

ミトコンドリアＤＮＡは母から子へ伝えられ、民族の系統を単純化して考えるのには適している。このミトコンドリアＤＮＡのハプログループM８ａの集団別頻度分布図を見ると、明らかに現代の漢民族のルーツになる人々が北西から東アジアの民族集団に割り込んで入って来たように見える。

すでに述べたように四二〇〇～四〇〇〇年前と三五〇〇～三二〇〇年前の二回の大きな気候冷涼化があった。

四二〇〇～四〇〇〇年前の気候冷涼化によって、長江文明は崩壊した。この気候悪化によってハプログループM８ａのミトコンドリアＤＮＡの塩基配列を持つ集団が、中原から長江にかけて一気に拡散したのではないだろうか。

四〇〇〇年前以前の長江流域の人々は、広く抜歯の風習を持っていた。しかし気候の悪化で大陸の西方から新たにやって来た人は、抜歯の風習を持っていなかった。

四二〇〇～四〇〇〇年前と三五〇〇～三二〇〇年前の完新世後半の二回の気候大変動によって、東アジアでは大民族移動があり、西方や北方からM８ａのミトコンドリアＤＮＡハプロタイプを持ち、抜歯の風習を持たない人々が侵入し、抜歯の風習を持ちM８ａのミトコンドリアＤＮＡハプロタイプを持たない集団を追い出したり、絶滅させたのではないだろうか。

さらに抜歯の風習を持ち、大きな歯を持った長江中流域の人々は、雲南省や貴州省さらには、メコン川やサルウィン川、さらにはソンコイ川を下って、ベトナムやタイ、カンボジア、ミャンマーへと逃れた。

一方、長江下流域の人々は、ボート・ピープルとなって、日本列島や台湾にもやって来た。彼らは故郷の地で行っていた抜歯の風習を縄文時代の社会でも維持し、弥生時代になっても守り通したのである。もちろん縄文人たちも、それ以前から抜歯の風習は持っていたから、日本列島でも抵抗なく受け入れられた。

日本列島やカンボジアに弥生時代になっても抜歯の風習が残るのは、周辺に古い文明の要素が残るという「抜歯周辺文明論説」で説明できるのではないだろうか。

長江流域には、春秋戦国時代から前漢の時代には、すでに漢民族につながるようなM８ａのミトコンドリアＤＮＡハプロタイプを持った人々が広く居住していたと見なす必要がある。

彼らには抜歯の風習はなかった。

それまでいた人々のＤＮＡのハプログループM８ａの塩基配列の頻度は低く、抜歯の風習を持った人々は、雲南省や貴州省さらには東南アジアや日本へと逃れたのである。

縄文人の抜歯、弥生人の抜歯

これまで日本の抜歯に関しての仮説は、金関丈夫氏[※38]らの、抜歯の風習は東日本の縄文時代に誕生し、あらたにやって来た弥生人が縄文時代の抜歯の伝統をとりこんだという説が有力な説であった。金関氏[※38]は土井ヶ浜遺跡などの渡来人は朝鮮半島経由で、種子島の遺跡などは江南の呉などの中国南部からの渡来であろうと考えた。しかし、抜歯についてはあくまで在来の縄文にこだわり、土井ヶ浜の人骨が抜歯を持っていることに苦慮した。春成秀爾氏[※44]は縄文人の系譜的繋がりを持つ抜歯と、中国大陸に起源する抜歯の両方があったであろうと指摘している。私はこの説に賛成である。

抜歯を縄文人に特有の風習と見なした金関氏[※38]は、土井ヶ浜の大陸渡来の人骨が抜歯を持っていることに苦慮した。しかし、抜歯の風習は縄文人のみでなく、大陸からボート・ピープルとなって日本列島に逃れて来た人々も、持っていたのである。

抜歯の風習は四二〇〇～四〇〇〇年前の気候変動と民族移動によって、大陸を追われ日本にやって来た人々も持っていたのである。日本列島において抜歯の風習が四〇〇〇年前以降の縄文時代後期以降に顕著に見られるようになるのは、こうした大陸との文化的交流があったからであると私は考える。[※7]

その抜歯の風習は、その後さらに日本列島に三五〇〇～三二〇〇年前の気候変動によって逃れて来た人々も持っていた。三五〇〇年前以降の気候変動によって大陸を追われた人々も、やはり抜歯の風習を持つ少数民族につらなる稲作漁撈民であった。

その時代すでに漢民族の祖先になる畑作牧畜民は抜歯の風習は持っていなかった。抜歯の風習が物語る日本考古学への提言は、すでに縄文時代後期に、中国大陸と日本は密接な交流があったという重要な事実なのではないだろうか。

二回の冷涼期に北西から侵入した畑作牧畜民が現在の漢民族の祖先

四二〇〇～四〇〇〇年前と三五〇〇～三二〇〇年前の気候冷涼化を契機として北方や西方から侵入した人々は、ヒツジやヤギを飼い、馬に乗り、麦やアワを栽培する畑作牧畜民であった。

彼らは抜歯の風習を持たず、篠田謙一氏[※43]が指摘する現在の漢民族と類似した、ミトコンドリアD

ＮＡハプロタイプＭ８ａの遺伝子を持つ人々であった。さらに崎谷満氏[※45]はＹ染色体に注目した。ミトコンドリアＤＮＡが母から母へと遺伝するのに対し、Ｙ染色体は父から父へと遺伝するものである。漢民族にはＹ染色体亜型Ｏ３ｅ系統が特異的に存在する。これに対し、Ｙ染色体亜型Ｏ２ａ系統を持つ人々はその周辺に分布する。このことから北方からやってきたＹ染色体亜型Ｏ３ｅ系統を持つ漢民族によって、Ｙ染色体亜型Ｏ２ａ系統を持つ人々が追い出されたのではないかと私[※7]は指摘した。

　Ｍ８ａのミトコンドリアＤＮＡハプロタイプを持つグループは、漢民族の集団に一定の割合で出現するが、その周辺の集団には少ない。私[※7]はこの四二〇〇〜四〇〇〇年前と三五〇〇〜三二〇〇年前の気候冷涼化によって北西方から進入・南下してきた人々は、こうしたミトコンドリアＤＮＡのハプロタイプＭ８ａやＹ染色体亜型Ｏ３ｅ系統を持つ人々であったのではないかと見なしている。

朝鮮半島を経由せず直接日本へ移動した人々もいた

　一方、畑作牧畜民の侵入によって、故郷を追われ雲南省や貴州省さらには福建省などの山岳地帯に逃れ、ボート・ピープルとなって日本列島や台湾へと逃れた人々、さらにはメコン川やソンコイ川、サルウィン川を下って東南アジアへと移動した人々は、抜歯の風習を堅持し、コメや魚を食べ、船に乗って移動する稲作漁撈民であった。

　篠田氏[※43]もミトコンドリアＤＮＡの分析から、朝鮮半島を経由しないで、直接、江南から日本列島に渡来した集団もあったのではないかとも推測している。私[※46]も、そうした朝鮮半島を経由しないでボート・ピープルとなって直接東シナ海を漕ぎ渡って日本列島に漂着した人々が、水田稲作をもたらしたと考えている。

文字より「言霊」を重視する文明

このような抜歯の風習は台湾の少数民族に最近まで残存した。抜歯の風習は、漢帝国周辺の少数民族に特色的な風習として、位置づけることができるであろう。

抜歯の風習がさかんなことと、文字を持たないこととの間には深い関係があるように思われる。黄河流域の畑作牧畜民は、いち早く甲骨文字を発明し、黄河文明を創造した。

これに対し、長江文明に文字はなかった。

だから長江文明は文明ではないという論拠にする研究者が実に多いのであるが、これは大きな誤りであった。

少数民族の稲作漁撈民が作り出した長江文明が、なぜ文字文化を発達させなかったのかと言えば、彼らは文字よりも「言霊」を重視する文明を持っていたからに他ならない。その「言霊」を重視することと、「抜歯」の風習は深くかかわっているのではないか。[※46]

聖なる「言霊」が出る聖なる場所としての口から邪気を払うために、側切歯を「抜歯」する。おそらくお歯黒も抜歯の風習の名残と見なされる。それは言霊が出る口から邪気を払う意味があったのではないだろうか。

日本列島にボート・ピープルとして漂着した稲作漁撈民をはじめ、中国大陸で長江文明を発展させた少数民族は、文字よりも「言霊」を重視したと私は考えている。その代表が百越と呼ばれた越人である。日本文化は黄河文明の文字を重視する文明よりも、この言霊を重視する長江文明と深くかかわっていたのである。

「言霊」の出る聖なる場所である口からの邪気を払うために「抜歯」を行ったのであり、おそらく抜歯もお歯黒も同じ意味であろう。

文字よりも言霊を重視する民族、それが稲作漁撈民だったのである。

4　東アジアの肥沃な大三角形地帯

（1）「東アジアの肥沃な大三角形地帯」の発見

三つの女王国

東アジアの雲南省滇王国とカンボジアのプンスナイ遺跡そして日本の邪馬台国。この三つの王国はともに女性中心の王国であった。しかも、男性中心の漢帝国の周辺に位置するという点においても共通した地理的位置を占めている。そしてその王国を支えた生業は稲作漁撈であった。

その女王国では文字よりも言霊を重視して抜歯の風習を持ち、太陽を崇拝し、玉を崇拝し、山を崇拝し、水を崇拝し、柱を崇拝し、鳥と蛇を崇拝し、青銅器を主要な金属器として持ち、長江文明と同

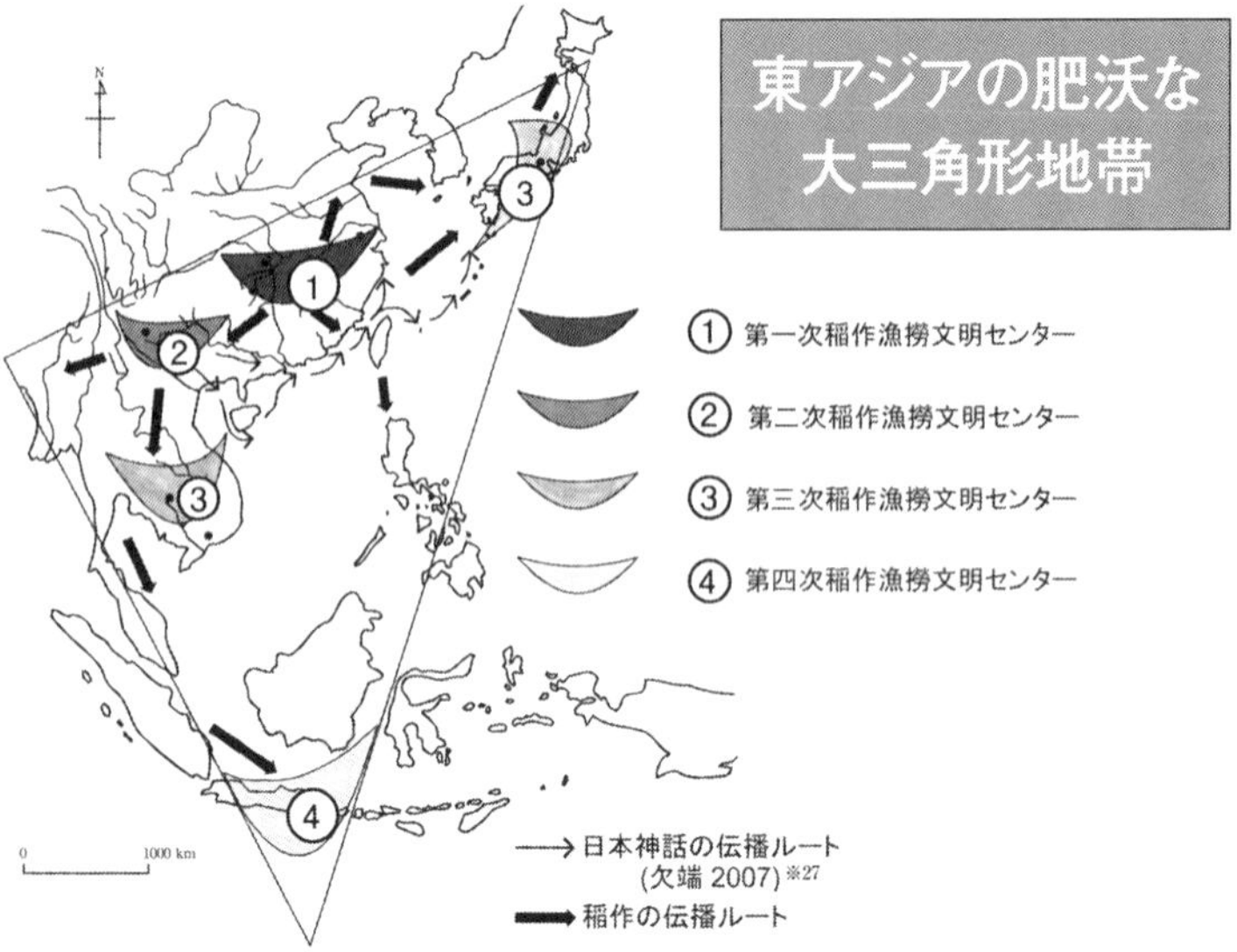

図4—48　東アジアの肥沃な大三角形地帯（安田、2008）※16

じ世界観を持った稲作漁撈民の文明であった。そうした稲作漁撈民の文明がB.C.三世紀からA.D.三世紀の間に、漢民族の周辺で繁栄していたのである。

それは言葉をかえれば、男中心の漢帝国の周辺に、女性がいまだに大きな力を持った女王国が存在したということである。その女王国は稲作を生業として、これに漁撈をともなう稲作漁撈文明の国であった。長江文明以来の稲作漁撈の文明の伝統を色濃く持った女王国が、漢帝国周辺にはまだ残存していたのである。私はこの雲南省滇王国と、カンボジアのプンスナイ遺跡に代表される扶南王国、そして日本の邪馬台国を中心とする東アジアの三角形の範囲を「東アジアの肥沃な大三角形地帯」（図4—48）と呼ぶことにした。それは女性の三角形でもある。

照葉樹林文化のライフスタイル

この「東アジアの肥沃な大三角形地帯」に住む人々は、コメを食べ魚を食べただけではなく、お餅や納豆などのねばねばした食品が大好物で、ナレ鮨や魚醤、コンニャク、麹で発酵させる発酵食品を食べた。なによりもミルクの香りがしない文明であった。こうした食べ物は照葉樹林という特有の生態系に分布しており、これらは照葉樹林文化の重要な要素である。

そうした食べ物に注目して、中尾佐助先生は「納豆の大三角形」を提示した。[※47] その「納豆の大三角形」の中にはナレ鮨やコンニャクそして麹酒さらには醤油の分布圏が含まれる。もちろん雲南省滇王国とカンボジアのプンスナイ遺跡そして日本の邪馬台国もこの中に含まれる。

中尾佐助先生ら[※48]が提示した雲南省に中心を置く東亜半月弧は、長江中下流域から、より古い稲作の証拠が発見されたことにより、今、再検討されなければならないことは述べたが（第三章参照）、長江中下流域の照葉樹林文化の中で生まれたこの照葉樹林文化のライフスタイルは、稲作の伝播とともに、「東アジアの肥沃な大三角形地帯」に伝播拡散したと見ることができる。この「納豆の大三角形」はプンスナイ遺跡の発見によってその存在が歴史的にも実証されたことになった。

そしてそれはまた川勝平太氏[※49]の「豊穣の半月弧」にも相当するものである。

「東アジアの肥沃な大三角形地帯」は稲作漁撈文明が発展した所であり、女性ががんばっている社会であり、主食はコメとアワなどの雑穀、人々は船で移動し、高床式の住居に暮らし、主たるタンパク質は魚介類から取り、ねばねばしたお餅が大好きで、納豆や醤油さらにはナレ鮨などの発酵食品を数多く生み出し、お茶を飲みコンニャクを食べ、漆製品や竹細工を作り、蚕を飼って絹を生産し、麻を栽培し、鵜飼をして魚を獲り、歌垣をして恋を語り、山を崇拝する……などの特有のライフスタイルを持つ人々が暮らす世界である。そうしたライフスタイルは照葉樹林という特有の生態系のもとに暮らす人々が生み出したライフスタイルであり、それらが稲作の伝播とともに「東アジアの肥沃な大三角形地帯」に広まったのである。

その「東アジアの肥沃な大三角形地帯」における稲作漁撈文明の出発は、長江中下流域の第一次稲作漁撈文明センターであった。そこでは一万年以上も前から稲作がはじまっていた。そして六三〇〇年前には長江文明が発展した。

「第二次稲作漁撈文明センター」は棚田で特色づけられる

しかし四二〇〇年前の気候冷涼化によって北方から畑作牧畜民が進入し、長江文明は衰亡した。長江流域の人々は中国南西部の雲南省や貴州省の山岳地帯に逃れ、そこで棚田を造成して新たな新天地を開拓し、「第二次稲作漁撈文明センター」を構築した。水田の様式で言えば「第一次稲作漁撈文明センター」の稲作には、焼畑や陸稲の形式で栽培されていたものや、[※50]沖積平野の低湿地の稲作がこれに含まれる。これに対し「第二次稲作漁撈文明センター」の稲作を特色づけるのは、急傾斜の斜面に、天にとどくまで耕された棚田である。四〇〇〇年前から三五〇〇年前の気候は温暖であり、山岳地域の開拓を容易にした。

しかし、三五〇〇年前からはじまる気候冷涼化によって、再び黄河流域の人々が南下するにともない、畑作牧畜民の侵入によって故郷を追われた人々は、さらに南の東南アジアへメコン川やソンコイ川、サルウィン川を下って移動し、長江下流域や海岸部に暮らしていた人々は、ボート・ピープルとなって日本列島や台湾へと逃れ、そこで新たな一歩をふみ出した。

B.C.一二〇〇〜B.C.二五〇年は新世界秩序文明誕生の助走期間だった

カンボジアのトンレサップ湖畔に稲作漁撈民が出現したのはこの頃のことである。また日本列島では弥生文化への第一歩が踏み出された。気候はB.C.一二〇〇年からB.C.二五〇年までは現在より冷涼であった。この約一〇〇〇年間の冷涼期は、稲作に立脚した生産活動が、日本列島や東南アジアで安定的に発展するまでの長い助走期間であったと私は見なしている。※23

中国大陸においても助走期間が存在した。それは春秋戦国時代の動乱である。それは秦・漢帝国が出現するまでの助走期間であったと見ることができる。地中海世界においても、ローマが地中海世界を征服するまでの助走期間が、B.C.一〇〇〇〜B.C.二五〇年の間であったと見ることができる。マヤ文明もまた先古典期中期（B.C.一〇〇〇〜B.C.四〇〇年）と呼ばれる長い時代は、その後の先古典期後期（B.C.四〇〇〜A.D.二五〇年）の大発展をむかえる前の助走期間であった。マヤ文明も先古典期後期に大発展期をむかえる。マヤ文明の巨大なピラミッドの骨格の大半はこの先古典期後期（B.C.四〇〇〜A.D.二五〇年）に作られた。

日本列島の稲作はB.C.一〇〇〇年頃伝播するが、本格的な弥生時代が開始するのはB.C.二五〇年頃である。そのB.C.一〇〇〇〜B.C.二五〇年の間は、弥生文化の形成期と位置づけることができるものであり、世界の諸文明とりわけマヤ文明と同じく長い助走期間が必要だった。

B.C.二五〇年の温暖化の中で繁栄の足がかりをつくる

こうした長い助走期間を脱し、漢民族の文明、ローマ文明、マヤ文明さらには弥生時代の文化が発展期に入る契機は、B.C.二五〇年頃から顕著となる気候温暖化だったのではないか。漢もローマもマヤも弥生もこのB.C.二五〇年にはじまる地球温暖化（この温暖期を私は[※51]ローマ温暖湿潤期・滇王国温暖期と呼んだ）の中で繁栄の足がかりをつかんだと言えるだろう。

ローマ文明が発展期に入り、地中海世界を制覇していくのもB.C.二五〇年以降の気候温暖化、ローマン海進とでも呼ぶべき温暖期である。とりわけローマの穀倉地帯となった北アフリカや東地中海が温暖湿潤気候にめぐまれたことが農業国ローマの繁栄の基盤をもたらした。東アジアでは春秋戦国時代が終り、漢民族の帝国が発展をしたのもこの温暖期に相当する。

そしてその漢帝国の周辺で発展したのが日本の弥生時代の邪馬台国の文化であり、雲南省の滇王国の文化であり、カンボジアの扶南王国であった。それらは稲作漁撈民の文化であり、畑作牧畜民の漢民族の文化とは異質の性格を持ったものであった。その一つが抜歯の風習に見られ、なによりも女王のいる母権制社会であったことに特徴づけられた。

ローマ、マヤ、漢の繁栄の絶頂期

三五〇〇〜三二〇〇年前の気候変動を契機として、世界の巨大文明は新たな段階に入ったと言えるのではあるまいか。東アジアでは漢帝国の文明への発展が、西方ユーラシアではギリシャ・ローマ文明の発展が、そして新大陸ではマヤ文明が準備段階に入り助走をはじめた。その文明は明らかにこれまでのメソポタミア文明やエジプト文明・インダス文明・黄河文明などの「旧世界秩序文明」とは質を異にする文明であった。それを私は、[※23]「新世界秩序文明」と呼んだ。その新たに出現した「新世界秩序文明」の繁栄期は、B.C.二五〇〇～A.D.二四〇〇年の間の温暖期にやって来た。ローマ文明も、先古典期後期のマヤ文明も、そして漢民族の漢帝国も、その繁栄の絶頂期はこの温暖期にある。

東アジアではこの新たに出現した漢帝国の周辺に、稲作漁撈文明の女王国が花を咲かせた。それが雲南省で発展した滇王国や日本の邪馬台国、そしてカンボジアの扶南王国であった。こうした漢帝国周辺の滇王国や日本の弥生文化、カンボジアの扶南王国が発展した時代こそ、「第三次稲作漁撈文明センター」が形成された時代である。

（2）A.D.二四〇〇年以降の気候悪化のために東西で民族大移動

三つの女王国は衰退

しかし、気候はA.D.二四〇〇年頃より悪化する。このA.D.二四〇〇年以降の気候悪化によって「東アジアの肥沃な大三角形地帯」がふたたび大動乱に見舞われた。

A.D.二四〇〇年の気候悪化によってユーラシア大陸では大民族移動が引き起こされた。西方の地中海世界ではゲルマン民族が大移動を開始し、ローマ文明が衰亡の坂道を下り落ちていった。一方、東方の東アジアでは北方や西方から五胡と呼ばれる異民族が流入し、五胡十六国時代の大動乱の時代に突入し、漢帝国は滅亡した。この大動乱の時代にふたたび中国大陸から東南アジアへ、さらには朝鮮半島を経由して日本列島へ向かう民族大移動が引き起こされた。

この気候悪化と民族移動によって雲南省滇王国は滅亡し、日本の弥生時代は終焉し、新たな古墳時代へと大きな転換が見られた。カンボジアのプンスナイ遺跡も、A.D.二四〇年にはじまる気候悪化によって中国大陸の文化や民族の移動の影響をふたたび強く受けた。

阪口豊氏※34によって古墳寒冷期と呼ばれたA.D.二四〇年以降の気候の冷涼化をもって、ローマ文明も先古典期のマヤ文明も、そして漢帝国とその周辺に花開いた滇王国・カンボジアの扶南王国そして日本の邪馬台国も終焉の時をむかえるのである。

弥生時代から古墳時代への転換

A.D.二四〇年以降の気候悪化の中、西方の地中海世界ではローマ帝国が衰亡し、中国大陸では五胡十六国時代の大動乱の時代をむかえ、大民族移動が引き起こされた。そうした中、メコン川を下って東南アジアに逃れた人々がこのカンボジアのトンレサップ湖畔のプンスナイ遺跡にもやって来た。そのプンスナイ遺跡の起源はB.C.五世紀にまでさかのぼることは確実であるが、おそらくA.D.二四〇年以降にも、こうした中国大陸の動乱を避けてメコン川を下って来た難民が流入したことであろう。

プンスナイ遺跡では、抜歯の風習を持つ中国大陸から南下して来た人々が、土着のカンボジアの人々とともに暮らし、そこでは中国江南の文化の濃厚な色彩を持った女性中心の王国が発展していた。カンボジアの文明はアンコールワットやアンコールトムに代表されるインド文明の影響を強く受けた文明のみが強調されているが、はるかそれを一〇〇〇年もさかのぼる以前から、中国の稲作漁撈文明の影響を強く受けた文明が花開いていたのである。それがプンスナイ遺跡だった。

こうしたA.D.二四〇年以降に稲作漁撈文明が発展した地域はバリ島にまで達し、それを「第四次稲作漁撈文明センター」と呼ぶことにする。

稲作漁撈文明の価値の再発見

稲作漁撈民は、山を聖なるものと見なした。※52 森を生やして、美しい水源涵養林を維持し、その水で水田を灌漑し、水田で使った水が海に流れて、プランクトンを育て、それを食べて魚が大きくなる。その魚をタンパク源として私達はいただくのである。川に水が流れている限り、私達はこの美しい大地で永遠に生きていくことができた。

稲作漁撈民は、美しい森の大地、水の循環系を一万年以上にわたって維持して来たのである。この稲作漁撈文明の価値を再発見する必要があるのである。

今までは、文明とは、パンを食べ肉を食べてミルクを飲み、バターやチーズを作る畑作牧畜民だけのものであるというのが一般的な考え方であった。「コメを食べて味噌汁を飲み魚を食べる人々の文化は遅れている」、と当の稲作漁撈民さえ思っていたのである。

しかし、正確に言えば、「そのように思わされて来た」と言うべきであろう。欧米の畑作牧畜民の圧倒的な物質エネルギー文明の前に、稲作漁撈民は自分たちの真の文明の価値を見失っていたのである。

食べるというのは舌で食べるのではなく、脳で食べているのである。ハンバーガーをおいしいと思わせる最初の要因は、アメリカ文明への憧れである。そして次の段階で舌が味をおぼえて、おいしいと感じ、また食べたいと思うようになる。

戦後、日本の家庭で朝食がどんどんパンになっていった。おいしく手軽に朝食が作れるということもちろんだが、それだけではなく、パン食が米食に勝ったことは、やはり私達の稲作漁撈文明が、畑作牧畜文明に負けたことを意味する。

それにもまして、小麦粉一トン作るのに水は一〇〇〇トン、牛肉一トン作るのには、水が一万二〇〇〇トンも必要なのである。肉を食べるためには、小麦粉の実に一二倍もの水が要る。パンを食べてビーフステーキを食べている人は、大量の水を飲んでいるということである。

稲作漁撈のライフスタイルが世界を変える

ところがこの地球に私達が利用できる淡水は二・五％しかない。そのわずかな淡水を二〇三〇年には約八〇億の人々が、二〇五〇年には約一〇〇億の人々が分け合って利用しなければならないのである。

水の循環系をきちんと維持しながら、この大地にへばりついて持続的に生きて来た稲作漁撈民の叡智にいまこそ学ぶ時なのである。

聖なる山を崇拝し、聖なる森を崇めて、鎮守の森を作って、そこから流れてくる水を水田に引いて、お互いが仲良くその水を利用して、海に返して、魚介類を育てて、その魚介類を食べて循環的に暮らしておれば、永遠にこの美しい大地で暮らすことができるのである。

私は梅原猛先生から「稲作漁撈文明の研究をしろ」と言われた時、「稲作漁撈に文明などあるはずがない」と思っていた。「コメを食べて魚を食べることはダサイ」とさえ思っていた。「こんな暮らしは、パンを食べてミルクを飲む人々よりも遅れている」とさえ思っていた。ところがそれはまったくの誤りだったのである。

コメを食べて魚を食べるライフスタイルこそが、大地に優しい暮らしなのである。

稲作漁撈民が持っている世界観は、太陽を崇拝して、柱を崇拝して、鳥を崇拝して、生きとし生けるものの命を崇拝する、アニミズムの世界であった。

パンを食べて肉を食べてミルクを飲む人々の生活は、大地を砂漠に変え、唯一天の神様を崇拝する一神教の世界である。この地球を砂漠に変えて、地球の森を破壊してしまったら、われわれはもう行くところがない。

私たちはこの美しい地球にへばりついてでも生きるしかないのである。

人にも自然にも優しい持続型のライフスタイルを、一万年以上にわたって維持してきたのが稲作漁撈民なのである。私たちは今こそ、その価値に気づき、勇気を出して、地球環境問題にあえぐ国際社会に、その稲作漁撈文明のすばらしさを訴え、理解をもとめ、世界を変えていくことに立ち上がらなければならないのである。

この稲作漁撈文明と類似した文明の原理[※53]を持つ文明を太平洋の反対側に私は発見したのである。それがマヤ文明やインカ文明だった。

第四章　注・参考文献

（1）欠端実『聖樹と稲魂』近代文芸社　一九九六年
安田喜憲・欠端実・松本健一・服部英二ほか『文明の風土を問う』麗澤大学出版会　二〇〇六年

（2）何介鈞・安田喜憲主編『澧県城頭山』文物出版社　二〇〇七年

（3）Yasuda,Y., Fujiki,T., Nasu, H., Kato, M., Morita,Y., Mori, Y., Kanehara,M., Toyama, S., Yano, A., Okuno, M., He Jiejun, Ishihara, S., Kitagawa,H., Fukusawa,H., Naruse, T. : Environmental archaeology at the Chengtoushan site, Hunan Province, China and implications for environmental change and the rise and fall of the Yangtze River civilization. *Quaternary International*, 123/125, 149-158, 2004.
Kato, M. Fukusawa, H. Yasuda, Y. : Varved lacustrine sediments of Lake Tougou-ike, Western Japan, with reference to Holocene sea-level changes in Japan. *Quaternary International*. , 105, 33-37, 2003.
Yasuda,Y : Climate change and the origin and development of rice cultivation in the Yangtze River basin, China. *AMBIO*, 14, 502-506, 2008.

（4）Nishimura, M. et al. : Paleoclimatic changes on the southern Tibetan Plateau over the past 19,000 years recorded in Lake Pumoyum Co. and their implications for the southwest monsoon evolution. *Palaeogeography, Palaeoclimatology, Palaeoecology*, 396, 75-92, 2014.

（5）安田喜憲『大河文明の誕生』角川書店　二〇〇〇年

（6）安田喜憲『人類破滅の選択』学生社　一九九〇年　後に『古代文明の興亡』学研文庫　二〇〇二年

（7）安田喜憲『稲作漁撈文明』雄山閣　二〇〇九年

（8）福永光司『「馬」の文化と「船」の文化―古代日本と中国文化』人文書院　一九九六年

（9）吉野裕子『吉野裕子全集　全一二巻』人文書院　二〇〇七～二〇〇八年
（10）外山秀一「微地形分析和植珪石分析看城頭山遺址的環境及稲作」何介鈞・安田喜憲主編『澧県城頭山』文物出版社　四四～六六頁　二〇〇七年
（11）佐藤洋一郎『イネの文明―人類はいつ稲を手にしたのか』ＰＨＰ新書　二〇〇三年
（12）宮本長二郎「城頭遺跡建築遺構之復原考察」何介鈞・安田喜憲主編『澧県城頭山』文物出版社　一六四～一七二頁　二〇〇七年
（13）森勇一「城頭山遺址的昆虫和珪藻化石」何介鈞・安田喜憲主編『澧県城頭山』文物出版社　一六四～一七二頁　二〇〇七年
（14）金原正明「城頭山遺址的寄生虫分析」何介鈞・安田喜憲主編『澧県城頭山』文物出版社　一二〇頁　二〇〇七年
（15）安田喜憲・宮塚義人「澧陽平原初期農耕遺跡址的数字（照片）測量及復原」何介鈞・安田喜憲主編『澧県城頭山』文物出版社　一七三～一八〇頁　二〇〇七年
（16）安田喜憲「東アジアの肥沃な大三角地帯」比較文明研究　一三　七五～一一九頁　二〇〇八年
（17）守田益宗・黒田登美雄「城頭山遺跡堆積物的花粉分析看農耕環境」何介鈞・安田喜憲主編『澧県城頭山』文物出版社　六七～八三頁　二〇〇七年
（18）米延仁志「城頭山遺址的木材分析」何介鈞・安田喜憲主編『澧県城頭山』文物出版社　一一五～一一七頁　二〇〇七年
（19）Weiss, H. E., Courty,M.A., Wetterstrom, F., Guichard,F., Senior, L., Meadow, R., Curnow, A. : The genesis and collapse of third millennium north Mesopotamian civilization. *Science*, 261, 995-1004,1993.

(20) Yasuda, Y. : Envionmental change and rise and fall of the civilizations in Monsoon Asia, ***Monsoon ,Beijing***, vol. 4, 68-69, 2002, March.

(21) Wu, W. and Liu, T. : Possible role of the "Holocene Event 3" on the collapse of Neolithic cultures around the central plain of China. ***Quaternary International***, 117, 153-166,2004.

(22) 梅原猛・安田喜憲『長江文明の探究』新思索社　二〇〇四年

(23) Yasuda, Y.(ed.) : ***Water Civilization : From Yangtze to Khmer Civilizations***. Springer, Heidelberg, Tokyo, pp.477, 2012.

Yasuda,Y.: Great East Asian Fertile Triangle. in Yasuda, Y. (ed.) : ***Water Civilization;From Yangtze to Khmer Civilizations***. Springer, Heidelberg, Tokyo, 427-458, 2012.

(24) Matsushita, T. : Human skeletal remains unearthed from the Phum Snay archaeological site. in Yasuda, Y. and Chuch Phoeurn (eds.) : ***Preliminary report for the Excavation in Phum Snay 2007***. International Research Center for Japanese Studies, 44-48, 2008.

Matsushita,T. and Matsushita,M. : Human skeletons unearthed from the Phum Snay archaeological site. in Yasuda, Y. (ed.) : ***Environmental Annual History and Rise and Fall of the Rice cultivating and Fishing Civilization by the Study of Annually Laminated Sediments***. International Research Center for Japanese Studies, 91-119, 2011.

Matsushita, T. and Matsushita, M. : Human skeletal remains excavated from the Phum Snay. in Yasuda, Y. (ed.) : ***Water Civilization: From Yangtze to Khmer Civilizations***. Springer, Heidelberg, Tokyo, 181-228, 2012.

(25) Kakukawa, S., Hidea, S. and Hirao, Y. : Chemical analysis on bronze bracelets unearthed from the Phum Snay

archaeological site in Cambodia and the indentification of their production. in Yasuda, Y. and Chuch Phoeurn (eds.) : ***Preliminary report for the Excavation in Phum Snay 2007***. International Research Center for Japanese Studies, 60-65, 2007.

No, J. Yamaguchi,S., Nishida, K., Hirao, Y. : Scientific study of bronze artifacts excavated from Thailand and Cambodia (for academic year of 2009). in Yasuda, Y. (ed.) : ***Environmental Annual History and Rise and Fall of the Rice cultivating and Fishing Civilization by the Study of Annually Laminated Sediments***. International Research Center for Japanese Studies, 124-150, 2011.

Hirao, Y. and Ji-Hyun Ro : Chemical composition and lead isotope ratios of Bronze Artifacts excavated in Cambodia and Thailand. in Yasuda, Y. (ed.) : ***Water Civilization : From Yangtze to Khmer Civilizations***. Springer, Heidelberg, Tokyo, 247-312, 2012.

(26) 鳥越憲三郎『古代中国と倭族』中公新書　二〇〇〇年
鳥越憲三郎『倭人・倭国伝全釈』中央公論社　二〇〇四年

(27) 欠端実「神話が運ばれた道」比較文明研究　一二　一―二五頁　二〇〇七年

(28) 李静「ワ族における木鼓崇拝から見るアニミズム的な信仰文化」言語と文明　六　一八七～一九五頁　二〇〇八年

(29) 佐々木高明『東・南アジア農耕論』弘文堂　一九八九年

(30) Migwski,C. , Stein, M., Prasad, S., Negendank, J.F.W., Agnon, A. : Holocene climate variability and cultural evolution in the Near East from the Dead Sea sedimentary record. ***Quaternary Research***, 66, 421-431, 2006.

Neumann, F.H., Kagan, E.J., Schwab, M., Stein, M.: Palynology, sedimentology and palaeoecology of the late

Holocene Dead Sea. *Quaternary Science Review*, 26, 1476-1498, 2007.

(31) 安田喜憲『気候が文明を変える』岩波書店　一九九三年

(32) 阪口豊「日本の先史・歴史時代の気候」自然　五月号　中央公論社　一九八四年

(33) 安田喜憲『世界史のなかの縄文文化』雄山閣　一九八七年
安田喜憲「気候変動と民族移動」埴原和郎編『日本人と日本文化の形成』二四八〜二五七頁　朝倉書店　一九九三年

(34) Sakaguchi, Y.: Evidence of the introduction of burned-field cultivation into the Japanese Central Highlands during the Jomon period. *Bull. Dept. Geogr. Univ. Tokyo*, 18, 21-28, 1986.
阪口豊『尾瀬ヶ原の自然史』中公新書　一九八九年
Sakaguchi, Y.: Some pollen records from Hokkaido and Sakhalin. *Bull. Dept. Geogr. Univ. Tokyo*, 21, 1-17, 1989.

(35) 中井信之・大石昭二「完新世の海水準・気候変動の地球化学的手法による研究」『名古屋大学加速記質量分析計業績報告書Ⅰ』名古屋大学　一六〜二一頁　一九八八年

(36) Mori, Y.: The origin and development of rice paddy cultivation in Japan based on evidence from insect and diatom fossils. in Yasuda, Y. (ed.): ***The Origins of Pottery and Agriculture***. Lustre Press and Roli Books, 273-296, 2002.
森勇一『ムシの考古学』雄山閣　二〇一二年

(37) 安田喜憲『日本文化の風土』朝倉書店　一九九二年

(38) 金関丈夫『日本民族の起源』法政大学出版局　一九七六年

(39) 埴原和郎編『日本人はどこからきたか』小学館　一九八四年

埴原和郎編『日本人新起源論』角川書店　一九九〇年
埴原和郎「日本人集団の形成―二重構造モデル」埴原和郎編著『日本人と日本文化の形成』朝倉書店　二五八～二七九頁　一九九三年
(40) 山口敏・中橋孝博編『中国江南・江淮の古代人―渡来系弥生人の原郷を訪ねる』てらぺいあ　二〇〇七年
(41) 片山一道『骨が語る日本人の歴史』ちくま新書　二〇一五年
(42) 中橋孝博「古代中国江南・江淮地域の抜歯風習」山口敏・中橋孝博編『中国江南・江淮の古代人―渡来系弥生人の原郷を訪ねる』所収　てらぺいあ　一二九～一三五頁　二〇〇七年
(43) 篠田謙一「ミトコンドリアDNAの研究」山口敏・中橋孝博編『中国江南・江淮の古代人―渡来系弥生人の原郷を訪ねる』所収　てらぺいあ　一一五～一二八頁　二〇〇七年
篠田謙一『日本人になった祖先たち』NHKブックス　二〇〇七年
(44) 春成秀爾『縄文社会論研究』塙書房　二〇〇二年
(45) 崎谷満『DNAでたどる日本人一〇万年の旅』昭和堂　二〇〇八年
(46) 安田喜憲『日本よ森の環境国家たれ』中公叢書　二〇〇二年
安田喜憲『生命文明の世紀へ』第三文明社　二〇〇八年
(47) 中尾佐助「東アジアの農耕とムギ」佐々木高明編著『日本農耕文化の源流』日本放送出版協会　一二一～一四八頁　一九八三年
(48) 上山春平・佐々木高明・中尾佐助『続・照葉樹林文化』中公新書　一九七六年
(49) 川勝平太『文明の海洋史観』中公叢書　一九九七年
(50) 佐々木高明『照葉樹林文化とは何か』中公新書　二〇〇七年

(51) 安田喜憲『気候変動の文明史』ＮＴＴ出版　二〇〇四年
(52) 安田喜憲『山は市場原理主義と闘っている』東洋経済新報社　二〇〇九年
(53) 安田喜憲編著『文明の原理を問う』麗澤大学出版会　二〇一一年

第五章

気候環境文明論

1　マヤ文明の興亡と気候変動

(1)あまりに似ている長江、マヤ、アンデスの文明

四大文明は乳利用の文明

今まで古代文明と見なされて来た文明はメソポタミア文明やエジプト文明、インダス文明、黄河文明である。この四大文明が文明であるための要素は、文字があり、金属器を使用し、都市を構築し、そこには王や神官たちの支配者が暮らし、ピラミッドや神殿、王宮などの巨大建築物を構築する。これが文明の文明たる要素であった。

しかしこうした文明の要素は畑作牧畜民の文明要素にすぎなかった。

これまで四大文明と呼ばれて来た文明は、すべてヒツジやヤギを飼う畑作牧畜文明であった。それは、乳利用をする文明だということである。

この畑作牧畜民が作り出した文明のみを、私たちはこれまで文明と呼んで来たにすぎないのである。したがって畑作牧畜文明の文明要素の一つでも欠ければ、「それは文明ではない」と言われて来たのである。文字と金属器を持たない長江文明はそれ故、巨大な都市型集落を持ち、王や神官がいても文明とは見なされて来なかった。

同じようにマヤ文明は金属器を持たなかった。アンデス文明（インカ文明）は文字を持たなかった。しかし、彼らは巨大な石造建築物を構築し、王や神官が支配する都市を建設していた。

マヤ文明は金属器なしで石器だけであの巨大な文明を構築したのであり、アンデス文明（インカ文明）は文字のかわりにキープ（紐結び）によって情報の伝達網を構築していたのである。

文字と金属器がないから「長江文明は文明ではない」ということは、もはや言えなくなって来たのである。

さらにこれまで私達が文明と呼んで来たのは、ヒツジやヤギの乳用家畜を飼う文明のみであった。この乳利用があるかないかが、その後の生態系に対するインパクトを考える上でも、たいへん重要な意味を持っていた。なぜなら乳利用をするための家畜が森を食いつぶし、砂漠に変え、海をも死の海に変えていたからである。

ヒツジ・ヤギを飼わない環太平洋の文明

ところが、環太平洋の諸文明――縄文や長江文明さらにはアンデス文明（インカ文明）やマヤ文明は、ヒツジやヤギを飼わなかった。

黄河流域の人達は、ヒツジやヤギを飼ってバターやチーズを作る畑作牧畜文明だが、彼らは長いこと長江流域へ入ることができなかった。なぜ、長江流域に侵入できなかったかというと、長江流域は深い森に覆われていたからである。

長江流域に発展した照葉樹林文化が、乳利用をしない「ミルクの香りのしない文明」であったことを述べた。照葉樹の大森林が畑作牧畜民の進入を防いで来たのである。

一九七二年に、馬王堆《まおうたい》漢墓が中国湖南省で発掘されたことがある。厚さ二〜三m、長さは五〜六mもあるような巨木の板で作った前漢時代の木郭木棺墓が発見された。そんな巨木が、前漢時代の長江流域にはまだあったのである。

長江流域は、かつては大森林に覆われていたのである。もちろん、それを中国の人々は全部切ってしまったわけだが、その大森林の中には、マラリア蚊など黄河流域には存在しない風土病も生息していた。なによりもベタベタした湿地は、馬では走れない。そういう湿潤な森林地帯へ牧畜民が入ることは、なかなか難しかった。

さらに日本は島国だったので、海が牧畜民の侵略を防ぐ防波堤の役割を果たした。

ヒツジ・ヤギは生態系を壊す

深い森や海が防波堤の役割を果たした湿潤地帯の日本列島では、長い間乳利用とは無縁の暮らしが継続した。その意味で、新大陸アメリカも、一五世紀にスペイン人やポルトガル人がヒツジやヤギを持ち込むまでは、畑作牧畜民の文明からは隔離された巨大な島だった。ニュージーランドやオーストラリアもまた、アングロサクソンによってヒツジとヤギが持ち込まれるまでは、畑作牧畜民の文明とは無縁の島だった。

ヒツジやヤギを飼うということは、こうした湿潤な森の環境と敵対するということである。ヒツジやヤギを飼うためにはこうした深い森を破壊し、牧草地に変える必要があった。

乳利用のライフスタイルを採ることは、文明の特質にたいへん大きな影響をもつと同時に、生態系、とりわけ森を破壊するという点において、たいへん大きな意味を持っていたのである。

乳利用をしないマヤ文明、アンデス文明（インカ文明）

その乳利用をしない長江文明とよく似た文明が、実は環太平洋の対岸にあった。

それが、マヤ文明とアンデス文明（インカ文明）である。

アンデス文明（インカ文明）は、リャマやアルパカを高地で飼っていた。インディヘナ（中南米の先住民）の人々は、リャマやアルパカの毛皮を利用してセーターを作ったり、あるいは時にはその肉を食べた。しかし、リャマやアルパカのミルクを利用することはなく、バターやチーズを作らなかったのである。

マヤ文明やアンデス文明（インカ文明）の人々の日常の主たる動物タンパク源は魚介類と森に住む野生動物であった。ここがヒツジやヤギを飼った畑作牧畜民とは大きく違うところである。

環太平洋にはヒツジやヤギを飼わない、そして乳利用をしない、「ミルクの香りのしない文明」がかつてあったのである。それが長江文明であり、マヤ文明やアンデス文明（インカ文明）なのである。

長江文明衰亡の頃、中南米では文明の第一歩はじまる

長江文明は四二〇〇年前の気候冷涼化で衰亡した。北から畑作牧畜民がやって来て、長江にいた人々は雲南省や貴州省さらには東南アジア、台湾、日本へと追われた。そして、長江から逃げていった人々

の一部が南太平洋の島々に漕ぎ出した。もちろん長江文明が衰亡したあと人々が中南米に行き、アンデス文明（インカ文明）を構築したという証拠は現時点ではどこにもない。しかし、マヤ文明、あるいはアンデス文明（インカ文明）の特質は長江文明とあまりにも類似している。

太平洋をはさんだ類似の造形感覚

しかし、それにしても不思議なのは、マヤ文明・アンデス文明（インカ文明）と長江文明が、あまりにもよく似ているということである。たとえば、アンデス文明（インカ文明）の人々が作った彫刻の中には、長江の神獣人面文様とそっくりなものがある。神獣人面文様の彫刻の中の人物は、アメリカインディアンと同じような羽飾りの帽子をかぶっていた。つまり、マヤ文明やアンデス文明（インカ文明）の彫刻を持ってきて、長江文明の彫刻のなかにポンと置けば、「これは長江文明のものですか？」と言われるくらいによく似ているのである。

さらに滇王国の青銅器に彫金された図柄には、図4―9に紹介したように、柱にくくりつけた牛を羽飾りの帽子をかぶった人が生贄にしようとしているものがあった。これがマヤ文明やアンデス文明（インカ文明）の遺跡から出たものだと言われれば、牛が描かれていることからおかしいと気づくことができるが（マヤ文明やアンデス文明（インカ文明）には牛はいなかった）、マヤ文明やアンデス文明（インカ文明）に牛がいなかったことを知らなければ、異論をとなえる人はまずいないであろう。それほどに太平洋をはさんだ両者の文明の造型感覚は類似している。

そこで私は、スペイン人やポルトガル人の侵略以前の共通した世界観を持っていた文明を二〇〇二

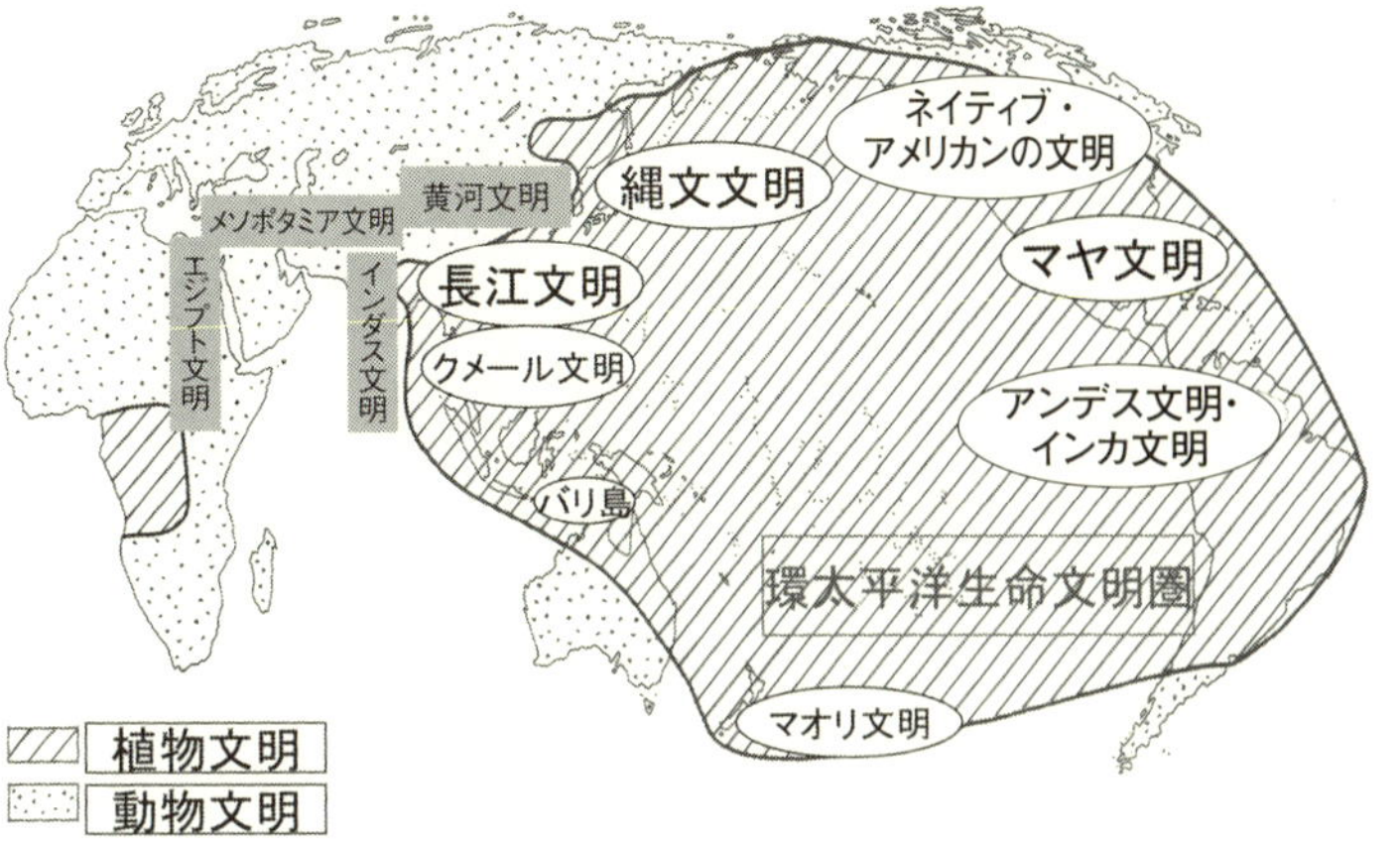

図5―1　環太平洋造山帯の風土を反映した文明として環太平洋文明圏を提唱（安田、2002）※1し、さらに環太平洋生命文明圏を提唱した（安田、2008）※2

年に環太平洋文明圏※1と呼び、さらに生命を重視した点に注目して、二〇〇八年に環太平洋生命文明圏※2と呼んだ（図5―1）。

環太平洋の共通した世界観

マヤ文明やアンデス文明（インカ文明）と長江文明は極めてよく似た世界観を持っている。

なによりもまずマヤ文明やアンデス文明の最高神は長江文明の稲作漁撈民と同じく太陽であった。

そしてピラミッドは山のシンボルであり、マヤの人々もアンデスの人々も、稲作漁撈民と同じく山を崇拝するとともに、玉を至高至上の宝物とした。

マヤ文明の人々はセイバの木（図5―2左）と呼ばれる聖樹を崇拝した。柱を崇拝し蘆笙柱を立てたミャオ族や柱を崇拝する日本の神道と同じである。

そして美しいケツァルを崇拝し、長江の人々と同じく羽飾りの帽子をかぶっていた。そして水の神としての蛇を崇拝した。長江にはトラがいたが、そのトラに

図5―2　マヤの人々が崇拝したセイバの木（左）とキリワ遺跡の王のレリーフ（右）

かわるものはジャガーであった。

太陽・山・玉・生命樹・鳥そして蛇とトラかジャガー。このようにきわめて共通した世界観が長江文明と周辺の稲作漁撈民の諸文明（クメール文明や日本文明）とマヤ文明・アンデス文明（インカ文明）には存在したのである。

長江文明と周辺の稲作漁撈文明そしてマヤ文明、アンデス文明（インカ文明）は、太平洋をはるかにへだてて独自に発展した文明であるにもかかわらず、これらの文明の造形感覚は、なぜかくも類似しているのであろうか。

そしてなぜそこには共通した世界観が存在するのであろうか。

それらの共通性は一体何を物語るのであろうか。

それが私にとっての長年の謎なのである。この謎の解明はまだ終わっていないが、そこには人類文明史の隠された大きな謎がきっと隠されているように思われてならない。

篠田謙一氏[※3]によって、長江文明の担い手とマヤ文明やアンデス文明（インカ文明）の担い手は、類似したミトコンドリアDNAのハプロタイプを有していることが指摘されている。同じようなDNAを持った人々が、同じような文明を作り出すのかどうか。たしかにマヤ文明やアンデス文明（インカ文明）を作った人々も、長江文明や周辺の稲作漁撈民と同じく、モンゴロイドである。それはモンゴロイドに特有の造形感覚なのであろうか。

聖樹信仰と鳥信仰

ケツァルは美しい長い羽を持った鳥である。

ケツァルは、亜熱帯常緑広葉樹林のヤブコウジ科の高木である *Parathesis leptopa* やクロウメモドキ科の *Rhamnus capreufolia* のような樹高三〇ｍに達する高木の木の実が大好物である。亜熱帯林の中のひときわ樹高の高いこれらの木は、森の中から見あげると、まるで天にとどくかのように見える。

その高い梢を飛翔する美しい鳥ケツァルを、人々は天地を往来する神の鳥と考えた。長江文明における二ワトリが鳳凰に発展し、皇帝のシンボルになったように、ケツァルの美しい羽で作った羽飾りの帽子を皇帝は着用した。ケツァルは天地を往来し結合するシンボルとして崇拝された。

梢を自由に行きかうサルもまた神の使いであった。木の樹幹は天にもっとも近い所で、星の祖先にもっとも近い所なのである。

亀の支える世界そして緑の木

マヤの人々はこう考えた。大地は海を泳ぐ亀の背中にたとえられた。亀の甲羅にあるのが山である、それがピラミッドでもある。太陽は東の海から出て西の海に沈み、土の神アプチの力をかりてよみがえる。魚、カエル、蛇、亀そしてワニは大地のシンボルであった。

その亀の甲羅の真ん中から聖なる木が生えている。スペイン語でセイバの木という。それは緑の木という意味であった。

学名は板根の発達するキワタ属（*Bombax*）の仲間でパンヤノキ（*Ceiba pentandra*）である。その木の実は綿のようであり、その木の実からマヤの人々は衣服の繊維をとっていた。

そのパンヤノキ（セイバノキ）は亀の甲羅に生えて天地をつなぎ（図5―3右下）、その根は地下世界のアプチのいる死後の世界にまでつながっている。

森の緑こそマヤの人にとっては生命の色だった。ケツァルの羽根も緑であり、玉も緑である。森の緑・木の緑こそ生命の色だったのである。

こうした緑色に対する生命信仰は、日本にも長江にも、ニュージーランドのマオリの人々にもあった。マオリの人々が崇拝した玉もまた緑色だった。

さらに亀が大地を支えているという思想はバリ島にもあった。バリ島の人々は亀の上に生命世界が形成されるという世界観を持っている。バリヒンドゥーの寺院には、亀が大地を支え生命世界を支える彫刻がいくつもある（図5―3左）。

バリ島とマヤ文明に共通する世界観を生み出した原因とは何なのか。遠く離れたバリ島とマヤ文明の生命世界が、なぜともに亀によって支えられているのか。現時点ではその謎に答えを出すことはできないが、そこには、生命に対する畏敬と、生命の源の水の循環に関係する世界観が深くかかわっていると私は見なしている。

図5―3　バリ島のバリヒンドゥー寺院にある亀が大地を支え生命世界を支える彫刻（左）。その世界観はマヤ文明のそれと類似している。グアテマラ、キリワ遺跡（右上）。キリワ遺跡のマヤの王が亀の口から顔を出して大地を支える石の彫刻（右下）

天地の結合に豊穣を祈った

マヤの王はこのセイバの木と同じように、天地の結合を果たす役割を担っていた。それゆえ王は山のシンボルとしてのピラミッドの頂上で儀礼を行った。

ピラミッドの頂上には洞窟を模した小部屋があり、王はその地下世界のシンボルとしての洞窟と天をつなぐ役割を果たす儀礼を行った。ジャガーの下歯と蛇の上歯に囲まれた洞窟の入口を入り、洞窟を模した小部屋の中で、王と王妃は天地を結合する儀礼を行った。

王と王妃が洞窟の中で行った儀礼は血の儀礼だった。雨は天の神チャックの血であり、太陽に力をあたえるにも血が必要であった。王は自らのペニスに黒曜石のナイフや棒を突き刺し血を出し、王妃は女陰ではなく唇や舌に紐を通して血を絞り出した。そして、その血を貝の入れ物に入れ紙にひたしてピラミッドの頂上の小部屋で燃やすことによって、天地の結合を果たし、雨の神であり嵐の神でもあるチャックや太陽に、再生の力を与える儀礼を行ったのである。こうした儀礼はB.C.四〇〇年前にまでさかのぼることが壁画の証拠から明らかとなっている。

コパン遺跡やキリワ遺跡における歴代の王のレリーフは木のような長方形をしている（図5―2右）。こうした長方形の王のレリーフをトゥン・テン（TunTen）すなわち石の木と呼ぶ。

なぜなら王の重要な役割は、天地の結合を果たすことにあったからである。王は天地を結合する聖なる木セイバの化身でもあったのである。高い天にそびえるトゥン・テンを王のレリーフとして造形し、王自らが石の聖樹となって天地の結合を果たしているのである。

長江文明の稲作漁撈民にとって、天地の結合が豊穣を祈る際の最大の重要な儀礼であったが、このマヤ文明においても天地の結合こそがもっとも重要だったのである。おそらく天地の結合を重視する思想は、生命の源の水に対する畏敬の念から生まれたものに違いないと私は考えている。

ピラミッドは山のシンボルだった

王が儀礼を執り行うピラミッド（図5―4）はまさに山だった。長江文明では聖樹と同じく山もまた天地の架け橋だった。稲作漁撈民にとって山は稲作に必要な水の源であり、タンパク源の魚は、川に水が流れていなければ得ることができなかった。だから稲作漁撈民は山を崇拝したのである。しかし、その山を里に持ってくることはできない。長江文明の人々は山を集落に持ってくるかわりに、山から流れ出て、川で採れる美しい玉に彫刻をほどこし、天地の結合を祈ったのである。

マヤの人々は、天地の架け橋の山のシンボルとして巨大なピラミッドを構築した。マヤのピラミッドは山のシンボルだった。そして王はそのピラミッドの頂上で天地の結合の豊穣の祭礼を執り行ったのである。

長江と同じくこのマヤにおいても山は天地の架け橋であり、マヤのピラミッドはまさにそうした山のシンボルに他ならなかったのである。

図5—4　グアテマラ、ティカル遺跡のピラミッドは山のシンボルだった（上）と、ヤシャ湖湖畔のピラミッド（下）

環太平洋の緑の玉

長江文明の人々は玉を崇拝した。その玉は山のシンボルだった。同じようにマヤ文明の人々も玉を崇拝した。それも緑の玉を崇拝した。

玉は環太平洋造山帯に特徴的に産出する。造山運動によって強い熱変性を受けることにより

図5―5　マヤの人々も長江文明の人々と同じく緑の玉を崇拝した（メキシコ人類学博物館）

玉は形成される。玉は地震が多く、山の多い環太平洋造山帯のシンボルなのである。

この環太平洋の造山帯に特徴的に産出する玉を、そこに暮らす人々はこよなく珍重し愛した。特に緑色の玉が重要だった。なぜなら緑は森の色・生命の色だったからである。

古代のメソアメリカ（中央アメリカ）人の世界では、緑色は世界の中心の神聖な色であったと青山和夫氏[※4]は指摘している。その緑色は水・生命・森のシンボルだった。

マオリの人々も緑の玉を崇拝した。マヤの玉は硬度が高く六・五〜七・〇にも達する。これは鋼鉄の硬度が五・六〜六・〇であることを見てもいかに硬度が高いかがわかる。さらに最近では青色や紫の玉も発見され、全部で四六色もある。これに対し、中国の玉はやわらかい軟玉である。マヤの玉と同じ硬度をもつ硬玉はミャンマー、ロシアで見つかっている。

玉は死後の世界まで守ってくれるという考えも中国と類似している。中国の馬王堆のミイラも玉の衣に包まれていたし、マヤ文明の王のミイラもやはり玉に包まれている。

そうした玉製品の中の最高のものは玉の仮面（図5―5）であろう。ティカル遺跡の北の一七神殿からは数千個の玉が発見された。そうしたティカル遺跡から大量に出土した玉製品の中の逸品が玉の仮面である。

グアテマラ考古学博物館にあるその仮面はなにかを叫んでいるような不気味さをたたえている。それは戦いにあけくれた王の死の仮面なのであろう。とてもこの世のものとは思われない。王だけでなく神官も王侯貴族も死後の世界への旅立ちには、かならず玉を口に含ませた。さらに歯に玉を埋めこんだ頭蓋骨も多く発見されている。

死のボールゲーム

さらにそうした血の儀礼は動物を生贄にすることによって､頻繁に執り行われた。コパンのジャガーの神殿では、森の王者ジャガーさえ生贄になった。

そして最大の儀礼は、収穫の前に執り行われるボールゲームであった。この時初めて人間が生贄になった。しかし、その生贄になる若者は英雄だったとも言われている。ボールゲームの一年以上前に候補者が貴族出身の若者の中から選ばれた。ボールゲームは六人が一組になって、太陽の昇る東の赤チームと太陽の沈む西の黒チームが争った。にくいまでの色彩の演出である。赤と黒が重要である。それも長江文明とその周辺の稲作漁撈民と同じ色彩感覚である。

一年目にボールゲームの選手に選ばれることはたいへん名誉なことであった。そしてボールゲームのその日、漆喰を二〇cm以上塗った真っ白な床の上で、赤い毛のマントを身にまとった東チームと、人間の頭蓋骨の仮面をかぶり黒の装束を身にまとった西チームが闘った。

観衆はコパン遺跡の場合でもおおよそ一〇万人以上に達した。ルールは過酷だった。ボールは肩か体でしか受けてはならず、けっして足で蹴ったり、頭を使ってはならなかった。ボールを大地に落としたものが負けであった。なぜならボールを落とすことによって、地下世界の死の神アプチを目覚めさせ、災害が起こると人々が考えたからである。

そして勝敗が決まった時、勝者の中で一番すぐれたプレイヤーが犠牲に選ばれたのである。それは一〇万人に及ぶ大観衆の熱狂の中での生贄であった。それに選ばれることは名誉であったかもしれない。

コパン遺跡には第一三王が建てた王の石像の前に生贄の心臓をささげた石皿が置いてあった。心臓の血は下に流れるようになっており、それを貝に受けてピラミッドの頂上の洞窟で王が儀礼を執り行ったのである。

私はその話を聞いた時、諏訪の御柱祭りを思い出した。七年に一度のこの御柱祭りにはまさに、マヤ人の天地の結合のシンボルであるセイバの木に相当するモミの木を切り、神殿にまで運ぶ神事である。

そしてその途中で行われる勇壮な木落としの神事で、たとえ死者が出たとしてもそれは神に召されるのであるから喜ばしいとさえ考える。木落とし神事はまさにボールゲームと同じ神に生贄を捧げるための行事だったのではあるまいか。

スペイン語でセイバと呼ばれる聖樹信仰は、長江文明から日本の聖樹崇拝、神道の心の御柱の信仰にまで通底する、森の文明・植物文明に共通する世界観なのである。

王家も関与したモノヅクリによる王権の権威化

モノヅクリを一段低い階層の工人の作業と見る社会と、王家自らが参加して美しいモノヅクリを行い、モノヅクリに超自然的な意味をもたせ、それによって王権を権威づける二つの社会システムが存在する。

前者では工人は被支配階級になり、王にはなれない。ところが環太平洋の長江文明やマヤ文明は、王家もモノヅクリに参加し、その美しいモノヅクリの作業やその作品が超自然的な意味を持つことによって、王権がより強固になった。日本の皇族が和歌を詠み、天皇陛下が学問にいそしまれ、お田植えをなさり、皇后陛下が芸術文化に深い教養を持たれ、養蚕をなさる背景にも、そうした社会の伝統がにじみ出ているような気がする。

青山和夫氏[※4]はグアテマラのアグアテカ遺跡から出土した大量の黒曜石やチャートからなる石器を克明に分析した。その結果、特定の王家の住まいと考えられる所においても、石器の製作が行われていたことをつきとめた。

これまでの文明史観では、都市文明の誕生とともに生業の階級分化が引き起こされ、支配者は支配者集団、工人は工人集団、農民は農民集団という階級分化ができた。その階級分化こそが文明の証だと見なされて来た。しかし、マヤ文明は巨大な都市文明であったにもかかわらず、王家もモノヅクリに参加していたのである。王家も労働に従事していたのである。

日本の縄文時代においても、やはり村長は土器作りに参加していたであろうし、長江文明のあのすばらしい玉器の製作にも、支配者はきっと参加していたに違いない。

その支配者と工人を区別したのは畑作牧畜民の文明である。すでに述べたように、日本では天皇陛下自らがお田植えをなさり、イネの穫り入れもされ、皇后陛下は蚕を飼われて伝統的な養蚕を受け継いでおられる。

支配者が労働を尊ぶ文明と支配者が労働をしない文明

こうした、支配者が労働を尊びモノヅクリや生業に率先していそしむ文明と、労働による階級分化が明白で支配者は労働をしない文明が存在する。

前者の代表が稲作漁撈文明やトウモロコシ・ジャガイモ農耕文明であり、後者の文明が畑作牧畜文明であったと見ることができるのではあるまいか。

嶋田義仁氏[※5]は、家畜パワーが文明を創造したことを指摘したが、それは畑作牧畜文明について言えることで、稲作漁撈文明やトウモロコシ・ジャガイモ農耕文明にあてはめることはできないのである。

日本の考古学者は、畑作牧畜民のヨーロッパ人が打ち立てた文明史観にながらく毒されて来た。それ故、私が長江文明や縄文文明さらには稲作漁撈文明の存在を指摘すると、頭からそんな文明は存在しないとまったく無視されて来た。しかし、マヤ文明を文明と呼ばない人はもういない。そのマヤ文明では、王もまたモノヅクリに励んでいたのである。家畜パワーに毒されない文明が存在したのである。そのことを日本の考古学者や文化人類学者にはわかってもらいたいのである。

日本のモノヅクリの伝統は、こうした縄文文明や稲作漁撈文明の伝統を受け継いだものなのである。

環太平洋生命文明圏の都市は、生産に関連した祭祀都市

美的創造は知識教養階級の王侯貴族と被支配層との地位の差異を拡大し、王権の権威づけにおいても重要な役割を果たしたと青山氏は見なしている。[※4]

これまでの日本の考古学は、こうした美的なものの重要性が十分認識できない労働者階級の考古学であったのではないかと私は思う。もういいかげんに貧農史観、階級闘争史観や自虐史観から卒業しなければならないであろう。

少なくとも長江文明さらにはマヤ文明を見る限りにおいて、モノヅクリが王権の権威づけにまで深くかかわっていたと見なさなければならない。二一世紀のモノヅクリによる社会変革を行うためには、マヤ文明や長江文明さらには縄文文明や稲作漁撈文明に学ばなければならないのである。

戦争で人を殺し、力で他国を支配し、領土を拡大し、自然を支配して物質的豊かさを鼓舞することによって王権の権威づけを行う畑作牧畜文明では、もうやっていけないのである。

これからは王自らがモノヅクリに参加し、これによって王権を高める「美的創造社会」を構築していかなければならないのである。

畑作牧畜文明の都市は、消費と交易のセンター的色彩が強かったのに対し、稲作漁撈文明の都市型集落は、生産と密接に関連した祭祀センターとして起源していた。そうした文明の伝統はきっとマヤ文明にも残されているはずである。

しかも二一世紀のモノヅクリとは、自然にやさしい、命の輝くモノヅクリである必要がある。マヤ文明のモノヅクリは、王自らが美しいものを作るという労働を通して、その権威を高め国家の秩序を

維持する社会システムを構築していた。大量生産・大量消費に代わる新たな二一世紀の「美と慈悲の文明」を創造する上において、このマヤ文明のモノヅクリシステムから学ぶべきところは多い。

受け継がれた太陽信仰

マヤ文明、アンデス文明（インカ文明）そしてアズテク文明（インカ文明）など、中南米の人々にとっての最高神は太陽であった。これも長江文明や日本文明とまったく同じである。神官はこうした太陽の運行を克明に解析し、いつトウモロコシの種を播き、いつジャガイモを収穫したらいいかなど、農業の耕作儀礼を行った。

大衆にはそのメカニズムは理解できない。その太陽暦を理解し、その運行によって農耕儀礼を司ることによって、王や貴族たちの権威は高まったのである。

そしてその太陽信仰は、ユカタン半島のマヤ文明、メキシコのテオティワカン文明、さらには南米のアンデス文明（インカ文明）にまで広く環太平洋文明に共通する世界観であり、今でも中南米の人々の心の中には、この太陽信仰が根深く息づいている。それをほうふつとさせる事件が最近メキシコのテオティワカン遺跡で起きている。

ピラミッドに厚さ40㎝の漆喰

テオティワカン遺跡を訪れてまず度肝を抜かれたのは遺跡の巨大さだった。まっさきに目にとびこんできたのは太陽のピラミッドだった。そして死者の道のつきあたりには月のピラミッドがあった（図

5—6）。こうした巨大なピラミッドが山のシンボルであったことは、すでに述べたとおりである。メキシコ市の北東五〇kmにあるこのテオティワカン文明は、B.C.二世紀ごろ誕生したと言われる。A.D.四世紀には最盛期をむかえ、都市の規模は二〇k㎡以上に達し、総人口は二〇万人近くに達したと嘉幡茂氏[※54]は推定している。

　太陽のピラミッドの前に立って度肝をぬかれた。見上げる巨大さである（図5—7）。エジプトのクフ王のピラミッドに匹敵する大きさだと思った。なによりも驚いたのはこの太陽のピラミッド全体が、厚さ四〇cm以上の漆喰で塗られていたことである。ところどころに石が飛び出している。それは漆喰がずれおちないようにするためだったという。

図5—6　メキシコ、テオティワカンの太陽のピラミッド（右）と月のピラミッド（左）

　しかも漆喰の表面は石英の粉で磨かれ、つるつるに光沢を出したあと、赤や青の極彩色で色が塗られていたのである。これほど巨大なピラミッドの全面に厚さ四〇cmの漆喰を塗るだけでも膨大な量の漆喰が必要であるが、その漆喰はピラミッドのみでなく一般の神官の住居にまで塗られていた。

　言うまでもなく漆喰を作るには石灰岩を火にかけて燃やさなければならない。ローマの巨大建造物の構築に際しても、漆喰の製造のために大量の森林が破壊された。同じようにこれほど大量の漆喰を製造するためには、どれほどの森が破壊されたこ

図5—7　メキシコ、テオティワカンの太陽のピラミッドには厚さ40cmの漆喰が塗ってあった

とであろうか。

テオティワカン周辺の山々は玄武岩の火山であり、石灰岩は採れない。どこかで大量の漆喰を製造して運んできたのである。

ピラミッドの表面は、まず石を敷き詰めた本体の上に五〇～六〇cmの漆喰でかためた石の層を作り、その上に厚さ三〇～四〇cmの漆喰だけの層を塗る。さらにその表面に、一cm以下の細かな漆喰を丁寧に塗り、光沢を出し、最後にその漆喰の上に色を塗るのである。赤色はチャート、青色はラピスラズリ、黒は粘板岩などの岩石から採取した岩絵の具である。

森が消えて水文環境が大きく変化

太陽のピラミッドに向かう死者の道は、二〇mの比高でゆるやかに月のピラミッドに向かって上り坂となっていた。月のピラミッドは太陽のピラミッドよりひとまわり小さい（図5—6）。遺跡を東西に横切るサンコアン川をわたると、死者の道を横切る高さ五～六mの堤防が現れた。幅四〇mもある死者の道はこの堤防によっていくつもに分割されている。堤防の下には水の導水路が設けられている。堤防でくぎられた長方形のくぼみは貯水池として利用されたと見なされる。たしかに底には黒い堆積物が残っていて、かつてここに水が溜まっていたことを物語っていた。

また石垣は漆喰で石と石の間を塗り固められており、水が漏れることはない。もちろん現在の気候ではここに水が溜まることはない。テオティワカンの時代の水収支と現在の水収支との間には、大きな違いがあったものと見なされる。そうした水文環境に大きな変化が引き起こされた原因は、周辺の山々から森が消えたことが深くかかわっているのであろう。それに追い撃ちをかけたのが気候変動であったろう。これまで言われているように、このテオティワカンの文明がもしA.D.五五〇～六〇〇年頃に崩壊したとすれば[※6]、それは古墳寒冷期に相当する。気候変動とテオティワカン文明崩壊の因果関係は、まだ明白になっていない。シトレ火山、ポポカテペトル火山さらにはチチナウツィン火山などの火山噴火とテオティワカン文明の興亡の関係は注目はされているが[※6]、まだ未解明である。いずれにしてもテオティワカン文明興亡の原因の探求は、今後の課題である。

春分の儀礼が復活

太陽のピラミッドの頂上に立つと、このテオティワカンの遺跡が周囲を山でかこまれた盆地に位置していることがよくわかる。

一二月二一日の冬至の日、三月二一日春分の日、四月二九日と八月一三日、六月二一日の夏至の日の出が重要である。四月二九日と八月一三日は日の出の方角と太陽のピラミッドの方角が一直線に並ぶ。人々は周辺の山の神々を信仰し太陽を崇拝した。長江文明と同じく、天地の結合が彼らの究極の豊穣の儀礼だった。私はこの太陽のピラミッドの頂上で何時間も座り続けた。

二〇世紀に入って、テオティワカンの三月二一日の春分の日に、日の出をおがむ儀礼が復活した。バス乗り場に太陽の神殿に登る人々のポスターがあった。三月二一日の太陽崇拝の儀礼の宣伝ポスターかと思った。しかしそれはよく見るとそうではなかった。あまりに大量の人々がその日にやって来て、遺跡の破壊になるため「三月二一日の春分の日の太陽を崇拝する儀礼には来ないように」というポスターだった。今や春分の日の出をおがむ祭祀には、あまりに多くの人がつめかけるために、参加を自粛するポスターまで貼られるようになっているのである。

インディヘナの人々の心の奥には、いかにキリスト教に改宗しても、祖先以来、営々とつちかわれてきた太陽への崇拝の心が残っていたのである。それが春分の儀礼の復活によって、ふたたび火がついたのである。

(2)「新世界秩序文明」を提唱する

完璧な水の循環システムとマヤ文明の繁栄

マヤ文明の発展の背景には、太陽を崇拝し、山を崇拝し天地の結合を祈り、鳥や蛇そして聖樹を崇拝する宗教的世界が大きな役割を果たしていたことは事実であるが、その発展の背景には、水の完璧な循環を維持した集約農業の技術があった。

季節的な低湿地農耕と高畝作り、さらには棚畠による集約的な農業の発展がなければ、このような巨大な都市遺跡を作ることなど不可能であった。

セノーテと呼ばれ地下水が湧水する天然の泉が水源として有名であるが、マヤ低地では水路や貯水池が大規模に建設され、灌漑用水に使用されていた。

エツナ遺跡では先古典後期のB.C.六〇〇年頃には全長三一km、幅五〇mにおよぶ水路網が建設されていた。

肥料に人糞を利用

長江流域の稲作漁撈民の棚田と同じく、水の循環的利用とともに注目されるのは、人間の糞便を肥料に利用した点である。[※7] ヒツジやヤギを欠如した長江文明やマヤ文明・アンデス文明(インカ文明)は、肥料に家畜の糞を使用できないので、人糞を利用した。

アンデス文明（インカ文明）ではリャマやアルパカを高地で飼育していたが、マヤ文明にはイヌと七面鳥をのぞいてまったく家畜はいなかった。[※4] 主要なタンパク源にはなり得なかった。

主要なタンパク源はやはり魚であった。貯水池では養魚も行われたのではないかと見なされる。ウシ、ブタ、ヤギ、ヒツジ、ニワトリはいずれも一六世紀以降に旧大陸から導入されたものである。

人間が生きるためにはタンパク質の摂取が必要である。マヤ文明やアンデス文明（インカ文明）の人々は、その動物性タンパク質を長江の稲作漁撈民と同じく魚と野性動物にもとめた。

長江流域にはニワトリ、ブタ、水牛がいて、これが重要なタンパク源となったのとは相違している。それゆえ長江流域の人々以上に、魚と野生動物に依存する度合いが大きかったのではないかと見なされる。

青山和夫氏[※4]によれば、野生動物にはシカ類が多く、バク、オオテンジクネズミ、ウサギ、アルマジロ、サル、ホウキンチョウ、ヒメシャッケイ、キジ類、ライチョウ類、ウズラ類、野生の七面鳥などが狩猟された。またペジャリートオジロジカは飼育されていた可能性がある。

アンデス文明（インカ文明）の棚畠と長江文明の棚田は同じ

マヤ文明の人々は、金属器を持たず、家畜の力をかりずにすべて人力で耕作や運搬を行った。これも稲作漁撈民の「勤勉革命」と似ている。速水融氏[※8]が指摘した「勤勉革命」こそ、家畜パワーに汚染されない稲作漁撈民が考え出した持続型文明社会を維持するための究極の生産革命だった。

主食はトウモロコシであり、トウモロコシ栽培はマヤ低地やベリーズの低湿地で先古典期中期初頭の三〇〇〇年前に行われている。オルメカ文明の栄えたメキシコ湾岸では、B.C.一二〇〇年頃からトウモロコシ栽培がはじまった。人々は中小河川の水を灌漑水として利用し、急傾斜地に天まで届く棚畠を作り、完璧な水の循環システムを維持し、低湿地には豊かな泥を盛り上げた高畝作りや家庭菜園など、きわめて集約的な農業を行っていた。

アンデス文明（インカ文明）のマチュピチュ遺跡の棚畠が天まで続く風景（図5―8左）は、長江流域の天まで繋がる棚田や、日本の瀬戸内海沿岸にかつてあった天までとどく棚畠と同じである（図5―8右）。

ともに不毛の大地に人間のエネルギーを投入して豊かな大地を生み出した人類文明史の傑作である。

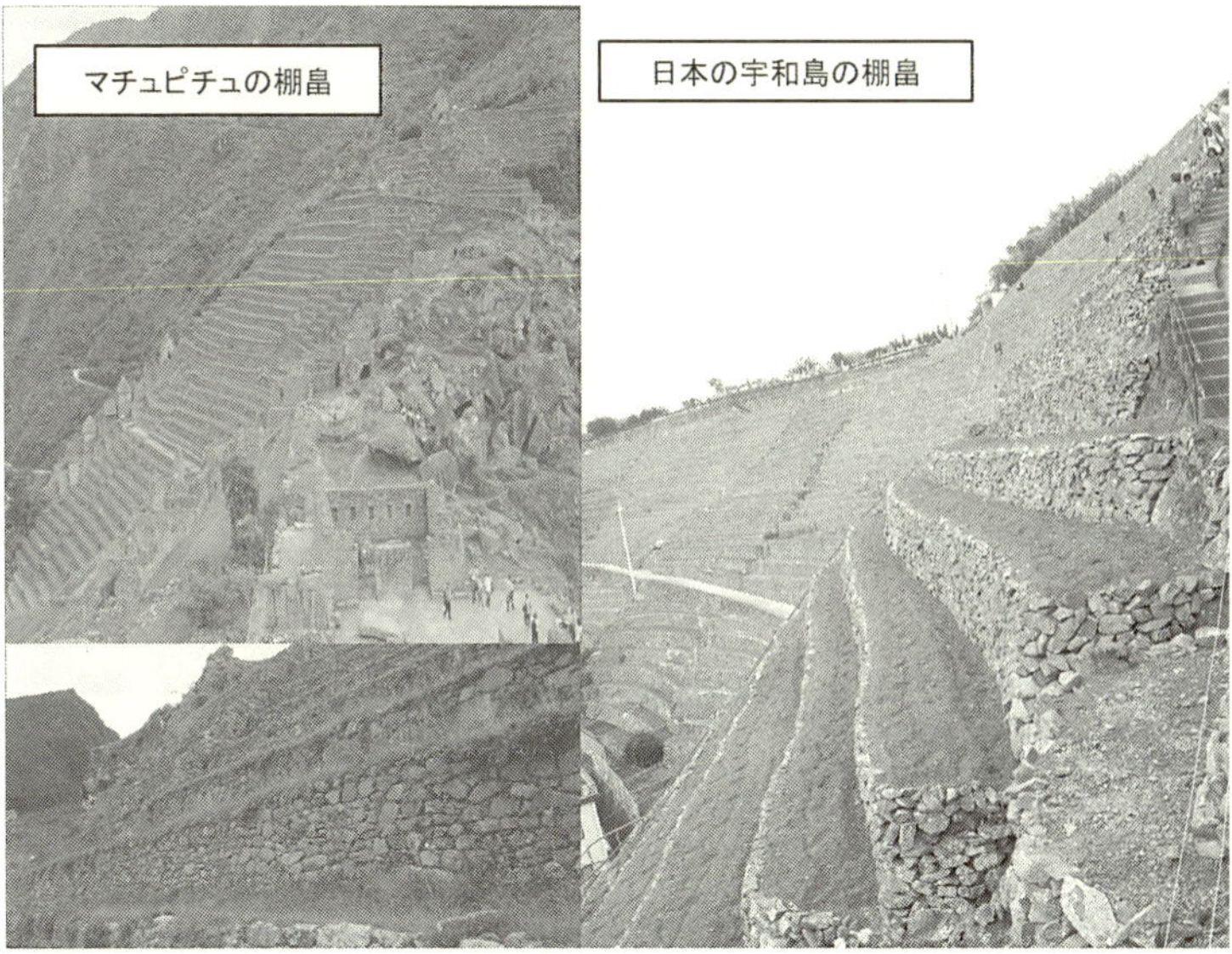

図5—8　ペルーのマチュピチュ遺跡の棚畠（左）と日本の瀬戸内海の宇和島の棚畠（右）はともに人間のエネルギーを大地に投入して完璧な水の循環系を維持する人類文明史の傑作

それはヒツジとヤギが草を食む牧草地やハゲ山の続く畑作牧畜民の世界とは、まったく異質の世界である。畑作牧畜民の牧草地やハゲ山は、家畜が作り出した荒廃景観である。これに対し、長江流域や日本などの稲作漁撈民が作り出した棚田と中南米のトウモロコシやジャガイモを栽培する人々が作り出した棚畠は、不毛の大地に人間が営々と何世代にもわたってエネルギーを投入して生み出した、美しい豊穣の大地なのである。

先古典期がマヤ文明の繁栄期だった

マヤ文明が発展期に入るのは先古典期後期（B.C.四〇〇〜A.D.二五〇年）である。三五〇〇〜三二〇〇年前にユーラシア大陸で大きな気候変動（気候冷涼化）があり、地中海沿岸のみでなく東アジアにおいても大民族移動があり、世界中が大変動に見舞われた時代であった。

その気候冷涼化の時代が終わった直後のとりわけB.C.二五〇年からA.D.二五〇年の間の、先古典期後期後半の時代にマヤ文明は大発展した。

この先古典期後期の中で、最もマヤ文明が繁栄した時代がB.C.二五〇年からA.D.二五〇年を中心とする時代で、この時代は、ほぼ日本の弥生時代の後半にあたる。地中海沿岸ではローマ温暖湿潤期に相当する。

このローマ温暖湿潤期にマヤ文明も大発展するのである。最近の山田和芳氏らのマヤ低地南部のラス・ポサス湖の分析結果[※9]は、マヤ文明の先古典期後期後半の文明が繁栄するB.C.二五〇年頃から、ラス・ポサス湖の水位が急上昇していることが指摘されている。東アジアでは滇王国温暖期と私が名づけた[※10]温暖期に相当し、前漢・後漢の漢帝国が発展した。

最近では弥生時代はB.C.一〇〇〇年までさかのぼるということがわかって来た。そうすると日本の弥生時代とマヤ文明の先古典期の中期と後期は、時代的にもほぼ重なることになる。

B.C.二五〇〜A.D.二五〇年のローマ、マヤ、前漢・後漢、弥生

B.C.一五〇〇〜B.C.一二〇〇年の気候大変動の時代をへて、世界の文明は新たな時代に突入した。そしてB.C.一〇〇〇年から徐々に新たな文明の時代へと助走を開始したローマやマヤそして中国の文明も、B.C.二五〇年から発展期に入った。それがローマの繁栄であり、マヤ文明の先古典期後期後半であり、前漢・後漢の繁栄期であったと見なすことができる。その繁栄期は気候の温暖湿潤化と対応していた。

日本の弥生時代もB.C.一〇〇〇年からの長い助走期間を経て、B.C.二五〇年頃から発展期に入ったと見なすことができるであろう。

今まで、マヤ文明は先古典期後期の後の、古典期が繁栄期だと考えられていた。ところが、マヤ文明のピラミッドを発掘すると、ピラミッドは何重にも重なっているということがわかってきた。そしてマヤ文明のいくつもの大きなピラミッドの基本骨格は、B.C.二五〇年〜A.D.二五〇年頃を中心とする先古典期後期後半に作られていることがわかって来た（図5―9）。

図5―9　B.C.100 年頃の先古典期後期最大のベリーズの神殿ラマナイ遺跡

古典期にはこの基本骨格の上に薄化粧をして、新たなピラミッドを造成しただけの場合もある。マヤ文明の巨大なピラミッドの骨格の大半は、先古典期後期後半のB.C.二五〇年〜A.D.二五〇年を中心とする時代に作られていた。

マヤ文明がもっとも繁栄し、大規模なピラミッドがつぎつぎと造成された時代は、ローマ温暖湿潤期、滇王国温暖期に相当する時代であることが明らかになって来た。

「新世界秩序文明」と「旧世界秩序文明」

そして、そのB.C.二五〇年〜A.D.二五〇年は日本の弥生文化が繁栄した時代であり、ローマ文明が繁栄し、中国では漢帝国が繁栄した時代に相当しているのである。マヤ文明もローマも、そして漢帝国も、このB.C.二五〇年〜A.D.[※11]二四〇年の温暖湿潤期に繁栄した文明であった。こうしたローマ文明や漢文明そしてマヤ文明を、私は「新世界秩序文明」(New world order civilization)と呼んで、これまでのメソポタミア文明、エジプト文明、インダス文明、黄河文明、長江文明などの古代文明とは区別した。これらの古代文明は「旧世界秩序文明」(Old world order civilization)と呼ばれるべきものである。

そして「新世界秩序文明」と同じ時代に、中国漢文明の周辺文明として、雲南省に滇王国が繁栄し、日本列島には邪馬台国の文化が華開き、カンボジアには扶南王国が繁栄したのである。

マヤ文明は新大陸で孤立して発展したのではなく、やはり世界の歴史の大きなうねりとの関係の中で、その影響をどこかで受けていたと言わざるを得ない。

マヤ文明の異常に早いメガロポリスの出現

マヤ文明は、定住農耕集落が出現してから、都市文明が誕生し、さらに巨大なティカル遺跡やカラクムル遺跡などのメガロポリスが出現するまでに、異常に早いスピードで進行している。

長江文明の城頭山遺跡が誕生した時代がB.C.四三〇〇年だった。しかし、マヤの最古の都市が誕生した時代がB.C.一〇〇〇年だった。その時代の新しさが、マヤ文明の伸展速度の早さと深くかかわっているのであろうが、なぜかくも急激に都市化を伸展させることができたのか。その急激な都市の巨大化を推し進めた要因はいったい何であったのか。今後究明されるべき興味深い課題であるが、私[※12]が長江文明などの古代文明を「旧世界秩序文明」、マヤ文明やローマ文明、漢文明を「新世界秩序文明」

として、同じ古代文明であっても区別したのは、こうした発展のスピードも深く関係している。

現代は超スピードの都市化の時代

人類文明の伸展の速度は時代が新しくなるたびに加速化することは、人類文明史の公理である。それはまた同時に、都市化にともなう環境破壊のスピードが加速化することでもある。環境破壊によって急速に崩壊への道を突き進みつつある現代文明の伸展の速度は、これまでのいかなる文明よりも超スピードであると言わざるを得ない。

（3）マヤ文明の興亡と森林破壊・気候変動

亜熱帯林に埋もれたティカル

ティカル遺跡の朝焼け（図5―10）は美しい。どこまでも亜熱帯の森が続く。地平線のかなたから太陽がのぼりはじめると、チチー、コーコー、ホーホー、さまざまな鳥がいっせいに鳴きだす。グオーグオーというホエザルの大きな鳴き声も、この緑の森の中ではそれほど耳障りにはならない。

立体的な森の姿が、しだいに朝焼の中でくっきりとしてくると、まるでその緑のじゅうたんを見下ろすかのように、ティカル遺跡の巨大な神殿がニョキニョキと顔を出していた。

図5―10　マヤの人々も太陽と玉を崇拝した。現在は亜熱帯林に広く覆われている（上）。亜熱帯林の中は乾燥して予想外に快適だった（左下）

高さ七〇ｍにも達するティカル遺跡の四号神殿からの朝日は、私達に太陽の恵みのありがたさを実感させてくれる。古代マヤの人々もこの神殿の頂上に登って、輝く朝日に祈りをささげた。もちろん当時は頂上に登って朝日に祈りをささげることができたのは王と限られた神官のみであったが。

このような風土なら文明が繁栄したに違いない

グアテマラのユカタン半島のマヤ低地のティカル遺跡の第一印象は、予想外に涼しいということだった。亜熱帯モンスーン林に囲まれたティカル遺跡は、さぞ暑くかつ湿気で蒸し、蚊も大量にいるだろうと思っていた。

ところが、乾期の四月のティカル遺跡の朝は、セーターなしでは過ごせないほどの冷気にみちていた。もちろん蚊などほとんどいない。日中はそれでも二〇℃近くになるが。空気が乾燥しているので、日陰に入ればけっこう涼しくさわやかな風が吹いて来る。

日本の夏をイメージしていた私の予想は完全に覆された。蚊取り線香を持って来るのを忘れたと後悔していたが、それもまったく必要なかった。日本の春のような季節である。乾期の一一月〜四月はきわめて快適な気候である。このような風土ならば文明が繁栄したに違いない。

それでもティカル遺跡を囲む亜熱帯林（図5―10左下）の中には蚊はいるだろうと思って、貯水池の調査の時には虫除けスプレーを塗って入ったが、それもまったく必要なかった。森の中はカラリと乾燥し、林床はカラカラに乾いていた。落ち葉を踏みしめると、ほとんど水は含まれていなかった。亜熱帯林特有の棘のある木には注意が必要だが、それ以外は、もしアリがたくさんいなければ、林床で昼寝も十分できそうであった。

熱帯林の破壊を止められない背景

「ジメジメしてうっとうしく、暑熱と湿潤が結合して耐えがたい風土が、人間を圧倒し、熱帯や亜熱帯の森の中では文明が発展しなかった要因だ」というのが、近代ヨーロッパ人と、それに影響された日本の知識人の熱帯や亜熱帯に対するイメージであった。和辻哲郎氏[※13]は名著『風土』の中で「暑熱と結合せる湿潤は、しばしば大雨、暴風洪水、干ばつというごとき荒々しい力となって人間に襲いかかる。それは人間をして対抗を断念させるほどに巨大な力であり、従って人間をただ忍従的たらしめる」と指摘し、「人間の構造を受容的忍従的として把握することができる」とした。だから、そんな受容的忍従的な人間が、文明を発展させるはずがないという暗黙の理解があった。

さらに『気候と文明』の著者E・ハンチントン[※14]は「一年中暑い熱帯、あるいは一年中寒い寒帯といったところは、気候があまり変わらない。そこでは、人間は環境の変化からは影響を受けず、愚鈍で放縦な生活をするようになり、文明は発展しなかったのだ」とまで指摘していた。おまけに熱帯や亜熱帯の森の中にはアナコンダやドクグモやサソリさらに猛毒の蛇など、人間に害を加える恐ろしい猛獣がうようよしているというイメージまでが加わり、熱帯や亜熱帯のジャングルは恐ろしい緑の魔境というイメージが作られて来た。

それは砂漠で誕生した一神教が、森に対して最初にいだいたイメージでもあった。森に親しむことのなかった砂漠の民にとっては、地中海沿岸の温帯の森でさえ、緑の魔境であった。そこに住む人々は悪魔であり魔女であり、そこに住む動物は悪魔や魔女の手先であった。宣教師はその緑の魔境の悪魔と戦い、森を破壊し砂漠に変えることによって、この地上に神の国を作ることができると説いた。

そして近代に入ってからは亜熱帯や熱帯の森が「緑の魔境」として位置づけられた。一九世紀以降の近代ヨーロッパ人の植民地活動が、亜熱帯林や熱帯林を緑の魔境、恐ろしい毒蛇が生息し、野獣にみちあふれ、裸の人食い人種が住む所というイメージを作り上げた。

その文明の伝統は今も続く。恐ろしい「緑の魔境」の熱帯林を人々は今も破壊し続けている。熱帯林の破壊を食い止められない背景には、まさに近代に形成された熱帯や亜熱帯に対するこうしたイメージがあるからである。近代ヨーロッパ人が作り出した熱帯や亜熱帯に対するイメージを、現代人が払拭しない限り、熱帯林の環境や熱帯の文明を守ることなどできないのである。

深い森の中でも文明は発展した

このような近代的文明史観により「文明は森の中では誕生せず、森を破壊することで文明は誕生し発展した」「文明は森と敵対することによってのみ発展できる。森と共存した人々は文明を発展させなかった」ということが常識になった。

人類最古の文明は森の少ない半乾燥地帯のメソポタミアやエジプトさらにはインダス、黄河など森の少ない疎林地帯で誕生し発展したというのが、疑わざる常識になった。深い森に覆われた長江流域、メコン川流域、ガンジス川流域、さらには亜熱帯のジャングルに覆われたユカタン半島で文明が発展するはずがない。それが近代人が抱いたイメージであった。そしてそれに日本の考古学者や歴史学者さらには文明学の研究者まで同調した。

しかし、それは根本的に誤りであった。マヤの亜熱帯の森は実にすばらしい、快適な空間なのである。

人類も文明も熱帯雨林で誕生した

近年のアフリカにおける人類起源の発見の新しいニュースは、七〇〇〇万年前の最古の人類化石がグレートリフトバレイの西側から発見されたということである。七〇〇〇万年前のグレートリフトバレイの西側は、深い熱帯雨林に覆われていた。その熱帯雨林の中で人類は誕生したのである。人類はサバンナで誕生したのではなく、深い熱帯の森の中から誕生したことが明らかとなって来たのである。熱帯雨林こそ人類誕生の地なのである。

そうならば文明もまた亜熱帯や熱帯の森の中で誕生してもいいはずである。そのことを最初に立証したのが長江文明の発見であった。中国最古の長江文明は長江中下流域の深い森の中で誕生していた。

おそらく二一世紀はこうした熱帯や亜熱帯の森の中から、最古の文明がつぎつぎと発見される時代となるであろう。

アマゾンや東南アジアやアフリカの熱帯や亜熱帯の森の中では、原始的で野蛮な暮らしが続いていたというのが、西欧文明が作り出した近代文明史観だった。しかしそうした文明史観や自然観は、二一世紀には根本的な変更をせまられることになるだろう。

砂漠の民の世界観が人類を支配した

人類にとって不幸だったことは、森とは無縁の砂漠の民の世界観が人類を支配したことだ。森は緑の魔境であり、森は悪魔と魔女の住む所と見なされた。

その砂漠の民の世界観のもと、まず地中海沿岸の森が魔境になり、続いてアルプス以北のヨーロッパの森が魔境になり、そして新大陸の森が魔境として破壊され尽くした。森の中で作られた世界観は未開野蛮の烙印を押しつけられた。

文明の光とはこの未開で野蛮の森の魔境に、砂漠の教えを広げることでもあった。

こうして温帯の森は徹底的に破壊され尽くした。その文明の延長は今も続いている。現代文明においても、熱帯雨林は緑の魔境であり、そこに暮らす人々は未開・野蛮人である。

だが果たしてそうだろうか。我々はこの森を魔境と見なして来た文明の伝統を根本的に見なおすべき時に来ているのではあるまいか。それが長江文明やマヤ文明を人類文明史において再評価する重要な意味なのである。

先古典期の衰亡と古典期への移行

マヤ文明の先古典期後期がA.D.二五〇年頃に終わるのは、第五章のローマ文明の衰亡で見るように、A.D.二四〇年からはじまる気候悪化が深くかかわっていたのではなかろうか。ローマ文明はA.D.二四〇年からはじまる気候の冷涼化の中で衰亡していく。同じように日本の弥生時代も終焉した。

マヤ文明の先古典期後期の繁栄もこのA.D.二四〇年に顕著となる気候悪化の影響を受けたのではあるまいか。こうした中南米の気候悪化は、ベネズエラ北部の水深八九三m、北緯一〇度四二分七三秒、西経六五度一〇分一八秒のカリアコ海盆と呼ばれる海底から採取した年縞堆積物に記録されていた。※15マヤ文明が繁栄したユカタン半島のグアテマラとベネズエラのカリアコ海盆は、ともに亜熱帯中緯度高圧帯（ＩＴＣＺ）の北上南下の影響を受ける所で、ＩＴＣＺが北上する夏には雨季となり、南下する冬には乾季となる。カリアコ海盆の年縞堆積物にはA.D.二四〇〜二五〇年頃の顕著な干ばつの存在が記録されていた。つまり中・南米の気候はA.D.二四〇年から著しく乾燥化したのである。

A.D.二四〇年かそれともA.D.二五〇年か

A.D.二四〇年の気候悪化によって、地中海沿岸ではゲルマン民族の大移動の第一波がはじまる。同じようにマヤ高地でキチェ・マヤ語を話す民族がカミナルフユ※16に侵入し、マヤ高地の文明が衰亡したと言われている。

気候の悪化は民族移動とリンクしている。これも人類文明史の公理である。

ユーラシア大陸で気候悪化が引き起こされたのがA.D.二四〇年で、マヤ文明の先古典期後期の時代が終焉するのがA.D.二五〇年である。そこには一〇年の誤差がある。その誤差は年代決定法の誤差なのか、それとも気候悪化があってから先古典期後期の文明が衰亡するまでに一〇年を要したのか、はたまた気候変動と先古典期マヤ文明の衰亡は無縁だったのか、現時点では明白にできない。

今後調査がすすめば、先古典期後期の文明はA.D.二四〇年頃から衰亡をはじめていることが明らかになるかもしれない。これまで一〇年という時間幅は、誤差の範囲として目をつぶってきた。しかし、年縞によって気候変動が年単位で復元できるようになった現在、一〇年という誤差も見過ごすことのできない時間幅となり、より正確に年代を決定し、その原因を確かめることが人類文明史の謎を解明する上できわめて重要なことがらになってきた。

考古学者も、きりがいい年代だからA.D.二五〇年頃に先古典期後期の終わりを設定しようというのではなく、A.D.二四〇年なのかA.D.二五〇年なのかを明白に時代決定することが要求されているのである。おそらく、A.D.二四〇年からA.D.二五〇年の一〇年間は、マヤ文明の先古典期から古典期への移行期だったのであろう。

先古典期後期のマヤ文明の衰亡

先古典期後期の末期A.D.二四〇～二五〇年頃は、マヤ文明の大変動期であった。その時代はまさにローマ文明が衰亡する時代でもあった。日本列島では弥生時代が終焉し、古墳時代へ移行する時期であった。中国ではA.D.一八〇年を中心とする気候悪化によって後漢帝国が崩壊した。この時代は地球的に気

図5—11　ティカル遺跡のアクロポリスにあるピラミッドは漆喰で厚く塗られていた。雨季に降った雨を集めるためである。その雨は貯水池に集められた（右上の模型参照）

候悪化が引き起こされた時代である。その時代の気候変動が先古典期後期のマヤ文明の衰亡とも深くかかわっていたのではないかというのが、私の仮説である。

古典期の繁栄

そしてこの先古典期の時代の終末のあと、A.D.二五〇年頃から古典期の繁栄の時代が訪れる。王宮が諸都市で建設される。その古典期の繁栄をもたらした気候的要因は、現時点では明白ではない。

マヤ低地と呼ばれる亜熱帯のジャングルの中で、ティカル、カラクムル、コパンなど多くの都市で王宮が出現し、神聖王を頂点とする政治・経済・宗教の都市を中心に、初期国家が栄えたと青山和夫氏[※4]は指摘している。

また有力な都市間の戦争も頻繁に引き起

こされた。青山氏[※4]はこの古典期マヤ文明の特徴として、１神殿ピラミッド、２アーチ式などの石造建築様式の発展、３都市の発展、４石碑などの石造記念物芸術の発展、５マヤ文字碑文の発展、６ヒスイや海の貝製品などの威信財の洗練と政策統治技術の発展、７墓などに見られる貧富の差の拡大、８農業技術体系の発展、９数字と暦の発達、10国家的政治組織の発達をあげている。

最盛期の古典期後期（A.D.六〇〇～八〇〇年）のティカルでは一二〇㎢の範囲に六万二〇〇〇人が暮らしていたと見なされている。カラクムルでは七〇㎢の範囲に五万人がいたと推定されている。

先古典期に続く古典期のマヤ文明は、メキシコにあるユカタン半島の中央部のマヤ低地を中心にして繁栄した。図５―11は、古典期のマヤ文明の巨大遺跡の一つ、ティカルのアクロポリスにあるピラミッドである。ティカル遺跡のピラミッドは、すばらしい石の文明を築いている。

雨季と乾季が明瞭な亜熱帯の気候

ユカタン半島の雨の降り方は、北から南へ向かって増加する（図５―12）。南ほど降水量が多いということである。

ユカタン半島の北東部は一〇〇〇ミリ以下であるが、南東部は二五〇〇ミリ以上もある。年平均気温は二五℃くらいで、比較的、住みやすい気候だと言える。雨の降る雨季は、モンスーン性の雨なので五月から九月にかけて、つまり夏に雨が降り、冬は乾季になる。

この雨季と乾季のあることが、マヤ文明の発展に重大な影響をもたらした。もし亜熱帯中緯度高圧帯（ＩＴＣＺ）の北上が十分でなく、雨季の到来が少しでも遅れれば、トウモロコシの種をまくこと

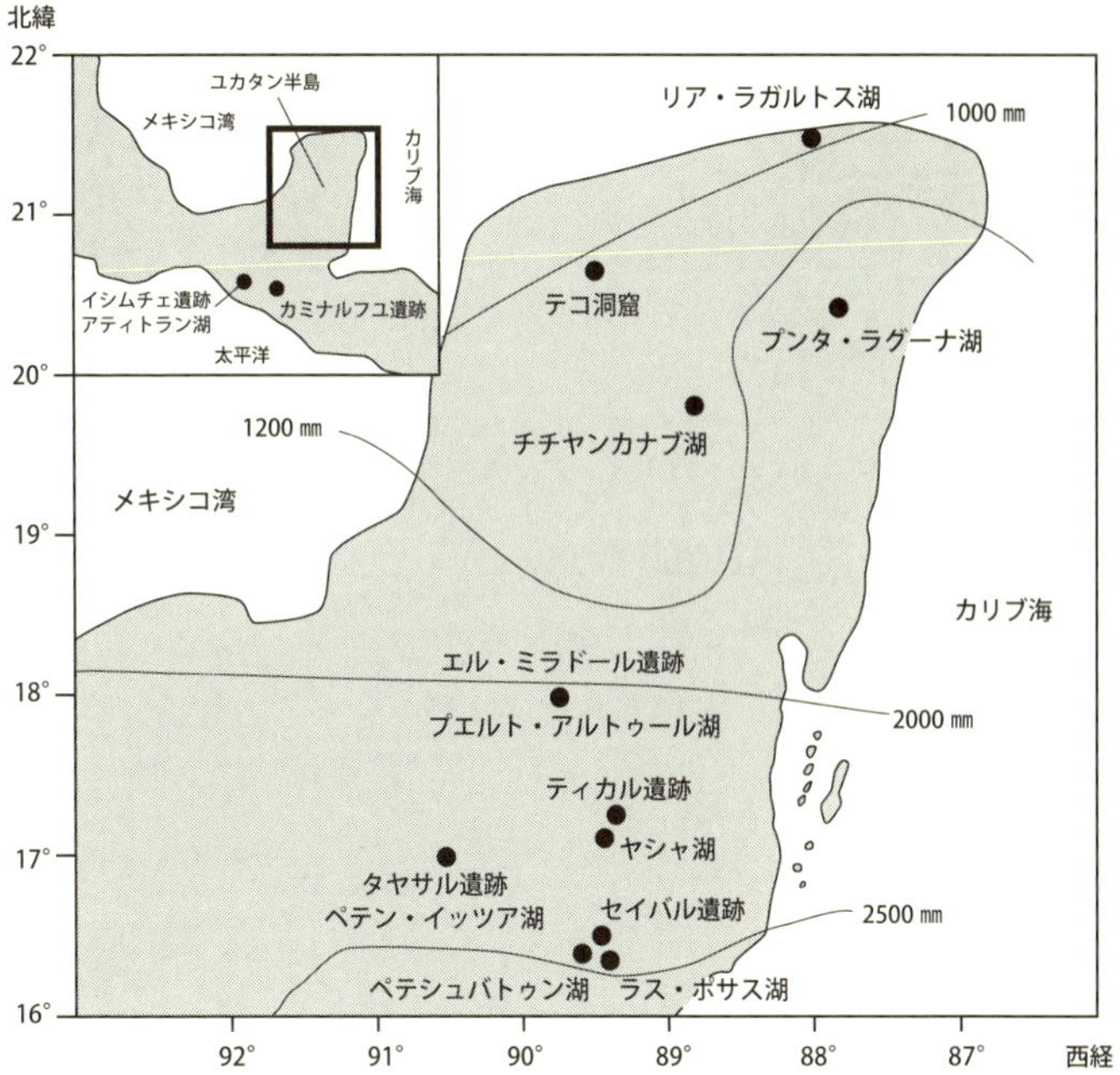

図5—12　ユカタン半島の降水量分布と調査地点

ができない。雨季の到来が少し遅れただけで、マヤの人々の暮らしは大きな影響を受ける。

雨季に大量に降る雨を乾季にどのようにして溜めて利用するかが、マヤ文明の発展の鍵をにぎっていたのである。その雨季に降った雨を乾季にも利用する技術を開発したのが、カミナルフユ[※16]からやって来た灌漑技術をもった人々だったと言われている。

ティカル遺跡の完璧な水資源の高度利用システム

ティカル遺跡は石灰岩の台地に立地している。このため水はけがよくて雨季に降った雨はすぐに地中に浸透してしまう。そこでティカルの人々は石灰を焼いて、漆喰を作り、漆喰をピラミッ

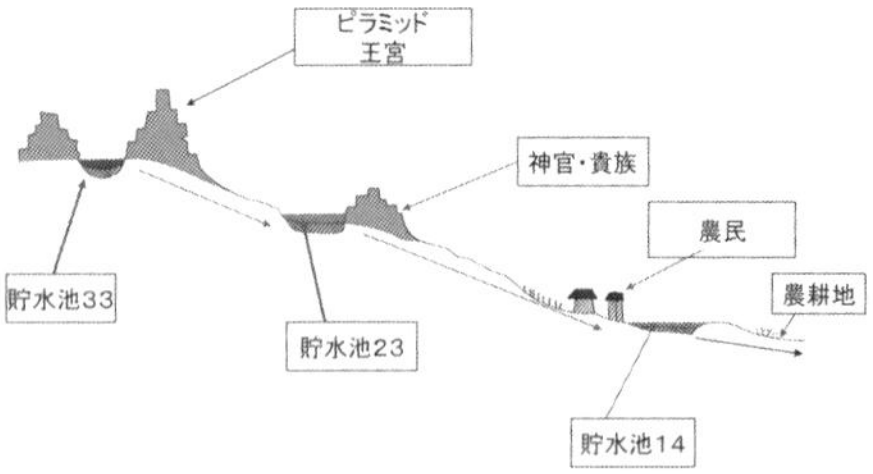

図５―13　ティカルの完璧な水利用の循環システム模式図。王や貴族たちの利用した水は最後に農民たちが利用し、畑の灌漑水として利用した（安田喜憲原図）

ドや王宮の床に塗ったのである。その厚さは七〇cmもあったと見なされている。

そして雨季に降った雨を貯水池に溜めたのである。もちろん貯水池の底にも厚い漆喰を塗って水の浸透をふせいだ。こうして雨季に降った雨を貯水池に溜め、それを乾季に利用したのである。その雨季の雨を貯水池に集めるシステムは、図５―11右上の模型によく示されている。

しかもその水はきわめて循環的に利用された。王宮の近くの一番高いところにある貯水池の水は王や神官が利用し、その利用した水はさらに下に位置する貯水池に溜められ、最後に農民たちが利用する貯水池に流れ込むようになっていた（図５―13[※17]）。

那須浩郎氏や森勇一氏は、貯水池の水の汚れ具合を、貯水池に残っている堆積物の分析から明らかにした。その結果、一番上にある貯水池の堆積物は茶褐色で有機物は少なく、その中からは陸生貝が多産し、綺麗な水が蓄えられていたことがわかった[※18]。しかし、一番下の農民達が使っていたと思われる貯水池の堆積物は黒色をして、大量の有機物を含み、貝の化石は少なく、堆積物の中からは、ダニや蟲にいる昆虫の遺体がたくさん発見された。明らかに高いところにあり王たちが利用した貯水池の水は綺麗で、下の貯水池に行くほど水が汚れていたことがわかった。

そしておそらく農民達は、この最後の汚れた貯水池の水も灌漑水として利用したのであろう。

雨季と乾季が明白で、乾季にはほとんど雨が降らず、雨季に降った雨をどのように乾季に利用するかが、低地マヤに暮らした人々にとっては死活問題だった。

その雨季の命の水を、マヤの人々は漆喰を塗った都市を作ることによって効率的に貯溜し、利用するシステムを考え出したのである。この貯水システムの開発によって、石灰岩地帯の低地マヤにおいて、爆発的な人口増加が可能となったのである。

図5―14　イタリア人によってビニールを敷かれた貯水池の水は完全に消えた。もっともっとたくさん水を利用しようという畑作牧畜民の欲望は、水を循環的に利用する高度なマヤの人々の技術とその精神世界にはるかに及ばなかった

現代の畑作牧畜民の智慧と技術で貯水に失敗

ティカルの人々の貯水池を連結する水の循環システムが、いかにすばらしいものであったかを、私自身が実感する出来事があった。

観光客が増えホテルが乱立し、たくさんの水が必要になったため、もっとたくさん貯水池に水を溜めようと、イタリア人が水路の底をコンクリートで固め、貯水池の底に厚いビニールシートを敷いた（図5―14）。そうしたら、これまでわずかに溜まっていた水さえ完全になくなってしまったのである。現在の人間というより、水を循環的に利用してこなかった畑作牧畜民の浅はかな智慧と技術では、この石灰岩の台地で六万人もの人が暮らせ

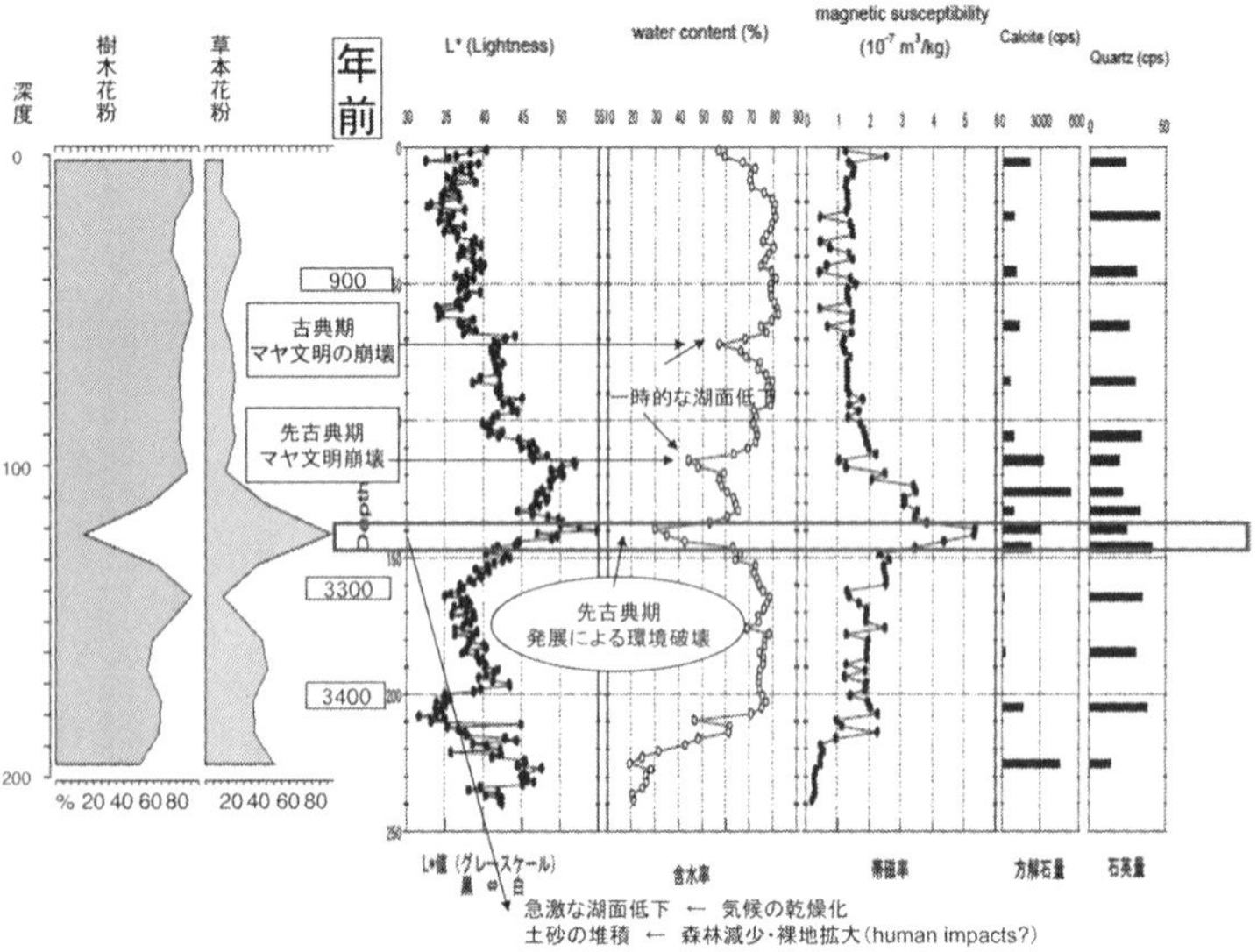

図5―15　グアテマラ、ティカル遺跡から30km離れたヤシャ湖の花粉分析結果（安田ほか、2012）※18

るだけの水を確保できないことを見せつけられた事件だった。

ティカルの水の循環的利用システムは、現代の畑作牧畜民の力をはるかに凌駕したすばらしい水利用システムであったが、それはまた同時にきわめて脆弱なシステムでもあった。

漆喰を作るためには石灰を焼かねばならない。その石灰を焼くためには大量の燃料を必要とした。こうしてティカル遺跡周辺の森は石灰を焼くためにも破壊されていったのである。もちろん人口が増大し、燃料や建築材としても森は破壊された。さらに食料を供給するための焼畑や農耕地の拡大によっても森は消滅していった。

ティカル遺跡から三〇kmほど離れたヤシャ湖の泥土を採取し（図5―15）、花粉を分析した結果、先古典期中期（B.C.一〇〇〇〜B.C.四〇〇年）と先古典期後期（B.C.四〇〇〜A.D.二五〇年）に激しい森林破壊が引き起こされていたことが明らかとなった。[※18] 先古典期中期と先古典期後期における森林の破壊は大規模であり、ティカルの大建築物の基礎は先古典期中期と先古典期後期に作られたことが判明した。ヤシャ湖ではつづく古典期には先古典期中期と先古典期後期ほど激しい森林破壊は引き起こされていない。

一方、ティカル遺跡の北西のミラドール盆地にあるプエルト・アルトゥール湖の花粉分析結果[※19]では、先古典期中期から森林破壊がはじまり、つづく古典期にも激しい森林破壊が継続している。これはこれまでのこの地域における人口密度が、先古典期に比べて古典期には小さくなったという考古学者の仮説とは合わない。やはりこのミラドール盆地周辺では、古典期にも顕著な人口増加があったのであろう。

さらに、ラス・ポサス湖の分析結果も[※9]、先古典期後期から森林の破壊が顕著になることを明らかにしている。土砂の流入量の増加が著しく増大し、激しい森林破壊によって、湖底堆積物中のアルミニウムの含有量が急増する。

巨大建築物のための森林破壊

マヤ文明はB.C.一〇〇〇年頃の先古典期中期の時代から巨大建築物の建造がはじまり、建築材・土木用材、建築に使う漆喰を製造するための燃料などとして、また人口を養うための農耕地として、亜熱帯林が大規模に破壊された。そしてティカル遺跡に近いヤシャ湖周辺やセイバル遺跡に近いラス・ポサス湖周辺では、先古典期中期・先古典期後期に激しい森林破壊が引き起こされた。一方、古典期にはやや森林破壊の規模が減少した。これに対し、ミラドール盆地のプエルト・アルトゥール湖周辺では、古典期に入っても依然として激しい森林破壊が続いていた。

おそらくマヤ文明の興亡には地域性があり、それにともなって、森林破壊の程度も、地域と時代によって大きく相違していたものと見なされる。文部科学省新学術領域「環太平洋の環境文明史」にはじまるプロジェクトは、こうしたローカルな森林破壊の実態と、地域の考古学的な事象の比較から、マヤ文明の発展の地域差や生態系破壊の相違を解明していくであろう。

限界点で気候変動が襲った

遺跡周辺から森が消えると、森から蒸発する水分の量が減る。雨を降らす雲は森から蒸発する水蒸気によっても作られる。雲ができにくくなり、漆喰によって表面を覆われたピラミッドはまぶしさをさけるために一部は赤く塗られていた。しかし、赤く塗られていない白い漆喰がむきだしになった部分は、太陽光線を反射し、地表の表面温度が低下する。すると下降気流が起きて、さらに雲ができにくくなる。こうしてたくさんの雨を集めようとしたマヤの人々の努力は、逆に雨の量を減らす結果になったのである。皮肉にも雨を集めよう集めようとがんばればがんばるほど、水は少なくなっていった。そして利用可能な水資源と人口のバランスが限界点・飽和点に達した時に、気候変動が襲ったのであろう。

マヤ文明はなぜ崩壊したのか

古典期ティカルの人口のピークは、A.D.六〇〇年〜八〇〇年にあった。ところが、それを過ぎると急激に衰退していく。そして、A.D.九二〇年頃にはティカルの文明は衰亡している。

ティカルによって代表される低地マヤの古典期の文明が衰退期に向かっていることが、A.D.八〇〇年代後半から現れている。

まず巨大なピラミッドを作るというような建設事業が中断される。そして五〇年〜一〇〇年の間に地方および中央の都市で人口が減少する。そして、マヤを支配する統治システムが放棄される。

なぜ、マヤ文明は衰亡したのか。

その理由としては、土壌浸食あるいは水資源の枯渇、地震、巨大ハリケーンの襲来、気候変動、疫病、害虫といった様々な自然的要因があげられて来た。また人口が増大して、飢餓がひどくなった。あるいは、統治システムが混乱して農民が反乱を起こした。外敵が侵入したなどの人為説も指摘されて来た。

しかし、どれも決定的な説ではなかった。そんな中で、古典期マヤ文明の崩壊の背景には、気候の変動が深く関係しているのではないかという指摘が注目された。

雨季の到来を遅らせた気候変動

図5―12は、ユカタン半島の雨の降り方を示したものである。ユカタン半島の雨の降り方は、北か

ら南へ向かって増加する。南ほど降水量が多いということである。

ユカタン半島の北部の年降水量は一〇〇〇㎜以下であるが、南東部は二五〇〇㎜以上もある。年平均気温二五度くらいで、比較的、住みやすい気候だと言える。雨の降る時期は、モンスーン性の雨なので、五月から九月にかけて、つまり夏に雨が降り、冬は乾季になる。

この雨季と乾季があることが、マヤ文明の発展に重大な影響をもたらした。もし亜熱帯中緯度高圧帯（ＩＴＣＺ）の北上が十分でなく、雨季の到来が遅れ、かつサイクロンの回数が少なく、豪雨の量が少なければ、トウモロコシの種を播くことができない。干ばつによってマヤの人々の暮らしは大きな影響をこうむる。

雨季に大量に降る雨を、乾季にどのようにして蓄え利用するか。その雨季に降った雨を乾季にも利用する技術の開発がマヤ文明発展の要因であったことはすでに述べた。マヤの人々の暮らしが、乾季と雨季の雨の降り方に強く左右されて来たことは事実である。

気候変動とマヤ文明興亡の関係を、年縞の分析結果を使って最初に明解に指摘したのは、Ｄ・ホデール博士らのチチヤンカナブ湖の分析結果だった。[※20] ユカタン半島北部のチチヤンカナブ湖（図5―12）の年縞堆積物の分析結果から、はっきりと気候変動の存在を指摘した。

ユカタン半島にある湖の水は雨と周辺から流入する川によっても供給されるが、同時に湖の水は蒸発や浸透によっても失われる。それによって、湖の水のバランスが保たれている。雨が降らなくなったり、流入する水の量が減れば、水位は下がり、逆に、蒸発が減少すれば水位は上昇する。

チチヤンカナブ湖は、その水質に大きな特色がある。一リットルあたりの水に二五四五㎎の硫酸イオンが含まれている。その次に多いのは、カルシウムである。その他、マグネシウム、ナトリウム、塩素が多く溶け込んでいる。この水質の特色が、水の蒸発散によって「ジプサム（$CaSo_4$）」の結晶を作り出すのである。

水位が高いうちは、ジプサムを作らないのであるが、雨が降らずにどんどん水分が蒸発すると、水の中に含まれる硫酸イオンとカルシウムが結合して、ジプサムの結晶ができる。湖の水量が豊富な時は、硫酸イオンとカルシウムは結合しないが、雨が降らずに水分がどんどん蒸発して、水量が減少すると、飽和状態になった硫酸イオンとカルシウムが結合し、ジプサムを作る。

ジプサムは硬く半透明で水晶のような外観をしている。一見、塩のようにも見えるが、非常に硬いガリガリの結晶である。これが存在することは、湖の水位が低くて、水量が少なくて、乾燥状態になっていたことを物語る。

幸運なことにチチヤンカナブ湖の堆積物には年縞があった。年縞を測定して正確な年代軸を作成し、年縞堆積物の中に含まれている貝殻の酸素同位対比を測定した。貝殻は炭酸カルシウム（$CaCo_3$）でできており、炭酸カルシウムの中の酸素同位体比を測ることによって、水温の変動を知ることができた。

ジプサムの量の変化を調べた結果、八〇〇〇年前にジプサムの量がものすごく多い時代があることが明らかとなった。この時代は、著しい乾燥期である。その後、乾燥の程度は減少して湿潤期に入る。

ところが三〇〇〇年前からジプサムの量が再び増えはじめる。この時代はマヤ文明が先古典期中期（B.C.一〇〇〇～B.C.四〇〇年）の発展期に入る頃である。マヤ文明は気候の乾燥化とともに発展期に入ったと言うことができる。そして、低地マヤのティカルが崩壊したA.D.八〇〇～九二〇年前後に、もう一つ、ジプサムのピークがあることがわかってきた。

　ジプサムの量は低地マヤのティカルが衰亡したまさに古典後期末のA.D.八〇〇～九二〇年頃に最大の量になる。それはこの時代に激しい気候の乾燥化が引き起こされたことを意味する。雨季の到来が遅れ、サイクロンが減少し、豪雨どころか恵みの雨さえ降らない。貯水池に蓄えた水も底をつき、トウモロコシの種を播くこともできない。

　こうした気候の乾燥化はチチャンカナブ湖の北東にあるプンタ・ラグーナ湖の分析結果[※21]からも明らかになった。干ばつの多発した時代はPeriod IIと呼ばれる時代である。プンタ・ラグーナ湖の方が、チチャンカナブ湖よりも干ばつの期間が長い。

　さらにユカタン半島のテコ洞窟（図5―12）の鍾乳石の年輪の酸素同位体比の分析結果からも、チチャンカナブ湖と類似した干ばつの証拠が見つかった。[※22]水に溶けた石灰が沈着してできた鍾乳石にも、雨季と乾季の縞模様の年輪が存在し、その年輪に含まれる酸素同位対比を分析することによって、過去の降水量の変動を詳細に復元できるのである。

　その結果、古典期マヤ文明の衰亡は、A.D.八三〇年とA.D.九二八年を極期とする気候の干ばつによってもたらされた可能性が大きいことが指摘され、八m前後だったチチャンカナブ湖の水深は、A.D.八三〇年の末には五・二m前後、A.D.九二〇年頃には五m前後にまで低下したと指摘された。[※23]

　マヤの古典期の文明は、古墳寒冷期の開始期に相当するA.D.二四〇年以降、干ばつの多発する時代に繁栄の足掛かりを得た。おそらく気候の乾燥化によって、ユカタン半島のマヤ低地の環境が人々の暮らしやすい環境となったのであろう。気候の乾燥化が亜熱帯林内の居住環境をより住みやすいものにした。気候の乾燥化がマヤ低地の古典期マヤ文明発展の大きな足掛かりとなった。

ところがA.D.八〇〇年以降、さらなる干ばつがユカタン半島を襲った。A.D.八三〇年をピークとする干ばつは、マヤの人々の暮らしを直撃した。

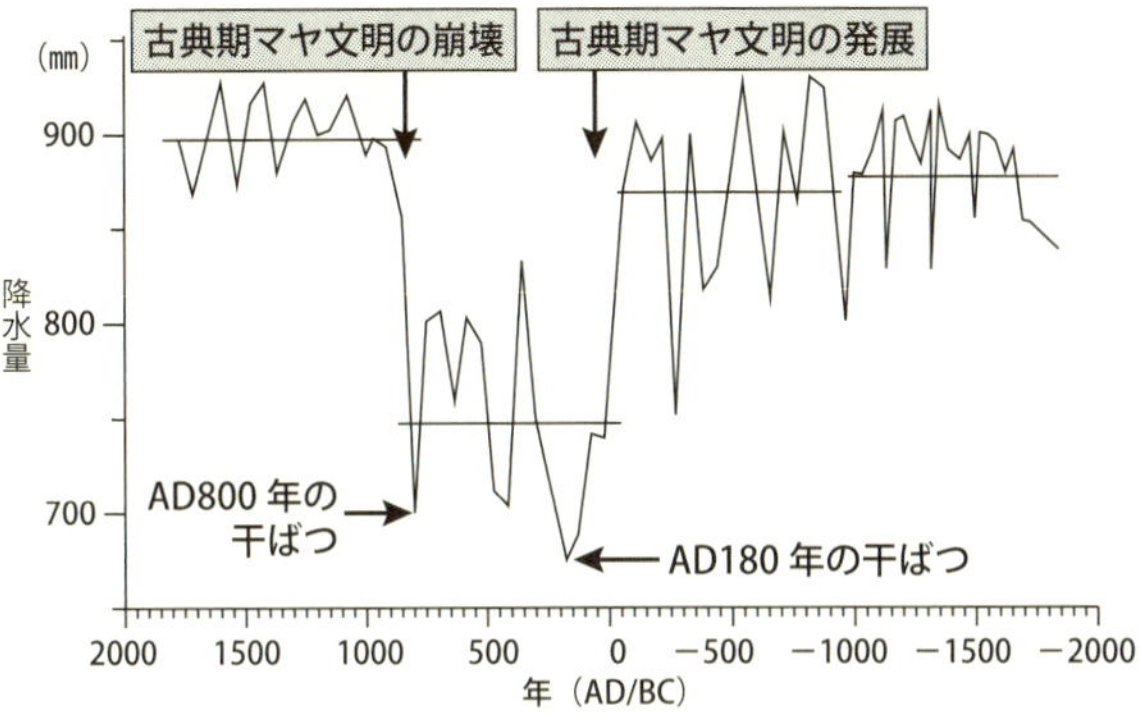

図5—16　ユカタン半島リア・ラガルトス湖の降水量の変動（Carrillo-Bastos et al. 2013）※24。大まかな降水量の変動傾向と古典期マヤ文明の盛衰が深くかかわっていることはわかる

年縞の発見が鍵になる

最近ではユカタン半島北部のラグーン（潟湖）のリア・ラガルトス湖（図5—12）の堆積物の花粉分析結果※24からも、降水量の変動をG・イスレーベ博士らが復元している。それによればA.D.二〇〇年から気候の乾燥化が顕著になり、A.D.一八〇年、A.D.四二〇年、A.D.八〇〇年に干ばつがあったと指摘している（図5—16）。それはクワ科の花粉の変動に最も顕著に表れている。さらにクワ科の花粉が減少する層準でトウモロコシの花粉が多産する。気候の乾燥化によってマヤ文明が発展し、周辺でトウモロコシの栽培が盛んに行われていたことがわかる。しかし、このイスレーベ博士らの論文※24は、花粉の同定は間違いないで

あろうが、年代軸の決定がまだ強引である。やはり年縞堆積物を軸としたチチヤンカナブ湖の分析結果や鍾乳洞の石筍の年輪による年代軸のほうが、はるかに年代の精度においても信頼度がまさっている。

山田和芳氏※9のように、人為的変化の方が大きいと見なす見解もある。マヤ低地南部の都市の衰退と干ばつは関係ないと彼は見なしているようである。しかし、私はティカル遺跡などの貯水池システムに見られるように、水に対する対応がきわめて厳格であり、かつ雨季と乾季の到来が死活問題であったこのマヤ文明の興亡には、やはり気候変動は深く関係していたと見なしている。

カリアコ海盆の年縞の分析結果※15でも、A.D.二四〇年、A.D.七六〇年、A.D.八一〇年、A.D.八六〇年、A.D.九一〇年の顕著な干ばつの襲来が明らかになっている。A.D.八〇〇～九二〇年の間に引き起こされた干ばつが、マヤ文明の崩壊に大きな影響をもたらしたことは事実ではないだろうか。

すでに第一章で述べたように「文明発展の要因は、同時に文明衰亡の要因にもなる」。A.D.二四〇年以降の気候の乾燥化を契機として、亜熱帯林の環境に適応し、繁栄を遂げた古典期マヤ文明も、A.D.八〇〇年以降の、より激しい干ばつが襲来することで、衰亡への坂道を下りはじめたのではあるまいか。

チチヤンカナブ湖の分析結果をはじめ、これまでの分析結果から、A.D.八〇〇～九二〇年頃に干ばつが襲来し、その干ばつがマヤ文明衰亡の一つの原因になったことは事実であろう。しかし、まだマヤ文明の衰亡と気候変動の関係を決定づける証拠は得られていない。私達は年縞を使った信頼できる年代軸のもとに、気候変動を詳細に復元してこそ、マヤ文明と気候変動の関係は証明できると考えている。

「環太平洋の環境文明史」にはじまるプロジェクトでは、ユカタン半島中部のセイバル遺跡に近接したペテシュバトゥン湖（図5―12）から年縞を採取することに成功している。現在その発見した年縞の分析を山田和芳氏や中川毅氏らが詳細に実施しているところである。このペテシュバトゥン湖の年縞の分析結果が明らかになった時、マヤ文明の興亡と気候変動の関係はより詳細に明らかになるだろう。

亜熱帯林の回復と後古典期のマヤ文明

マヤ文明の古典期末期になると、水の神さまの崇拝が強化される。それはめぐみの雨が降らなくなり、人々が水をもとめてお祈りをしたことを物語っている。めぐみの雨を降らせる力を持っているのが王である。王はその力によって崇敬を集めていたのであるが、その王の力が失われた。社会は混乱し、食料をもとめての戦争も引き起こされたのかもしれない。文部科学省新学術領域「環太平洋の環境文明史」とその延長のプロジェクトではそうした社会経済との対応関係の中で、古典期マヤ文明衰亡の要因が解明されることを期待したい。

三〇〇〇年前頃の気候の乾燥化がマヤ文明を誕生させる契機であったが、同時に、A.D.八〇〇～九二〇年頃の気候の乾燥化が、マヤ文明を衰亡させる要因にもなったのではあるまいか。「文明を発展させる要因は同時に衰亡させる要因だった」。それは人類文明史の公理であると言ってよいのではあるまいか。

気候の乾燥化を契機として亜熱帯林の中で繁栄した古典期マヤの文明は、漆喰の大量使用による森の破壊と土壌浸食、そして衰亡したのではあるまいか。A.D.八〇〇～九二〇年頃にたびたび起きた著しい気候の乾燥化の影響を受けて衰亡したのではあるまいか。古典期マヤ文明の衰亡にともなって、ミラドール盆地周辺には亜熱帯林が回復してきたことがはっきりと花粉分析の結果に示されている。[※19] リア・ラガルトス湖の花粉分析結果でも、[※24] クワ科をはじめ亜熱帯林の花粉が急増し、亜熱帯林の回復が顕著に見られる。ラス・ポサス湖の堆積物の花粉分析を藤木利之氏が実施した結果でも、[※9] A.D.九世紀頃から樹木の花粉が増加し、亜熱帯林が回復して来たことが明白に読み取れた。

ティカルをはじめ古典期マヤ文明の巨大遺跡は、一五一七年にスペイン人によってユカタン半島が再発見されるまで、人知れず亜熱帯の森に覆われ、静かな眠りにつくことになったのである。

(4) マヤ文明が現代人に語りかけるもの

マヤ文明終焉の地

アティトラン湖は海抜一五〇〇mのマヤ高地にある。ここはあのマヤ文明を構築したマヤ人の最後の故郷である。

湖岸に立つと海抜三〇二〇mの富士山に似たサンペドロ火山と海抜三一五八mのトリマン火山が目の前にそびえていた。青い透きとおった湖を見守るかのように富士山に似た二つの火山はそびえていた。

アティトラン湖は八万年前に噴火した火口湖である。湖の水深は三〇〇m。その深い湖は、スペイン人に侵略されたマヤ人の深い哀しみを抱きしめているかのように、深くどこまでも青く澄んでいた。それはまるで桃源郷だった。人口の九五%はカクチケル語とツトゥヒル語を話すマヤ人で占められている。人々の衣装は色とりどりの刺繍をほどこした、まるでおとぎの国からやってきたような美しさだった。

この美しい刺繍のようにマヤ文明も美しくかつ繊細な文明だったに違いない。なぜなら美しいものを作れる人の心は美しいからである。

火口壁が絶壁になって湖に落ち込んでいる。その絶壁にへばりつくように人々は暮らしている。その絶壁にはみごとに手入れされた美しい棚畠が作られていた。トウモロコシ、豆類、唐辛子、ジャガイモ、オレンジ、アボガドやバナナが栽培されている。近年はコーヒーの栽培がさかんである。

美しいモノヅクリは刺繍だけではない、木彫や絵にも及んでいる。スペイン人に教わった油絵は、いまやマヤの人々によって新しい造形に生まれ変わっている。そこにはバリ島の人々と同じく、美しいモノヅクリへの情熱がほとばしっていた。モンゴロイドには美しいモノを生み出す力があるのではないか。

しかし今は、観光客によってあふれかえり、湖の汚染が深刻である。途中に立ち寄ったもう一つの湖アティトラン湖の汚染は深刻だった。アオコが大量に発生していた。

ケツァルの羽の威力は今も生きている

マヤ高地に侵略者スペイン人がやって来たのは一六世紀初頭のことだった。P・アルバラードが率いるスペイン人たちは、一五二四年にこの美しい桃源郷にやって来た。そしてマヤ人の本拠地だったアティトラン湖周辺を制圧した。

いかなる敵にも不死身の力を与えてくれると信じたケツァルの羽根飾りをつけて、マヤの人々は抵抗した。しかし、ケツァルの羽根の威力も、近代科学兵器の鉄砲の前には無力だった。一五三〇年ついにカクチケル・マヤ人はスペイン人に支配されてしまった。アニミズムの力が近代科学技術に敗れたのである。

最後までカクチケル・マヤ人が闘った後古典期後期のイシムチェ遺跡を訪れた。そこはカクチケル・マヤ人の最後の砦があった所である。

それは海抜一八〇〇～二〇〇〇mの東西両側と南を深い谷に守られた高原上に作られた、要塞のような砦だった。それでもその中にはピラミッドや祭礼の場所が小さいながらも整然と作られていた。まるでアメリカインディアンの砦を思わせるように、北の入口には城壁が構築されていた。

乾季の終わりのさわやかな高原の風が頬をなでる。マツやナラの葉ずれの音がここちよかった。この高原は火山灰台地であり、土壌が豊かで農産物も多く穫れた。

それにしても四七〇年以上前に、カクチケル・マヤの人々はどんな思いでこの砦を去ったのであろうか。アメリカインディアンの人々がアングロサクソンによって追放され蹴散らされたのと同じように、マヤの人々もスペイン人によって住みなれた美しい故郷を追われたのである。

アメリカインディアンの敗北も、マヤ人の敗北も、ともに一神教による攻撃と侵略によって引き起こされた。

緑の玉に、緑のセイバの木に生命の輝きを感じ、ケツァルの緑の羽根の色に生命の加護と再生を信じたその心が、唯一天にのみ神をもとめる心によって侵略され破壊されたのである。

しかしそれから四七〇年以上が過ぎ去り、人々は再びケツァルの美しいその姿に目覚めはじめた。唯一天にのみ神をもとめるその教えはたしかに人間に幸せをもたらした。力と闘争に勝ち残った人間にだけ幸せをもたらすことに成功したが、その反面、激しい地球環境の破壊をもたらした。

カクチケル・マヤの人々がスペイン人によって侵略されてからちょうど五〇〇年後の地球は、地球環境問題によって激しい混乱の時代をむかえようとしている。そんな時、ふたたびケツァルの美しい緑の羽根が、命を守り再生させる力を輝かせはじめたのである。

毎年、中南米にはケツァルを一目見たいという人々が、コスタリカやグアテマラのプルハ自然保護区を訪れるようになった。それは人々が自然の美しさ、尊さに目覚めはじめたからである。かけがえのない中南米の自然を守るシンボルは今も昔もケツァルなのである。グアテマラの通貨の単位がケツァルであるのはいかにも響きがいい。紙幣には美しいケツァルが描かれている。

一〇〇ケツァルにはケツァルとともにマヤ人の権利を主張して、マヤの人々をスペイン人の弾圧から守った宣教師も描かれている。グアテマラの人々の心には、今でも文明の未来を支えるケツァルが生きているのである。

図5—17　ペテン・イッツア湖畔のタヤサル遺跡から見たフローレスの街並み。マヤの人々の哀しみの声が聞こえた気がした

人類の未来への警鐘

ペテン・イッツア湖畔のタヤサル遺跡（図5—17）は、低地マヤでスペイン人の侵略に最後まで抵抗を続けた所である。タヤサル遺跡はペテン・イッツア湖に守られるように位置していた。北と南と西に美しいペテン・イッツア湖が広がっている。タヤサル遺跡はスペイン人が侵略を開始してから実に二〇〇年後のA.D.一六九七年まで持ちこたえることができた。

ペテン・イッツア湖は石灰岩地帯の湖であるため、エーゲ海と同じく水はどこまでも淡い青色だった。その淡い青色の水に守られるようにタヤサル遺跡はあった。

しかし、そこにはピラミッドも王宮もなかった。ただ森の中にタヤサル遺跡の看板が立っているだけだった。細長い半島の先に位置するこのタヤサル遺跡からは当時の面影を推定することは困難だった。

そのタヤサル遺跡からは美しいフローレスの町が見える。フローレスの町には立派なキリスト教の教会がある。おそらくマヤ時代の遺構はこうしたフローレスの町の教会や町を造成するためにすべて持ち去られたのであろう。

それにしてもマヤ文明最後の地のイシムチェ遺跡とタヤサル遺跡がともに美しい湖と関係していることは興味深い。マヤ文明は水の文明だった。このマヤ低地南部ではヤシャ湖の周辺に遺跡が集中した。美しい湖のほとりでこのマヤ文明は繁栄したのである。マヤの人々は美しい湖のそばに、すばらしい遺跡を営んだ。水の循環的利用を極限にまで推し進めた文明、それがマヤ文明だった。

マヤ文明の最後の残照は、侵入が困難な僻地のマヤ高地のアティトラン湖周辺と、熱帯雨林が侵略をはばんだペテン・イッツア湖畔だった。その最後の終焉の地がともにアティトラン湖とペテン・イッツア湖という二つの美しい湖に守られるように位置していたことは、偶然ではあるまい。

水の循環系を守ることなく森を破壊し、ヒツジやヤギを放牧してハゲ山に変えるスペイン人に対して、マヤの人々は美しい水の循環系を守ることの重要性を訴えながら、湖畔で終焉をむかえたのである。

だが家畜パワーが世界を席巻した結果、人間の命を支える水の循環系の破壊を押し進めた。マヤの人々が侵略されてから五〇〇年後、二一世紀の人類は、森と水の循環系を破壊する畑作牧畜民によって引き起こされる地球環境問題、とりわけ命の水問題で危機に直面しているのである。

「地理上の発見」と名づけた時代は「破壊と殺戮の時代」のはじまりだった

森を破壊し尽くし、森の中の生きとし生けるものを殺戮して、人間と家畜のみの王国を作り出すスペイン人やポルトガル人そしてアングロサクソンの人々が、新大陸アメリカにやって来た時には、まだ新大陸アメリカは緑の大地だった。だから新大陸アメリカはこうした欲望に満ち溢れた人々を受け入れ、アメリカ合衆国や中南米諸国が建国された。だがそれから五〇〇年、もうこの地球上には、こうした森を破壊し尽くす文明を持った人々を受け入れる大地はなくなった。もうどこにもこうした森を破壊し尽くす人々を受け入れる緑の大地は残されていないのである。

　マヤの人々やインカの人々によって新大陸アメリカは、一万年以上昔に発見されていた。そして高度な文明にまで到達していたのである。それを破壊し尽くしたスペイン人やポルトガル人、はたまたアングロサクソンの人々にとっては、その殺戮と破壊こそが地理上の発見だったのである。一五世紀以降の「地理上の発見」と彼らが勝手に名づけたその時代は、一面において「破壊と殺戮の時代」のはじまりだった。人間と家畜以外の生きとし生けるものの命を破壊し殺戮する時代のはじまりだった。

「それでもまだ気づけないのか！」と私は叫びたい。

　遠くマヤの人々の悲しい叫びが聞こえるような気がした。「森と水の循環系を守り、人を信じ、自然を信じて、美しい大地とともに生きてきた文明をどうして侵略し崩壊させたのか」。マヤの人々の悲しい叫びは、私達人類の未来への警鐘なのである。

2　ローマ文明衰亡の原因は、気候悪化と森林破壊

（1）森林消失と気候悪化でミノア文明滅ぶ

文明の興亡を気候変動で論じる時代になった

「気候が人間活動に影響を与え文明を創造した」というような発想は、非科学的な素朴な環境決定論としてこれまで排斥されて来た。

本章の主題である「気候が文明に影響を与える」という考えを私が指摘した時、私は環境決定論者の烙印を押された。地理学を専攻した私は、けっきょく地理学者としては大成することはできなかった。

一九七〇年代に気候変動が文明の興亡や民族移動に大きな影響を与えていることを指摘されていたのは鈴木秀夫先生[※25]だった。その鈴木先生の代表的研究がサントリーニ島（扉写真）の大噴火とミノア文明崩壊の説だった。[※26]私はその説を拝見した時、この鈴木先生の説は正しいと思った。しかし、当時はまだまだこうした説が学会で受け入れられる素地はなく、好奇のまなざしで見られるのがせきのやまだった。当時、気候変動と文明の興亡の関係を研究しているのは、鈴木秀夫先生とその影響を受けた私だけだった。

認知までに二〇年を要した気候環境文明論

その間に地球温暖化や地球環境の変動が引き起こされ、人々はいやがおうでも気候と文明の関係の研究に関心を向けざるを得なくなった。そして第二章で述べたように、年縞の発見によって、過去の気候変動を復元する技術も進歩し、今や年単位・季節単位で一万年前の気候変動であっても復元できる時代になった。

こうして気候環境文明論は多くの人々に認められるようになった。ふりかえれば、気候変動が人類文明史の展開に大きな影響を与えていることを、多くの研究者に認めていただくまでには二〇年の歳月が必要だった。

そして今や、気候が文明の興亡に大きな影響を与えるということに疑念をはさむ人はいなくなった。気象予報士[※27]や歴史学者[※28]まで歴史の展開を気候変動で論じる時代になった。

マグマの活動が人類文明史に与える影響

日本列島が環太平洋造山帯の地震国・火山国であるように、古代地中海文明が発展した地中海沿岸もアルプス造山帯の南に位置する地震国・火山国である。

そこは大地のエネルギーが人々に影響を与える所なのである。もちろんマグマがどのようなメカニズムで人類文明史に影響を与えているのかは、現代の科学ではまったく解明されていない。いやそのような影響が存在するかどうかさえさだかではない。

かつて私が気候が文明に影響を与えると主張した時に、環境決定論者の烙印を押されたように、現代の科学は「マグマの活動が人類文明史に影響を与える」というような発想をさせない科学である。我々は現代の科学のもとにそうした考えを持つことを極力排斥してきたために、気候が文明に与える影響を研究して来なかったと同じように、マグマの活動が人類文明史に与える影響を研究しようなどという発想は思いもよらぬことだった。しかし、三・一一の東日本大震災以降、多くの人々がそのことに注意を向けるようになったことは事実である。

気候が文明に影響を与えることを多くの人々に納得・理解していただくまでには、二〇年以上の歳月が必要だった。そして、地球温暖化という社会的問題が、人々に「気候変動と文明の興亡の関係の研究」への関心を呼びさまし、年縞の発見という研究手法の画期的発展がそれをたしかなものとした。マグマが人類文明史の展開に影響を与えていることがもし解明されるとしても、それにはこれから二〇年以上の歳月と社会的関心と新たな研究手法の開発が必要だろう。

日本列島の文明も古代地中海文明も、ともに大地のマグマが人間の暮らしに影響を与えて、この地球に創造した文明だと見なされる日が、あと二〇年後には来ているかもしれない。しかし、それはまだまだ遠い夢のまた夢の世界である。

地殻変動と火山活動の活発な地中海

地中海はテーチス海の名残りである。そのため地中海地域は地震や火山活動の活発な地域にあたっている。とりわけエーゲ海は地殻変動と火山活動の活発な地帯で、エーゲ海北部の海底には、北アナトリア断層の西の延長線が海底に延び、南の海底にはギリシャ地溝帯があり、右横ずれの断層帯によっ

図5—18　ギリシャ、エーゲ海に浮かぶサントリーニ島は火山島だった。火口の地中海を見下ろす（左）と、火口の地中海から火口壁を見上げる（右）

てエーゲ海の南を縁取っている。

南をギリシャ地溝帯に、西を中央ギリシャ剪断《せんだん》帯、東を西アナトリア剪断帯、北を北アナトリア断層に囲まれたエーゲ海の海底には、クレタ海盆が存在し、その北には火山列島が顔を出している。

その火山列島の一つにサントリーニ島（図5—18）が位置している。

クレタ島繁栄の背景には豊富な森林資源

クレタ海盆とギリシャ地溝帯の間に位置するクレタ島で、ミノア文明が発展した。

クレタ島のアギオ・ガリーニの花粉分析の結果[※29]は、四〇〇〇年前には、この島がカシ類やナラ類の深い森に覆われていたことを示している。

メソポタミアはすでに四〇〇〇年前に深刻な木材不足に直面していたのに、エーゲ海のクレタ島にはあふれんばかりの木が存在したのである。

この地中海の小島にすぎなかったクレタ島に富を流入させ、一気に地中海最強の国家へと変貌させたのは、この森林資源であった。

森林資源を背景とした中近東との交易。これこそがクレタ島繁栄の基礎であった。

クレタ島繁栄の跡は、クノッソス遺跡、マリア遺跡などミノア文明の発展を支えた四つの都市遺跡に残されている。

図5—19　サントリーニ島のアクロティリ遺跡は火砕流堆積物に覆われていた。火砕流の堆積物は厚さ数m以上に達した（右下）

ミノア文明崩壊の原因は、サントリーニ島の大噴火ではない

このクレタ島のミノア文明を崩壊させた原因は、いったい何だったのか。

これまで、その北北東約一二〇㎞にあるサントリーニ島の火山噴火が、その原因だと見なされて来た。

サントリーニ島が大噴火した。それがミノア文明崩壊の原因だと言うのである。

その大噴火によってサントリーニ島のアクロティリ遺跡（図5—19）は火砕流堆積物に埋まってしまった。そしてこの火山噴火によって引き起こされた巨大津波が、対岸のクレタ島のクノッソス宮殿（図5—20）を直撃し

図5―20　ギリシャ、クレタ島クノッソス遺跡には排水口（左下）まであった。いまはそんなものも必要ない

たというのである。

これまでサントリーニ島の火山噴火の年代は、B.C.一五二〇～一四五〇年頃のことと考えられて来た。[※30]ところがアナトリア高原の年輪の解析から、サントリーニの火山噴火の年代はB.C.一六二八年にまでさかのぼるという説[※31]が提示された。

これに従えば、サントリーニの火山噴火後もミノア文明はまだ繁栄していたことになり、これまでのサントリーニの火山噴火が大津波を引き起こしミノア文明を崩壊させたという説が成り立たなくなる。

さらに近年のサントリーニ島のアクロティリ遺跡などとクノッソス遺跡の土器形式を精緻に対比した結果、サントリーニ島の火山が噴火してからも、クノッソスで人々の居住が継続していたことも指摘されるようになった。

かつてクノッソス宮殿が大地震によって崩壊したことがあった。その時、人々はただちに宮殿の再建を成し遂げている。

もしも大津波によって宮殿が破壊されたのなら、おそらく人々はただちに宮殿を再建したことであろう。

森林資源の枯渇がミノア文明崩壊の最大の要因

しかし宮殿が放棄された大火災のあとでは、宮殿は二度と再建されなかったのである。再建できなかったのは、ミノア文明を崩壊させた要因が津波ではなくもっと別の要因であったからではないか。私[※32]はその理由の一つが、もはやクレタ島には宮殿を再建するだけの森林資源がなかったためであるという説を提示した。あれほど深い森に覆われていたクレタ島が、ミノア文明の末期の青銅器時代の後半には、森林資源の枯渇に直面していたのである。宮殿の建築材のみならず土器を焼き青銅器を鋳造する燃料、さらには日常の調理の燃料にもことかくありさまであった。こうした森林資源の枯渇がクレタ島のミノア文明崩壊の最大の要因であったのではないか。

図5―21　イスラエルの死海の湖面は海面下412m（2006年現在）にある

同じようにマヤ文明の衰亡にも、亜熱帯林の破壊が大きくかかわっていたのではないかと私[※12]は考えている。

ところが、近年、サントリーニ島が噴火した後のことになるが、大規模な気候変動が存在したことが、イスラエルの死海の年縞研究[※33]から明らかとなって来た。鈴木秀夫先生[※26]が最初に指摘されたように、サントリーニの噴火が気候変動を引き起こし、それがミノア文明をはじめ、世界の文明衰亡の要因となったという説は、再び注目を浴びはじめた。

図5―22　死海の湖面の低下で急崖ができたエリム谷（左下）。その崖の壁面に死海の年縞が顔を出した

図5―23　M.スタイン博士と死海の年縞

死海の年縞が示す「サントリーニ島の大噴火による地中海世界の気候変動」

死海（図5―21）の二〇〇六年現在の湖面は海面下四一二m前後にあるが、その湖底から年縞堆積物が発見された。

年縞は夏の乾季に死海が蒸発を繰り返すことによって形成される石灰（アラゴナイト）の白い結晶と、冬の雨季に堆積する粘土鉱物や有機物の黒褐色層からなっている。白黒の層がセットになって年輪と同じものを形成しているのは、これまでの日本の福井県水月湖や秋田県一ノ目潟の年縞と同じであるが、その形成のメカニズムは相違している（図5―22）。水月湖や一ノ目潟の春から夏の層が珪藻などのプランクトンの遺骸で形成されているのに対し、死海の夏の層は石灰（アラゴナイト）で形成されていた。蒸発によって死海の水中の溶存が限界を超えて、水中のミネラル分が湖底に堆積した蒸発性年縞である。

死海の年縞に含まれる花粉や珪藻の化石さらにはその厚さや粘土鉱物の地球化学的分析を行うことによって、きわめて高精度の死海の湖面変動を復元することにM・スタイン博士ら[※33]（図5―23）が成功した。

その分析の結果は図5―24に示すごとくである。サントリーニ島が噴火した後のB.C.一五〇〇年頃から、急激に死海の湖面は低下する。その低下量は海面下三七〇mから一気に海面下四一七mまで低下する劇的なもので、四七mもの水位低下が引き起こされている。

こうした死海の湖面の低下は、B.C.一五〇〇年頃に気候が急激に著しく乾燥化しはじめたことを示す。そして同時に気候は冷涼化した。こうした冷涼・乾燥期はB.C.一二〇〇年頃にピークをむかえる。

一九七〇年代に鈴木秀夫先生[※26]はサントリーニ島の大噴火による気候変動がミノア文明をはじめ地中海世界の変動に大きな影響を与えたという仮説を提示された。大量の火

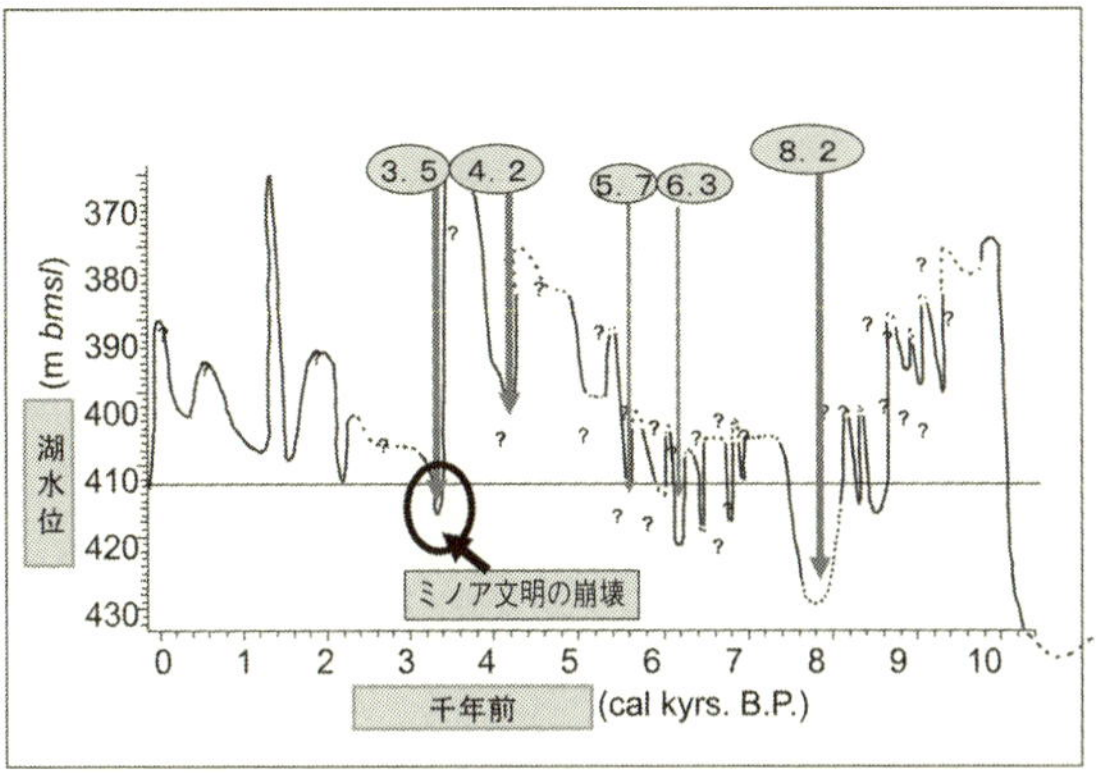

図5―24　死海の年縞の分析からミノア文明の崩壊と気候変動の関係が明らかになった（Migowski et al.、2006）[※33]

山灰や火山ガスが太陽光線を遮断し気候が冷涼化した。

しかし、当時はB.C.一五〇〇年頃の気候悪化を示す明白な分析結果が地中海沿岸からは得られていなかったために、この仮説はそのままになっていた。そして、今回の死海の年縞の分析によって高精度の気候変動が復元できた結果、B.C.一五〇〇年頃に地中海沿岸では大規模な気候変動が存在したことが明らかになってきた。鈴木先生の仮説は卓見であった。

このB.C.一五〇〇年頃にはじまりB.C.一二〇〇年頃に極期をむかえる気候の冷涼化が、森林資源の枯渇に直面していたミノア文明を直撃した可能性は高いのである。

地中海文明の興亡と北緯三五度線

ここで地中海文明の興亡と気候変動の関係を考えるうえで重要なのは、北緯三五度線である。

私[※34]が北緯三五度線の重要性を最初に指摘したのは一九九〇年のことである。北緯三五度を境としてその北と南で気候の乾湿が逆転することを見出したのである。完新世の温暖期には、北緯三五度以北の地中海沿岸が乾燥化し、北緯三五度以南の地中海沿岸は湿潤化する。一方、完新世の冷涼期には北緯三五度以北の地中海沿岸は湿潤化し、以南の地は乾燥化する。この完新世の気候の寒暖の変動にともなう乾湿の変動の南北の逆転が、地中海文明の興亡に大きな影響を与えたと指摘したのである。

それは以下の気候メカニズムで説明できた。温暖期には亜熱帯中緯度高圧帯（ＩＴＣＺ）が北上し、その北側にあたるクレタ島やギリシャそれに死海は乾燥化するが、ＩＴＣＺの南側に位置するアフリカ北部やアラビア半島は、南西モンスーンの活発化によって湿潤化する。一方冷涼期にはＩＴＣＺは南下し、北緯三五度以南の死海では気候の冷涼化は乾燥化をもたらすが、北緯三五度以北のクレタ島やギリシャあるいは地中海沿岸北部は、地中海寒帯前線帯（ポーラーフロント）のもたらす冬雨が増加し、気候の冷涼化は湿潤化をもたらした。※34

死海のような北緯三五度以南の地では冷涼期には乾燥化が顕著となるが、北緯三五度以北のギリシャなどでは、気候の冷涼期には逆に湿潤化する。それは気候の冷涼化によって地中海寒帯前線帯が南下し、ギリシャなどでは冬雨が増加するからである。

なお、断っておくが、氷河時代には死海の湖水位は上昇していた。サハラ砂漠も緑の草原だった。こうした氷河時代の気候変動のメカニズムと、完新世の気候変動のメカニズムは別に考える必要がある。

冷涼化時代の後半には海の民が荒らしまわった

B.C.一五〇〇年頃からはじまる気候の冷涼化は、ドーリア人をはじめヨーロッパ内陸の人々の暮らしを直撃し、民族の移動を引き起こした可能性がある。この気候変動の時代の後半には海の民と呼ばれる人々が、地中海沿岸を荒らしまわる。

かつてありあまるほどの森林資源を背景として繁栄をほこったクレタ島は、B.C.一五〇〇年頃からはじまる気候悪化が引き起こされた頃には、森林資源の枯渇に直面していた。

B.C.二〇〇〇年（四〇〇〇年前）には、まだ豊かな森に覆われていた森の島は、たった五〇〇年の間に森が切り尽くされ、暖房や薪の燃料にまでことかくありさまになっていた。

あれほど緑したたる森の楽園のクレタ島を、たった五〇〇年でハゲ山の島に変えたのは、人間のあくなき欲望だった。

ミノタウロスが住んだという地下の迷宮、クノッソス宮殿は木の宮殿だった。B.C.二〇〇〇年頃のクレタ島には、地中海や中近東の国々から、木材の買い付け業者がやって来ていた。木材は建築用材や船の材料さらには家具や日用品、さらには葡萄酒やオリーブ油を蓄える巨大な甕を焼くのにも必要だった。こうして木材は輸出され、クレタ島に莫大な富をもたらした。

放牧したヒツジ、ヤギが森の再生を不可能にした

さらに人々は森を伐採した跡地に、ヒツジやヤギを放牧した。ヒツジやヤギはミルクを飲みバターやチーズを作り、肉を食べ毛皮を利用する上で、なくてはならないものだった。森を切って金に換え、その跡地にヒツジやヤギを放牧すれば、うまい肉がたらふく食える。それは近視眼的には一石二鳥の無敵の生き方だった。

だがこのヒツジやヤギは昼夜の別なく草を食べ尽くし、森の再生を不可能にしていたのである。限りある島の森林資源を切り尽くしたあとに待っているものがなにかを、クレタ島の人々は予想できなかった。それよりも目先の金儲けと、おいしい御馳走をたらふく食べることの方が重要だった。

こうして森が消滅し、ミノア文明が弱体化していた時、サントリーニ島の大噴火が引き起こされたのではあるまいか。自然は人間の強欲のありさまをよく知っている。

人間が欲望のままに自然を貪り食ったとき、自然はかならずしっぺ返しをするのである。

クノッソス宮殿には排水溝まで設けられ、庭には水を汲む井戸もあった。しかし、森の破壊によって、乾季の夏には井戸は枯れ、山から流れて来る清水もなくなってしまった。乾季に飲み水を失う。これがクノッソス宮殿の立地を困難にする最大の要因だったのではあるまいか。

冬雨で表土が流出した

さらに北緯三五度以北のクレタ島では、気候の冷涼化は雨季の冬雨を増大させ、森を失った大地の豊かな表土は削り去られてしまった。表土が流亡し、豊かな大地の生産性が失われたことが、クレタ島の人々に飢餓として襲いかかった。

森林資源の消失と気候悪化の中で、クレタ島のミノア文明は崩壊していった。そうした自然からのしっぺ返しを受けて衰亡していった文明の様態は、次に述べるローマ文明においてより明白になってくる。

（2）気候変動・森林破壊と文明の興亡

ローマ海退とポスト・ローマ海進は検討を必要とする

B.C.一五〇〇年頃以降の冷涼期は、B.C.二五〇年頃に終わる。死海の湖面は上昇し、死海周辺の気候は温暖湿潤化した。

そして、A.D.二四〇年頃までのローマ時代は、死海の湖水位の高い温暖湿潤な時代であった。死海の湖面が高い湿潤な時代はA.D.二四〇年頃まで続く。これまでの古典的な海面変動の研究に示された、ローマ海退とポスト・ローマ海進が、歴史学者の間では今でも利用されているようだが※28、このR・フェアブリッジの海面変動曲線は一九六〇年代の説で、今では検討を要する。むしろローマの繁栄期は海退期ではなく海進期の温暖期なのではないかという説が有力である。

ローマ帝国の領土拡大は温暖な気候の賜物

ローマが北緯三五度以南の地中海沿岸やアフリカ東部を領土に組み込んだのは、この温暖期に北緯三五度以南の中近東やアフリカ北部は湿潤で、この湿潤な気候で多くの穀物の生産が得られたからである。

さらに、アルプス以北のゲルマンの地にまで領土を拡大できたのは、温暖な気候の賜物なのである。ローマ帝国の領土の拡大はこうした温暖で湿潤な気候の賜物であった。

エルサレムの博物館にはユダヤの英雄ヘロデ王の時代に作られたという船の碇《いかり》が展示されている。碇の材の年代はB.C.六〇年であった。さらに錘《おもり》の部分の鉛の同位対比からこの錘がイタリアの鉱山で作られたものであることもわかった。

ヘロデ王はダビデ、ソロモンの両王が建てた宮殿の外壁をB.C.六一年に修復し、今の嘆きの壁（図5―25）を作った人である。嘆きの壁の高さは五〇mもあったと言われている。そのヘロデ王はマサダ平原をはじめ砂漠に一一の城を作った。ヘロデ王はエルサレムからマサダの城に向かう時に船で死海をわたった。この碇はその時のものではないかと見なされている。

温暖湿潤期にユダヤ民族が発展

ヘロデ王が活躍した時代のイスラエルの地は今よりも雨の多い湿潤な時代だった。それがユダヤ民族の発展をもたらしたのであろう。

東アジア世界において滇王国や日本の弥生時代が発展したB.C.三世紀からA.D.三世紀のあいだは、まさにこのローマの温暖湿潤期に相当する。

こうした「ローマ温暖湿潤期」[※33]「滇王国温暖期」の明白な証拠は死海の年縞の分析結果と富山県ミクリガ池の年縞の分析結果[※35]から明らかになっている。富山県ミクリガ池はこれまで世界で発見された年縞の中でもっとも高所で発見されたものである。その年縞の分析結果にもB.C.二五〇年の温暖化とA.D.二四〇年の冷涼化が明白に示されていた。

図5—25　イスラエル・エルサレムの嘆きの壁

イエス誕生の時代の年縞には塩の結晶があった

死海のエリム谷からは美しい年縞のある露頭が発見され（図5—22）、三五〇〇年前の著しい気候悪化が明らかとなり、死

図5―26　死海の年縞に残されたB.C.250年の気候変動とB.C.31年のフラウィウスの地震層、そしてイエスの年縞

海周辺の北緯三五度以南の地が著しい冷涼・乾燥気候に見舞われたことを述べたが、エリム谷の美しい年縞が堆積している中で、年縞が途切れた所がいくつか存在する。

年縞の連続が途切れた時代は、何か異変があった時代である。たとえば年縞が激しく攪乱を受けたB.C.三一年頃の層が発見された（図5―26）。それはこの地方を巨大な地震が襲ったからである。その地震の記録はフラウィウス・ヨセフスの『ユダヤ古代誌』に記録されているB.C.三一年の地震に比定される。地震が起きると年縞が攪乱を受けて、青灰色の粘土層に下部からまきあげられた白色の層が混入する攪乱層が堆積する（図5―26）。

この攪乱層がB.C.三一年の地震でできたとすれば、その攪乱層から上方に数えて三一本目の年縞こそ、イエス誕生の年に形成された年縞なのである。イエス誕生の時代の年縞には美しい塩の結晶が含まれていた。塩の味は、現在の湖岸に堆積している塩の味にくらべて甘かった。「地の塩になれ」とはイエスの言葉である。我々はこのイエスの言葉をかみしめることになった。

なっていた。

イエス誕生の頃の死海は緑豊かであった

イエス誕生の頃の年縞は石灰分をほとんど含まず、青色の厚い粘土層と褐色の鉄分の沈着層からなっていた。

これは死海周辺がこの時代、雨の多い湿潤な気候であったことを物語っている。B.C.二五〇年からB.C.三一年の年縞の合計した厚さが八〇cmであったのに対し、B.C.三一年からA.D.二四〇年の年縞の合計した厚さは一八〇cmもあり、堆積速度は二倍に達していた。ローマ時代の死海周辺がいかに雨の多い豊かな時代であったかがわかる。雨によって周辺から多くの物質が湖底に供給され、厚い年縞が堆積したのである。

イエス誕生の年の年縞の花粉分析の結果、[※36]当時の死海の環境は、今よりもオリーブやブドウそれにナツメヤシがたわわにみのり、緑豊かな環境だったことも判明した。イエスもこの緑あふれる死海を訪ねたことであろう。いやイエスは若い頃、この死海の南のクムラン洞窟遺跡で暮らしていたという説もあるくらいである。

同じように富山県立山ミクリガ池の年縞の分析結果からもB.C.二五〇年からA.D.二四〇年の「ローマ温暖期」が明瞭に記録されていた（図5―27）。この時代にミクリガ池周辺の積雪量は減少し、湖の蒸発量が増大したことが明らかになっている。[※35]

死海の年縞やミクリガ池の年縞の分析では[※37]B.C.二五〇年からA.D.二四〇年の温暖期の存在が明白となった。さらに尾瀬ヶ原の花粉分析の結果と福井県水月湖の年縞の分析結果は、[※38]B.C.二五〇年からA.D.二四〇年の間の五〇〇年間の気候変動の詳細についても明らかにしている（図5―27）。

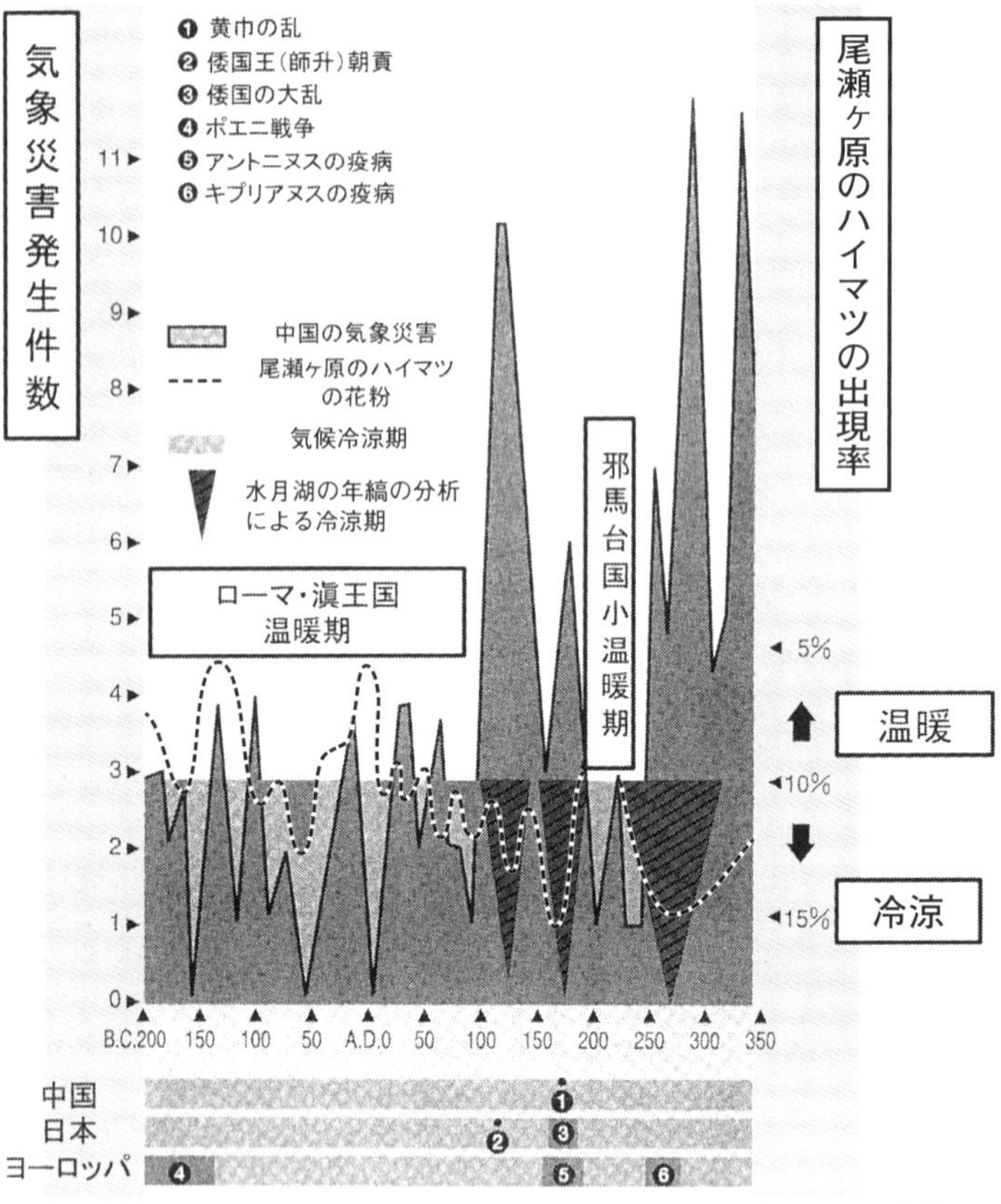

図５―27　ローマ・滇王国温暖期と邪馬台国小温暖期（安田、 2004 を改変）※10

気候はA.D.一〇〇年頃から不安定化、中国では気候災害が急増、ローマで疫病流行

気候はA.D.一〇〇年頃から不安定となる。水月湖の年縞の分析結果と、尾瀬ヶ原の花粉分析の結果は、A.D.一二〇年をピークとする気候変動と、A.D.一八〇年をピークとする気候の悪化期を明らかにした（図５―27）。

A.D.一〇〇年以降の気候の不安定化に

よって、北方シルクロードの要であった西域都護府がA.D.一〇七年に廃止されて以来、中国では、気候災害の発生件数が急増して来る（図5―27）。

死海の年縞のこれまでの分析結果には、A.D.二二〇年頃をピークとする気候変動は示されていないが、A.D.二五年にローマの植民地であった北アフリカでペストが大流行して以来、アントニヌスの疫病（A.D.一六五～一八〇年）などが流行し、A.D.一八九年にはローマで一日二〇〇〇人の死亡者が出るなど立て続けに疫病の災禍に見舞われている。[※39]このことから、A.D.一〇〇年以降、気候が不安定化したことがわかる。

A.D.一八〇年頃をピークとする気候冷涼期には、漢帝国では黄巾の乱（A.D.一八四年）が引き起こされ、ついにはA.D.二二〇年に後漢王朝は滅亡する。

鈴木秀夫先生[※40]は、漢帝国の崩壊はすでに、A.D.一〇〇年～一三〇年の異常気象からはじまっていたと指摘している。A.D.一〇八年には気象災害によって黄河下流域の平野に貧民や流民が多発し、段階的に北から南へと混乱地域が拡大していった。

A.D.一八〇年頃の気候変動で中国では黄巾の乱、日本では倭国大乱

そして、A.D.一八四年の黄巾の乱では、華北の平原一帯では住民がほとんど全滅し、乱は中国全土に波及し、人口は五〇〇〇万人台から一気に四〇〇〇万人台にまで激減した。この黄巾の乱が引き起こされ、中国大陸が大混乱に陥った時に、日本列島においては、倭国大乱[※41]が起こる。

日本列島で引き起こされた倭国大乱が、このA.D.一八〇年頃を中心とする気候変動に端を発した、東

アジアの政治・経済体制の変動の中で勃発した動乱であったことは、私[※41]が繰り返し指摘して来たことである。

日本列島では稲作農耕民の暮らす沖積低地において、大変動が見られた。とりわけ大阪府河内平野においては、弥生時代前期から中期にかけて大発展した三角州に立地する瓜生堂《うりゅうどう》遺跡などの巨大集落が、つぎつぎと放棄された。[※42]また近年、このA.D.一八〇年頃を中心とする気候悪化期は、遠く離れたグアテマラのユカタン半島でも存在する可能性が指摘されるようになった。[※24]この時代が世界的な気候悪化期に相当している可能性が高い。

「邪馬台国小温暖期」到来で邪馬台国発展

ところがその倭国大乱のあと、一人の女王を擁立して倭国がおさまった。それが卑弥呼である。倭国大乱の原因となったA.D.一八〇年頃をピークとする冷涼期が終わったあと、A.D.二〇〇年〜二四〇年の間は、中国大陸でも気象災害の発生件数は少なく、尾瀬ヶ原の花粉分析の結果も、温暖な気候を示唆している。邪馬台国の発展と倭国の平和は、この短期間の温暖期の産物である。私[※10]はこの小さな温暖期を「邪馬台国小温暖期」と名づけた。

ローマは繁栄のために森を収奪した

ローマにあるカラカラ帝の大浴場（図5―28）はまるで、炎の館だった。カラカラ帝の大浴場はローマ文明末期のA.D.二一七年に、たった五年間で完成した。

それは焼成煉瓦と石灰を交互に積み重ねて、一日に約八〇〇〇〇人近い人が利用できたという巨大な建築物だった。焼成煉瓦を焼くためにも、石灰岩を焼いて石灰を作るためにも大量の燃料が必要だった。浴場は一回二〇〇〇人近い人が二時間交代で一日四回利用した。一日延べ約八〇〇〇人の人が利用するためのお湯をわかし、スティーム暖房をするためには、たった一日だけで五〇のかまどで約四〇〇〇トン以上の材木が使用された。

図5―28　カラカラ帝大浴場（上）はA.D.217年に完成された。それはまるで炎の館だった。内壁は蒸気を逃がさないように焼成煉瓦と漆喰の厚い壁でできていた（下）

そのカラカラ帝の大浴場の廃墟に立つと、今でもがんがんと材木が燃やされ、体が熱くなるような錯覚を覚えた。そこは森のジェノサイド（大量虐殺）の現場だった。よくもここまで森を破壊し続けることができたものだと私は驚愕した。

ローマの都市システムは人々を魅了し、地中海世界の人々はきそってミニローマを各地に建設した。それはアメリカ型の物質エネルギー文明に憧れ、ミニアメリカの国家が世界各地に建設されている現代と同じである。

しかし、ローマ文明は自然との関係において人間の欲望をコントロールするという文明原理を文明の末期に放棄した。

現代文明は地下資源を徹底的に収奪

ひるがえって、現在から二〇〇〇年後に、もし我々の子孫がこの地球上にまだ生き延びて暮らしていることができたとしたら、「二〇世紀に繁栄をほこった石油化学文明は、よくもあそこまで激しく地下資源の石油やガスを収奪できたものだ」と言うであろう。

ローマ文明は森を徹底的に収奪し、現代文明は石油やガスの地下資源を徹底的に収奪している。自然の資源を一方的に収奪するという文明の原理は、森が石油に変わっただけで、二〇〇〇年前も現代文明もなにも変わっていないのである。

ローマ人には、生態系を管理する態度もあった

ローマの人々は、トラヤヌス帝にはじまるローマの最盛期の段階では、まだ、利用に適したモミ材だけを選択的に伐採していた。

ローマの発展には材木が必要であった。土木用材や建築材さらには船の材料としてもっとも好まれたのがモミの木であった。ローマ人はまっすぐで加工しやすく水にも強いモミの木を好んだ。

ローヌ川の中流にあるフラヴェール湖の花粉分析結果[※43]は、ローマ人がモミの木だけを選択的に伐採

していた事実を明らかにしている。二〇〇〇年前の年代測定値が得られた層では、モミ属の花粉が減少する。これは明らかにローマ人がモミの木を伐採したことを物語る。モミ属の花粉は飛来距離が小さいために、局地的な環境変化を把握できる。逆にブナ属の花粉は相対的に増加する。これはモミの木を伐採しても、ブナなどの落葉広葉樹は伐採することなくそのまま保全していたために、見かけ上の花粉ダイアグラムではブナ属の花粉が増加したのである。森林管理がこの時代すでに行われていたのではないか、と推測されている。

こうした初期のローマ人による森林の伐採は、アルプス以北にも及び、やはりモミの木を選択的に伐採し、それを川で筏に組んで下流の町にまで運んで利用していたことが明らかになっている。

こうした初期のローマ人による森林の伐採は、エーゲ海周辺の小アジアの地でも盛んに行われた。過度な乱伐はせず自然の生態系を管理する態度もあったのではないかと見なされている。

（3）なぜ、ローマ帝国は小さな気候変動で衰亡したのか

コインの銀含有量低下が帝国の衰亡を語る

そうしたローマの繁栄にも衰亡のきざしが見えはじめていた。その衰亡を端的に物語っているのがローマのコインの銀含有量である。

ローマは皇帝ネロ（A.D.五四～六八年）の時、ローマは大火災に見舞われた。その復興費用を捻出するために

A.D.六四年に皇帝ネロは銀貨の質を落とした（図5―29[※44]）。しかしそれは九八％の銀の含有量を九三％に落とした程度であった。しかしこの皇帝ネロ以来、それに続く皇帝達は経済危機のたびにコインの銀の含有量を落とすことによって国家財政の建て直しをはかることになった。

皇帝アントニヌス・ピウスの時代（A.D.一三八〜一六一年）までがローマがもっとも繁栄した時代であるが、そのローマの繁栄の時代は北緯三五度以南の属州が温暖湿潤な気候に恵まれていた。アントニヌス・ピウスの時代までは、コインの銀含有量はゆるやかに下降しながらも、なんとか激しい質の下落を食いとめている。

A.D.一八〇年前後にローマでペスト流行、東アジアは大動乱

ところがアントニヌス・ピウスの死後、パルティアとの戦争が引き起こされ、この戦争に参加した兵士が持ってきた疫病によって三分の一の人口が失われた。A.D.一八九年には一日二〇〇〇人もの人がローマで死亡したと言われている。これはおそらくペストであったと見なされている[※39]。そしてローマのコインの銀含有量はこの時代から急激に下落をはじめる（図5―29）。

このA.D.一八〇年前後のペスト大流行の時代の気候変動は、死海の年縞の分析結果には記録されていないが、その気候変動の証拠は日本列島の尾瀬ヶ原の花粉分析の結果、さらには水月湖の年縞の分析結果、さらには大阪府河内平野の微地形の変化、さらには遠くユカタン半島の花粉分析の結果からもその存在の可能性が指摘されていた（図5―27）。

A.D.一八〇年前後は、東アジアも大動乱の時代であった。中国では黄巾の乱がA.D.一八四年に起こり、日本でも倭国大乱が引き起こされていた。

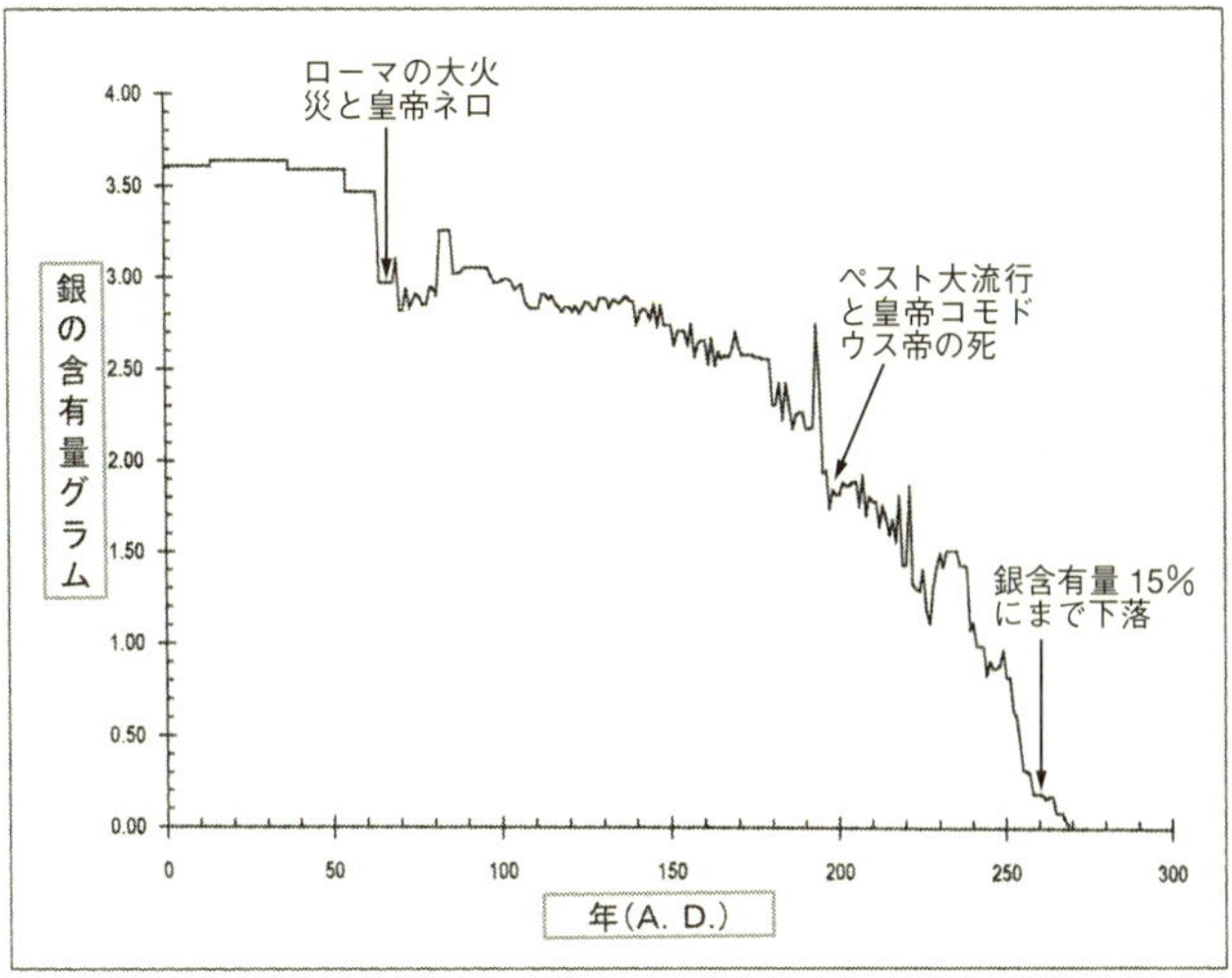

図５―29　ローマのコインの銀の含有量の時代的変化（Tainter and Crumely, 2007）※44

こうしたローマにおける疫病の多発の原因が気候変動にあることは明らかである。この疫病による人口の激減によってローマの辺境を守る軍隊も激減した。この時代以降、奴隷や剣闘士が兵隊に駆り出された。ローマのコインの質が低下することによってインフレーションも引き起こされた。エフェソスではパンの値段が二倍になった。

皇帝コモドゥス帝が亡くなった頃には、まだローマの銀貨はそれでも七三％の銀含有量を維持していた。しかしそのあとの皇帝セプティミウス・セルベルスは銀の含有量を五六％にまで下落させてしまった（図５―29）。そしてそれ以降、ローマのコインの銀含有量は底なしに下落していくのである。

A.D.二三五～二八四年のローマ衰亡時代は、気候が冷涼化し農業生産は減少した

A.D.二三五年から二八四年の約五〇年間はローマが衰亡する時代である。属州政府は荒廃し、戦争が多発し、それに対処する軍隊と官僚だけが増加し、そのための税金は膨れ上がった。その膨大な費用を捻出するために、ますますコインの銀含有量は低下し、A.D.二六〇年には銀含有量は一五％にまで落ち込んでしまった。破滅的なインフレーションが引き起こされた。そして政治は混乱し、この五〇年の間に二六人もの皇帝が現れては消えていった。

こうした政治と経済の混乱の中、A.D.二四〇年から二七二年の間にゲルマン人の侵入があいつぎ、そのいくつかはイタリア奥深くに侵入するものであった。A.D.二六七年にはゴート族がエフェソスを襲いディアナの神殿を破壊した。こうした異民族の侵入とともに再びA.D.二五一年～二六六年にはキプリアヌスの疫病がローマを襲った[※39]。

このA.D.二四〇年から顕著となるローマ衰亡の背景にも、気候変動が深くかかわっていた。死海の湖面はA.D.二四〇年頃には海面下マイナス三九〇m前後から、マイナス四〇五m以下にまで低下する（図5―24）。A.D.二四〇年頃から気候ははっきり悪化し、北緯三五度以南の地方では干ばつに見舞われるようになり、属州の農業生産は減少した。

農業に生産の基本を置き、国家財政の九〇％が農産物の収入から得られていたローマ帝国にとって、気候悪化による穀物生産量の減少は致命的であった。気候悪化による穀物生産量の減少、とりわけ中近東や北アフリカの属州の干ばつと疲弊は、税金の減収となって国家財政を逼迫させることになった。

冷涼化でゲルマン人がローマ侵入

こうした税金はゲルマン人の住む北方の守りにつく兵士達の給料として、金貨や銀貨で支給されるはずのものであった。皇帝はやむなくコインの銀含有量を減らすことによって財政の危機を乗り切ろうとした。コインの銀含有量は著しく低下し、結果的にローマの通貨の下落とインフレーションを引き起こしてしまった。

これまでのようにローマ市民であることは何の利益にもならず、国境の守りにつく兵士達の暮らしは窮乏し、ローマを守るローマ市民としての意識を喪失し、逃亡者が続出した。

さらに気候の悪化はゲルマン人たちの暮らすアルプス以北においては、気候の冷涼化となってゲルマン人達の暮らしを直撃した。国境を守る兵士達からはローマへの忠誠心は失われ、豊かさを目指すゲルマン人達が気候冷涼化で怒涛のようにローマ領内に侵入し、ローマは衰亡の坂道を転げ落ちていくのである。

A.D.二四〇年以降中国は三〇〇年にわたる動乱、死海は乾燥化

A.D.二四〇年頃以降、ふたたびきびしい気候冷涼期がやって来た。中国では気象災害が激増し、尾瀬ヶ原の花粉分析の結果ではハイマツの花粉が急増して気候が冷涼化したことを示している。さらに、水月湖の年縞の分析結果も、著しい気候の冷涼化を示唆している（図5―27）。

この気候悪化によって中国では匈奴《きょうど》、烏丸《うがん》、鮮卑《せんぴ》、氐《てい》、羌《きょう》などの五胡と呼ばれる牧畜民が大挙して北方や西方から華北へ侵入した。その規模は一〇〇〇万人に達する規模であったと指摘されている。※45

図5―30　ローマを衰亡に導いた、たった3cm前後の砂層で示される気候悪化

そして、中国は五胡十六国時代と呼ばれる三〇〇年にわたる大動乱の時代へと突入していくのである。

このA.D.二四〇年頃以降の気候の冷涼化は、死海の年縞の分析結果にも明白に記録されていた。死海では青灰色の厚い粘土層と鉄分の沈着した粘土層の互層からなる年縞は、A.D.二四〇年の厚さ三cm前後の砂層（図5―30）で突然中断する。砂層の堆積はA.D.二四〇年に死海の水位が急激に低下して周辺が砂の堆積するビーチになったことを示している。そしてA.D.二四〇年の砂層の上の年縞には、ふたたび白色の石灰を含むようになる。すなわちA.D.二四〇年を境に、死海の年縞は、青灰色の粘土層と鉄分の沈着した褐色の粘土層の互層からなる年縞から、白色系の石灰（アラゴナイト）と褐色の粘土層の互層からなる年縞へと変化するのである。

これは明らかにA.D.二四〇年以降、死海周辺が乾燥気候に見舞われたことを示している。夏季の乾燥が激しくなり、乾季に石灰（アラゴナイト）が湖底に堆積を開始したのである。

小さな気候変動がローマを衰亡させた

しかし、A.D.二四〇年の気候の悪化は、それ以前のミノア文明を衰亡させ、ヒッタイト帝国を崩壊させたB.C.一五〇〇～B.C.一二〇〇年の気候悪化に比べたら、比べようもなく小さな気候変動である。B.C.一五〇〇～B.C.一二〇〇年の砂層は厚さ一m近くに達するものであるが（図5―22）、このA.D.二四〇年の砂層はたった三cmにすぎない（図5―30）。そのわずか三cmの砂層を堆積させる気候変動によって、ローマ文明は衰亡の坂道を転げ落ちはじめるのである。

なぜほんの小さな気候変動がローマを衰亡へと導いたのであろうか。

地中海地域の森林を破壊し尽くしたために

それはカラカラ帝の大浴場で見たように、この時代までに大規模な森林破壊を行い、地中海地域の森林を破壊し尽くしていたからに他ならない。地球の資源を大規模に搾取する文明は、わずかな気候変動、たった三cm前後の砂層を堆積する気候変動によっても衰亡するのである。

すでに述べたように、ローマではA.D.二五一年～二六六年に、キプリアヌスの疫病が起こり、一日五〇〇〇人が死んだと言われ、ローマ市内でも多数の死者が出た。このA.D.二四〇年以降の気候悪化によって、西ローマは衰亡していった。

その西ローマ帝国の衰亡をもたらしたのは、気候悪化によるゲルマン民族などの帝国への流入と、ローマの穀倉地帯の干ばつであった。

A.D.二四〇年以降の気候変動は、アフリカ北部から地中海東部に大干ばつを引き起こし、農業生産力の低下をもたらして、ローマ帝国の食料事情を悪化させた。

鈴木秀夫先生[※40]は、「危機の三世紀」という佐藤彰一氏[※46]の一文を引用し、五世紀に繰り広げられるゲルマン民族の大移動以上に、この三世紀の気候変動が歴史的転換をもたらした意味を指摘している。三世紀の後半にはライン川右岸のローマ帝国の防衛線が突破され、ゲルマン人が南下し、その後にはスラブ人が侵入した。ゲルマン民族の大移動は、すでに三世紀後半にはじまっていたのである。その契機はA.D.二四〇年からはじまる気候悪化にあった。

濵王国はこの時代に完全に衰亡し、日本の弥生時代もまたこのA.D.二四〇年頃を境として大きく変化する。弥生時代が終わり古墳時代へと転換する時代は、A.D.二四〇年頃に置くのが妥当であろう。

A.D.二四〇年にはじまる気候悪化期

すでに阪口豊氏[※37]は尾瀬ヶ原の花粉分析の結果から、A.D.二四〇年〜七三二年までを古墳寒冷期と位置づけている。A.D.二四〇年をもって、弥生時代は終りを告げたと見るのが、環境史的に妥当であろう。

阪口豊氏はこのA.D.二四〇年を古墳寒冷期の開始期と命名した。

中国大陸ではこの時代以降、気象災害が多発し、北方から匈奴・鮮卑などの異民族が乱入して五胡十六国時代と呼ばれる大動乱の時代へと突入していく。阪口豊氏が世界で最初に発見したA.D.二四〇年に始まる気候悪化は、ローマ帝国をも衰亡させ、中国を大動乱の時代へ向かわせる世界史の転換に重要な役割を果たした。

一九五〇年代が現代文明の転換点

それを現代文明にたとえるなら一九五〇年代からはじまるアメリカの大量生産・大量消費の文明の拡大はローマ文明の最盛期にたとえられるであろう。世界の人口は一七五〇年代に一〇億人にも達していなかった。ところが一九五〇年代から急増し、今や六〇億人を超えている。とりわけ都市の人口が急増し四〇億を超える人々が都市に暮らしている。国内総生産の総計は一九五〇年頃から急増し二〇〇〇年には四〇兆米ドル近くにまで増大している。

海外への投資は一九五〇年以前はほとんどなかったが、中国北京のオリンピックがあった二〇〇八年には六〇〇〇億ドル以上に達している。化学肥料の使用量もやはり一九五〇年以前はほとんどなかったが、二〇〇八年には三〇〇〇億トン以上もの化学肥料が使用されている。

紙の使用量は一九〇〇年代以前は微々たるものであった。ところが二〇〇〇年には二五〇〇億トン以上もの紙が使用されている。マクドナルドのレストランはもちろん一九五〇年以前には皆無だったが、二〇〇八年には三万店を超えている。

車の台数は二〇〇八年には七億台以上に達し、海外旅行に出かける人は一九五〇年以前はほとんどまれだったが、二〇〇八年には毎年七億人以上に達している。[※2]

このことから明らかなように、一九五〇年代以前と以後では人間の活動様式に大きな変化があったということがわかる。それは第二次世界大戦が終わり、アメリカ型の大量消費・大量生産の物質エネルギー文明が世界を支配しはじめた一九五〇年代が、現代文明の一つの大きな転換点であったのである。

エネルギーとお金を投入すれば幸福になれるという神話はウソだった

私達は一九五〇年代以降、大量にエネルギーとお金を投入すれば、人々は幸福になれると信じてきた。日本のGDPと生活満足度を見れば、一九八〇年代前半までは、たしかにGDPの増大にともなって生活満足度も上昇していた。ところが一九八〇年代の後半に入るとGDPは増大しているのに、生活満足度は低下する一方となった。エネルギーとお金を投入すればするほど人は幸福になるという神話はウソだった。それはたしかに発展途上国の貧しい国にはあてはまった。しかし、豊かさをいったん享受した国は、いくらエネルギーとお金を投入しても人々は幸福にはならないことが明白になって来た。[※47]

そうした中で、中国やインドは、今まだ豊かさを求めて驀進している。彼らが生活に満足し、物質エネルギーとお金ではなく、もっと別の幸福を日本人のようにもとめはじめるまでには、長い時間がかかる。それまで地球の環境がもつだろうか。

カラカラ帝の大浴場完成に匹敵する北京オリンピックと上海万博

二〇〇〇年から顕著となる中国経済の発展は、欲望の暴走がはじまった時代であると言えるのではないか。カラカラ帝の大浴場の完成に匹敵するのが二〇〇八年の中国のオリンピックや二〇一〇年の上海万博であろうと私は見なしている。そしてカラカラ帝の大浴場が完成してから約二〇年後に、ローマは衰亡の坂道を転がり落ちたように、中国も二〇三〇年頃には衰亡の坂道を転がりはじめるのではないだろうか。

二〇三〇年頃に中国衰亡の兆候が明白になる

森を破壊し続けたローマ文明は、カラカラ帝の大浴場が完成してから約二〇年後のA.D.二四〇年にはじまる気候の冷涼化の影響を受け、衰亡の坂道を転げ落ちた。

ローマ文明が繁栄した時代はローマ温暖湿潤期と呼ばれる温暖な時代だった。ところがA.D.二四〇年から気候は冷涼化した。このA.D.二四〇年にはじまる気候冷涼化は、ローマの穀倉地帯だった北アフリカや東地中海沿岸に大干ばつを引き起こした。それはカラカラ帝の大浴場が完成してから約二〇年後の出来事であった。

同じく経済発展によって欲望の暴走がはじまった中国文明も、北京オリンピックや上海万博から二〇年後の二〇三〇年頃に衰亡の兆候が明白になるのではないだろうか。

その時の〝針の一刺し〟は気候変動である。欲望の限りにこの地球環境を搾取し続ける現代文明は、A.D.二四〇年のわずかな気候変動を契機に衰亡の坂道を転げ落ちはじめたローマ文明のように、二〇三〇年頃に顕著となる気候変動によって、衰亡への第一歩を踏み出すことになるのではあるまいか。

3　中世温暖期と古代東北の開発

（1）渤海と古典期マヤ文明の崩壊

万葉冷涼期から大仏温暖期へ

低地マヤにおける古典期マヤ文明が衰亡した時代に、実は日本や東アジア、それに北欧でも、激変が起こっていたことがわかってきた。

図5―31は、北川浩之氏[※48]による屋久杉の年輪の中に含まれる炭素同位体、^{12}C／^{13}C比の分析結果を示したものである。^{13}Cが多くなると水温が低下し気候が寒冷化したことを示す。^{12}Cが多くなると、水温が上昇し気候が温暖化したことを示す。木が地下水を吸い上げる際、水温が低い時は、たくさんの^{13}Cを含んだ水を吸い上げ、水温が高い時にはたくさんの^{12}Cを含んだ水を吸い上げる。そこで年輪の中に蓄積された^{13}Cと^{12}Cの比率から、過去の水温の変動や気温変動を復元することができるのである。

ちょうど大化改新や『万葉集』が編まれた奈良時代は、冷涼な時代であったことがわかる。つまり、大化改新は、寒い時代に行われたものだった。『万葉集』が書かれた時代も冷涼なので、この時代を「万葉冷涼期」と呼ぶ。これまでは「万葉寒冷期」と呼称していたが、「万葉冷涼期」とあらため[※10]る。ところが、奈良の大仏が作られる七四〇年頃になると、急激に気候は温暖化する。これを、私は「大仏

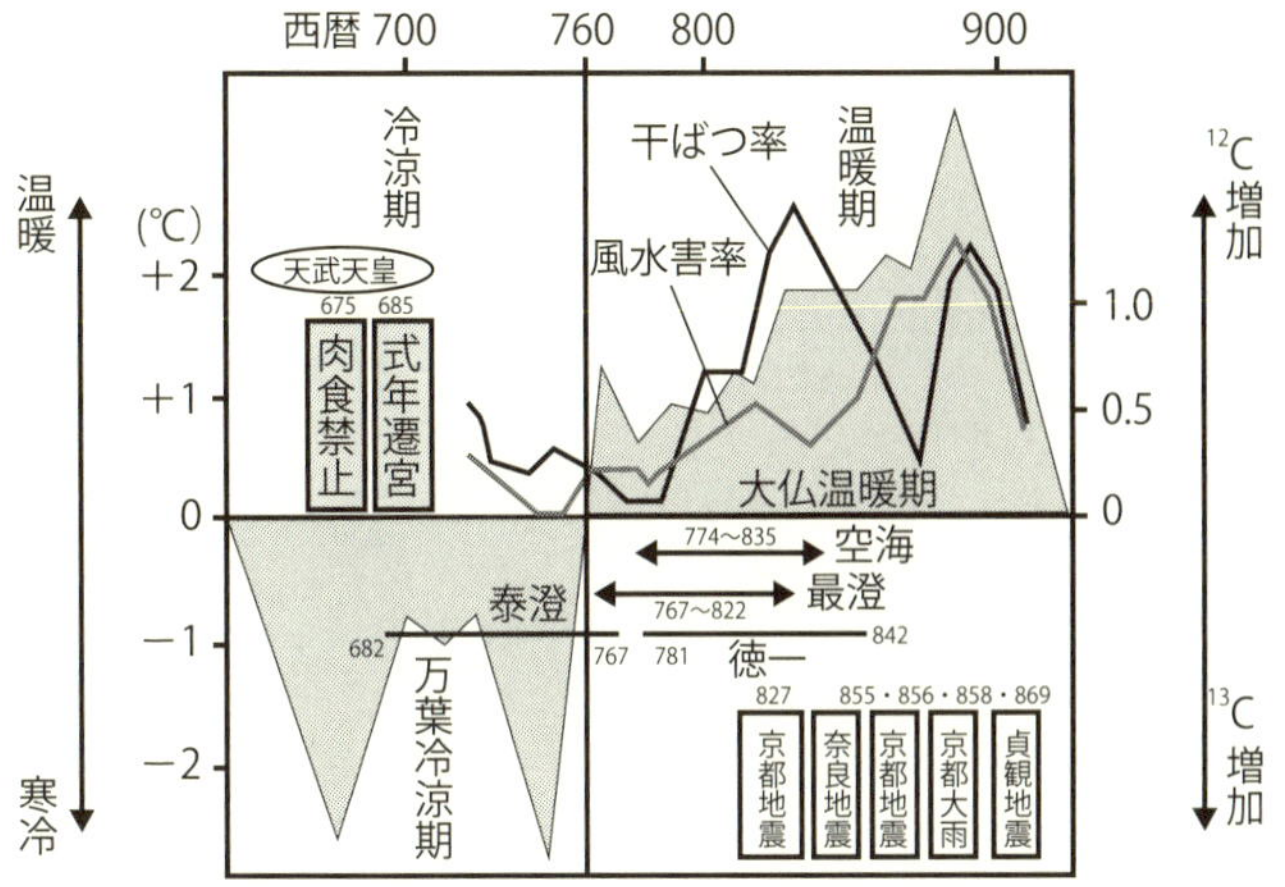

図5―31　中世温暖期の開始にともなって気象災害が多発するだけでなく地震も多発することが注目される（安田喜憲 原図）

温暖期」と呼んでいる。

温暖化すると風水害や干ばつそして地震が多発する

A.D.七六〇年頃には確実に「大仏温暖期」に突入する。

図5―31には、中塚良氏※49が古文書の記録から復元した京都の風水害と干ばつそして巨大地震の出現数を示した。七六〇年以降の気候の急激な温暖化にともなって、風水害や干ばつの被害が多発して来ることがわかる。風水害の率が、地球温暖化とともに高くなる。そして、なぜか巨大地震が多発する。マグニチュード9の大地震とされた八六九年の貞観の大地震も中世温暖期に起こっている。

地球が温暖化すると、風水害や干ばつそして巨大地震が多発する。それは、過去にあったことであるから、二一世紀の地球温暖化の未来にも確実に起こるということである。

「地球環境との関係において過去に引き起こされた事件は、必ず未来にも引き起こされる」。今、すでにその兆候はあちこちで見られる。日本やフィリピンさらにはカリブ海沿岸に、風速八〇mにも達する巨大な台風やハリケーンが来襲していることからもわかる。雨の降り方が局地的になり、時間降水量一〇〇㎜を超える集中豪雨はめずらしくなくなり、豪雨に襲われた隣りでは、まったく雨が降らず干ばつに見舞われるという気象災害が起きはじめている。そして巨大地震が多発しはじめた。それは、明らかに地球温暖化と何らかの関わりを持っているのであろう。もちろん巨大地震と地球温暖化の因果関係は現時点では明白ではないが、きっとどこかで深く関係していると思う。

温暖化の時代には伝統文化が再評価される

この地球温暖化の時代に、最澄や空海が生まれている。日本人の心を形成する上でも、地球温暖化はたいへん大きな意味を持っている。

「万葉冷涼期」の時代、大化改新が行われた時代は、大陸の文化が強い影響を持った時代であった。ところが、地球温暖化の時代に、最澄や空海さらに徳一などの山岳仏教徒が活躍する。その地球温暖化の時代は、日本の伝統的な文明や文化に対して再認識がはじまる時代でもあった。最澄や空海は、日本人が縄文時代以来持って来た自然への畏敬の念や、稲作漁撈民の水の循環系の思想に立脚した神仏習合の思想を構築した。そしてその神仏習合の思想が千年以上にわたって日本人の心の原点ともなった。

自然との共存を目ざす神仏習合思想の誕生

現代の地球温暖化の時代も、まさにそうした日本人の伝統的な世界観や文化さらには宗教観が、再認識される時代になっている。

「地球環境との関係において過去に引き起こされた事件は、必ず未来にも引き起こされる」という人類文明史の公理は、心との関係においても正しいことがわかる。

温暖化すると、なぜか日本人は自分達の文化や文明に強い関心を持つようになる。日本文明の見直し、日本文化の再評価が起こり、国風文化、お国ぶり文化という平安時代の文化へと発展していく。それは、多神教的文明への回帰でもある。

神仏習合の思想はまさに地球温暖化とともに誕生した思想だった。二一世紀の地球温暖化の世紀には、日本文明や日本文化が再評価される時代となり、神仏習合を代表する山岳信仰をはじめ、自然との一体感を感じ、自然と共存することに最高の喜びを置く新たな思想が誕生するに違いない。

「大仏温暖期」にはじまった古代東北の開発

A.D.七四〇年からの地球温暖化とA.D.七六〇年の「大仏温暖期」の開始によって進展したのは、古代東北の開発であった。

東北の開発というと聞こえはいいけれども、要は東北で穏やかに暮らしていた蝦夷の人々が、大和政権の支配下に組み敷かれていくのである。

古代大和政権の開拓前線は宮城県の名取川にあり、A.D.七一四年までは名取川をなかなか越えること

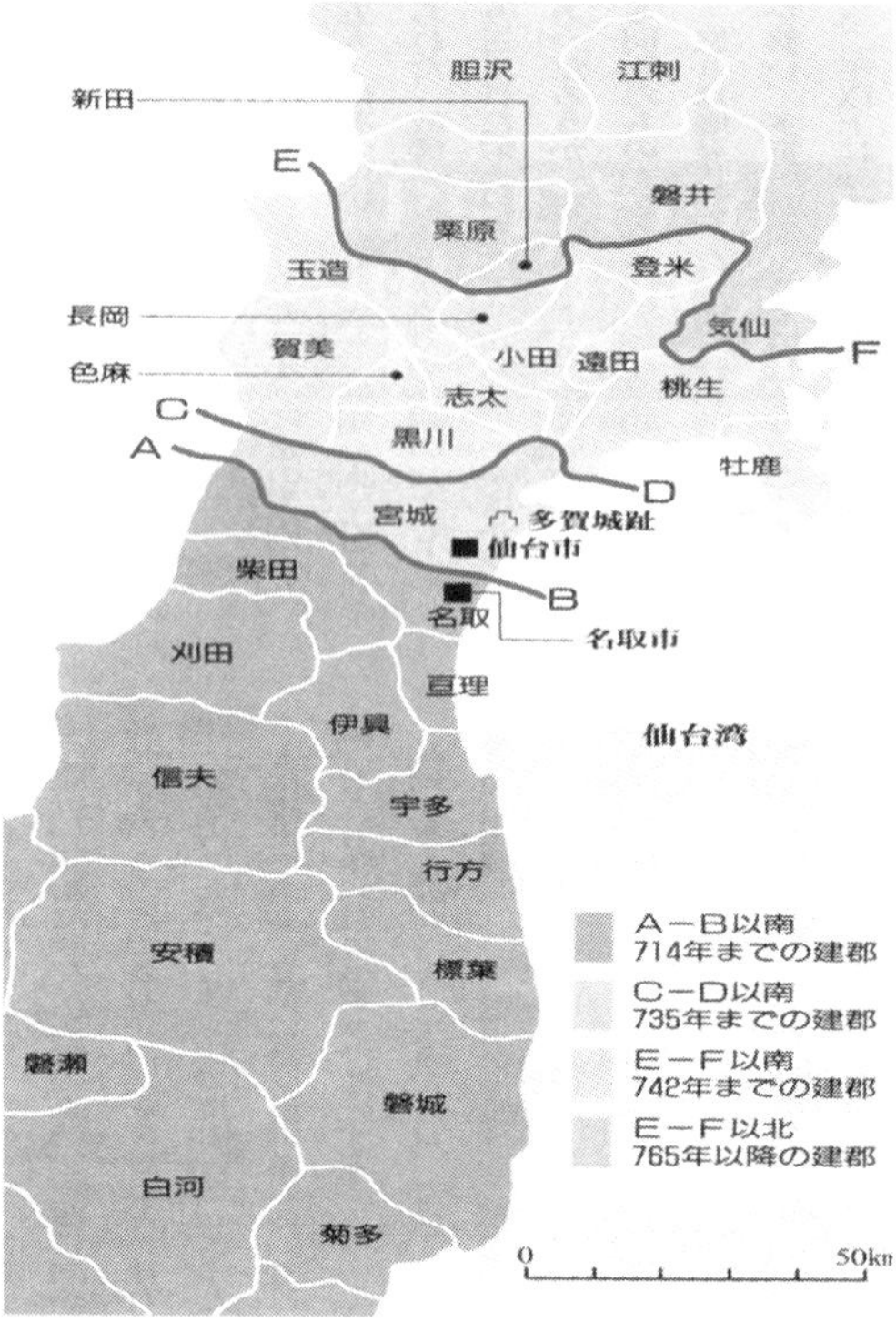

図5—32　古代東北の開発前線の北上は中世温暖期の賜物だった（安田、2004）※10

ができなかった（図5—32 A—Bライン）。東北の太平洋側は「山背」によって夏季の気温低下が起こり、稲作前線を北上させることが困難だったからである。多賀城は『続日本紀』の、A.D.七三七年の条にやっと多賀柵として登場する（図5—32）。

そして気候が温暖化に転じたA.D.七四二年の条には、黒川郡以北に二郡が存在するという記載があり、その開拓前線は玉造郡や登米郡などの仙北の平野にまで北上していることがわかる（図5—32 E—Fライン）。そして中世温暖期（大仏温暖期）に突入したA.D.七六五年以降は、さらに開拓前線が進み、胆沢《いざわ》や江刺《えさし》など岩手県南部にまで開拓前線が北上する。A.D.七六九年には二五〇〇人もの俘囚《ふとう》や百姓が開拓前線に送り込まれ、陸奥国伊治城に配置したという記載がある。

俘囚とは大和朝廷に帰順した蝦夷《えぞ》のことで、蝦夷でありながら大和朝廷の手先となり、軍事警察機能を行使して、蝦夷の人々の支配と統治にあたった。俘囚一人は軍団兵士の一〇〇〇人分に相当するとまで評価された。それは北九州の防人に対応するもので、東北の蝦夷に対処するための軍事警察機能を補完する役割を持っていた。[※50]

ここに「蝦夷をもって蝦夷を制す」という独特の政策がはじまるのである。大和朝廷は自らの手を汚すことなく、蝦夷出身の俘囚をもって、蝦夷を征圧する政策を断行したのである。

こうして、それまでは冷涼期だったためになかなか北上できなかった古代東北の開発が、A.D.七四〇年以降の地球温暖化とA.D.七六〇年以降の「大仏温暖期」の開始とともに、一気に開拓前線が北進したのである（図5―32）。

もちろんこれはあくまでも大和政権側に立った見方であって、支配される蝦夷の側から見れば、地球温暖化によって倭人が侵略して来たわけである。二一世紀もまた東北の豊かな大地や東北人のやさしい穏やかな心が、地球温暖化の中で、踏みにじられる時代となるであろう。

ところが、この開拓前線の北上が、一時的に中断される時代がある。それが、図5―31の屋久杉の炭素同位体比のグラフに明示されているA.D.九二〇年頃、気温が下がる冷涼化の時代である。

「大仏温暖期」における渤海との交流

「大仏温暖期」の時代に、現在の北朝鮮にある渤海《ぼっかい》という国が、盛んに日本と交流していた。計三六回も来朝している。[※51]

渤海が朝鮮半島を経て日本へやって来るには、いくつか航路があったが、その代表的なものは青森県十三湊に向かう北回り航路、直接能登半島や福井県の敦賀にやって来る中回り航路、そして朝鮮半島を南下して博多や出雲に向かう南回り航路である。

渤海の使節は冬の北西季節風に乗って日本にやって来て、夏の南西モンスーンに乗って帰って行った。福井県敦賀の松原客館は渤海使が滞在した場所である。帰国にあたっては能登半島の福浦港からよく出航した。それは、ここが森林資源に恵まれ、材木がたくさんあるので、舟を修理できたからである。

敦賀の松原客館にしばし滞在したあと、渤海使は京の都へ向かった。彼らが持って来たものは、主として毛皮や朝鮮人参であった。そして、帰りには絹などさまざまな日本の特産品を持って帰っていった。現在では、北朝鮮と日本は没交渉であるが、「大仏温暖期」のこの時代には、渤海と日本の間には親しい交流があって、渤海使は何度も往復していた。

突然滅亡した渤海国の謎

ところが、この渤海という国が突然、A.D.九二六年に滅亡する。なぜ渤海が突然滅亡したのであろうか。その原因は何か。

すでに第二章で述べたように、まず最初に注目されたのが白頭山の大噴火の影響だった。渤海国には白頭山という火山がある。渤海の遺跡はこの白頭山の火砕流の堆積物に覆われていた。

火砕流の年代を放射性炭素年代で測定するとA.D.九二〇年±二〇年という値が得られた。白頭山が噴火した年代は渤海が滅亡した時代にきわめて近い。そこで「渤海は東洋のポンペイではないか」と、みんながいろめきたった。イタリアのベスビオ火山の大噴火によって一瞬にして火山灰の下に埋もれたポンペイの町のように、渤海国もこの白頭山の大噴火によって滅亡したのではないかと考えたのである。

その後、私達は、青森県小川原湖や秋田県一ノ目潟の年縞を一枚一枚ていねいに分析し、年代を測定し、白頭山の火山灰を探した。そして厚さ三ミリほどの白頭山の大噴火の火山灰が見つかった。

しかし白頭山の大噴火の火山灰が見つかったのは、渤海が滅亡後の年縞の中であった。つまり、白頭山の大噴火は渤海滅亡後のA.D.九二九年から九三七年の間に噴火していたことがわかったのである。

渤海滅亡の原因は九二〇年頃の冷涼化

たしかに白頭山の火砕流は、渤海の遺跡を覆っていた。放射性炭素年代で年代を測っても、A.D.九二〇年±二〇年というように、ほぼ渤海が滅亡したのと同じ時代だった。そこで白頭山の大噴火が渤海滅亡の原因ではなかったかと考えられたのだが、実はそうではなかった。

白頭山の大噴火は、年縞で詳しく見ると、渤海滅亡後に起こっていたのである。

では、なにが渤海滅亡の原因であったのか。年縞に含まれる珪藻や粘土鉱物を調べた結果、A.D.九二〇年頃は厳しい気候の冷涼期である可能性が高くなって来た。その気候悪化は低地マヤの古典期マヤ文明を衰亡に導いた気候変動とリンクしているのかもしれない。

それではこのA.D.九二〇年頃の気候冷涼化の原因は何か。

図5―33　十和田カルデラ湖。915年の十和田カルデラの大噴火は東北地方のみでなく日本の古代社会の崩壊と古典期マヤ文明の衰亡にも影響をもたらした可能性がある

十和田カルデラの大噴火で世界的に冷涼化した

秋田県一ノ目潟の年縞には、実はもう一つ大きな火山噴火が、白頭山の火山灰の前に記録されていることが明らかとなった。それはA.D.九一五年の十和田カルデラの大噴火である。

　この十和田カルデラ（図5―33）の大噴火は、火山灰が東北地方北部を覆う古代最大の大噴火であった。この十和田カルデラの大噴火のあとにつづく、白頭山の大噴火によって、気候が冷涼化したのではないか、というシナリオが見えはじめて来た。

　まだこれはあくまでも現時点における仮説であるが、A.D.九二〇年頃から顕著となる気候冷涼化で、渤海国は滅亡した可能性が大きくなってきたのである。しかもその気候の冷涼化は、A.D.九一五年の十和田カルデラの大噴火と、A.D.九二九年から九三七年の白頭山の大噴火が関係がありそうなのである。

　このA.D.九二〇年頃から顕著となる気候悪化は、A.D.九四〇年頃まで継続する。東北ではA.D.九三九年に出羽の俘囚の反乱（天慶の乱）が起こり[※50]、それに連動するかたちで、関東では平将門の乱（九三九年）が、西国では藤原純友の乱（九四〇年）がこの時代に引き起こされる。このA.D.九二〇～九四〇年頃の気候悪化に、十和田カルデラと白頭山の大噴火が関係していたのではないか。

東北の俘囚の反乱は、かつて蝦夷を征圧するために派遣された人々が、在地の人々と結集して中央政府に反乱をしかけたということである。こうした東北の俘囚の反乱、東国の平将門や西国の藤原純友の乱は、世界的な気候悪化によって、地方が疲弊したことによって引き起こされた反乱ではなかったか。

（2）日欧の中世温暖期と古代東北の開発

前九年の役と後三年の役は東北大開墾によって引き起こされた

渤海を滅亡に追い込み、東北地方や関東で天慶の乱や平将門の乱を引き起こしたA.D.九二〇年頃からの気候冷涼化は、A.D.九八〇年頃から一転して温暖化し、中世温暖期の極期と呼ばれる温暖期のピークに突入する。

この中世温暖期に東北地方は大開墾時代をむかえる。秋田県一ノ目潟の年縞堆積物の花粉分析の結果[※52]は、A.D.一〇〇〇年頃から大規模な森林破壊がはじまったことを明らかにしている（図5―34）。

男鹿半島周辺のスギ林がまずA.D.一〇〇〇年頃に一〇分の一にまで減少する。それから一五〇年後のA.D.一一五〇年頃、今度はブナが五分の一にまで減少する。かわってイネ科やヨモギ属などの草本花粉が急増する。これは明らかにA.D.一〇〇〇年頃に、まず男鹿半島の低地に生息していた杉林が破壊され、

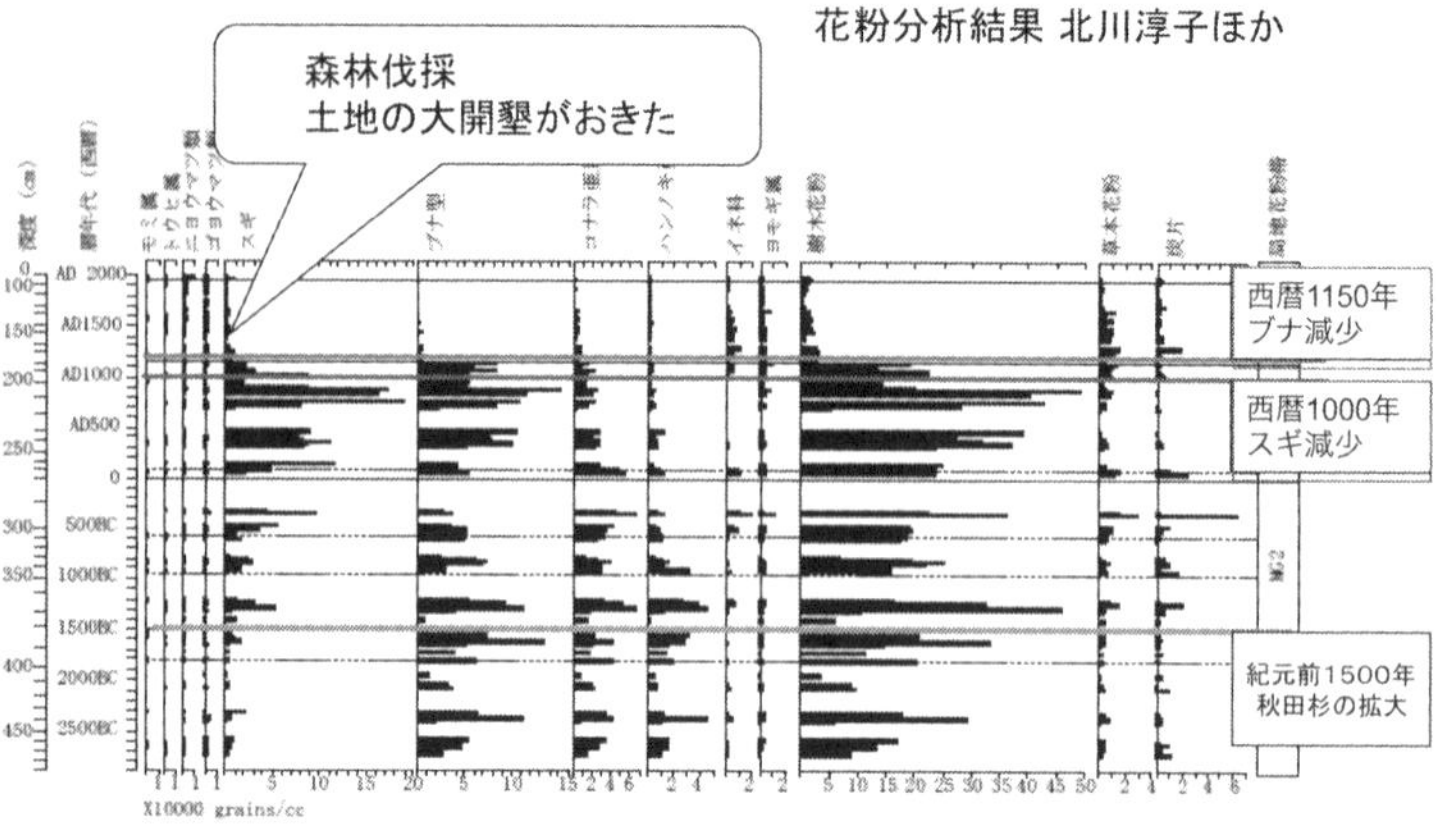

図5—34　秋田県一の目潟の花粉分析結果。単位体積あたりの花粉数で周辺植生を復元すると、西暦1000-1150年に大森林の破壊があったことがわかる（Yasuda et al., 2012）[※52]

農耕地に変わっていったことを示す。さらにそれから一五〇年後のA.D.一一五〇年には、より海抜の高い所に生育するブナの森までが大規模に破壊されたことを示している。

A.D.一〇〇〇年からA.D.一一五〇年の間の一五〇年間は、秋田県北部の森が大規模に破壊され、東北地方北部の日本海側の大開墾が進行した時代だった。豊臣秀吉の秋田の天然杉の伐採は有名な史実であるが、秋田杉はそれより五〇〇年以上前から、大規模に伐採されていたのである。

この大開墾の時代に、前九年の役（A.D.一〇五一年～一〇六二年）と後三年の役（A.D.一〇八三年～一〇八七年）が起こる。

これまで前九年の役や後三年の役は、ややもすれば貧しい東北の人々が反乱し、源氏に支配される戦争という色合いで見なされていた。天慶の乱と同じように搾取された蝦夷の人々の反乱としてとらえられていた。

しかし前九年の役と後三年の役が引き起こされた時代は、中世温暖期の極期に相当し、東北の開発が進展した時代で、東北の豊かな資源と富が白日のもとにさらされ、東北がもっとも豊かな時代であったことが明らかとなって来た。

その豊かな東北の資源に目をつけたのが源頼義や源義家だった。源頼義や義家は東北の豊かな財宝を手に入れるために東北に進出して来たのである。

その時にも、「蝦夷をもって蝦夷を制す」という大和朝廷以来の戦略が用いられた。源頼義は胆沢城「鎮守府」を根拠地とする安倍頼時・貞任・宗任と、出羽の清原光頼・武則を対決させることによって、たくみに勝利を得た。そして源頼義は鎮守府将軍をかね、莫大な富を手に入れたのである。

同じことは後三年の役の時にも繰り返された。後三年の戦いを主導した源義家の狙いも東北の豊かな富であった。

中世温暖期極期への突入が日本中世社会を成立させた

前九年の役と後三年の役によって、武士を中心とする武家社会が確立し、時代は大きく中世へと移行する契機となった。その中世社会のはじまりは、A.D.九八〇年から明白となる中世温暖期の極期の開始にあった。

古代社会の終焉をもたらしたのはA.D.九二〇年からA.D.九四〇年頃の冷涼期であり、この時代に渤海が滅亡し、天慶の乱や平将門の乱そして藤原純友の乱が起こった。これは日本の社会が古代社会から中世社会へと移行することを物語る社会的な混乱であった。古代社会が終わり、はっきりと中世社会に

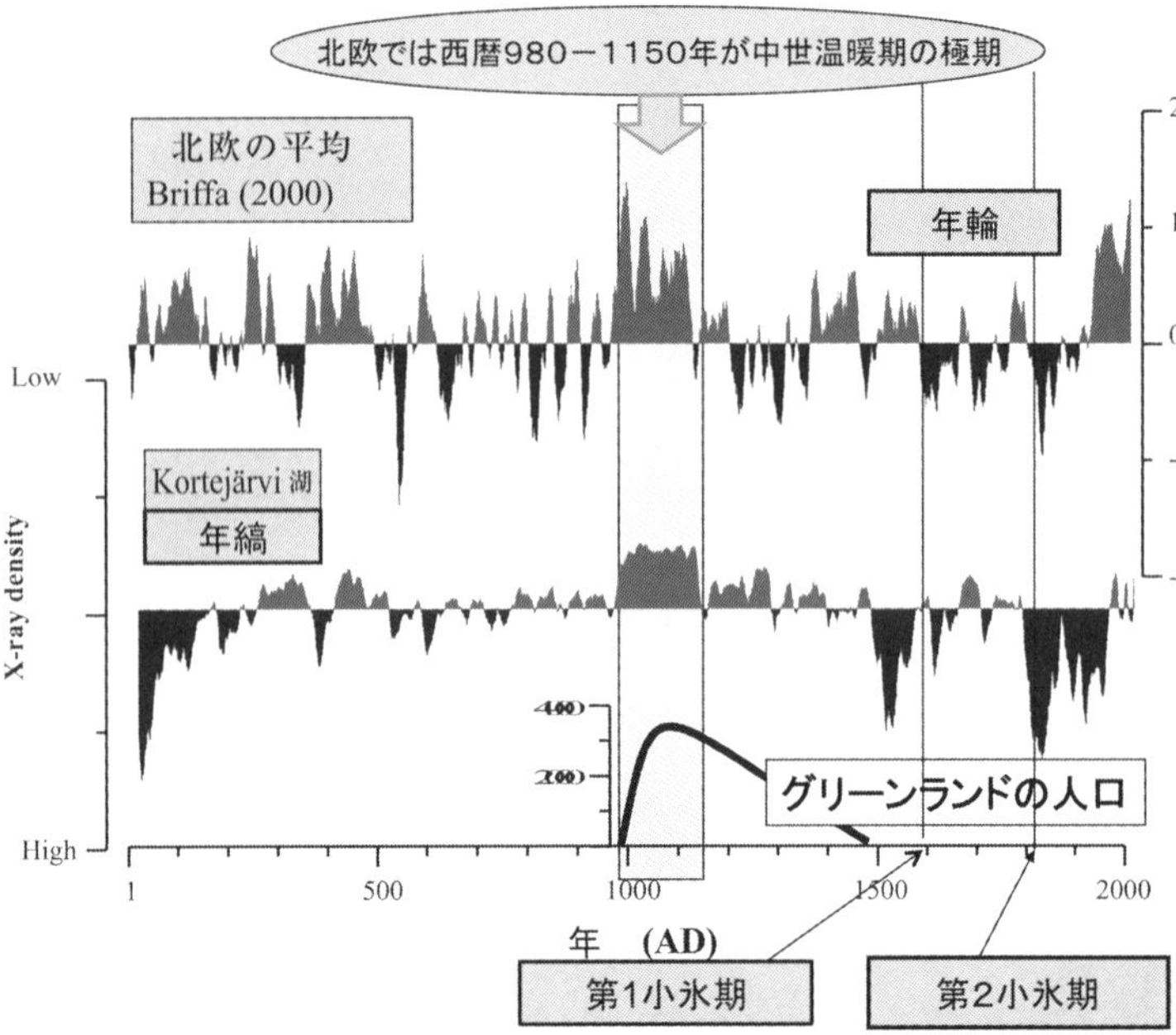

図5—35　フィンランドを中心とする北欧の気候変動。西暦980－1150年が北欧では中世温暖期極期にあたることが示されている（Halita-Hovi et al., 2007）[※53]

突入するのは、A.D.九八〇年の中世温暖期の極期の開始期をもってである。

　歴史学者の間でも一〇世紀の段階を中世の成立期と解釈する見解が一般的になって来た。[※27]

　A.D.九二〇年からA.D.九四〇年の間の渤海の滅亡をもたらした冷涼期が、古代社会の終焉に深くかかわり、A.D.九八〇年以降の中世温暖期の極期の開始が、日本中世社会の成立に大きな役割を果たしたのである。

バイキングがグリーンランドに入植

A.D.九八〇年頃からはじまる中世温暖期極期が、フィンランドの年縞の分析の結果から明瞭に明らかになっている。

図5―35はT・ザーリネン博士らがフィンランドの年縞の分析から明らかにした気候変動の結果である。[※53]

気候はA.D.九八〇年から急激に温暖化し、A.D.一一五〇年までの間、北欧やグリーンランドは温暖な気候に覆われる。

この時代をヨーロッパでは中世温暖期極期と呼んでいる。

このA.D.九八〇年頃からの温暖化によって活躍したのがバイキングである。バイキングはグリーンランドに到達し、さらに大西洋を越えてアメリカにまで行った。バイキング（図5―36）がグリーンランドを発見した時、地球温暖化によってグリーンランド南部の海岸は緑の森に覆われていた。それは緑の大地、グリーンランドだったのである。

グリーンランド南西部のナラスク一帯には、中世温暖期極期には、多くの人々が居住していた。当時の人口は四〇〇〇人近くに達していた。グリーンランドのナラスク地方には巨大な教会が建てられ（図5―37下）、人々の開拓と入植が進んだ。

当時の教会の大きさは現在の教会の数倍の大きさであり、当時の人口の多さがうかがわれる（図5―37上）。そしてヒツジやヤギを連れたバイキングの人々の入植によって、周辺にあった森は破壊されていった。

ナラスクとはイヌイット語で「森のフィヨルド」という意味である。かつてはここに豊かな森があったのだ。しかし、もちろん現在は森の片鱗さえ残っていない。すべて人間によって破壊されてしまっ

図5―36　グリーンランド南西部のナラスク地方では、観光客のためにバイキング時代の生活を復元している

図5―37　ナラスク地方の中世温暖期の大きな教会の土台（右手前のコの字型に盛り上がった部分）と現在の小さな教会（左奥）（上）。ナラスク地方の放棄された教会（下）

たのである。

冷涼化するとモンゴルなど遊牧民が大活躍する

この中世温暖期極期を過ぎたあと、A.D.一一八〇年頃から気候が一時的に冷涼化した（図5―38）。その時に、モンゴルが大活躍するのである。中世温暖期の中にポコリ、ポコリと冷涼な時代がある。この短期間の冷涼期が、地球の大異変に繋がり、文明に大きな影響を与えた。

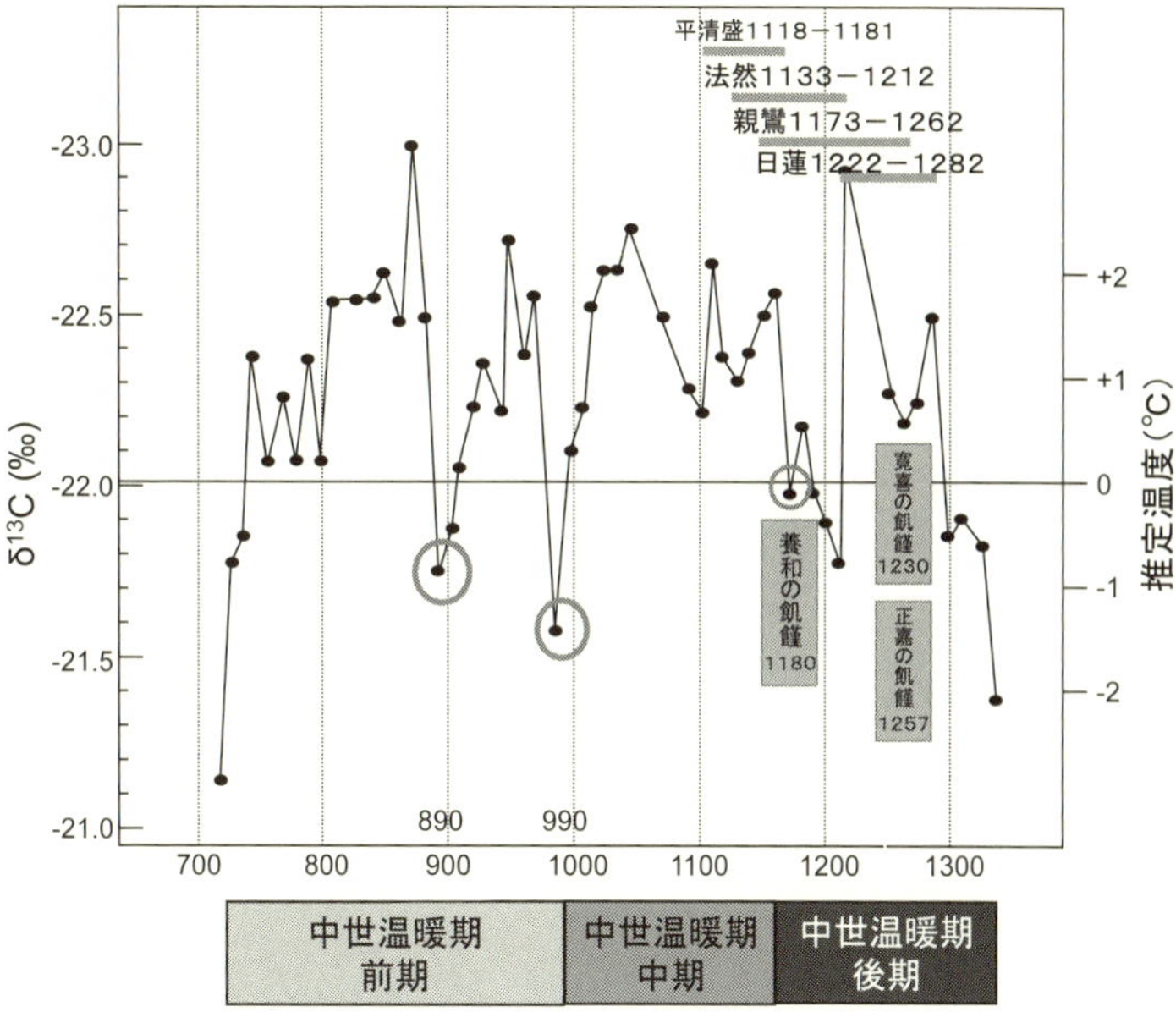

図５－38　中世温暖期の気候変動と鎌倉仏教（安田、2013）

A.D.九〇〇年頃の冷涼期に、渤海が滅亡した。そしてA.D.一〇〇〇年頃の冷涼期では、セルジュク・トルコなど遊牧民が大活躍した。A.D.一一八〇年頃の冷涼期は、モンゴルが世界を席巻するきっかけを与えた。これ以降、モンゴルは怒濤の如くヨーロッパへ侵略をはじめる。

こうした中世温暖期の短期間の冷涼期のあとにはふたたび温暖期がやって来た。しかし中世温暖期が終わったあと、A.D.一四五〇年頃から、気候は急激に冷涼化し、小氷期と呼ばれる時代に突入する。

この気候冷涼化によってグリーンランドでは人間の居住が困難となり、これまであった巨大な教会も放棄され、人々は村を捨てて居住地を放棄した。

図5―39　中世温暖期の終焉とともにグリーンランドにやって来たのはイヌイットの人々だった（左）。森が完全に消えたナラスク地方の海岸の風景（右）

現在のナラスク周辺には、こうして放棄された巨大な教会跡や住居がいくつも残っていた（図5―37下）。そしてその後やって来たのが、イヌイットなどの海獣の狩猟を主たる生業とする人々であった（図5―39）。

中世温暖期は、中世温暖期前期と中世温暖期中期（極期）及び中世温暖期後期に区別されることが明らかとなってきた。中世温暖期後期は、たびたび気象災害や巨大地震に見舞われる不安定な時代で、庶民はたびかさなる飢饉に直面した。そうした不安定な時代に、庶民を苦しみから解放する新しい宗教が誕生する。それが法然や親鸞、栄西や道元さらには日蓮や一遍という天才達による鎌倉仏教の創出であった（図5―38）。これについては安田喜憲『環境考古学への道』[※54]で詳しく述べたので、ご参照いただければ幸いである。

4　ヨーロッパにおける小氷期の気候悪化と魔女裁判

（1）冷涼化とペスト大流行

ペスト大流行の背景は気候の一時的冷涼化

ヨーロッパが発展期に入るのは、一一世紀からである。A.D.一〇〇〇年頃からヨーロッパの人口は増大局面に入った。[※55]一一世紀以降、ヨーロッパは大開墾時代に突入する。これによって、ヨーロッパ平原の大森林が切り開かれて、ヨーロッパの人口は急増していく。一〇世紀の段階では四〇〇〇万人だった人口は、一二世紀に五〇〇〇万人、そして一四世紀には七〇〇〇万人を突破した。[※39]

中世温暖期の後半の温暖期を契機として、アルプス以北に開墾の手が広がり、それにより、ヨーロッパの人口が急増したのである。ところが、A.D.一三〇〇年を境として、突然、人口が激減する。なぜ、ヨーロッパの人口が激減したのか。それは、A.D.一三四〇年以降、ヨーロッパでペストが大流行したからである。ヨーロッパのペストの大流行によって、ヨーロッパの人口は七五〇〇万人前後からいっきに五〇〇〇万人前後にまで激減した。

ヨーロッパのペスト大流行のはじまりは、コンスタンチノープル（イスタンブール）周辺だったと言われる。A.D.一三四七年にヨーロッパのシチリアにペストが上陸すると、瞬く間に翌年はアルプスを越えてイギリスにまで到達した。そしてドイツにも到達し、やがてヨーロッパ全土を覆ってしまった。そのペスト大流行の背景には、気候の冷涼化があった。

中世温暖期が終わったあと、気候が一時的に冷涼化する。この一時的冷涼期に、ヨーロッパではペストが大流行したのである。

ウィルスと気候変動の深い関係

現在でもエボラ出血熱、西ナイル熱、あるいは鳥インフルエンザをはじめ、異常な病気が拡散する時代は、いずれも気候変動期と対応する。気候が温暖化したり冷涼化する時代には、なぜかウィルスをはじめとする病原体は拡散する。ウィルスは、動物や人間に寄生しなければ生きられない。その人間の文明盛衰とウィルス・気候変動は深い関係を持っている。少なくともヨーロッパのペストは、冷涼期に大発展した。

ペストはノミを介して感染した。ペストが大流行する背景には、実はノミを媒介するクマネズミの存在があった。ペストにかかったクマネズミの血を吸ったノミが、人間の血を吸うことにより、ノミからペスト菌が人間にうつる。けれども、その背景には気候の悪化と同時に、もう一つ重要なことがあった。それは、森の破壊である。

森林資源が枯渇する中での小氷期の到来

ヨーロッパでペストが大流行した一四世紀は、激しく森が破壊された時代でもあった。ペストが猛威をふるった時代の一つは一四世紀、そしてもう一つのピークは一七世紀の第一小氷期の時である。一四世紀にペストが猛威をふるったあと、ヨーロッパで再びペストが猛威をふるうのは、一七世紀の第一小氷期と呼ばれる冷涼期だった。この時代に、もう一度、ペストが猛威をふるう。屋久杉の年輪の分析結果も、北西ヨーロッパの年輪の分析結果もともに、A.D.一六〇〇年から気候が冷涼化した事実を示している。

一七世紀にヨーロッパの森林は破壊され尽くした

この第一小氷期と呼ばれる冷涼な時代のイギリスは、最も森が破壊された時代に相当する。森林資源が枯渇し、木材価格が高騰した。そして、同時にコムギの価格も高騰した。

当時はまだ木綿はなく、衣類は羊毛であった。しかし、毛糸は濡れるとなかなか乾かない。それを乾かすためには、暖を取る薪が必要である。暖かい暖炉で、セーターを乾かさなければならない。その上、コムギの価格が高騰した。それは、気候が冷涼化して生産性が低下しただけではなく、森林資源が枯渇したためである。[※56]

一七世紀の段階で、ヨーロッパの森は徹底的に破壊され尽くしていた。たとえば、イギリスでは全森林の九〇％が破壊され、ドイツでは七〇％、スイスでも九〇％もの森が破壊されたのである。今、スイスへ行くと、豊かな森が見られるが、それは一八世紀以降、人間の手によって植林されたものである。一七世紀の段階で、スイスの森は徹底的に破壊されていたのである。

こうしてペスト大流行の舞台装置が完成した

では、森林資源が枯渇すると、なぜコムギの価格が高騰するのであろうか。森林資源が豊かな間は、ムギを収穫する時、穂だけを刈り取って、残りの麦藁は畑に残した。それが翌年の肥料になって土地の地力が維持された。

ところが、森林資源が枯渇すると、農民は翌年の肥料になるべき残った麦藁をも全部家に持ち帰り、燃料として使ってしまった。そのため、地力が低下した。その上、冷涼な気候でムギの収穫量も低下した。

そしてこの森の破壊が、ペストを媒介するクマネズミの繁殖を助けたのである。森がなくなることが、誰にとっていいことであったかというと、クマネズミにとっていいことだったのである。クマネズミの天敵は、オオカミやキツネあるいはフクロウである。これらのネズミの天敵になる動物の住処となる森が失われた。おまけにこの森に住むオオカミやフクロウは、キリスト教徒からは「森の悪魔」と見なされて、徹底的に殺された。こうしてクマネズミの天敵がいなくなり、おまけに畑はクマネズミにはかっこうの生息地を提供した。クマネズミにとってはまたとない絶好の生息環境が広がり、ペスト菌を媒介するクマネズミが大繁殖した。こうしてペストが大流行する舞台装置は完成したのである。

パンの値段が高騰し、貧しい人々は十分な栄養をとることができなくなった。十分な食糧もなく、免疫力が低下し、抵抗力が落ちているのに、薪もなく、湿った羊毛の服を乾かすこともできない。そこへノミが大繁殖した。さらに森の破壊でクマネズミの数が急増し、ペストにかかったクマネズミから、ノミがペスト菌を人間に感染させやすい状況が生まれ、ペストを大流行させる原因となったのである。

図5—40　1615年頃のオランダの運河は凍結した（A. van de Venne　画）

図5―40は、W・シェークスピアが死亡する前年のA.D.一六一五年頃の第一小氷期当時のオランダの風景を描いたものである。現在、オランダの運河が凍ることはない。画面では凍った運河の上を皆がソリで滑っている。運河で使用された舟も凍っている。オランダは運河の国だが、その運河が凍りついてしまったのである。いかに第一小氷期の気候の冷涼化が厳しいものであったかがわかる。

一四世紀と一七世紀のヨーロッパでペストが大流行したのであるが、その背景には、森林資源の枯渇と気候の冷涼化が深くかかわっていたのである。

ローマ人、イスラム教徒は浴場好きなのにキリスト教徒は入浴に無関心だった

ペストが大流行した背景にはもう一つヨーロッパの人々の重要な生活習慣が関係していた。それは風呂に

も入ることなく不潔きわまりない生活をしていたということである。キャスリン・アシェンバーグ[※57]はその興味深い事実を紹介している。

一二世紀の大開墾時代に森の悪魔と闘い、森を開拓する尖兵になったのはキリスト教の修道僧達であった。宣教師達は開拓の尖兵となって森を開拓し教会を作り、町を作る上で大きな貢献をした。ヨーロッパ平原を覆っていた樹齢千年もあるようなヨーロッパブナやナラの巨木の森はこうして破壊されていったのである。

その開拓の尖兵になったキリスト教徒は、衛生観念にまったく無関心であった。それ故、風呂に入って体を洗うというような習慣もなかった。ローマ人は浴場が大好きであった。ところがローマ文明の衰亡に一役買ったキリスト教徒は、入浴にはまったく無関心であった。同じ砂漠の宗教であってもイスラム教徒は性器までこまめに洗う習慣を持っていたのに対し、キリスト教徒はそうした体を清潔に保つことには無頓着だった。

イスラム教の国トルコの浴場は有名であるが、トルコ語でハマムと呼ばれるこの浴場はトルコ各地にある。それはオスマントルコが町を占拠した時にはかならず共同浴場を建設したからである。

私は何度もハマムに行ったが、まずパンツを着用して入浴することに驚いた。中央には大理石の大きな浴槽があり、周囲の蛇口からは水とお湯が流れて蒸し風呂で火照った体を洗うようになっている。屈強なマッサージの男によって全身がばらばらになるまで揉みほぐされる。ローマの浴場が混浴であったことをのぞけば、ローマの浴場もこんなものであったのかと思わせる風情がただよっていた。

十字軍遠征で中世ヨーロッパにトルコ風呂の知識が伝わった

こうしたイスラム教徒の入浴の習慣がヨーロッパに伝播したのは、十字軍遠征によってである。トルコ風呂の知識がヨーロッパに伝わると、中世ヨーロッパの世界にも入浴が広まっていった。一三世紀に七万の人口のあったパリには二六の浴場があり、一四世紀のロンドンには少なくとも一八の浴場があったとキャスリン・アシェンバーグ※57は述べている。

風呂は危険なもの、避けるべきものに変わる

ところがこの浴場の隆盛に決定的なダメージを与えたのがペスト大流行だった。当時の医学では、恐ろしいペストは毛穴などの体の表面にある穴を通して体内に侵入すると、考えられていた。湯浴みによって毛穴を開き皮膚をやわらかくすることは、最も危険な行為と見なされたのである。湯を介して悪いものが体内に入り込み、湿気で皮膚の表面の穴が開き、病気が入り込む。

こうしてこれまであった公衆浴場はつぎつぎと閉鎖され、人々は風呂に入らなくなったのである。

こうした考えは一八世紀初頭まで続いた。ローマ以来、湯浴みは体を清潔にして気持ちのいいもの、快楽を与えてくれるものであったのに、このヨーロッパにいたって、お風呂は危険なもの、どんなことをしても避けるべきものに変わってしまったのである。

そして垢や分泌物は体に保護膜を作り、病気の進入を防ぐとまで見なされていたのである。

王や王妃はめったに入浴しなかった

それは身分の高い人ほど顕著であり、「王や王妃はいちばん貧しい小作農と同じくらいめったに風呂には入らず、女性は骨か革でできたコルセットを一〇年も二〇年も洗わずに身につけ、キルトの布でできたアンダースカートも洗わないままで、べっとりとした汚いぼろ布になるまで着続けていた。男だろうが女だろうが、おたがいの垢や排泄物の悪臭が常につきまとう暮らしをしていたのである」※57。

女性は性器を洗うことさえなかった。ハムレットの暮らしも、ロミオとジュリエットの愛の行為も、すさまじい悪臭の中で営まれていたのである。悪臭が消え、美しい物語だけが残った今、人々はロミオとジュリエットの悲恋に涙するのであるが、シェークスピアの劇も、当時の悪臭を再現しながら味わってみたら、また違ったものになるのではあるまいか。

悪臭は殺戮や裏切りさらには猜疑心という、人間の心の闇の深さにも通じるものがあるような気がする。

こうして不潔な体にはますますノミが繁殖し、ペスト大流行が引き起こされたのである。

森林が消滅し公衆浴場の維持が困難になった

一六世紀から一七世紀にヨーロッパの公衆浴場が閉鎖されていった背景には、以上のような理由があるが、もう一つすでに述べた森林資源の枯渇も重大な問題であった。

一六〜一七世紀の段階でヨーロッパの森林は危機的様相にあった。イギリスでは国土の九〇％もの森が消滅していた。お風呂を沸かす薪が枯渇したのであるから、当然、公衆浴場の維持は困難となった。おそらくこうした薪の枯渇で浴場の維持が困難となった社会的背景も、「風呂に入ることが毛穴を開き病気を進入させる原因となるのでよくない」という間違った医学の説を、ながらく信奉させる結果をもたらしたのであろう。

ヨーロッパの森が復活するとともにペストの災禍も終息した

まったくの偶然かもしれないがペストが終焉し、ヨーロッパの人々がふたたびお風呂に入るようになる一八世紀の後半になると、人々は植林をはじめるようになるのである。

ヨーロッパの森が復活するとともに、人々の暮らしは清潔となり、ペストの災禍も終息していくのである。

ルイ一四世（在位一六四三〜一七一五）のヴェルサイユ宮殿には巨大な大理石の浴槽があったが、太陽王はめったに湯浴みはしなかった。しかしその後のルイ一五世（在位一七一五〜一七七四年）は風呂好きで浴槽が二つもあった。

ルイ一四世の時代の一六四三年にパリには共同浴場が二軒しかなかったが、ルイ一五世の治世末期の一七七三年には九軒、一八三〇年には七八軒にまで増加していること※57を見れば、一八世紀の後半にいたってようやくヨーロッパの人々が風呂に入る習慣を取り戻したことを示している。

マリー・アントワネットは毎朝、寝室に浴槽を運ばせて風呂に入り、入浴しながら朝食をとったと言われている。ビデも上流階級の間には普及した。かつてイスラム教徒が性器をこまめに洗うことを蔑視していたヨーロッパの人々も、一八世紀の後半以降、ようやく性器の洗浄にも着手したのである。

そして同じ頃、ヨーロッパでは都市と都市近郊から植林が大規模にはじまり、現在のような森のヨーロッパが生まれたのである。ヨーロッパの大地に森が回復するとともに、ヨーロッパの人々は清潔で衛生的な暮らしを営むようになったのである。

不潔さと環境破壊の密接な関係

不潔さと環境破壊そして疫病の流行はどこかで密接に繋がっている気がする。そのことで思い出されるのは現在の中国の公衆トイレの汚さである。漢民族はお風呂に入ることを好まない。トイレで糞をしながら談笑できる人々が、温泉に「一緒に入ろう」と誘ったとたんに狼狽し、拒否したのを思い出す。

そして今、世界ではその中国人による激しい環境の破壊が進行している。環境破壊と不潔そして疫病の流行は密接に関連しているのではあるまいか。「不潔さに鈍感になった国民ほどはげしく環境を破壊する」いや「環境を破壊したからこそ不潔さに鈍感になった」のかもしれない。中国の毒入り餃子や毒入り粉ミルク事件さらには毒入り牛乳事件や、近年のチキンナゲットの不衛生な製造問題は、こうした環境破壊と不潔さに鈍感になった人々が生み出したものに他ならない。

今、中国人民は世界の経済大国の国民として、品格が要求されている。その品格は自然環境を保全し守るという点において、もっとも強く問われている。P.M.2・5による大気汚染をはじめ、自然環境を破壊し、経済成長のみを追いもとめる国民の生き方に、世界の人々が批判の目を向けはじめたのである。

中国では今「腹黒経済学」が流行しているという。いかにして相手を騙すかの方法を書いた本がベストセラーとなっているのである。人間を騙し、裏切りを奨励する社会の背景には、激しい環境破壊がある。「人間を信じ守れないのに、どうして自然を信じ守ることなどできようか」。それは一六～一七世紀のイギリスと同じではないか。

シェークスピアの文学は不潔の極致から生まれている

一六～一七世紀のイギリス、シェークスピアの生きたイギリスは、まさに現在の中国と同じく、エリザベス朝ルネサンスの経済成長の中で、激しい森の破壊が進行した。そして不潔の極致の中で、糞便や垢の悪臭が充満した世界だった。その時代的背景を思い描きながら、シェークスピアのハムレットをもう一度読み直し、味わってみるといい。いや「匂いを嗅いでみる」ことが必要なのではあるまいか。シェークスピアの深い人間洞察や裏切りや殺戮を背景とした猜疑心といってもよいくらいの人間観察は、こうしたすさまじい環境の破壊、なかんずく森の破壊と、ペストの大流行、そして不潔きわまりない暮らしの中から生まれたものなのである。

現在のヨーロッパの人々があれほど人権にこだわり、環境保全に強い関心を示すのは、こうした過去の体験を踏まえてのことである。

日本の仏教は風呂を奨励した

美しい自然の中で森に囲まれ、自然を信じ人間を信じ、水によって体を清め、清潔であることに最高の価値を置いた江戸時代の稲作漁撈民には、とてもこんなシェークスピアのハムレットのような物語を書くことはできなかったのである。

風呂に入ることを拒否したキリスト教徒とは対照的に、仏教徒は風呂に入ることを奨励し、寺院の中にはかならず湯屋を設け、布教活動にも利用した。

京都府向日市寺戸にあった願徳寺は、A.D.六七九年に持統天皇によって創建された寺である。そこから湯屋が発見された。これは現存する東大寺の湯屋よりも古く、おそらく日本最古のお風呂の遺跡である。日本の仏教寺院は七世紀の段階からすでにお風呂をそなえ、そのお風呂で清潔になることが、仏に帰依し修業にも繫がると考えていたのである。

室町時代のA.D.一三九二年に足利三代将軍義満によって創建された京都の臨済宗相国寺派大本山相国寺には、宣明と呼ばれる当時の湯屋が復元されている。禅宗においては、お風呂に入り、体を清潔にすることは重要な修業の一つであったのである。

こうした清潔感の相違が、衛生観念ひいては環境の保全にも深くかかわり、それがペストなどの疫病大流行の予防にも、深くかかわっていたと見なされる。体を清潔にすることは、健康や衛生面だけではなく、心を清らかにする上においても役立っていたに違いない。

清潔な国民かそれとも不潔な国民かの一つの目安は、風呂に入るかどうかにある。

清潔な宗教と不潔な宗教の相違

風呂に入らない欧米人から、一昔前の日本人は毎日風呂に入ると奇異な目で見られていた。「日本人はまず湯ぶねに入って、アカを落としやすくして、そして体を洗うのか」と欧米人がからかい半分に言ったことを思い出す。それを「はずかしい」と思った日本人までいた。しかし、毎日風呂に入るその清潔感は健康によいだけではない、環境の保全を行い、疫病の流行にも強い文明を構築していることにようやく欧米の人々も気づきはじめた。

浴場の教えが心身を健全に維持するための根本を形成した仏教と、浴場の教えを拒否したキリスト教との間には、人の心に対する教えや環境に対する教えに、大きな相違があるのではないか。清潔を旨とする宗教と清潔に無頓着の宗教の相違がそこにはある。

花王石鹸の創業者・長瀬富郎氏は、「清潔な国民は発展する」ということをモットーに石鹸会社を起こしたそうである。日本人は古代以来清潔好きの民族であり、それゆえにこそ豊かな環境も維持できたのである。清潔こそ日本人を日本人たらしめ、日本の風土を守り通しているのである。

ドブネズミがクマネズミを追い出してペスト流行が終わった

一八世紀に入ると、ヨーロッパの人々を恐怖のどん底に突き落としていたペスト大流行も、ようやく終息する。

その背景には羊毛にかわって木綿の乾きやすい下着が利用されるようになり、ノミの繁殖を防げたこと、人々がお風呂に入るようになり、清潔な身体を取り戻し、悪癖から逃れることができたこと、ジャガイモが救荒食として普及し、食料事情が改善され、人々の免疫力が高まったこと、などが考えられる。

しかしなんと言っても、ヨーロッパのペスト大流行を終息に導いたのは、ネズミの世界の大変動であった。[※58]

一八世紀に入ってヨーロッパでは、ペスト菌を媒介するクマネズミにかわって、ドブネズミが勢力を拡大しはじめた。ドブネズミの繁殖地の拡大によって、ペスト菌を媒介するクマネズミはテリトリーの縮小を余儀なくされた。

このことがペストの大流行を終息させた最大の要因だった。

ドブネズミは旧石器時代以来、人間の食料にもなった。じめじめした下水溝や縁の下に生息するドブネズミは、天井裏に生息するクマネズミの天敵だった。このドブネズミがヨーロッパに上陸したことが、ペストの終焉に大きく貢献したのである。

ヨーロッパ人はドブネズミに助けられた

ヨーロッパでペストが大流行した時代に、日本ではほとんどペストが大流行しなかった。その背景には、ドブネズミの存在が大きいのである。ドブネズミの生息しやすい森と水の多い環境が、ペストの猛威を防いだのである。日本でペストが大流行しなかったのは、森と水の多い環境がドブネズミの繁殖を助け、ペスト菌を媒介するクマネズミの大繁栄を防いでいたからなのである。

ヨーロッパでペストが終息したのは、一八世紀に入って植林が盛んに行われるようになり、ドブネズミが繁殖できる環境がしだいに整えられていったからなのである。それは森を再生させたおかげでもあったと言えるのではないか。

ヨーロッパ人はドブネズミに助けられたのである。

「人間の理性が最高だ。人間はその理性を使って技術開発を行い、自然を征服できる」と豪語していたヨーロッパ人は、ドブネズミに助けられていたのである。

「人間がドブネズミに助けられる。ましてや世界一高度な近代文明を発展させたヨーロッパ人が、ドブネズミに助けられることなどあり得ない」。そう信じて疑わないヨーロッパ人は、自分たちがドブネズミに助けられていたことをなかなか認めようとはしない。

しかし日本人ならこのことは「さもありなん」と納得できる。なぜなら日本の昔話にはネズミの恩返しの話が盛りだくさんに語られているからである。

ネズミの命と人間の命にはわけ隔てはなく、ネズミの命も人間の命も繋がっている。それが日本人の生命観であるからである。そしてその正しさを最近のDNAの分析結果は実証しはじめた。チンパンジーと私達人間のDNAはわずか〇・五％相違しているだけなのである。ネズミの命もサルの命も人間の命もみんな繋がっていたのである。

しかし、現在の東京では、ドブネズミが住みにくい環境となり、クマネズミが繁栄を謳歌している。コンクリートジャングルは乾燥した畠と同様に、クマネズミにはもってこいの環境なのである。もしペスト菌がやってきたら、東京はたちまちペストの猛威にさらされるだろう。

(2) なぜ、キリスト教世界は魔女を生んだのか

ブドウの収穫量と気候変動

ヨーロッパでは小氷期の時代にブドウの生産量が激減した。※59

ブドウは本来、地中海原産であるが、ブドウ酒が普及してアルプス以北のヨーロッパでも作られるようになった。ところが、もともと地中海性の暖かい気候に適応した植物であるから、ちょっとした気候の冷涼化にも弱い。スイスにおけるワインの生産量は、A.D.一六一五年頃から一六三〇年頃まで著しく低下した（図5―41 C・D）。A.D.一六一五年には一〇月二〇日、一六二〇年には一〇月三〇日になっても、まだブドウを収穫できなかった。低温が続いてブドウの熟成が遅れたために（図5―41 A）、一〇月末になっても収穫できなかったのである。

小氷期のヨーロッパは危機に直面すると魔女を生み出さざるを得なかった

このように、ブドウの生産性、ワインの生産量と、ヨーロッパの気候変動には、深い関係がある。暖かい時には、ワインを量産できる。寒くなると、ワインの生産量は低下する。

小氷期のヨーロッパでは、一体何が起こったのか。森林資源が枯渇し、気候が冷涼化し、ペストが大流行し、コムギもブドウも穫れず、人々の生活が困窮し危機に直面した時に、ヨーロッパの人々は魔女を生み出したのである。

なぜ、キリスト教世界では、魔女を生み出さざるを得なかったのか。そこにキリスト教世界のヨーロッパ文明が持っている闇が、ひそんでいた。

魔女裁判はアニミズムの神々を抹殺した報い

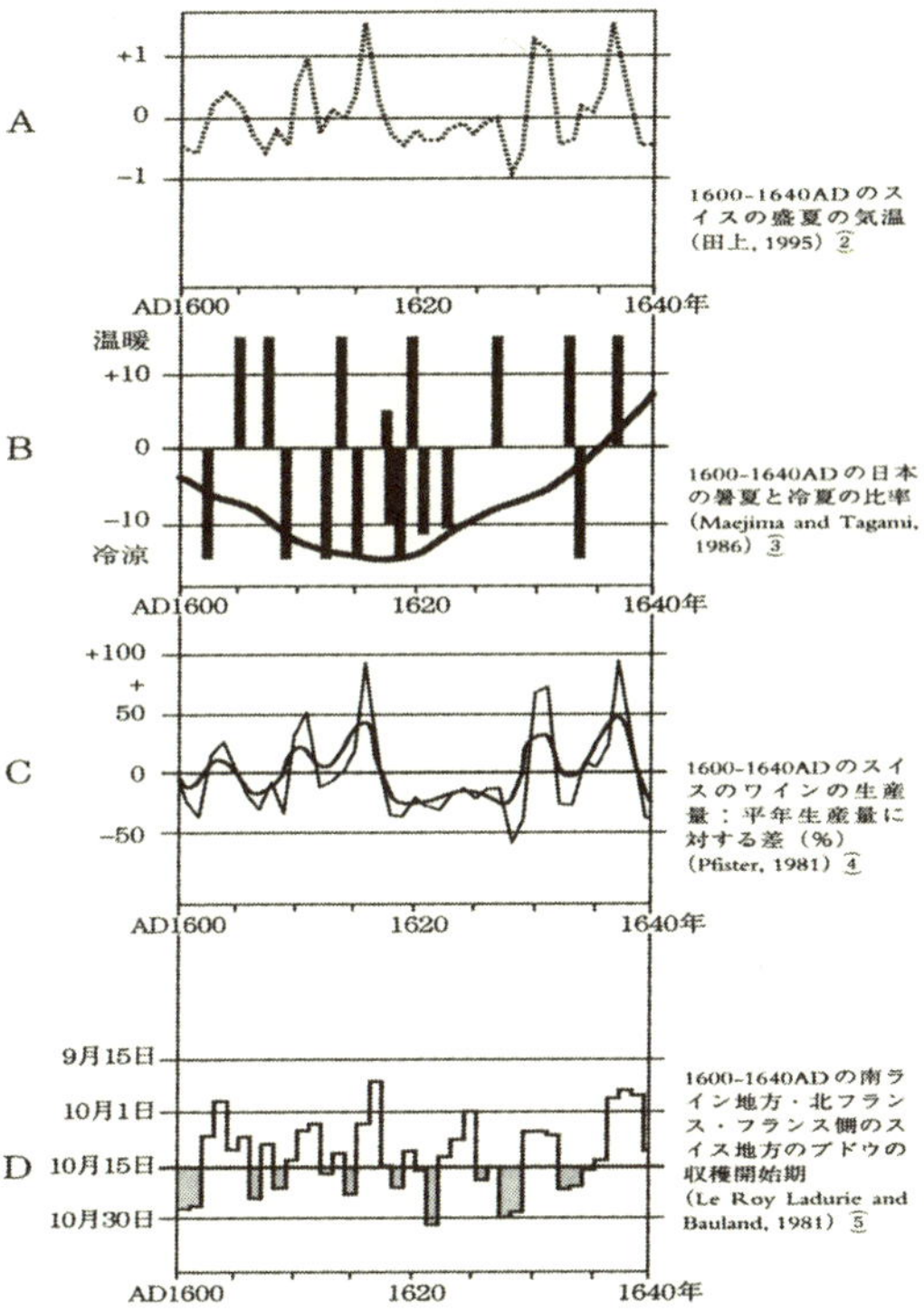

図5—41　1620年—1640年のブドウの収穫期とワインの生産量と第1小氷期の気候悪化（安田、2004）※59

ヨーロッパのキリスト教世界では、信仰する神は唯一、天の神、主しかいない。しかし日本人は、台風は龍のせいだと考えた。龍が天で暴れている。その龍が豪雨を降らせていると考えた。

つまり、「人間の力を超えた龍が暴れているのだから、それは雨が降っても天気が悪くてもしかたがない」と、じっと我慢するしかなかった。ところが、ヨーロッパのキリスト教社会は、龍を徹底的に殺した。

しかし、アニミズムの神々を殺した社会であっても、天変地異は起こる。美しい村であっても、気候が冷涼化すればブドウは穫れなくなる。その時に、日本人は「龍が怒っているからしかたがない」ということで「哀しみを抱きしめる」ことができた。

これに対し、龍を殺してしまった世界では、その不満をぶつけるところがない。人間は何かのストレスが起きた時に、そのストレスを自分より弱い立場の人にぶつけることで、心の安定を図ろうとする、哀しい性がある。

「いじめ」とはまさにこうした弱者が弱者をいじめる酷悪の人間模様なのである。いじめているほうも決して楽ではないのである。苦しみから少しでも逃れよう、不満があるからいじめに走るのである。そのいじめが、あたかも正等な法的手続きを行っているかの様相をとって、かけがえのない人間の命を奪ったのが魔女裁判であった。

気候が冷涼化してブドウが穫れなくなった。その苦しみや不安をどこへぶつけるかというと、ちょっと風変わりな女の人、ちょっと変わった女性にぶつけたのである。そして、「あいつが悪いから天気も悪いのだ」ということになり、「今日、ブドウが穫れないのはあの魔女のせいだ」と皆で言いはじめる。

アニミズムが残る北欧では魔女裁判が少なかった

ところが、ヨーロッパの中でも魔女裁判が少ない所があった。たとえば、フィンランドやノルウェー、スウェーデンといった森の国・妖精の国である。

森が残りアニミズムがいまだに残っている国々では、魔女裁判は引き起こされなかったか、きわめて少なかったのである。

森の国、アニミズムの国では、多数の魔女は生まれなかったと言ってもよいであろう。

森を徹底的に破壊し、アニミズムの神々を抹殺したドイツやスイス、フランス、イギリスといった国々で、魔女裁判の嵐が吹き荒れたのである。

魔女裁判は、森を破壊し、森の精霊を虐殺し、森の生き物たちをみな殺しにし、アニミズムの神々を惨殺した報いだったのである。

一六〇〇年代前半の第一小氷期に魔女が爆発的に増えた

ヨーロッパは一六〇〇年代前半に第一小氷期と呼ばれる気候冷涼化の極期をむかえる。この第一小氷期の気候の冷涼期に魔女の数が、爆発的に増えたのである。

気候が悪くなると、人間は生き延びるために人間同士で共食いをはじめる。イースター島の例（第六章参照）でもわかるように、森林がなくなると、最後に人間が行ったのは共食いであった。気候が冷涼化し、森林資源がなくなって、ペストが大流行して、食べるものもなくなった時、ヨーロッパの人々は魔女を生み出したのである。共食いの前に行うのは魔女を作り出すことだった。

それが、この父権主義に立脚したキリスト教文明の持つ闇なのである。

（3）現代社会でも魔女狩りがはじまっている

アメリカとロシアの動向は不気味

魔女狩りの時代がまもなくやってくる。いやもうそれがはじまっているのではないかというのが私の考えである。

イスラムの人々をテロリストとして弾圧するのは、魔女狩りのはじまりだと思う。アメリカの人々は、二〇〇一年九月一一日のアメリカ同時多発テロ事件以降、イスラムの人々を魔女狩りの対象にしているのではあるまいか。二〇一六年には、その反動として、イスラムの過激派組織（ＩＳ）の人々による自爆テロが頻発するようになっている。二〇一五年一一月一三日はパリで、二〇一六年一月一四日には、インドネシアのジャカルタでも自爆テロがあり、その脅威は全世界に広がりつつある。

今はまだ、アメリカは豊かだからいいが、資源がなくなり、食べ物がなくなると、どこかの誰かを生け贄にして、自分が生き残る必要が出てくる。二一世紀、地球環境問題が深刻になり、資源が枯渇し、食料もままならなくなったとき、きっと魔女狩りが復活する。

二〇〇四年九月、ロシアのチェチェンで、五〇〇人以上の子どもが殺された。二〇〇〇人もの人質がいる所へ、武器を持って突入した。しかも交渉中の三日間は飲まず食わずの状態で、そのまま放っておいた。いかにロシアという国の大義を守るためとは言え、二〇〇〇人の子供達の生命が危険にさらされた。国家の大義のために、プーチン大統領は、交渉に埒があかないということで、三日間、飲まず食わずの状態で子どもを放置しておき、三日目に強行突入して、五〇〇人以上の死者を出しているのである。こんなことが許されていいものであろうか。

その背景にあるものとは、共産主義社会が崩壊したあと、ロシアではキリスト教が急激に台頭しているのに対して、チェチェンの人々はイスラム教徒であるということが深くかかわっていると思われる。このイスラム教徒を、けっきょく魔女にしはじめているのではあるまいか。

そして、魔女との対決のためには、いかなる犠牲をも払うということがはじまっている。その背景には地球環境の悪化が深い影を落としはじめているのではないかと私は見なしている。超大国アメリカやロシアなどの魔女狩りの動きには、非常に不気味なものがある。かつてあった魔女狩りが、近い将来、世界的規模で再来する可能性が非常に高いのである。

魔女裁判の嵐が吹き荒れる日本の大学

そうした国際社会の動きのみでなく、構造改革の名のもとに導入されたアメリカ型のライフスタイルの普及によって、魔女狩りが日本の会社や大学でも引き起こされるようになってきている。セクハラやアカハラは、訴えた本人の自白だけが証拠であり、被害者がセクハラを受けたと主張し通せば、それを否定する証拠を出すことはきわめて困難である。

さらにそれを調査する委員会は、一見公平に民主的に運営されているかのようによそおってはいるが、その背後には、教授同士の嫉妬やねたみがうずまき、敵の教授や追い出したい准教授を、これ幸いに追放し、社会的に抹殺する格好の修羅場と化している場合もあるようである。

いったんセクハラの疑いをかけられた教授が助かる見込みはほとんどない。「君、今辞めれば退職金はもらえるが、そうでなければもらえないよ」というような実に巧妙な手口で、窮地におちいった教授を追い詰め、退職に追い込んでいく。

こうして何の罪もないのに、教授同士の嫉妬とその悪意の通報にのせられたマスコミの風評だけで、職を追われた優秀な教授が何人もいる。それはまさに魔女裁判以外のなにものでもないだろう。しかし、伝統的な日本文化には、こうした魔女裁判を回避する社会的自浄装置が存在した。その社会的自浄装置が破壊されたのは、伝統的な日本文化を否定した構造改革によってではないだろうか。

日本の大学こそ学問の自由、研究者の自由が保障され、自由な意見が発言できるところでなければならなかったはずである。しかし、構造改革が魔女裁判を許す風土を醸成することによって、日本の会社や大学でも、これからは魔女裁判が横行し、弱者いじめが多発し、自由にものが言いにくい、たえず他者を警戒しなければ生きていけない、住みにくい社会へと変わっていくのではあるまいか。

（4）自然資源を搾取し尽くした現代は、わずかな気候変動で崩壊する

小氷期の影響をめぐる日本とヨーロッパの相違

日本も、同じように一六二〇年代に、第一小氷期の冷涼気候に襲われている（図5―41 B）。そして寛永の飢饉が起こっている。しかし、大して大きな社会問題にはならなかった。むしろ、日本では

人口が増えているのである。

第一小氷期のヨーロッパは、ペストが大流行し、魔女裁判の嵐が吹き荒れた危機の時代だった。その時の日本は、新田開発の時代で、武蔵野新田などの開発が行われ、人口はむしろ増えているのである。

なぜ、人口を増やすことができたかというと、新田を開発するだけの土地の余力、自然資源のポテンシャリティーに余力があったからである。

第二小氷期の時、日本はギリギリまで自然資源を使い尽くしていた

しかしA.D.一七〇〇年代の後半、つまり一八世紀後半になると、新田開発をする余地もなくなり、新田開発数も減少してくる。日本列島の自然資源がギリギリまで利用し尽くされたのである。その時に、A.D.一八二〇年代〜五〇年代にかけて、第二小氷期の冷涼期が日本を襲う。浅間山が大噴火して、天明の飢饉、天保の飢饉が起こるのが第二小氷期の冷涼期である。自然資源がギリギリまで利用し尽くされた時に引き起こされた気候冷涼化によって、日本は大きな影響を受ける。

福島県の人口の変動を見ると、東北地方では第二小氷期に人口が激しく減少しているのがわかる。[※60]

第一小氷期の時には、日本はほとんど影響を受けなかった。その時代の日本には開墾できるだけの豊かな森と豊かな土地がまだあった。そのため逆に人口は増加していた。ところが、第二小氷期には、日本は気候冷涼化の大きな影響を受けている。その時代すでに開発の余地がなくなり、ギリギリまで自然資源を使い尽くしていたからである。

これに対してヨーロッパでは、逆に第二小氷期の時代に人口が増加しているのである。それはこの時代にペストの流行が終息し、ジャガイモを栽培する技術が導入されたからである。冷涼な気候のもとでも生育できるジャガイモを栽培することによって、第二小氷期の食料危機を回避できたのである。植林によってヨーロッパの森が回復しはじめたことも、ドブネズミの繁殖を助け、ペストの猛威から逃れることができる要因となった。

気候変動の影響は、受け手の社会の在り方と関係する

気候変動が人間社会に影響を与える場合、その内容は、受け手の社会の在り方、自然生態系の在り方によって、生み出される結果がまったく違ってくる。

ある社会では、気候変動がペストの流行や激しい人口の減少をもたらすのに、ある社会体制のもとでは、何の影響も受けない。気候が冷涼化することで、すべての文明が崩壊するわけではない。ある文明は大きな影響を受けるけれども、別の文明は大きな影響を受けない。その鍵を握っているのは自然のポテンシャリティーとりわけ森のあり方と食料に関する技術革新である。この第一小氷期と第二小氷期のヨーロッパと日本の影響の受け方の相違は、そのことの重要性を物語っている。

自然にまだ余力のある社会においては、少々の気候変動は乗り越えることができる。しかし、森を破壊し尽くし、自然の許容量を目いっぱい使用し尽くした社会は、わずかの気候変動によって大きな影響を受ける。

風船がパンパンにふくれあがった社会では、わずかな気候変動の〝針の一刺し〟で簡単に暴発する。

しかし風船に空気がいっぱい入っていなければ、針を一刺ししても風船は暴発しない。気候変動と人間社会の関係もこれと同じである。前者の例が第一小氷期のヨーロッパや第二小氷期の日本である。後者の例が第一小氷期の日本である。

一方、第二小氷期のヨーロッパの事例は、技術革新が気候変動の危機を救済できる可能性を示している。とりわけ食料を生産する技術革新と生態系の保全が重要である。ヨーロッパは森の再生という生態系の保全と、ジャガイモの栽培という食料の技術革新を導入することによって、第二小氷期の危機を乗り切った。

ひるがえって自然資源を激しく収奪し、目いっぱいまで自然を搾取し続ける現代社会は、わずかな気候変動で、きわめて激烈な被害が出る社会であることが容易に理解できる。

とりわけ地球資源の許容量の限界を超えて人口が八〇億以上に達するであろう二〇三〇年以降は、地球という風船が、人間という空気によって、パンパンに膨れ上がる時代であり、「針の一刺し」のわずかな気候変動によっても、簡単に暴発するきわめて危険な時代に突入する。

そうした危機を回避するための有効な手段としては、食料を生産する大地と海を含む生態系の保全と技術革新、とりわけ食とエネルギーに関する技術革新が必要であることを、過去の事実は物語っている。

「地球環境との関係において引き起こされた事件は、必ず未来にも引き起こされる」。これが本著のメインストリームのテーマである。

私達がもっとも近い過去において体験した小氷期の気象災害は、自然資源を搾取し尽くした文明が、わずかな気候変動によって簡単に崩壊すること。そしてその気候変動の危機を乗り切るためには、人間の命を支える生態系の保全と技術革新、とりわけ食とエネルギーに関する技術革新が有効であり、森を保全することが重要であることを、私達に警告・示唆しているのである。

5　地球温暖化と現代文明の危機

(1) 二〇三〇年は干ばつのピーク

カリフォルニアの大干ばつは間違いない

これまでの予測では、地球の年平均気温が二度上昇する二〇三〇年頃には、二〇億人以上、最大で四〇億の人々が水不足に確実に悩まされると言う。

中世温暖期に現在のカリフォルニアやグレートプレーンが大干ばつに見舞われたという事実から、地球温暖化のもとでは、これらの地域に干ばつが引き起こされるのは、ほぼ間違いのないことである。「地球環境との関係において過去において引き起こされた事件は、かならず未来にも引き起こされる」。

すでに二一世紀に入ってカリフォルニアでは、高温と乾燥気候のために、大規模な山火事が頻発するようになった。二〇三〇年頃に、深刻な水不足が起こる地域は、中国の黄河流域から北緯35度以北の西アジア、地中海沿岸そして亜熱帯地域である。

日本は豪雨・台風・大災害に見舞われる

すでに一九九〇年代の後半から黄河流域では水不足が起こっている。七〇〇〇年前のクライマティック・オプティマム（気候最適期）と呼ばれる地球温暖化の時代、これらの地域は乾燥気候に見舞われていた。

スペインの干ばつやギリシャの山火事の多発は、その兆候の現れである。その干ばつのピークがいつやって来るかというと、二〇三〇年頃であると見なされている。もしこのまま行けば、二〇三〇年頃に水の危機が来る。

逆に、日本やモンスーンアジアの各地は、豪雨や巨大台風に見舞われる。これも過去の中世温暖期の京都の古文書の解析（図5―31）から実証済みのことであった。

黄河・西アジアの住民は環境難民となる

そして、もう一つ考えなければならないのは、環境条件が悪化すると、畑作牧畜民、たとえば黄河流域に住んでいる人々は、水を求めて、当然、南のほうへ、あるいは日本へ移動する。さらにウクライナやトルコ、西アジアの人々は、大挙してヨーロッパへ移動するであろう。環境難民が発生する。四二〇〇年前に干ばつで崩壊したシリアのテル・レーラン遺跡には、二万人近い人々が暮らしていた。それが、今では一〇〇人にも満たない小さな集落になっていた。テル・レーラン遺跡には、かつて排水溝があり、五ｍも掘れば水が得られた。しかし、今では集落の周辺では、三〇〇ｍ近いボーリングをしなければ、水が得られなかった。畑に撒く水がないので、全部、地下水を汲み上げまかなっていた。

そのシリアの人々は、内戦の混乱を避けて豊かなヨーロッパへと移動している。二〇一六年にその数は一〇〇万人を超えた。民族の移動と「西洋の没落」はいよいよはじまったのである。

「水を巡る戦争」の恐れ

日本で地下水を得るためには、二〇～三〇ｍもボーリングすれば十分である。ところが、テル・レーランのあるシリア北部では、三〇〇ｍ以上ボーリングしなければ地下水は得られなかった。二〇三〇年頃の水の飢饉は、ほぼ確実にやって来る。二〇億人以上、最大四〇億の人々が安全で清潔な水を十分に確保できない時代がやって来る。アフリカは、水不足の対象にはなっていないが、水があっても安全で綺麗な飲料水は得られないのである。

そして次に起こるのは「水を巡る戦争」である。人間は、石油がなくても生きていける。しかし、水がなければ生きていけない。水不足に陥る地域の人々にとっては、水が得られないことは死活問題であるから、死にものぐるいで移動するであろう。

漁業資源はあと一〇年で枯渇

東アジアの漁業資源は、あと一〇年以内に枯渇するであろう。

日本の場合は生け簀を作って沿岸の在来種を養殖することに力を注いでいる。ところが、中国の場合は食べられる魚、元気のいい魚ならどんなところからでも持って来て養殖する。生態系に影響を与えようと、かまわない。しかも、その養殖のやり方は、田中克先生[※61]によれば、日本は海の底に生け簀を作るのであるが、中国の場合は陸に穴を掘り、そこへ海水を導入して魚を飼うそうである。そして、そこがダメになると、次の所、次の所へと移動する。そして外来の魚を持って来る。生態系が変わろうとまったく気にしない。「食べられる魚なら何でもいい、儲かることなら何でもいい」。そういう発想の人々が、今、巨大な経済発展を遂げている。

二〇一一年の三・一一東日本大震災で疲弊した宮城県の沿岸部の漁村は、漁業協同組合が一つにまとめられ、いくつもあった漁港も一つにまとめられて、漁業特区が設けられた。しかも漁業特区には、企業だけではない、外国資本ももちろん参入できる。市場原理主義のもと、漁業で儲けるためには、漁業資源を根こそぎ収穫することも起こるだろう。

中国沿岸の漁業資源はもはや底をついている。漁業特区に中国資本が参入した時、何が起こるかは目に見えている。小さなポンポン船で漁業資源を守りながら、効率の悪い沿岸漁業をしている人々をあざ笑うかのように、漁業特区に指定された地域の人々は、初期の段階ではお金儲けができるだろう。しかし、みるみるうちに漁業資源は獲り尽くされ、豊かな宮城県沖の海は、死の海に変わるのである。そうなるのに、二〇年もかからないだろう。

ローカルが世界に直結する時代

もう一つ忘れてならないことは、グローバルからローカルへという視点である。人間の感覚でものを考えることが重要なのである。地球環境問題を考える上で大事なことは、「人肌感覚」ということである。生態系を考えるにしても、食料を考えるにしても、水を考えるにしても、エネルギー源を考えるにしても、気候変動を考えるにしても、南極や北極の気候がどう変わるかではなく、この日本の気候が、あなたがたの暮らす仙台や東京や京都の気候がどう変わるかを、まず明らかにしなければならない。

気候が変わったら、京都に住んでいる人はどうなるのか、東京に住んでいる人はどうなるのか、あるいは北京の人はどうなるのか。そういったローカルな視点で物事を見つめていかなければならないということである。

市場原理では本質的問題は何も解決できない

グローバルに考えローカルに行動するとか、グローバル＋ローカルで、グローカルという用語も作られているが、地球環境問題は実はローカルな問題の集積からなっているのである。そのローカルな問題の集積としての地球環境問題を、グローバルな排出権取引のような市場原理で解決しようとしても、本質的な問題は何も解決されないのである。

ローカルな場所と風土、ローカルな人々の暮らし、ローカルな水、ローカルな食料、ローカルなエネルギーの在り方――そういう、ローカルな人々の暮らしとローカルな自然との関係に目を向けなが

ら、新しい技術革新を人間活動の視点に立って開発していくことが必要なのである。※47

（2）二一世紀の科学者の使命

現代社会は気候変動に対して脆弱な社会

「現代という世界は、科学技術も発展し、人類には叡智と技術力があるから、気温がちょっと上がったりするくらいでは、大きな影響を受けない」と思われているかもしれない。しかし、現在という世界は、少し気温が上がったり下がったりするだけで、非常に大きな影響を受ける社会なのである。気候変動にはきわめて脆弱な社会なのである。

なぜかと言うと、人々が「野生の力」を失っているからである。私達が子どもの頃は、もともとクーラーがないので、温度が三五度になろうと四〇度になろうと、我慢していた。しかし、現代人には我慢する力がなくなった。

「現代という世界が技術と知識で武装しているので、ちょっと気温が変わったくらいではなんともない」というのは、大間違いである。現代社会ほど気候変動に弱い社会は他にないのである。

二〇年後の世界にどう役立つか

しかも、二〇三〇年頃は、豊かさの限界点を突破する時代である。七八億の人口――これが、だいたい地球の資源で対応できる人口の、アッパー・リミットである。その限界点を二〇三〇年には超える。そういうギリギリの状態の時に、ちょっとした気候変動が起こって、干ばつが二、三年続くというようなことになると、干ばつ地帯の人々の生活はパニックになる可能性が非常に高い。

一つのことが世の中に認められるには二〇年かかるというのが、私が自分の人生の中で体験したことである。私は、環境考古学を一九八〇年に提唱した。その時は、私以外に環境考古学を研究する人は誰もいなかった。しかし、それから二〇年後に、やっと認められた。[※31]

自分が今、考えていることが二〇年後の世界でどう役立つか。二〇年後の世界を視野に入れながら、自分の学問を体系化していくことは意味があることである。そしてその場合、国民の税金を使って研究をさせてもらっている以上、稲盛和夫先生[※62]が言われるように「世のため人のため」になるような学問をすることが大事なのではないかと思う。

最近、うれしいニュースがあった。それは中国の企業家達が、稲盛和夫先生の「京セラフィロソフィ」に心酔し、稲盛先生の『生き方』[※62]を愛読しているというニュースである。「人を信じ、自然を信じ、世のため人のためになるような世界」が構築されれば、人類は救われるだろう。

人類は寒冷化を体験している

地球は過去約九〇万年の間に氷期と間氷期を約一〇万年の周期で繰り返して来た。

一〇万年のうち、間氷期は短くせいぜい一～三万年で、残りの大半は寒冷な氷河時代であった。私達現代型新人ホモ・サピエンスの直系の祖先が誕生したのは、約二〇万年前で、その二〇万年のうちの一七万年間は寒い氷河時代だった。

私達現代型新人ホモ・サピエンスは、寒冷な気候に適応する生理的体質を獲得して来たと言える。そして、温暖な間氷期に二酸化炭素は増加するが、その値が三〇〇ppmを超えた時代は一度もなかった。しかし、今や大気中の二酸化炭素の濃度は三九〇・九二ppm（二〇一二年）に達し、二〇一六年以内に四〇〇ppmを超えると予想されている。このような高濃度の二酸化炭素を含む大気の中で暮らすのは、人類はじまって以来のことである。

ホモ・サピエンスは誕生以来寒冷な氷河時代に適応するように自らの生理機能を進化させて来た。それゆえこれまで都市文明が誕生したり、科学革命によって近代ヨーロッパ文明が誕生するような新たな文明の創造期は、いつも寒冷期・冷涼期に引き起こされていた。たしかにホモ・サピエンスは気候の寒冷化によって一時的に危機に直面するが、ホモ・サピエンスはその叡智でその危機を乗り越える技術革新を行い、新たな文明の時代を切り開いて来たのである。

それゆえもしも近未来に氷河時代がやって来たとしても、人類はその危機を十分に乗り切れるであろう。しかし、地球の年平均気温が四℃も五℃も上昇するような地球温暖化の時代は、これまで人類が一度も体験したことがない灼熱地獄である。

二一世紀の地球温暖化で人類絶滅の恐れ

恐竜は地球温暖化に適応した生理システムを構築し、地球温暖化の進行した白亜紀に全盛を誇った。しかし隕石の衝突によって寒冷な氷河時代がやって来ると、たちまち絶滅した。もし、地球がさらに

図５―42　グリーンランドの氷河は今、急速に後退している。ガイドが手を挙げているところまで 1994 年には氷河があった（左）。今は 200 m以上後退している。フィヨルドは融けた氷山で埋め尽くされている（右上）

温暖化していれば、恐竜は絶滅することはなかったであろう。なぜなら恐竜の生理システムやその社会システムは、温暖化に適応しているからである。これとは逆に第四紀の氷河時代の寒冷な気候に適応して地球の王者となった我々ホモ・サピエンスは、地球温暖化にきわめて脆弱な体質を持っていると言わざるを得ない。寒冷な気候に適応した生理システムや文明システムは、地球温暖化にはきわめて脆弱な体質を有しているのである。二一世紀の地球温暖化は人類の絶滅の危険性をもはらんでいる。

グリーンランドの一九九二年と二〇〇二年の夏の氷の融けた面積を比較すると、[※63]わずか一〇年の間にいままで夏でも氷が融けなかったグリーンランド北部の氷河まで融けはじめていることがわかる。

一九九四年には図５―42左の、ガイドが

手を広げている所まで氷河があった。いまや氷河の末端はそこから二〇〇m以上も後退している。グリーンランドの氷河は年三kmもの猛スピードで海に流出し、大量の氷山を作り出している（図5―42右上）。今、グリーンランドをはじめ北極の氷河は急速に融解しはじめている。

ＩＰＣＣ（政府間気候変動パネル）は今世紀末の地球の年平均気温が最大四・八℃上昇するという予測まで発表した。地球の年平均気温が二℃上昇した時には、生物の多様性が危機的様相をむかえ、海底のサンゴが絶滅する。三℃上昇するとグリーンランドの氷河は消滅する。そして北極海から夏には氷河がなくなる。五℃上昇した時、現代の地球システムは別のシステムに変わり、現代文明は深刻な打撃を受けることが予想されている。

科学者に時間の猶予はもうない

とりわけ二〇年先、五〇年先の近未来予測では、水不足が緊急課題であった。

科学者には知的好奇心を満足させるための時間の猶予はもうない。

科学者は、二〇三〇年をターゲットとして、全力をあげて物事に取り組まなければならない。

その時に、科学者の知的な好奇心だけを満足させるだけの研究は、この危機を克服したあとで、またやってほしい。今、やらなければならないのは、この地球の生態系をどう守るか、ということである。水をどう確保するか、食料をどう確保するか、エネルギーをどう確保するか、防災をどうするか、そして国防をどうするか。こういう、自然との関係において人間の生き死に関わるような問題の研究がきわめて重要なのである。

二〇年先、五〇年先の未来における問題の解決が、先決である。生態系を保全する技術、新しい水と食料を確保する技術、新しいエネルギーを生み出す技術といったものに、今、全力をあげて我々は取り組まなければならないのである。

科学者の知的好奇心を満足させるためだけの研究は、悪いけれど、ちょっと横に置いてもらわなければならない。まず私達が叡智を結集して今やらなければならない研究は、二〇年先、五〇年先の近未来の危機を克復するために貢献できる科学であり、技術開発である。その危機を回避するための「方策」を提示し、どうすればその危機を回避できるかの「解」を提示しなければならないのである。それが二一世紀の初頭に生きる科学者の使命なのである。

第五章　注・参考文献

（1）安田喜憲『日本よ森の環境国家たれ』中公叢書　二〇〇二年

（2）安田喜憲『生命文明の世紀へ』第三文明社　二〇〇八年

（3）篠田謙一『日本人になった祖先たち』NHKブックス　二〇〇七年

（4）青山和夫『古代マヤ　石器の都市文明』京都大学学術選書　二〇〇五年
青山和夫『古代メソアメリカ文明』講談社選書メチエ　二〇〇七年
青山和夫『マヤ文明』岩波新書　二〇一二年

（5）嶋田義仁『砂漠と文明』岩波書店　二〇一二年

（6）嘉幡茂「テオティワカン：神々の誕生と盛衰」青山和夫ほか編『文明の盛衰と環境変動』岩波書店　五五〜

七一頁　二〇一四年
（7）山元紀夫『ジャガイモとインカ帝国』東京大学出版会　二〇〇四年
（8）速水融『近世濃尾地方の人口・経済・社会』創文社　一九九二年
（9）青山和夫・米延仁志・坂井正人・高宮広士『マヤ・アンデス・琉球：環境考古学で読み解く「敗者の文明」』朝日選書　二〇一四年
米延仁志・山田和芳・五反田克也「湖の底から環境の変遷を探る」青山和夫ほか編『文明の盛衰と環境変動』岩波書店　三〜一六頁　二〇一四年
（10）安田喜憲『気候変動の文明史』NTT出版　二〇〇四年
（11）Yasuda, Y.: Great East Asian Fertile Triangle. In Yasuda, Y. (ed.) ***Water Civilization ; from Yangtze to Khmer Civilizations.*** Springer, Heidelberg, Tokyo, 427-458, 2012.
（12）安田喜憲『ミルクを飲まない文明』洋泉社歴史新書　二〇一五年
（13）和辻哲郎『風土―人間学的考察』岩波書店　一九三五年
（14）エルスワース・ハンチントン（間崎萬里訳）『気候と文明』岩波文庫　一九三八年
（15）Haug, G. H., Gunter, D., Peterson, L. C., Sigman, D.M., Hughen, K.A., Aeschlimann,B.: Climate and the collapse of Maya civilization. ***Science,*** 299,1731-1735, 2003.
（16）大井邦明監修『カミナルフユ』たばこと塩の博物館、一九九五年
大井邦明・加茂雄三『ラテンアメリカ―地域からの世界史一六―』朝日新聞社　一九九二年
（17）Scarborough,V.L.: Rate and process of societal change in semitropical settings: The ancient Maya and the living Balinese. ***Quaternary International,*** 184, 24-40, 2008.

（18）安田喜憲・米延仁志・山田和芳・那須浩郎・篠塚良嗣・森　勇一・Hoghiemstra, H.「環太平洋の生命文明圏」第四紀研究　五一　二八五～二九四頁　二〇一二年
（19）Wahl,D.,Byrne,R., Schreiner,T., Hansen,R. : Holocene vegetation change in the northern Peten and its implications for Maya prehistory. ***Quaternary Research***, 65, 380-389, 2006.
（20）Hodell,D.A., Crutis,J.H., Brenner, M. : Possible role of climate in the collapse of Classic Maya civilization. ***Nature***, 375, 391-394, 1995.
（21）Crutis, J. H., Hodell, D. : Climate variability on the Yucatan Peninsula (Mexico) during the Past 3500 years, and implications for Maya cultural evolution. ***Quaternary Research***, 46, 37-47, 1996.
（22）Medina-Elizalde, M., et al. : High resolution stalagmite climate record from the Yukatan Peninsula spanning the Maya terminal period. ***Earth Planetary Science Letters***, 298, 255-262, 2010.
（23）Medina-Elizalde, M., Rholing, E.J. : Collapse of classic Maya civilization related to modest reduction in precipitation. ***Science***, 335, 956-959, 2012.
（24）Carillo-Bastos,A., Islebe,G.A., Tprrescano-Valle, N. : 3800 years quantitative precipitation reconstruction from the northwest Yucatan Peninsula. ***Plos One***, 8, 1-10, 2013.
（25）鈴木秀夫『超越者と風土』大明堂　一九七六年
（26）鈴木秀夫・山本武夫『気候と文明・気候と歴史』朝倉書店　一九七八年
（27）田家康『気候文明史』日本経済新聞社　二〇一〇年
田家康『気候で読み解く日本の歴史』日本経済新聞社　二〇一三年
（28）五味文彦「中世の日本文明と気候変動」秋道智彌編『水と文明』二〇六～二一八頁　昭和堂　二〇一〇年

(29) Bottema, S. : Palynological investigation on Crete. ***Review of Palaeobotany and Palynology***, 31, 193-217,1980.

(30) Nixon, I.G. : The volcanic eruption of the Thera and its effect on the Mycenaean and Minoan civilizations. ***Journal of Archaeological Science***, 12, 9-24, 1985.

Sullivan,D.G. : The discovery of Santorini Minoan tephra in western Turkey. ***Nature***, 333, 552-554, 1988.

(31) Kuniholm,P.I. et al. : Anatolian tree rings and absolute chronology of the eastern Mediterranean, 2220-718 BC. ***Nature***, 381, 1996.

(32) 安田喜憲『森のこころと文明』ＮＨＫ出版　一九九六年

(33) Enzel,Y., Agnon,A., Stein,M. (eds.) : ***New frontiers in Dead Sea Palaeoenvironmental research***. The Geological Society of America, Special Paper 401, 2006.

Migowski,C. , Stein, M., Prasad, S., Negendank, J.F.W., Agnon : Holocene climate variability and cultural evolution in the Near East from the Dead Sea sedimentary record. ***Quaternary Research***, 66, 421-431, 2006.

(34) 安田喜憲『気候と文明の盛衰』朝倉書店　一九九〇年

(35) 福澤仁之「ミクリガ池年縞堆積物からみた立山信仰の開始」安田喜憲編著『山岳信仰と日本人』ＮＴＴ出版　二二五〜二四六頁　二〇〇六年

(36) Neumann, H.F., Kagan,E.J., Schwab, M., Stein, M. : Palynology, sedimentology and palaeoecology of the late Holocene Dead Sea. ***Quaternary Science Review***, 26, 1476-1498, 2007.

(37) Sakaguchi Y. : Climatic changes in central Japan since 38, 400 yBP. ***Bull. Dept. Geogr. Univ. Tokyo***, 10, 1-10, 1978.

阪口豊「日本の先史・歴史時代の気候」自然　5月号　中央公論社　一八〜三六頁　一九八四年

阪口豊『尾瀬ヶ原の自然史』中公新書　一九八九年

(38) 福澤仁之「水月湖の細粒堆積物で検出された過去二〇〇〇年間の気候変動」吉野正敏・安田喜憲編『講座文明と環境　第六巻』二八〜四六頁　朝倉書店　一九九五年
(39) マクニール（増田義郎ほか訳）『世界史』新潮社　一九七一年
マクニール・W・H・（佐々木昭夫訳）『疫病と世界史』新潮社　一九八五年
(40) 鈴木秀夫『気候変化と人間』大明堂　二〇〇〇年
(41) 安田喜憲「倭国乱期の自然環境」考古学研究　二三―四　八三〜一〇〇頁　一九七七年
安田喜憲『気候と文明の盛衰』朝倉書店　一九九〇年
(42) 安田喜憲「大阪府河内平野における弥生時代の地形変化と人類の居住」地理科学　二七　一〜一四頁　一九七七年
(43) 中川毅「花粉が語る環境史」安田喜憲編『はじめて出会う日本考古学』有斐閣アルマ　一一九〜一五一頁　一九九九年
(44) Tainter, J.A. : Complexity and social sustainability experience. in Allen, T.F., Tainter, J.A., Hoekstra, T.W. : *Supply-side sustainability*. Columbia University Press, New York, 99-164, 2002.
Tainter, J., Crumley, C.L. : Climate, complexity, and problem solving in the Roman empire. Costanza, R. et al. (eds.) : *Sustainability or Collapse?*. The MIT Press, Cambridge, 61-75, 2007.
(45) 田村実造『中国史上の民族移動期』創文社　一九八五年
(46) 佐藤彰一・松村赳『西ヨーロッパ　上』朝日新聞社　一九九二年
(47) 吉澤保幸『グローバル化の終わり、ローカルからのはじまり』経済界　二〇一二年
(48) 北川浩之「屋久杉に刻まれた歴史時代の気候変動」吉野正敏・安田喜憲編『講座文明と環境　第六巻』朝倉

書店　四七〜五五頁　一九九五年
(49)　中塚良「古代宮都・長岡京の廃絶と自然条件の推移」吉野正敏・安田喜憲編『講座文明と環境　第六巻』朝倉書店　一七一〜一八二頁　一九九五年
(50)　関幸彦『東北の争乱と奥州合戦』吉川弘文館　二〇〇六年
(51)　中西進・安田喜憲編『謎の王国・渤海』角川選書　一九九二年
上田雄『渤海国の謎』講談社　一九九二年
吉野正敏「渤海の盛衰と気候変動」吉野正敏・安田喜憲編『講座文明と環境　第六巻』朝倉書店　一四三〜一五五頁　一九九五年
(52)　Yasuda,Y., Nasu,H., Fujiki,T.,Yamada,K., Kitagawa,J., Gotanda, K., Toyama,S., and Mori, Y. : Climate Deterioration and Angkor's Demise. in Yasuda,Y. (ed.) : ***Water Civilization ; From Yangtze to Khmer Civilizations***. Springer, Heidelberg, Tokyo 331-362, 2012.
(53)　Halita-Hovi, E., Saarinen, T. and Kukkonen, M. : A 2000-year record of solar forcing on varved lake sediment in eastern Finland. ***Quaternary Science Review*** 26, 678-689, 2007.
(54)　安田喜憲『環境考古学への道』ミネルヴァ書房　二〇一三年
(55)　マッシモ・リヴィーバッチ（速水融・斎藤修訳）『人口の世界史』東洋経済新報社　二〇一四年
(56)　安田喜憲「ペスト大流行」速水融・町田洋編『講座文明と環境　第七巻』朝倉書店　一一〇〜一二二頁　一九九五年
(57)　キャスリン・アシェンバーグ（鎌田彷月訳）『図説不潔の歴史』原書房　二〇〇八年
(58)　蔵持不三也『ペストの文化誌』朝日選書　一九九五年

（59）安田喜憲「魔女を殺し自然を破壊する文明の闇からの離脱」安田喜憲編著『魔女の文明史』八坂書房　四四九〜四六五頁　二〇〇四年
（60）安田喜憲『文明の環境史観』中公叢書　二〇〇四年
（61）田中克『森里海連環学への道』旬報社　二〇〇八年
（62）稲盛和夫『生き方』サンマーク出版　二〇〇四年
（63）Steffen, W., Sanderson, A., Tyson, P.D., Jäger, J., Matson, P.A., Moore III, B., Oldfield, F., Richardson, K., Schellnhuber, H.J., Turner, B.L., Wasson, R.J., : ***IGBP executive summary, Global change and the earth system.*** Springer, Heidelberg, 2004.

第六章

森林環境文明論

1　森が失われると文明は崩壊する

(1)　畑作牧畜文明の地球支配

古代の神話が現代に語りかける

一九世紀は古代文明発見の世紀だった。H・シュリーマンは古代ギリシャの叙事詩『イリアス』、『オデュッセイア』の物語に魅せられて、人類史上の大発見を成し遂げた。それはまさに近代ヨーロッパ文明の絶頂期における輝かしい発見であり、近代ヨーロッパ文明のさらなる未来への繁栄を象徴するような出来事であった。一九世紀の人々に、古代の神話は人間の力強さ、愛のすばらしさを説き、人間の叡智にもとづいて自然を支配し、人間と家畜のみの王国を作り、人類文明の限りない発展の未来を語りかけた。

しかし二〇世紀末、近代ヨーロッパ文明の繁栄のもとで地球の自然は疲弊した。人類は自然との共存という一点においてゆきづまった。その時、大地の神々が元気だった時代に書かれた古代の神話や叙事詩が、ふたたび現代人に語りかけはじめているのではないか。現代人に警鐘を鳴らし、未来への選択の道を示唆しているのではないか。梅原猛著『ギルガメシュ』[※1]はまさにこうした古代の叙事詩が現代人に語りかけるものを、鋭い感性によって説き明かしたものに他ならない。古代の神話や叙事詩の語りかけを真に読みとることは、シュリーマンと同じく、少数のすぐれた感性と直感力を持つ人間によってのみはじめて可能なのである。

メソポタミアの神話『ギルガメシュ』

人類最古の神話はメソポタミアで書かれた。それは人類が都市文明を手にした五〇〇〇年前のことである。その叙事詩は『ギルガメシュ』。『ギ

図６―１　家畜の民の王ギルガメシュ（中央）とエンキムドゥ。シリア、アレッポ考古学博物館蔵。今この貴重な遺品はどうなっているだろうか。内戦で破壊されたりしてはいないだろうか

図６―２　美しいレバノンスギの森。レバノン、バルーク（左上）とフンババの森の神が出てきそうなレバノンスギの森の中（右下）

ルガメシュ』には森の神フンババのことが書かれている。

しかし、その森の神フンババの最期はあわれだった。シュメールの神エンリルに命ぜられた半神半獣のフンババは、梢を聳えさせるレバノンスギの森を数千年の間守って来た。人間どもの欲望の渦によって神々しい森が汚染され、破壊されることを防いで来た。

だがある日、強力な手斧をもったウルクの王ギルガメシュ（図6―1）がやって来た。ギルガメシュ王はレバノンスギのあまりの美しさ（図6―2）に一瞬我を忘れたかのようだった。しかし、まもなくギルガメシュ王は神々の宿るあの聖なるレバノンスギを切りはじめたのである。

怒りくるったフンババは、嵐のような唸り声をたて、口から炎をはきながら、ギルガメシュ王に襲いかかった。しかし、ギルガメシュ王と行をともにしたエンキムドゥはてごわかった。フンババはとうとうその頭を切られて殺されてしまったのである。

屈強の森の神フンババは、文明を手にした人間の王ギルガメシュに破れた。それは実に五〇〇〇年前のことだった。人類が都市文明を手にした時だった。都市文明の誕生は森の神殺しと軌を一にしていたのである。

『日本書紀』に記された森の神＝イタケル

森の神フンババがギルガメシュ王に殺されて三〇〇〇年以上がたってから、ある森の神のことが『日本書紀』の中に記された。その名は五十猛神（イタケル）。

『日本書紀』には「初め五十猛神、天降ります時に、多に樹種を将《も》ち下る。然れども韓國に殖えずして、盡く持ち帰る。遂に筑紫より始めて、凡て大八州國の内に播殖して青山を成さずということなし、所以に五十猛命を稱《たたえ》、有功の神とする。即ち紀伊國に所坐する大神是なり」とある。イタケルは天から降臨する時、樹の種を持って来た。しかし、その種は韓国には播かず、すべて日本へ持って来た。そして筑紫よりはじめて大八州国すべてにその樹の種を播き、山を緑にした。その功績によってイタケルと称し、勲功の神として紀伊国に祀られたのである。

フンババは殺されイタケルは勲功の神になった

このフンババとイタケルはともに森の神でありながら、その末路はなんと対照的なのだろう。私はその二つの森の神の末路の対照性に強く心をひかれた。この二つの叙事詩に書かれた森の神の末路の相違は、そっくりそのままその後の、森と文明がたどった歴史を反映しているではないか。森の神フンババを切り殺したメソポタミアでは、森という森はことごとく地上から姿を消してしまっている。そして文明も崩壊した。樹の種を播いたイタケルを勲功の神として祀った日本の国土は、いまだに深い森に覆われ、文明の繁栄を享受している。

自然の神々がまだ人間を圧倒していた時代に書かれた二つの神話は、その後の人間が歩むまったく異なった二つの歴史を暗示していたのではないか。森を破壊する文明と森を守る文明の歴史をである。本章ではこうした特徴的な森と文明のかかわりあいの歴史をあとづけ、比較研究することにより、日本文明の特色を明らかにし、地球環境の危機の時代における日本文明の役割を模索する。

森林破壊の畑作牧畜文明が世界を支配した

ここで言う森を破壊する文明とは、北西ヨーロッパに発達した狭義の文明のみを指すのではない。一万二五〇〇年前の西アジアでの麦作農耕の誕生に発し、地中海地域で発展し、一二世紀以降アルプス以北の狭義のヨーロッパで発展し、一五世紀以降の地理上の発見を契機として、旧大陸のアジアやアフリカ、新大陸のアメリカやオーストラリアにまで拡散し、ついには全世界を支配した文明を、ここでは森を破壊する文明・畑作牧畜文明と呼ぶ。

この森林破壊の畑作牧畜文明は、麦作農業に立脚した階級支配の文明であり、自然征服型文明である。それは人間中心主義に立脚した文明である。まるでアメーバが地球を覆い尽くすかのように、この森林破壊の畑作牧畜文明は一万年の間に、地球を支配してしまった。その結果、二一世紀初頭の人類は、地球環境との共存という重大な危機に直面することになったのである。

旧石器時代末期の人々は草原を捨て森に依存するようになった

一万五〇〇〇年前。その時代は長かった氷河時代が終末に近づき、温暖な後氷期に移り変わる晩氷期の開始期である。気候の温暖化と湿潤化の中で、マンモス、バイソン、ウマなどの大型哺乳動物が生息する草原が縮小し、ナラやマツの森が拡大して来た。生息環境の悪化の中で、大型哺乳動物は減少していった。人類の乱獲がこれに拍車をかけた。旧石器時代末期の人々は、食料となる大型哺乳動物が姿を消した大草原を捨て、新たに拡大してきた森の資源に強く依存する生活を開始した。そして森の中や森の縁辺での生活がはじまった。

「悪魔のプログラム」がはじまった

だが第二章で述べたように、一時の安住もヤンガー・ドリアスの寒冷期の襲来によって森の資源が枯渇し、ふたたび人々は食料危機に直面した。このヤンガー・ドリアスの寒の戻りによって引き起こされた森の後退と砂漠化の中で、西アジアの人々が注目したのは、イネ科の草本類であった。草原にはコムギやオオムギの野生種が生息していた。人類はこの野生の麦類を栽培化することによって、食料危機を乗り切ったのである。

しかし、ヒツジやヤギの家畜をともなった麦作農耕は、やりはじめてみると予想外に大量の余剰生産物を生み出した。草原という過酷な風土ゆえに、貯蔵は生き残るための必須条件だった。自らが生き残るためには他人を搾取することさえやむを得なかった。幸いなことに主食の麦類は、これまでの大型哺乳動物の肉とは違って、長期の貯蔵にも適していた。

こうして個人の所有や富の貯蔵の概念が誕生し、人類は物を所有し、他人を支配する喜びを知ったのである。ここに一部の富める権力者が支配する階級支配の文明へと突き進む道が開かれたのである。支配と搾取・殺戮のとめどない酷悪の増幅作用は、麦作農業の誕生とともにはじまった。河合雅雄氏[※2]はこれを「悪魔のプログラム」と呼んでいる。

自然征服型文明の誕生

巨大な支配者は都市文明とともに出現した。国家とそれを支配する王の誕生である。この都市文明の誕生期もまた地球環境の変動期に相当していた。それは気候最適期と呼ばれる高温期が終了し、気候の冷涼化が進行した六三〇〇～五七〇〇年前にあたっていた。気候の冷涼化とともに、メソポタミアの低地一帯には気候の乾燥化が進行した。気候の乾燥化と砂漠化の中で、人々が大河のほとりに集中した。これが巨大な支配者と都市文明を誕生させるきっかけだった。

人類最古の物語は森林破壊の物語だった

その巨大な支配者の代表がウルクの王ギルガメシュであった。ギルガメシュ王はウルクの町を立派にし、自らの王宮を建てるために、レバノンスギの森を破壊しに出かける。友人エンキムドゥの助けをかり、ギルガメシュ王は森の神フンババを殺して、レバノンスギを手に入れた。これが人類が最古の文字を使って書いた最古の物語であった。人類最古の物語は、実は森林破壊の物語だった。畑作牧畜民の都市文明は、自然征服型文明として誕生したのである。それ以来、あくことのない巨大な支配者の欲望が、人類を果てしない自然破壊へと駆り立てることになったのである。

気候変動期に人格的一神教が生まれた

人間の自然支配を肯定し、人倫のみでなく自然の中にさえ階級支配の概念を持ちこむ思想が三二〇〇年前頃に誕生した。それは人格的一神教の誕生であった。この人格的一神教が誕生した時代もまた、地球環境の変動期だった。第四章で述べたように、死海などの年縞の分析の結果は、三五〇〇年前頃より気候が冷涼・乾燥化し、その冷涼期のピークは三二〇〇年前頃にある事実を明らかにした、この気候の冷涼化によって、北緯三五度以南のイスラエルやエジプトでは乾燥化が進行[※3]

した。ナイル川の水位は低下し、砂漠化が引き起こされた。

『旧約聖書』にはモーゼの「出エジプト記」(一章五)が書かれている。モーゼが酷使される同胞を見るに見かねて、エジプト王にヘブライ人の解放を頼む。王がこれを拒否すると神の罰が下り、ナイル川が血の川に変わり、カエル、ブヨ、アブが大発生し、雹が降り、家畜が病気でバタバタと死んでいったと『旧約聖書』は述べている。エジプトで雹が降ったことは気候の冷涼化を示し、ナイル川が血の川に変わったという記述は、気候の乾燥化でナイルの水位が低下し、赤土の泥の川に変わったことを示すのであろう。

これは明らかに気象災害がモーゼの時代に引き起こされたことを示している。モーゼの「出エジプト記」はエジプト第一九王朝ラムセス二世(B.C.一三〇四～一二三七年在位)の頃の物語であると言われている。モーゼは三二〇〇年前頃の気候悪化の極期に引き起こされた混乱の中で、エジプトを脱出し、そしてシナイ山の山頂で十戒を受けることになるのである。ヤハウェ神による厳しい十戒の公布と、人格的一神教の誕生の背景にも、地球環境の変動が深い陰を落としていた。

階級支配の思想は、自然と人間の関係にまで及んだ

この一神教のもとで、自然は人間に食物を提供する位置にあまんじなければならなくなった。その世界観は神のもとに人間を、そして人間のもとに自然を置くという自然征服型の人間中心主義に立脚していた。同時に自らの信ずるヤハウェ神のみが絶対であり、他の宗教を邪教であると見なす強い階級意識を内にかかえていた。そして階級支配の概念は人倫のみでなく、自然の認識にまで及んだ。『旧

約聖書』は動物には浄い動物と浄くない動物がいることを明言している。

このように一神教は自然の動物を浄い動物と浄くない動物に区別し、自然の中で人間だけを特別の存在として位置づけた。この階級支配の思想は、ユダヤ教からキリスト教へと受け継がれ、人間と人間の関係、民族と民族の関係、国家と国家の関係のみでなく、自然と人間の関係にまで適用されたのである。

一二世紀以降ヨーロッパの森が失われた

こうした自然征服型の階級支配の文明が、北西ヨーロッパを席巻しはじめたのは一二世紀の頃であった。この時代は中世温暖期と呼ばれる高温期にあたっていた。温暖な気候と重輪犂や水車・風車の技術革新、三圃式農法などの農業技術の革新などによって、北西ヨーロッパの大森林地帯の開墾が急速に進展した。伊東俊太郎先生[※4]はこの時代を「一二世紀ルネサンス」と呼んでいる。H・ダーヴィー博士[※5]の有名なヨーロッパの森林変遷図を待つまでもなく、アルプス以北の北西ヨーロッパはヨーロッパブナやナラの深い森に覆われていた。この一二世紀以降の大開墾以降、森は急速に失われていったのである。

この森の破壊の先頭に立ったのはキリスト教の宣教師達だった。森の中にいたケルト人やゲルマン人の伝統的なアニミズムの神々は排斥された。聖なる森は破壊され、聖木は切り倒されていった。それは森の闇を切り開き、異教徒を野蛮な犠牲の儀式から解放し、人間中心主義の輝かしい文明の光を導入することに他ならなかった。

一二世紀にはじまる「動物裁判」[※6]は、アニミズムが強固に残る森の世界に、キリスト教が浸透し、拡大していく過程に出現した特異な現象である。森の宗教を司るドルイド僧は、自然の秩序維持と回復のために、動物や時には人間さえ犠牲にした。デンマークや北ドイツの泥炭地からは、こうした大地の豊饒の女神の犠牲にされたボッグ・ピープルが六〇〇体以上も発見されている。そこでは自然の秩序の維持のために、人間が犠牲に捧げられたのである。

これに対し、一二世紀にはじまる動物裁判の犠牲は動物である。獣姦などにより秩序を乱した動物や、凶作を引き起こして人間社会の維持を困難にした昆虫は、裁判にかけられて処刑されねばならなかった。この「動物裁判」では、人間社会の正しい秩序維持のために、動物が犠牲にされたのである。裁判はその犠牲を正当化する儀式であった。

ここに自然と人間の関係の大きな逆転が示されている。自然の秩序維持と回復のために人間を犠牲にした時代から、人間社会の秩序維持と回復のために動物や自然を犠牲にする時代への転換が示されている。この自然征服型の人間中心主義に立脚した階級支配の文明は、一五世紀の地理上の発見を契機として、全世界へと蔓延していく。

森林破壊の文明は世界に拡大した

一五世紀、すでに北西ヨーロッパの森は激しく破壊され、農耕地や牧草地が拡大していた。そして一七世紀は小氷期と呼ばれる気候冷涼化が急速に進展した時代にあたっている。気候悪化の中、人々は森の消滅したヨーロッパの大地を捨て、新天地をもとめて旅立った。まずアフリカ大陸が、続いてアジア大陸・新大陸アメリカのアニミズムの文明が、つぎつぎとこの人間中心主義の森林破壊の文明の餌食となっていった。その侵略の尖兵はここでもキリスト教の宣教師だった。キリスト教を信仰する民族がよりすぐれているのだという階級意識があったればこそ、アフリカの黒人を新大陸アメリカに奴隷として売り渡すことさえできたのである。

こうして、世界は人間中心主義に立脚し、一神教を精神的支柱とする自然征服型の階級支配の文明の手に落ちたのである。森林破壊の畑作牧畜文明は、砂漠化を契機として拡大・発展し、地球を覆い尽くしてしまった。たしかに、その文明は人類に輝かしい物質的発展をもたらした。しかし、同時に人類史を「人間が人間を搾取・殺戮する時代」へと駆り立て、「人間のためにのみ自然を搾取する」地球支配の文明の時代を実現させたのである。

畑作牧畜文明の地球支配がはじまった

ヤンガー・ドリアスの寒の戻り期に引き起こされた第一の砂漠化の中で、森林破壊の畑作牧畜文明は麦作農耕を開始した。気候最適期の終焉にともなう冷涼化による第二の砂漠化の中で、森林破壊の畑作牧畜文明は都市文明を誕生させ、三二〇〇年前の第三の砂漠化を契機として、一神教が誕生した。小氷期の冷涼化に見舞われた一五世紀のヨーロッパは、森林資源の枯渇にすでに直面していた。新たな新天地をもとめて民族大移動を行ったのは、スペインやポルトガルなど森林資源の枯渇に直面し、砂漠化がまっさきに進行していた国々だった。これを第四の砂漠化と見なしてよいだろう。この第四の砂漠化が進展する中、森林破壊の畑作牧畜文明は近代科学技術文明を手にし、その地球支配がはじまったのである。

アフリカや新大陸アメリカのアニミズムの文明が、未開・野蛮の名において、つぎつぎと侵略され破壊されていった。未開・野蛮と呼ばれる文明こそ、実は森を守る文明だったのである。その森を守る文明の代表が、稲作漁撈文明やトウモロコシ・ジャガイモ農耕文明だった。人々は聖なる木を崇め、森の動物達を神々の使いと見なすアニミズムの世界に生きていた。そこには自然と人間、森と人間が共存する世界が実現されていた。そうした自然と共存する森を守る文明が、未開・野蛮の名のもとにさげすまれ、追放され、歴史の闇の彼方に葬り去られたのである。その侵略の過程でいかに森が破壊されていったかは、新大陸アメリカの花粉分析の結果に明示されている。ネイティブアメリカンは日本の縄文人と同じく、森と共生する森の民だったのである。ところが、家畜を連れたヨーロッパ人の入植によって、マツやナラの森は急速に破壊されていった。一六二〇年代のアメリカは森の国だった。それからたった三〇〇年後には、アメリカの大森林の八〇%が失われてしまったのである。[※7][※20]

スペインは森を破壊し尽くした

インカの都のあったペルー、クスコの町には、インディヘナ（インディオ）の人々が作ったすばらしい石の建築物が残されている。しかし、なぜか木の建造物はない。それはおそらく、木を建築材に使うことによる森の破壊をさけるために、彼らは石の加工技術を究極にまで発展させたのである。これに対し、スペイン人は石の加工技術を知らなかった。侵略後に作られた教会には、大量の木材が使用されている。インディヘナの人々は石の建造物を大量に作った。だからインカの文明は石の文明だと思われていた。しかし、スペイン人が侵略した当初、アンデスの高原一帯にまだ深い森が残っていたのである。おそらくインディヘナの人々が石の建造物を作ることに重点を置いたのは、アンデス山中の森の生態系を保全することが、自らの文明の維持のためには必要不可欠であることを知っていたためではないかとさえ思われるのである。第三章で述べたように、天にまでとどくと思われるマチュピチュ遺跡に作られた棚畠（図3―56）は、水の循環を維持し、土壌の侵食を完璧なまでに防止していた。そこには自然の生態系を熟知し、自然を破壊し尽くすことなく、自然とともに生きるインディヘナの人々の知恵が発露されている。自然を破壊し搾取するのではなく、自然を豊かな大地に加工することに、彼らは最大のエネルギーを投入したのである。しかし、スペイン人はこの自然との共生をめざしたアニミズムの文明を破壊し、インカ時代にはまだ豊かだった森をも破壊し尽くしたのである。

二一世紀は第五の砂漠化の時代

森林破壊の文明が世界を席巻してから五〇〇年後の二一世紀の前半、人類は第五の砂漠化に直面することとなった。その砂漠化の原因は森林の破壊のみではない。人間が作り出した地球温暖化という気候変動もまた、砂漠化を加速化する大きな要因となりつつある。

水の危機が迫っている

この第五の砂漠化は人類に水の危機をもたらすというのが私の予測であった。二〇三〇年には、生きるためになくてはならない飲み水さえことかく人々が、二〇億人以上、最大四〇億にも達するのではないかという予想さえあった。

森と文明のかかわりの歴史を見れば、森が後退し気候変動と連動した砂漠化が顕著になった時代には、人類史を席巻するような大きな革命が引き起こされている。おそらく、都市革命や精神革命に匹敵するような、いやそれ以上の巨大な人類史の危機と転換の時代があと三〇年以内にやって来るであろう。「地球環境との関係において引き起こされた事件は、必ず未来にも引き起こされる」。これまでの四回の砂漠化の中で、人類は新たな技術と新たな世界観や社会システムを創造することによって、その危機を脱出してきた。今回の第五の砂漠化の危機に直面して、人類史的革命をもたらすことができるような技術革新や文明システムを転換する思想が現れるだろうか。そうならない限り、現代文明は崩壊する。

（2）クレタ島は地球の縮図

和辻哲郎と亀井勝一郎のエンタシス

エンタシスのことはご存知だろう。法隆寺や唐招提寺の柱の豊かな膨らみは、和辻哲郎[※8]氏や亀井勝一郎[※9]氏をはじめ、多くの日本人のロマンをかき立ててきた。

法隆寺を訪れた和辻氏[※8]は、「この建築の柱が著しいエンタシスを持っていることは、ギリシャ建築との関係を思わせてわれわれの興味を刺激する」[※8]と述べている。あのエンタシスの膨らみは、遠くシルクロードをへて、ギリシャやヘレニズム文化の影響のもとに作り出されたと言うのである。

地中海の大理石の巨大な神殿の柱の膨らみが、飛鳥時代の寺院の柱にまで影響を及ぼしている。輝かしい近代ヨーロッパ文明の原点となったギリシャ文明の影響が、奈良の飛鳥文化にも及んでいる。それはギリシャ文明と近代ヨーロッパ文明へのほのかな憧れとともに、永らく人々の記憶にとどめられた。

クレタ島のイラクリオンには、ミノア文明を代表するクノッソス宮殿がある。クレタ島のミノア文明はB.C.二〇〇〇年頃、突如として地中海世界に登場して来た。その経済発展を支えたのは、豊かな森林資源だった。クレタ島のアギオ・ガリーニの花粉分析の結果は※10、この頃クレタ島はナラやカシ、それにマツのうっそうとした森に覆われていたことを明らかにしていた。

クノッソス宮殿はそうした豊富な木材資源を背景とした木の宮殿だった。アーサー・エヴァンズがコンクリートで復元した柱（図6―3）は、上部が太くなっていた。柱の太さが上と下で異なるのは、木の柱をさかさまにして宮殿の柱に使用していたからであろう。もともとの神殿の柱は木の柱だった。その伝統が、ギリシャ神殿のエンタシスのふくらみにつながっているのではないか。大理石の柱のエンタシスのふくらみは、それがもとは木の柱だったことを物語っているのではないか。しかし、文明が発展する中で巨大な神殿を支えるような巨木は破壊され、大理石の神殿に変わった。しかし、建築家はかつての木の柱の記憶をエンタシスの造形として残したのではないか。とすれば、この法隆寺や唐招提寺の柱こそ、オリジナルな姿を示しているものであり、そこにこそ価値を認めるべきであったと思うのに、和辻氏や亀井氏はむしろギリシャ神殿の模倣であることに驚喜したのである。

古代地中海文明は森の文明だった

クレタ島は森の島だったのである。当時シリアやメソポタミア地方はすでに森林資源の枯渇に直面していた。森に覆われたクレタ島は豊かな森林資源を利用して、地中海の海洋貿易国家として勢力を拡大できた。なぜなら、当時の貴重品である青銅器を作るにも、日用品の土器を作るにも、燃料としての薪が必要であった。そしてそれらを海外に輸出し、交易を行う船を作るにも木はなくてはならないものだった。古代地中海文明は森なくしては存続不可能の文明だった。その森がクレタ島にはふんだんにあったのである。

図6―3　クノッソス宮殿の柱はそう高くはない（上）。柱は上が太くなっている（下）

クノッソス遺跡は木の宮殿だった。そして赤い木の柱の膨らみこそ、エンタシスのルーツだったのである。ギリシャのあの白亜の大理石の柱のエンタシスの膨らみは、かつての神殿が木でできていたことのなごりだったのである。地中海文明はかつては木の文明、森の文明であったのである。

法隆寺や唐招提寺の木柱の膨らみは森の文明のシンボルだった。和辻氏や亀井氏のように唐招提寺や法隆寺の柱の膨らみが、ギリシャ神殿の模倣だと見なす視点からは、西洋文明へのあこがれは見えても、森の文明の重要性は見えて来ない。

クレタ島の森林資源には限りがあった。かつての森の王国も、ミノア文明の末期にはペロポネソス半島のメッセニア地方や、トルコの西海岸から木材を輸入しなければならない状況に陥っていた。木材の不足は王宮の燃料や建築材の不足をもたらしたのみでなく、海上国家ミノアの経済的動脈を支える船を作ることを不可能にした。そして森の破壊は土壌の劣化をも引き起こした。土壌劣化の中で穀物の生産量も低下したと見なされる。ミノア文明の末期には、文明の質は低下し、飢餓と食人を類推させる人骨まで発見されている。

ミノア文明もクレタ島の森林資源を食いつぶした時、崩壊した。ミノア文明が崩壊してから三六〇〇年後、すでにイギリス本国の大ブリテン島の森もほとんど破壊し尽くされていた。同じことが東アジアの南海の森の楽園、南大東島でも引き起こされていた。[※11] 明治時代以降の開拓によって、ビロウやガジュマルの森はあっという間に破壊され消滅してしまったのである。

そして現在、私たちの住むこの地球がもはやクレタ島や南大東島になってしまったことに気づくことが必要である。広大な宇宙空間に浮かぶ地球の資源には、はっきりと限界が見えて来た。この地球の限りある資源を人類が食い尽くした時、その先に待っているものは、死滅と崩壊でしかないことを、このクレタ島のミノア文明の崩壊、そして疎林の島になった南大東島が私たちに語りかけている。クレタ島も南大東島も、まさに現在の地球の縮図だったのである。

（3）日本文明は森の文明

森の列島

この森を破壊する文明の伝統を、それに続くヨーロッパ文明もアメリカ文明も継承した。その森を破壊し尽くす文明、自然を収奪する文明の方向転換を可能とすることができるのは、森の日本文明しかないのである。そのためには、唐招提寺や法隆寺の柱の膨らみを、ギリシャのエンタシスだと見なすのではなく、西洋文明の呪縛からの解放のシンボルとすることが必要なのである。

日本は森の列島である。これほど豊かな森に恵まれた島は、温帯地域では大変まれである。降水量に恵まれた風土は、森の生育に絶好の条件をもたらした。日本列島の年平均降水量は一七〇〇㎜と極端に多い。しかも夏・冬ともまんべんなく降る。屋久島や大台ヶ原のように年降水量四〇〇〇㎜を超える所さえある。一九九四年夏の干ばつで、立木がつぎつぎと枯れていくのを西日本の人は間近に体験し、雨の量が植物の生育にとっていかに重要かを理解した。

ではなぜ日本列島には雨が多いのか。それは日本が島国だからである。日本の夏の豪雨のもとは、太平洋上で発生した熱帯低気圧や海洋性熱帯気団が運んでくる水蒸気である。さらに冬の日本海側の豪雪のもとは、日本海から蒸発した水蒸気である。この周囲を海に囲まれていることが、森の風土を生んだ最大の要因なのである。日本人はその森林資源をクレタ島のように使い尽くすことなく、持続的・循環的に利用することによって、ギリシャ文明よりもはるかに持続性の高い文明を構築したのである。それ故、日本列島には、ホモ・サピエンスが居住を開始した三万年以来、現在にいたるまでずっと森の環境が持続したのである。

しかし、この森の列島も、過去三万年の間に大きく変化した。それは地球の気候が変化したからである。

森の旧石器文化

今から二万年前、地球は最後の氷河時代の中で最も寒冷な時代をむかえていた。日本列島の年平均気温は現在より七～八℃低かった。このため海面も一〇〇m以上低下して、瀬戸内海は陸となり、日本列島は現在とはまったく異なった形をしていた（図3―7）。気温の低下によって北海道には森林ツンドラも一部存在した。東北地方から中部地方は深い亜寒帯針葉樹林に覆われていた。西日本はナラを中心とする落葉広葉樹と五葉マツやコメツガなどの針葉樹林がモザイク状に配列した森に覆われていた。火山灰の降灰によってイネ科やヨモギの草原が広がった関東平野や、ツンドラが部分的に広がる北海道などの一部を除いて、列島は森に覆われていた。

世界の旧石器時代の文化の多くは、イネ科やキク科の大草原を舞台として発展した。彼らはウマやバイソンを狩猟するビッグゲーム・ハンターだった。[※12] これに対し、日本の旧石器文化は森の狩猟採集民の文化だった。[※13] 森と草原のはざまに生息するオオツノシカなどを狩猟するとともに、チョウセンゴヨウの実など森の資源も利用した。日本列島の各地から局部磨製石斧が発見されているが、これは森の資源を利用するための道具であったと見なされる。日本の旧石器文化は森の旧石器文化だった。

森の縄文文化

気候は一万五〇〇〇年前から急速に温暖・湿潤化する。この気候の湿潤化の中で、日本海側を中心としてブナの森が拡大をはじめる。土器の発明によって森と海の食物を安全にかつ温かくして食べることができるようになり、「うま味」を出すこともできた。縄文文化は温帯の落葉広葉樹の森の生態系に適応し、森の資源に強く依存した森の文化へと発展した。

今から七五〇〇～六五〇〇年前頃は、気候最適期と呼ばれる高温期だった。年平均気温が現在より一～二℃高かった。この気温の上昇によって、海面が上昇し、東京・大阪・札幌・新潟などの海岸平野に立地する大都市域は海の底だった。気温の上昇によって、西日本の低地一帯はカシやシイの照葉樹林に覆われていた。東日本にはナラやクリなどからなる暖温帯落葉広葉樹の森が拡大した。縄文時代前期の人々は、このナラやクリあるいはカシやシイの堅果類の木の実や森の中のイノシシやシカ、東日本はサケやマス、西日本はフナやコイなどの川や湖の魚[※14]、そして内湾に生息する魚介類を食物として、豊かな縄文文化を発展させることができた。マグロやカツオときにはクジラも食べていたことが福井県鳥浜貝塚の骨の分析[※15]から明らかになっている。

森の農耕文化

およそ三二〇〇年前、気候が著しく冷涼化する。この冷涼化の中、日本の縄文文化が危機に直面する。中国大陸もこの気候悪化の中で大動乱の時代をむかえる。北方や西方から異民族が南下、東進した。殷周革命や春秋戦国時代の変動期は、こうした異民族の流入で引き起こされた。この社会的動乱を逃がれて、新たにイネと金属器をたずさえた人々が、ボート・ピープルとして日本列島にやって来た。※16しかし、ボート・ピープルとしてやって来た稲作漁撈民は、ヒツジやヤギといった家畜を飼うかわりに、タンパク源を魚介類に求めた。ヒツジやヤギなどの家畜は木の若芽を食べ尽くし、森を破壊する元凶である。このことを日本人は知っていた。その家畜を飼うことを止める上で大きな役割を果たしたのが、天武天皇の「肉食禁止令」※17であった。こうして日本人は森を食べ尽くす家畜を欠如した森の農耕社会を作り上げることに成功したのである。

日本の農耕は里山に依存

日本の農耕社会は化学肥料が普及するまで里山の資源に強く依存していた。里山こそ森の農耕文化の象徴であり、森と人間が循環的に共存して生活する証でもあった。同時に里山はキツネやタヌキなどの動物の生息地をも提供した。森との共生をめざした農耕社会は、動物との共存の世界をも実現したのである。

このように日本列島人は、旧石器時代以来、森と深くかかわってきた。とりわけ縄文時代以降は、森の文明と呼ぶことができるほどに、日本列島人のライフスタイルは、森の時間に支配されて来た。旧石器時代以来。森の種類は変化した。しかし、日本列島には森のある風景が連綿と続いて来た。縄文時代晩期の三〇〇〇年前頃の日本列島は、全島が深い森に覆われていたと見なしてよい。その後、森の種類は変わっても、ヨーロッパやアメリカほどに森の面積には大きな変化がなく、日本列島においてもっとも森の面積が縮小した幕末から明治の頃でも、日本列島の森の面積が列島の六割を下まわったことはない。日本の文明は森の文明であり、その文明は大変永続性が高かった。その永続性の秘密は、日本列島に連綿と森のある風景が続いていたからである。

森を守る文明のキーワードは、自然と人間の関係性における共生・再生と循環そして平等主義である。この縄文時代以来（いや旧石器時代以来と言っても過言ではない）日本列島人が営々と培ってきた森を守る文明の伝統の中に、第五の砂漠化の危機を回避し、未来の人類を救済する鍵がかくされているのではないかと私は思うのである。その一つがＣＮＦ（セルロース・ナノ・ファイヴァー）の技術革新であり、私はこの技術革新に大きな期待をよせている。

2　地中海文明は森の神々を殺してしまった

（1）地中海は美しい痩せ海

紺碧のエーゲ海とハゲ山

紺碧のエーゲ海は、真夏の太陽をまぶしく照り返している。石灰岩の岩山に立つ白亜の神殿は、いやがうえにも異国情緒をかりたてる。ごつごつした岩肌の見えるハゲ山の風景が、緑の山に慣れ親しみ、山には木が生えていると思いこんでいる日本人に、異質の風土を強く印象づける。

図6—4　ミケーネ遺跡と、遺跡に立つ1980年当時の私（撮影者不明）

そしてだれしもが思うことは、このハゲ山は大昔からハゲ山だったのだろうか。もし森に覆われていたのなら、どうしてなくなったのかということである。私もその思いにとりつかれた一人である。そして幸運にも、その謎を解明するチャンスに恵まれた。

ハゲ山の調査

一九八〇年から私は、ギリシャとトルコのハゲ山の成立原因について調査を行う機会に恵まれた（図6—4）。遠くからはまったく岩だらけに見えるハゲ山も、近づいてみるとカシ、ピスタチア、ネズ、オリーブ、ツツジなど低木が生えている。こうした灌木の群落で、比較的高木が多いのをマッキー、よりハゲ山に近いのをフリガナと呼んでいることは第三章で述べたごとくである。

四〇〇〇年前はマツやナラの深い混合林に覆われていた

それではこうしたハゲ山は、一体いつ頃からあったのであろうか。はたしてかつて山は森に覆われていたのであろうか。

このことを解明するために、私[※18]はギリシャやトルコの各地の湖や湿原にボーリングを実施し、泥を採取した。湖底や湿原の泥の中には、植物の遺体や花粉の化石がよく保存されている。採取した泥の中からそれらの化石を抽出し、過去の植物相や気候を復元しようというのである。

その結果、たとえばトルコのエーゲ海沿岸のチブリル湿原[※18]では、およそ四〇〇〇年前までは、マツやナラ類の森が周辺に生育していたことが明らかとなった。それが四〇〇〇年前を境として、オリーブ、コムギなどの栽培作物の花粉、アカザ、オオバコ、ヨモギ、ギシギシなどの雑草の花粉が増加する[※18]。するとナラ類の花粉が急減する。このことはオリーブやコムギの農耕と家畜の放牧を行う人々が、周辺のナラ類を中心とする森を破壊したことを示す。家畜の存在は、オオバコやギシギシなど牧草地に特有の雑草の花粉が、たくさん出現することからわかる。

そして興味深いのは、ナラ類の森が破壊されたあと、ネズやカシなどのマッキーやフリガナを構成する灌木の花粉が増加してくることである。エーゲ海周辺のハゲ山の風景は、人間の森林破壊の結果生まれたものであり、かつて山肌はマツやナラの混合林に覆われていたのである。

長い間、私達は地中海沿岸の山々は、昔からハゲ山だと思っていた。しかし、その考えは根本的に見直す必要が出て来たのである。

古典ギリシャについての高名な研究者は、次のように述べている。「ギリシャの山々は不毛の岩山ばかりであるから、ギリシャ人に対する感情は、例えば日本人の場合とは対照的であった。古代の日本人は山々を神聖化し、愛慕していたが、山々が緑に覆われ、人々を優しく迎えてくれたからであろうが、ギリシャでは山岳そのものが神格化され、神話の主人公になることは極めて稀であった。山というものに自然の恵みを感じなかったためでもあろう。ギリシャの山々は人間や動物の生命とは無関係であり、それゆえ山々自体も殆ど生命のないものと見られたのではなかろうか」[※19]。

しかし、本当にギリシャ人は、山々を神聖視しなかったのであろうか。それならば、なぜギリシャの神々はオリンポス山に住まうのであろうか。すでに述べたように古代ギリシャにおいては、山々は深い森に覆われていたのである。そしてその深い森に覆われた山々こそ神々の住まう聖なる場所だったのである。古代ギリシャの人々は、古代日本人と同じように、山々を人間や動物の生命と深く結びあった存在と見なしていたのではないだろうか。

地中海世界の森の変遷史を見ることによって、これまでのギリシャ神話の解釈を根本的に再検討する必要が出て来たのである。

南部メソポタミアの深刻な木材不足

ギルガメシュ王が森の神フンババを殺してから、二五〇〇年が経った。南部メソポタミアは深刻な木材不足に悩まされていた。木材は神殿などの建築材、船の材料、青銅器の精錬や陶器を焼くための燃料としてなくてはならないものだった。ユーフラテス川中流の都市マリの王室文書には、市民が日常生活に必要な最低限の薪にも事欠くありさまだったことが記されている。王はマリが所有する森には番人を置き、他人が所有する木材に手を出すことを禁じている。宮廷の行政官は材木が手に入らないため、宮殿の修理ができないと嘆いている。

マリの南に位置していたバビロンでの木材不足はさらに深刻だった。「目には目を、歯には歯を」のハムラビ法典を作ったハムラビ王も、「王の所有する木の枝一つでも傷つけたものは、決して生かしておかぬ」という厳しい処置をとっている。[※20]

エブラ王国を攻略してレバノンスギを手に入れたナラームスィーン王

南部メソポタミアが深刻な木材不足に見舞われていた時代に、地中海沿岸のレバノン山脈やアスサリエ山、アマノス山には、まだ森が残っていた。シリア北西部に位置するエブラ王国は、この地中海沿岸のアスサリエ山やアマノス山の豊かな森林資源を一手に領有して、豊かな王国を形成していた。これに目をつけたのはアッカド王国のナラームスィーン王であった。B.C.二二五〇年のある日、ナラームスィーン王は大軍を率いて、エブラ王国を攻略し、王宮を炎上させたのである。このナラームスィーン王によるエブラの攻略によって、南部メソポタミアは、地中海沿岸の巨大な森林資源を自由に搾取できるようになった。レバノン山脈やアマノス山のレバノンスギは、まず陸路何百頭もの牛によってユーフラテス川のほとりまで運ばれ、それから筏を組んでユーフラテス川の下流の南部メソポタミアにまで運ばれたのである。[※21]

私はレバノンスギをはじめとして巨大な森林資源を領有していたシリアのエブラ王国の遺跡に立ってみた。しかし、現在の遺跡から見渡せる限り、森はどこにもない。周辺はハゲ山ばかりである。露出した石灰岩の岩肌が、太陽光線を反射してまぶしいくらいである。本当にエブラ王国は森の王国だったのだろうか。

茶褐色の砂塵の舞い上がる遺跡に立って私は粘土板文書の史実を疑わざるをえなかった。もし粘土版に書かれたことが本当なら、どこかにその証拠が残っているはずである。

私達は一九九一年から、この消失してしまったレバノンスギの証拠を探求する学術調査を文部省の国際学術研究（シリア・トルコの環境変遷史と文明の盛衰：研究代表者安田喜憲）の一環として実施して来た。もしエブラ王国がレバノンスギの集散地ならば、エブラの王宮には、レバノンスギが大量に使用されていたはずである。遺跡の断面から採取した炭の中に、はたしてレバノンスギが含まれているかどうか。遺跡の管理人の許可をもらって採取した小さな炭片のなかにはレバノンスギが確かに含まれていた。そして炭片の^{14}C年代は三九九五±一九五年だった。※21

エジプトもレバノンスギを大量に使っていた

しかしこれだけではレバノンスギの森があった証拠にはならない。私はアスサリエ山の麓に広がるガーブ・バレイにボーリングを実施して、堆積物を採取し、その土の中に含まれている花粉（図2—26）の化石を分析した。その結果、アスサリエ山にもかつてレバノンスギが生育していたことが判明した。ガーブ・バレイはかつてはニヤ湖と呼ばれる湖だった。エジプト第一八王朝の王トトメス三世がシリアに遠征した時、このニヤ湖の湖畔で一二〇頭ものシリア象の群れに遭遇し、象狩りをしたと碑文に書かれている。エジプト王のシリアやレバノンへの遠征もまた、レバノンスギを手に入れるためであった。

森の少ないエジプトでは、建築材や土木用材の大半をレバノンスギに依存していた。クフ王のピラミッドのそばから発見された太陽の船もすべてレバノンスギでできていた。なかでもレバノンスギが必要とされたのはお棺だった。とりわけ新王国時代以降、レバノンスギの木棺が大量に使用された。あの有名なツタンカーメン王の柩は、レバノンスギで作った巨大な三重の厨子の中に入っていた。

香柏と呼ばれるレバノンスギは、聖なる神殿の建築材として最高だった。まっすぐにそびえるレバノンスギは船のマストをはじめ、商船や艦船を作るためになくてはならないものであった。フェニキア人は豊富なレバノンスギを背景として、巨万の富を築いた。フェニキアの港シドンやティルスからは、レバノンスギが遠くローマやエジプトへと運ばれていったのである。

だが二〇一六年の現在、フェニキア人の故郷は、いまだ激しい内戦のただ中にある。あのエブラの王宮はどうなっただろうか。多くの人々が故郷を捨て、難民となってヨーロッパへ向かっている。若いエネルギーを投入して調査したシリアとその周辺の国々は、これからどうなっていくのだろうか。

五〇〇〇年前にアスサリエ山の森は消滅した

第三章の図3―26のガーブ・バレイの花粉分析の結果、一万五〇〇〇年前頃すでにレバノンスギは、このアスサリエ山に生育していたことがわかった。一万五〇〇〇年前からナラの花粉が増加し、ヨモギなどの草原が縮小して、森が回復してきたことを示している。とくに一万五〇〇〇〜一万年前はナラの森の優占する時代であった。

ところが一万年前頃、突然ナラの花粉が減少する。かわってマツとオリーブの花粉が増加してくる。そしてイネ科などの農耕活動を示す花粉も増加する。農耕とオリーブ栽培をともなった人類の活動によって、アスサリエ山のナラの森が破壊され、二次林としてのマツ林が拡大したことを示す。これは中近東地域における最古のオリーブ栽培と最古の森林破壊の記録である。その詳細は国際誌に発表し、また英語の単行本としても刊行したので[※22]、国際的にも大きな反響を得た。

しかし、レバノンスギは減少しない。ナラよりも海抜高度の高い所に生育していたレバノンスギまでは破壊が顕著に及ばなかったことを示している。レバノンスギが減少するのは七七〇〇年前頃になってからである。同時にナラの森を破壊した後地に拡大してきたマツ林も減少する。この時代に入って二次林のマツ林のみでなく、より高い所に生育するレバノンスギにまで破壊の手が入ったことを示している。

そしてギルガメシュ王の活躍した五〇〇〇年前になると、もうこのアスサリエ山の周辺からは、ほとんど森が消えてしまう。最後までわずかに残っていたナラの森も五％以下にまで出現率を減少させ、レバノンスギの花粉はほとんど消滅してしまう。

ギルガメシュ王の時代の五〇〇〇年前、すでにアスサリエ山の山麓の森は大規模に破壊されており、レバノンスギがほとんど消滅していたことは、私には大きなショックだった。ナラームスィーン王がエブラ王国を攻略した時、すでにエブラ王宮から見わたせる山々の斜面から、うっそうとした森は姿を消していたのである。ナラームスィーン王は森をもとめてさらにレバノン山脈の奥深くまで分け入らざるを得なかったに違いない。

私は若い青春時代に、このシリアやレバノンの東地中海地域の調査に没頭したことは述べた。内戦がはじまって五年、いまだにシリアは戦争状態にあり、荒廃している。お世話になった人々は、今どうしておられるのか。本当に心が痛む。

魚の釣れない地中海

地中海の島、クレタ島。美しい青い海と砂浜が広がっている(図6―5)。地中海は文明の海だった。私達日本人は、この地中海を舞台に華開いた文明に憧れをいだいて来た。私にとって地中海は憧れの海だった。

図6―5　クレタ島の美しい海岸とオリーブ畑（上）とトルコ南東部アンタキア地方の地中海とマッキー（下）

だがこの砂浜のあまりの〝美しさ?〟はどうだろう。海藻一つ落ちていない。波の音の他は何も聞こえない。海鳥の声さえ聞こえないこのまっ青な海は、どこか不気味でさえある。ここは海水浴をするには適しているが、人間以外の生物には、どうやら地中海は住みにくい海であるらしい。

地中海は痩せ海である。このことに最初に気づいたのは和辻哲郎[※23]氏だった。今から八〇年以上も前のことである。ではなぜ地中海は痩せてしまったのか。その理由は背後のハゲ山にあった。地中海沿岸の森はことごとく失われてしまった。まっ白な石灰岩の岩肌が海に突き出している。このハゲ山こそが、地中海を痩せ海にした原因なのだ。

私は地中海で何度も魚釣りをしたが、なかなか釣れない。最初は腕が悪いと思っていた。しかし、何時間待っても釣れなかった。よく見ると青くすきとおった海には、生物の姿があまりない。海底にはまっ白な砂が不気味に広がっている。

地中海沿岸のレストランでは、肉よりも魚の値段が高い。クレタ島の沖合に漁船が姿を見せるのは、一日でもそう多くない。地中海は魚も海藻も少ない痩せ海なのである。その原因は森の消滅にあった。森が消滅した結果、栄養分の多い水が海に流れ込まなくなった。冬雨の豪雨で削られた石灰分が海底に沈着して、海藻の生育をよりむずかしくしているのである。

四〇〇〇年前、クレタ島は森に覆われていた

しかし、すでに述べたように、B.C.一九〇〇年頃、メソポタミアからシリア地方が森林資源の枯渇にあえいでいた時、地中海のクレタ島にはありあまる木材があった。クレタ島のアギオ・ガリーニの花粉分析の結果[※10]は、ミノア文明が発展期に入った四〇〇〇年前頃、ナラの花粉は、五〇%以上の高い出現率を示し、クレタ島がうっそうとしたナラの森に覆われていたことを示していた。当時のシリアのガーブ・バレイの分析結果[※22]に比べていかに森が多いかがわかる。

クレタ島の人々はこの木材資源を利用して、発展の契機をつかんだ。なぜなら青銅器を精錬し、陶

器を焼くためにも、燃料としての木が必要である。そしてそれらを輸出するための船を作るためにも、木材はなくてはならないものであった。シリアや遠くメソポタミアからの賓客をむかえる宮殿は、彼らがのどから手が出るほどほしい木であふれかえっていた。イラクリオン博物館には、青銅で作ったノコギリや造船用具があふれんばかりに展示されている。

B.C.一七〇〇年頃、クノッソス宮殿は地震に直撃され、宮殿は焼け落ち、大きな被害をこうむった。ところがまたたく間に新宮殿が大量の木材を使って再建されている。宮殿の部屋数は一五〇〇を超し、王妃の間にはドルフィンの絵が描かれ、バスルームには、遠くの山から水道によって運ばれた清水があふれていた。

女たちは聖なる木立の下に集まって、酒と果物を聖樹に捧げた。絵には気候が現在よりも温暖であった当時のことを示すように、男性は裸に近い姿で、女性は豊満な乳房をあらわにした

図6—6　クレタ島の壁画に描かれている乳房もあらわにした巻き毛の美しい女性たち（上）と雄牛跳びの競技（下）

図6―7　サントリーニ島から見た噴火口は今は地中海になっている

姿で描かれている（図6―6）。

中庭ではどぎもをぬくような「雄牛跳び」の競技が行われていた。雄牛の背の上で回転する競技である。そのスリルと興奮に人々は酔いしれた。荒れくるう雄牛は、豊饒のシンボルだった。その豊饒の聖獣の背の上でみごとに牛跳びに成功した若者は、英雄だったにちがいない。クレタの女たちの長い髪の毛が春風にそよぐ中で、若者は愛の喜びにうちふるえた。雄牛とともに神殿の中では猿も、そして蛇も飼われていた。宮殿の西庭にある円形の凹地の底には、筒に入れられた聖獣として蛇が飼われていた。鳥も聖なる生き物だった。そこにはアニミズムの世界、自然と共存の世界、自然への愛の世界があった。

森が消滅しミノア文明が崩壊した

だがこのミノア文明の繁栄も長くは続かなかった。サントリーニ島の噴火（図6―7）がクレタ島のミノア文明に大きな打撃を与えたことは事実であるが、すでに述べたように、それが文明を崩壊させる決定的な要因ではなかった。それでは、その文明を崩壊させた決定的な要因とは何か。それは森林資源の枯渇だった。森の資源には限界があった。アギオ・ガリーニの花粉分析の結果[※10]では、ミノア文明が崩壊するB.C.一五〇〇年頃から急速にナラの花粉が減少していくさまが示されていた。森が破壊され消滅していったのである。

さらに森の破壊は土壌の劣化を引き起こしていた。森が失われ、大粒の冬雨に長年うたれ続けて来たため、表層の豊かな土壌は流亡してしまった。土壌の劣化は穀物生産の低下をもたらし食料不足となって、台所を直撃した。

ミノア文明の末期、クレタ島の人々は木材資源をペロポネソス半島にもとめるようになっていた。その頃、まだペロポネソス半島は森の国だったのである。その森の国を代表し、次代の地中海世界のリーダーとして登場して来るのが、ミケーネなのである。クレタ島のミノア文明は、その豊富な森林資源を背景として発展した。しかし、その文明の発展と人口の増大によって、森が消滅するとともに、文明も崩壊したのである。B.C.一三八〇年頃を最後として、クノッソス宮殿に人々が住むことはなかった。

イラクリオン博物館には、タコや魚やイルカ、それに貝や海藻などの海の幸を描いた壺やフレスコ画が展示されている。クレタ島が緑あふれる島であった時、地中海はこうした海の幸であふれかえっていたに違いない。ミノアの王妃の食卓にも海の幸が並べられたに違いない。

しかし、その豊饒の海も痩せてしまった。クレタ島の森が消滅するとともに、ミノア文明も崩壊し、そして、地中海も痩せ海になってしまったのである。どこまでも澄みきったまっ青な地中海と、まっ白な岩肌のハゲ山の続く風景の中に、現代人が学ぶべき教訓とは、いかに巨大な文明でも、その文明を支えた母なる大地を不毛に変えた時、崩壊するということである。

ペロポネソス半島の材木に依存したミケーネ文明

ミケーネ文明も、森の資源に強く依存した文明だった。経済的基盤を支えた地中海貿易に、船は必需品だった。船の材料はすべて木である。輸出品の青銅器や陶器を作るためにも、大量の薪が必要だった。貿易で富を蓄えた王は、きそって巨大な王宮を建築した。王宮の天井を支えるには巨大な梁が必要だったし、柱や壁や床の内装にも材木がふんだんに使用された。都市市民の日々の調理にも大量の薪が必要だった。

ペロポネソス半島の湿原の泥土を採取し花粉分析をした結果[※3][※24]、ミケーネ文明が発展する以前の五〇〇〇年前の土の中からは、ナラやマツの花粉がたくさん検出され、ペロポネソス半島の山々がいまだ深い森に覆われていたことがわかった。

ところがミケーネ文明が発展期に入るB.C.一六〇〇年頃から、ナラやマツなどの木の花粉は減少し、かわってコムギ、キク、アカザ、オオバコ、キンポウゲなどの草の花粉が増加して来る。これは麦作農業と牧畜の盛行、あるいは材木の伐採にともなって、周囲の山々から森が消滅していったことを示す。現在のミケーネ遺跡周辺のハゲ山の続く風景（図6―4）は、文明の発展の中で森が破壊された結果できたものなのである。

ミケーネ文明発展期にはコムギの高い収穫があった

花粉分析の結果は、森の消滅の歴史のみでなく、麦作農業の歴史をも記録していた。ミケーネ文明が発展期に入った頃は、コムギの花粉の出現率は高く、肥沃な土壌に支えられて、高い穀物の収穫量があったことを示している。コムギの花粉とともに、他の草花の花粉も多様性に富み、豊かな草原が広がっていたこともわかった。

ところがミケーネ文明の末期に入ると、コムギの花粉の出現率は減少し、かわってキク科のヤグルマギク属など荒地に生育する限られた種類の草の花粉が急増して来る。そしてもう一つナラやマツなどの樹木の花粉とオリーブの花粉が増加して来る。[※3 ※24] この花粉分析の結果は、ミケーネ文明の末期には、肥沃な農耕地の放棄と荒地が拡大したこと、痩せた土地でも生育できるオリーブの栽培が拡大し、放棄された農耕地には森が一部回復して来たことを示している。

文献史学の成果とも符合した

文献史学の立場からミケーネ文明の盛衰を研究している中井義明氏[※25]は、ミケーネ文明の末期には、荒地や放棄された農耕地が増加した事実が古記録からも言えることを指摘しており、花粉分析の結果とよく符合する。

森林を破壊し、肥沃な表土を利用して、穀物の高い生産性が維持されている間は、ミケーネ文明の繁栄は続いた。しかし肥沃な表土は冬雨で浸食され、失われていく。地中海沿岸の山々の多くは、石灰岩からできている。肥沃な表土が流出した後には、石灰岩のまっ赤な風化土壌が顔を出した。この痩せた赤色土の荒地で生育できるのは、オリーブやマツなどの樹木である。ミケーネ文明の末期にコムギなどの穀物の花粉が減少し、オリーブやナラ、マツなどの樹木の花粉が増加した背景には、土壌の劣化による農耕地の放棄という重大な事実がかくされていたのである。

ミケーネ文明の繁栄にかげりをもたらした最初の要因は、森林資源の消滅と農耕地の土壌劣化であった。このように地中海文明は、そのありあまる豊かな森の資源を背景として発展した。しかしその豊かな森を食いつぶしたとき、文明もまた崩壊していったのである。

ギリシャの山火事と森林破壊

二〇〇七年九月に、ギリシャのペロポネソス半島やアテネ郊外の山々は激しい山火事に見舞われた。その山火事の有様は衛星写真からもはっきりと捉えることができるほどに大規模なものであった。

私は、ギリシャの調査を行っていた頃、一九八二年の新聞記事に掲載された山火事の発生件数のデータを整理してみた。[※18] すると山火事は乾季の七月、八月、九月の夏に多発し、七月の平均気温が二五℃以上の所に多発し、コクシフェラガシなどのマッキーやそれ以上に荒廃したフリガナなどの分布地帯に多発していた。それから三〇年以上が過ぎ、おそらく現在の山火事の発生件数はその数倍に達していることであろう。

地中海沿岸の山火事の発生件数は地球温暖化によって明らかに増加している。地球温暖化によって夏季の乾燥化がさらにすすめば、より大規模な山火事に見舞われることは確実である。人間によって極限にまで破壊が進行した地中海沿岸は、来たるべき地球温暖化の時代には、大きな生態系の危機に直面するきわめて脆弱な風土になっているのである。

荒廃景観なのに憧れていたのだ

和辻哲郎氏はこの地中海沿岸の牧草地と荒廃したマッキーの広がる景観をはじめて目にした時、「ころはちょうど『シチリアの春』も終わりに近づいた三月の末で、ふくふくと伸びた麦や牧草が実に美しかった。が、最も自分を驚かせたのは、古のマグナ・グレキアに続く山々の中腹、灰色の岩の点々と突き出ているあたりに、平地と同じように緑の草の生い育っていることであった。羊は岩山の上でも岩間の牧草を食うことができる。このような山の感じは自分には全然新しいものであった」[※23]と述べている。

その風景がヒツジやヤギたちによって食い荒らされた荒廃景観であるにもかかわらず、西洋文明への強い憧れを持った時代には、その荒廃景観までが憧れの対象になっていたのである。

私もまた地中海文明に憧れ、一九八〇年代はほとんどの時間をこの地中海地域の調査に費やした。しかし、今になって、地中海地域の風土がいかに激しく人間によって破壊された風土であり、その荒廃した風景は、人間の欲望が極限まで自然を搾取した風景であることに気づいた時、はじめて東洋の文明なかんずく森を守る稲作漁撈文明のすばらしさが実感できたのである。そこまで気づくのに二〇年の歳月が必要だった。世界各地の大地と人間の関わりを学ぶことによって、はじめて自らのよって立つ風土や文明のすばらしさを再認識することができたのである。

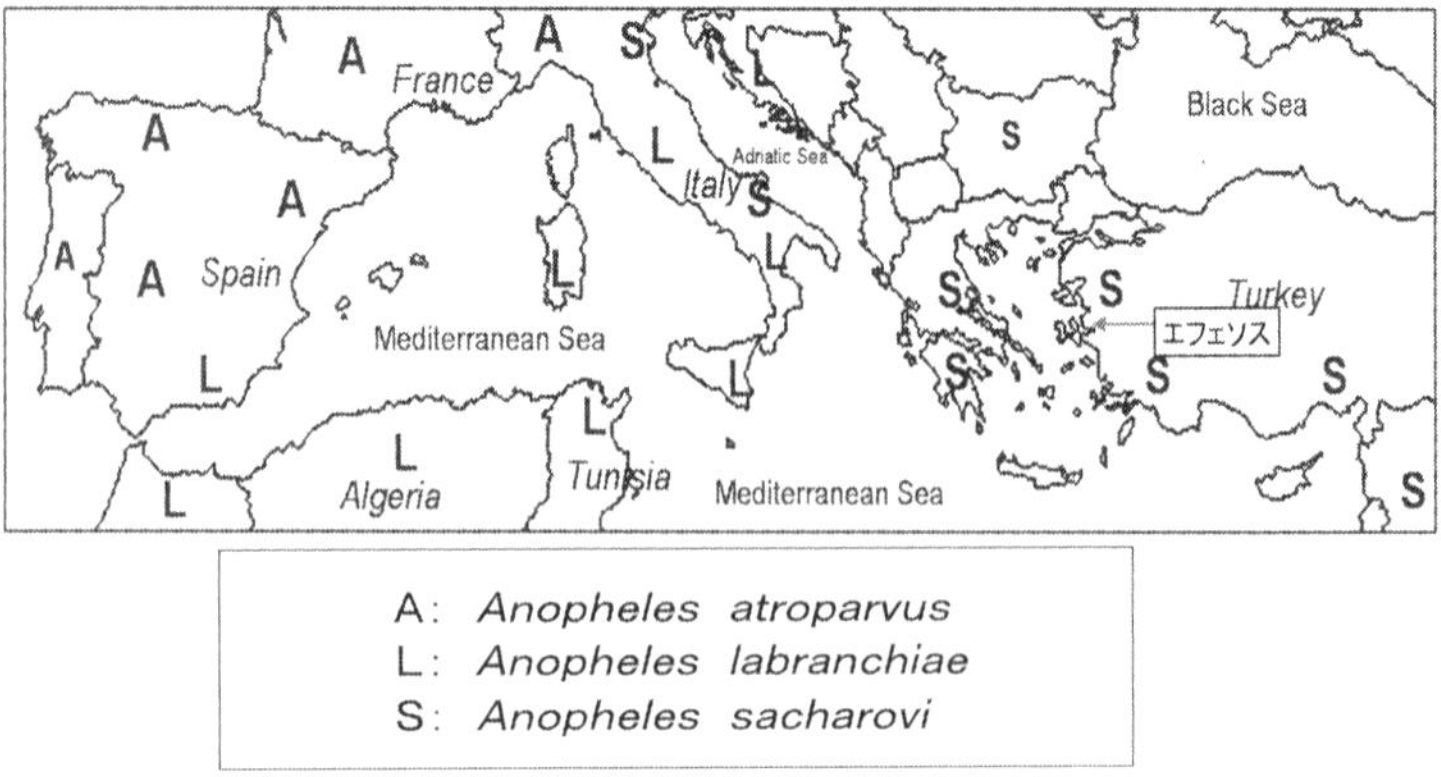

図6—8　地中海沿岸のハマダラ蚊の生息域（Sallares、2006）[※26]

（2）キリスト教が広まると荒廃景観が出現する

マラリアの被害に悩まされた地中海沿岸

ギリシャやイタリアそしてトルコなどの地中海沿岸は、かつてマラリアの被害に悩まされた。ギリシャではマラリアが風土病化して、これがギリシャ人の資質を低下させる原因となったことはよく知られた事実である。またローマ時代に繁栄した小アジアのエフェソスやミレトスの港町が放棄されたのもマラリアが原因だった。[※18]

地中海沿岸に存在するマラリア蚊は三種類で、イタリアや北アフリカの西地中海には *Anopheles labranchiae* が、エーゲ海沿岸や東地中海には *A. sacharovi* が生息している。前者はアフリカ起源、後者は中近東起源と見なされている。そしてヨーロッパやスペインには *A. atroparvus* が生息している（図6—8[※26]）。

ライオンと蛇を踏みしめて立つキリスト像

こうしたマラリアの被害によって放棄されたのが、西ローマ帝国の首都ラベンナである。皇帝テオドシウス帝は三九二年にキリスト教を国教と定め、他の異教を禁止した。そして彼の死後ローマ帝国は東西に分裂した。ローマがゲルマン人の傭兵隊長オドアケルによって滅ぼされるまでのA.D.四〇四〜四七六年の間、ラベンナは西ローマ帝国の首都だった。

図６―９　「真実の道は我なり」と書いた一文を左手に、右肩に十字架をかつぐキリストは右足でライオンを、左足で蛇を踏みしめてハゲ山の上に立っている

ラベンナはポー川の下流のデルタ地帯の南部に建設された港町で、この静かな港町にはビザンチン時代の教会と美しいモザイク画が残っている。アースプスコパル博物館に復元されたチャペルの入り口の天井には、右肩に十字架を担ぎ、鎧で武装したキリストのモザイク画（図６―９）がある。左手には「真実の道は我なり」とラテン語で書いた本を持ち、左足で蛇を右足でライオンを踏みしめている。そして邪悪な教えのシンボルとしてのライオンと蛇を踏みしめてキリストが立つその山はハゲ山である。

テオドシウス帝が三九二年にキリスト教をローマの国教と定めて以来、ローマの領内にはキリスト教の教えが蔓延した。その教えは人間の幸せのためならば、何千・何万の生き物たちの命が奪われてもかまわないという教えでもあった。蛇とライオンを踏みしめて立つ闘うキリストのモザイク画（図6―9）にそのことが明白に語られている。これに対しローマの宗教はそれとは違っていた。ローマの人々は蛇を崇拝しライオンを崇拝するアニミズムの世界・多神教の世界に生きた人々だったのである。

しかしキリスト教が国教として定められ、異教が禁止されるとともに、こうしたアニミズムの世界・多神教の世界は影をひそめていった。そのことが実はラベンナの滅亡に深くかかわっていたのである。

キリスト教の支配する時代に無差別の森林伐採がはじまる

フランス、フラヴェール湖はポー川の源流域の山岳地帯に位置する。ローマ時代の人々はこの周辺でモミの木を伐採したことを前章で述べた。まっすぐに成長するモミの木は船の材料や建築材として最適だった。しかし中川毅氏[※27]のフラヴェール湖の花粉分析結果は、必要なモミの木以外は伐採せず、ブナの木などを意識的に管理し残していた可能性があることを示していた。ところがローマ時代が終わり、キリスト教の支配する時代になると、無差別な森林伐採がはじまった。モミの木だけではない、ブナやナラなど徹底的な森林伐採がはじまる。そしてラベンナのモザイク画に描かれたようなハゲ山へと変わっていくのである。

このビザンチン時代以降の無差別の森林伐採こそが、ラベンナを衰亡させる原因だった。ローマ時代アドリア海に面したラベンナのあるポー川のデルタ地帯の湿地は、水の循環がよく健康的であるとローマの建築家ヴィトルヴィウスが記している。[※26]

二〇〇〇年前のラベンナは海岸地帯に位置しており、『地理誌』を書いたストラボンも、ラベンナの街中を走る運河は定期的に海水の浸入によってあふれかえると記している。おそらくこの時代、ラグーン（潟湖）の塩分濃度はマラリア蚊の *A.sacharovi* が生息するには高すぎたと見なされる。[※26]

マラリア蚊の大発生で西ローマ帝国の都ラベンナは衰亡する

マラリア蚊はこのポー川のデルタ地帯では高い塩分濃度のために生息できなかったのである。ところが中世に入るとポー川のデルタは急激に前進し、一〇㎞も沖合いに海岸線が後退してしまう。するとラベンナ周辺のラグーンの塩分濃度は低下し、海水の影響が少なくなり、かつ淡水と海水が入りまじる低塩分濃度の湿地帯は、マラリア蚊の生息に格好の場所となった。そしてこのマラリアの大発生が西ローマ帝国の都ラベンナの衰亡に決定的な役割を果たしたのである。

なぜ中世に入ってポー川のデルタは急速に前進したのであろうか。それはフラヴェール湖の花粉ダイアグラムに示されているように、[※27]無作為な森林破壊が上流域で引き起こされたからにほかならない。無作為な森林破壊によって露出した表土は、冬雨によって削られ下流に運ばれて、デルタを前進させた。これがマラリア蚊の生息を可能にしたのである。

ローマ時代の伐採はモミの木だけを選択的に伐採するものであった。それが中世に入ると乱伐ともいうべき無作為な伐採に転換した。その背景には人々の心のあり方が深くかかわっていると言えるのではないだろうか。「人間の幸せのためならば何千・何万の動植物の命がなくなろうとかまわない。森は人間の幸せのために存在するのである。神は唯一天にのみあり、森の神などは存在しない」。そういう考えを許す教えが広まった時、大規模な森の破壊が進行したのである。人間はこの教えによって森の神の呪縛から解放され、森の神を畏敬する心のかわりに人間の幸せのみを追求する心で、ローマ人たちが守ってきた森をつぎつぎと破壊していったのである。

しかしその結果は、ポー川のデルタにマラリア蚊の生息に適した広大な湿地を作り出し、ラベンナは衰退していくことになったのである。

森の神を殺して、森を破壊する自由な心と権利を獲得した

ギリシャのコパイ湖の花粉ダイアグラム[※28]も、ギリシャ文明が繁栄した時代には、周辺は深い森に覆われていたことを示している。現在のようなマッキーの荒廃景観が出現したのはキリスト教の広まった中世以降のことであった。大規模な森林破壊の背景には人口の増大など社会的・経済的要因が深くかかわっており、キリスト教の責任だけではもちろんない。しかしこの宗教がギリシャ・ローマ時代から人々の心に住みついていた森の神々を殺したことによって、人間は森を破壊する自由な心と権利を獲得した。このことが中世以降の地中海沿岸の大規模な森林破壊の一つの要因であったことは否定できないのである。

それはゆきすぎた投機の横行と似ていた

それは、「金儲けのためなら、お金を払えば何をしてもかまわない」という現代社会とどこか類似している。この地球の生きとし生けるものの命の維持に必要不可欠の空気と水に対してまで、投機ファ

ンドの横行を許す市場原理主義のゆきすぎた社会の理念と、それはどこかで通底している気がする。「地球環境との関係において過去に起きたことは必ず未来にも引き起こされる」というのが本書を貫く主題である。

「人間の幸せのためならば、何千・何万の森の命がなくなろうとかまわない」と絶叫してヨーロッパの森の開拓の尖兵になった宣教師と、「自由な競争原理に立った市場原理主義こそが人類の最高の幸せを実現するのだ。市場価格こそがすべてを決めるのだ、お金を払い他人に迷惑をかければ何をしてもかまわない」という現在の市場原理主義に立脚した経済学者とは、私には重なって見える。

その宣教師に導かれて地中海沿岸の森はことごとくなくなり、マラリアの蔓延によって地中海文明は衰亡した。そしてその後、ヨーロッパの森もことごとく破壊された。同じように人類最高の幸福を実現するものとして市場原理主義を擁護する現在の経済学者によって、地球の環境はおそらくことごとく破壊され、現代文明は崩壊するであろう。

地球温暖化で危機に瀕するベネチア

二一世紀は地球環境問題、なかんずく生物多様性の喪失と地球温暖化が、重大な解決すべき人類の難問として、人類に突きつけられる世紀となるであろう。地球温暖化による海面の上昇は、人類に重大な影響を与えるであろう。そうした地球温暖化による海面上昇をまともに受ける一例として最後にイタリアのベネチアを見てみよう。

地中海の海面上昇が二一世紀の地球温暖化の時代に再び引き起こされ、地中海沿岸の人々に、大き

図6―10　水の都ベネチア

図6―11　ベネチアには400以上もの橋があった

な災害をもたらす可能性がある。その兆候がすでにベネチアに現れている。

ベネチアはマラリア対策で海上に建設された

ベネチア（図6―10）もまたポー川のデルタに形成された中世の商業都市である。その起源はA.D.六世紀に遡り、ポー川デルタのラグーンと湿地帯のど真ん中に、集落の形成がはじまった。大小一一八の島の上に建設された海上都市は、約四〇〇の橋（図6―11）と一六〇の運河で結ばれている。

すでに述べたように、西ローマ帝国の首都ラベンナがマラリアの猛威によって衰亡したあと、アドリア海沿岸からアフリカ北岸にかけて地中海貿易の中心地として発展したのがベネチアであった。

なぜこのような海水にひたるラグーンの真ん中の島に、海上都市を建設したのであろうか。その背景には、すでに述べたマラリアがかかわっていた可能性がある。マラリア蚊の *A.sacharovi* のボウフラは塩分濃度の高いラグーンでは生息できなかったからである。

ベネチアの繁栄をもたらしたのは十字軍であった。A.D.一二〇四年の第四次十字軍は、コンスタンティノープルに攻め入り、ベネチアはアドリア海から東地中海全域をおさえる大通商帝国となった。サンマルコ広場に面したサンマルコ寺院には、この時コンスタンティノープルから略奪してきた四頭の青銅製の馬が飾られている。

この第四次十字軍を利用したコンスタンティノープルの攻略によって、ベネチアはシルクロードを経由して運び込まれた香料、絹、金銀細工、ラピスラズリなどの東方の宝石類を一手に買い占め、それをベネチアに持ち帰って、北西ヨーロッパの商人に高値で売りさばくことができるようになった。

ベネチアの繁栄はコンスタンティノープルへの侵略とともにはじまり、A.D.一四五三年のオスマントルコのコンスタンティノープルの攻略とともに衰退へと向かう。時あたかもA.D.一四九七年、ポルトガルを出発したバスコ・ダ・ガマが喜望峰をまわってカリカットに翌年到着した。このインド洋から西アフリカ沿岸をへて北西ヨーロッパに到達する航路の開発のせいで、東方の香料や宝石などの運搬によって莫大な富を得たベネチアの商業都市としての重要性が低下した。

オスマントルコの侵略とアフリカ西岸をへてインドにいたる貿易航路の開発が、東方貿易におけるベネチアの国際的地位を低下させた。こうして世界はスペイン、ポルトガルそしてオランダやイギリスなど北西ヨーロッパ諸国による大航海時代の幕開けとなり、一六世紀以降ベネチアは急速に衰退していく。[※29]

地球温暖化による海面上昇でマラリア再来の心配

ベネチアのラグーンの水深は一～三mで、リド、マラモコ、チオギアの三つのラグーンからなっている。ラグーンの前面にある浜堤の高さは二～三mで、ベネチアの乗る島の高さは二mであった。

ベネチアでは一九五〇年以降、たびたび高潮被害が増大し、最大二m近い高潮に襲われるようになっている。※30 高潮の被害は一九二五年には年一〇回以下であったのが、一九八五年には年五〇回以上にも達し、一九九〇年代以降もその回数は急増している。こうした高潮の被害の増加は地盤の沈下と海面上昇に原因がある。

デルタの地盤の圧密による自然沈下は年一・三㎜程度と推定されているが、一九五〇年代の工業化による地下水の汲み上げによってベネチアのポー川デルタでは、場所によっては年三〇㎝もの地盤沈下が引き起こされ、一九五八年から一九六七年のあいだに三・五mもの地盤沈下が引き起こされた。しかし、一九七〇年代から地下水の汲み上げが禁止され、現在ではこの地盤沈下は日本列島と同様に収束している。

現在のベネチアを危機にさらしているのは、地盤沈下ではなく、地球温暖化による海面上昇である。現在のベネチアは一・八m以上の高潮が来たら一〇〇%洪水に見舞われることになった。

高潮による洪水は「アクア・アルタ」と呼ばれ、とりわけアフリカからのなま暖かいシロッコの南風が吹く一一月から三月に頻繁に起こるようになり、今やベネチアでは低いところにあたるサンマルコ広場（図6―12）は、たびたび海水につかるようになった。

一九八九年に私が訪れた時には、洪水はまだそれほど頻繁には引き起こされてはいず、サンマルコ広場には洪水の時に歩く特別の道は設けられていなかった。現在ではサンマルコ広場の洪水が観光客にとってあたりまえのことになり、洪水時に歩く歩道まで設けられている。

人々の住居は一般には二階以上にあるが、通りに面した一階の商店街の被害は甚大である。地球温暖化による海面上昇は、ベネチアの存続に大きな障壁となってたちはだかっている。観光産業に立脚したベネチアが経済的に大きなダメージを受けるだけではなく、海面上昇による不衛生な停滞水域の拡大は、コレラやマラリアなどの疫病の再来を引き起こし、住民の健康にも大きな被害が出る可能性が危惧されている。

図６―12　ベネチアのサンマルコ広場。1989年当時は満潮時に海水につかることもなかった

残された方策とは

かつてラベンナの町はポー川上流の無作為な森林伐採によって下流に大量の土砂が運ばれ、その土砂によってラベンナの港は埋まり、マラリア蚊の生息する湿地となって、ラベンナは衰退した。そこでベネチアはマラリアの生息できない塩分濃度のより高いラグーンの真ん中に、海上都市を建設した。しかし、石油や石炭からエネルギーを得るようになった結果、地球温暖化とそ

れによる海面上昇が引き起こされ、今やベネチアは危機に瀕しているのである。ベネチアの次に、それでは私達はどこへ行けばいいのであろうか。このままの生活を続けたいのであれば、私たちは月や火星に移住するしかない。だが、そのようなことは不可能である。

そうではない。森の神を崇拝し、生きとし生けるものの命に畏敬の念を感じ、伐採する時にも無作為な伐採をすることなく森の資源を管理したギリシャやローマの時代に帰ればいいのである。もちろんその時代の人々と同じ暮らしをするというのではない。その時代の「文明の精神」を復活し、自然に対する畏敬の念を思い起こし、自然と人間の関係における自然観・世界観を復活するのである。自然と人間が共存可能な道をさぐる心を持つことによってしか、私達が生き残れる道は残されていないのである。

3　イースター島文明の崩壊が語るもの

（1）イースター島はヤシの巨木の森の島だったのに

木のない草原の島

イースター島には、モアイと呼ばれる石像（図6―13）がある。その目は斜め三〇度上方を向いて立っているので、その昔「宇宙の彼方を見ているのではないか、宇宙人がやって来るのを待っているのではないか」などと想像されたこともあった。

イースター島は、南米チリ沖合三七四七kmの太平洋上にある。絶海の孤島である。

ここに暮らす人々の主食は、バナナとタロイモなどイモ類である。彼らのようにイモ類を主食とする人々は、南太平洋を中心に分布している。ユーラシア大陸には、東にはコメ、西にはムギ＝パンを食べる人々がいるが、イモを食べる人々が、南太平洋には広く住んでいる。

図6―13　イースター島のモアイは斜め30度の上を向いていた

現在のイースター島の風景を見ると、そこにはまったく木のない草原が広がっているだけである。

モアイは陸を向いて立っている

イースター島のモアイは、内陸ではなく海岸に立っている。イースター島は、非常に小さな島で、日本で言うと小豆島くらいの大きさであるが、そこには約一〇〇〇体近いモアイがある。

問題は、モアイは海のほうを向いて立っているのか、陸のほうを向いて立っているのかということである。

モアイは海のほうを向いて立っているようなイメージだが、実は多くは陸のほうを向いて立っている（図6―14）。

図6—14　モアイは陸の方を向いて立っている。このモアイ像は日本の企業によって修復された

モアイは海を背にして立っているのである。

では、なぜ、モアイは海を背にして立っているのか。

台座の下に村長の遺体を埋葬

それはモアイの顔を見ればわかる。モアイの顔は、全部同じではない。四角かったり、長細かったり、背が高いモアイもあれば、低いモアイもある（第六章扉参照）。

モアイが個性豊かな像である理由は、これが村の村長さんを表しているからである。村長さんが生きている間に、ラノララクという石切場に、自分の石像を作ってくれるよう頼む。村長さんの顔に似たモアイが作られ、村長さんが死ぬと石切場から海岸のアフという台座にまで運んで来て、そこへモアイを立てる。そして、その台座の下に村長さんの遺体を埋葬するわけである。

つまり、モアイは墓石なのである。村長さんの像であるモアイが、なぜ内陸を向いているかというと、村を見守っているからなのである。

集落は海岸から少し高いところにある。モアイは海岸にあるので、海岸から集落を見上げるかたちになる。だから、モアイの目がまるで宇宙を見ているかのように斜め三〇度上方を見ていることになる。

モアイは村を守る守り神なのである。そして、そのモアイの下の台座には村長さんの遺体が埋葬されているのである。

モアイを作ったのはポリネシア系の人々

図6―15　モアイを作った人々は西方から船に乗って移住して来た人々だった（Bahn and Flenley,1992）※33。彼らは我々アジア人と同じモンゴロイドのポリネシア人だった（右下）

このモアイを作ったのは、ポリネシア系の人々である。ノルウェーの探検家Ｔ・ハイエルダールが、かつてモアイを作った人々は船に乗って、南米のペルーから来た、という仮説を実証するために、コンチキ号という筏に乗って航海をしたことがあった。しかし、この仮説は間違いであって、ＤＮＡや民族学的な調査をした結果、彼らは南米ではなくアジアから来た人々であることがわかった。我々と同じアジア人だったのである。

四二〇〇年前以降、中国大陸の長江流域から大民族移動があり、台湾や東南アジアへと民族の南下移動があった。それが玉突き状態になって、南太平洋へと漕ぎ出した人々がミクロネシアからポリネシアへの大民族移動を引き起こした（図6―15）。

モアイを作った人々は、こうした西から東に向かう民族移動の波に乗ってやって来たポリネシア系の人々だった。ミクロネシアからポリネシアを通り、イースター島に到達したのが、A.D.五世紀頃のことであった（図4―27）。

気候変動による民族大移動が、南太平洋の民族の玉突き状態を引き起こす

中国南部にいた人々が四二〇〇～四〇〇〇年前さらには三五〇〇～三二〇〇年前の気候変動（冷涼化）によって、北や西から侵入して来た人々に圧迫されて、大挙して南へ移動した。その最後の到達者が、実はイースター島のポリネシア人なのである。

西のほうから畑作牧畜民がやって来て、中国南部にいた人々を追い出した。追い出された人々が台湾へ逃げたことからはじまった民族大移動が、つぎからつぎへと玉突き状態を引き起こし、最後にイースター島に到達したのである[※31]。

篠田謙一氏[※32]はミトコンドリアDNAハプロ（同種抗原）グループBタイプの人々が、約六〇〇〇年前以降に長江南部から移動を開始し、南太平洋へと拡散したことを明らかにしていた。

中国大陸から大民族移動がはじまって、イースター島へ到着する。その人々が、モアイを作る。モアイの顔と滇王国の男性の青銅の像の顔はともに面長で、どこか似ていた（図4―27）。これも偶然の空似であるかもしれないが、そこにはなにか深い関係が隠されているのかもしれない。

長耳族が支配者だった

では、モアイの耳はなぜ長いのであろうか。

イースター島には、長耳族と短耳族がいた。そして、支配者は長耳族であった。モアイ像のモデルになった人たちは、支配者だった。支配者の彫像は、長い耳をしている（図6―16）。なぜ、耳が長いのか。本当に耳の長い人がいたのであろうか。

実は彼らは、耳朵《たぶ》にイヤリングをしていたのである。穴状耳飾りといって、耳朵に穴を開けて耳飾をどんどん大きくしていく。日本の縄文人たちも、同じことをしていた。環太平洋には、耳飾り族がいたのである。

イースター島の支配者は耳飾りをしていたので、耳朵が長く伸びたのである。それで、長耳族と呼ばれていた。ちなみに、イースター島に現在、住んでいる人たちの耳は短い。人種学的に長耳族がいたわけでなく、もともとはそれほど長くなかった耳朵を加工して耳飾りを入れたために、耳が長くなったということである。

図6―16　モアイの耳はなぜ長い？　イースター島には支配階級の長耳族と奴隷の短耳族がいたと言われている（Bahn and Flenley, 1992）※33（左）長い耳を持ったモアイ（右）

モアイはどこでどのように作られたのか？

このモアイは、島のラノララクという石切場で作られた（図6―17）。イースター島は、火山島である。

図6―17　ラノララクの石切場でモアイ（丸囲み）は作られた。

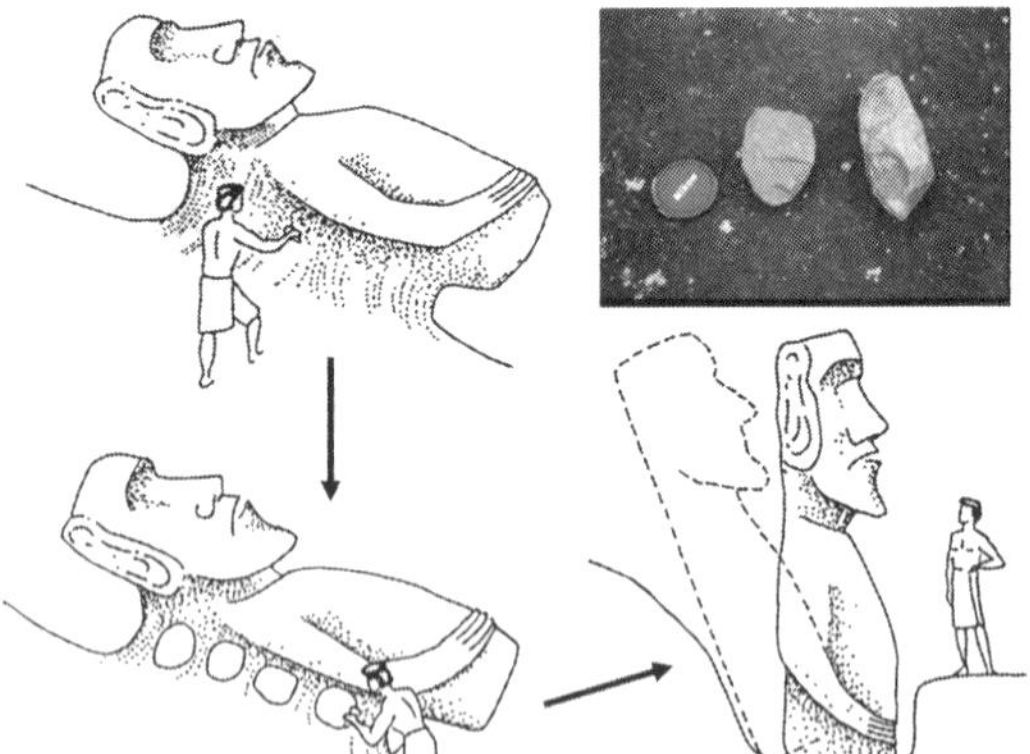

図6―18　モアイは柔らかい凝灰岩を石器で削り出して作られた（右上）。モアイはまずお腹の部分からはじまって、最後に背中を切り落とす。村長さんが死ぬまでラノララクの石切場で待っていた（Bahn and Flenley, 1992）※33

カテキ山という火山があり、他にもラノアロイ、ラノカオという火山があり、その山頂部には火口湖がある。イースター島は火山島であるから、島は溶岩でできている。溶岩は非常に硬いが、たまたまラノララクという所にだけ、凝灰岩が噴出している。いわゆる軽石である。この凝灰岩を削ってモアイを作ったのである。

モアイがどのようにして作られたかというと、黒曜石や溶岩の石器で柔らかい凝灰岩を削り、まず顔とお腹を作って、それから背中を切り取り、穴を前面に掘ってモアイを立てて、村長さんが死ぬまでラノララクの石切場でウェィティングしているのである（図6―18）。村長さんが死ぬと、この石切場からモアイを引いて来て村に持ち込み、海岸のアフという台座に立てる。これが、モアイ製作の一部始終である。

図5―19は、村長さんが死ぬまでウェイティングしていたモアイ像である。つまり、ラノララクの石切場に立っているものである。村長さんが死ぬまで、こうして待っている。しかし、今でも待ち続けている。おそらく村長さんが死ぬまでになにか事件が起こって、結局、村まで運ばれることがなかったモアイが、ラノララクの石切場に残されたのである。

ウェイティングしているモアイの顔は、実はアフという台座に立っているモアイの顔と違っている。よく見てほしい。ラノララクの石切場のモアイには目がない（図6―19）。アフの上に立っていたモアイには、目のソケットがきちんとあり、白目と瞳がついていたが、ラノララクのモアイには目がない。

目は、白目がサンゴ、黒目が黒曜石を使って作られている。イースター島は火山島であったために、白目の部分のサンゴは貴重品だった。遠く離れたサンゴ礁の島から交易で手に入れたものである。海岸のアフという台座に立てられる時にはじめて、モアイに目が入れられた。目が入ることで、モアイには、命が与えられたのである。

図６―19　親子のモアイだろうか（左上）。ラノララクの石切場でウェイティングしているモアイにはないものがある。それは何か？

図６―20　運搬の途中でモアイロードに置き去りにされたモアイ。何があったのだろう？

モアイはどのようにして運ばれたのか？

図6―20が、モアイ・ロードである。遠くに見えるのは、ラノララクの石切場である。石切場には残されたモアイが立っているし、よく見るとくぼみが見える。これは、全部モアイを切り取った跡である。

モアイを切り取ったあと、急な崖を下ろすために、山頂には柱を立ててロープをかけてモアイをまずラノララクの石切場から下ろし、麓に下ろしてモアイをゴロゴロと引っ張った。

山頂にはロープを巻きつける柱を立てた穴が残っている(図6―21)。その穴は直径一m近くもある。そんな巨木が当時はあったのだろうか。

図6―21　モアイを降ろすために使った大木を立てた柱穴。こんな柱を作れる大木があったのだ

そしてラノララクの石切場から下ろされたモアイは、モアイ・ロードを通って引っ張られていった。図6―20の場合は、たまたまなにかアクシデントがあり、集落へ到着する前に、途中で放棄されたモアイである。

モアイがどのように運ばれたかは、よくわかっていない。おそらく木ソリによって、あるいはコロを使って運んだのではないか、と考えられている。[※33]

そのモアイを、アフという台座の上に立て

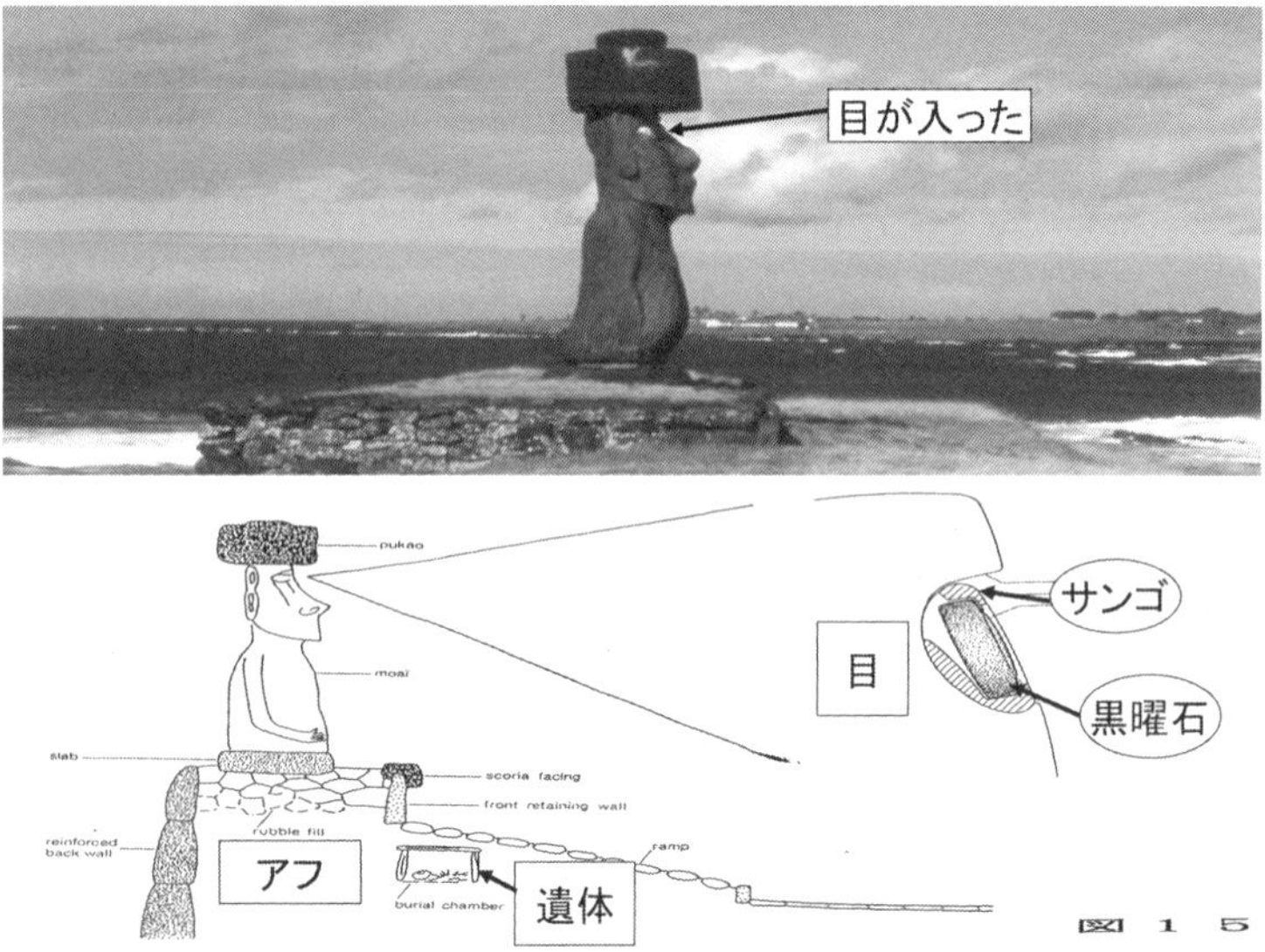

図6—22　海岸に運ばれ、アフと呼ばれる台座に立てられて、はじめて目が入り、村を見守るモアイになる。アフと呼ばれる台座の下には村長さんの遺体が埋葬された（Bahn and Flenley, 1992）※33

る時には、いろいろな道具や木が必要になる。アフという台座に立てられると、その後、目が入り、台座の下には村長さんの遺体が埋葬される（図6—22）。

図6—23　作りかけのモアイの顔と私

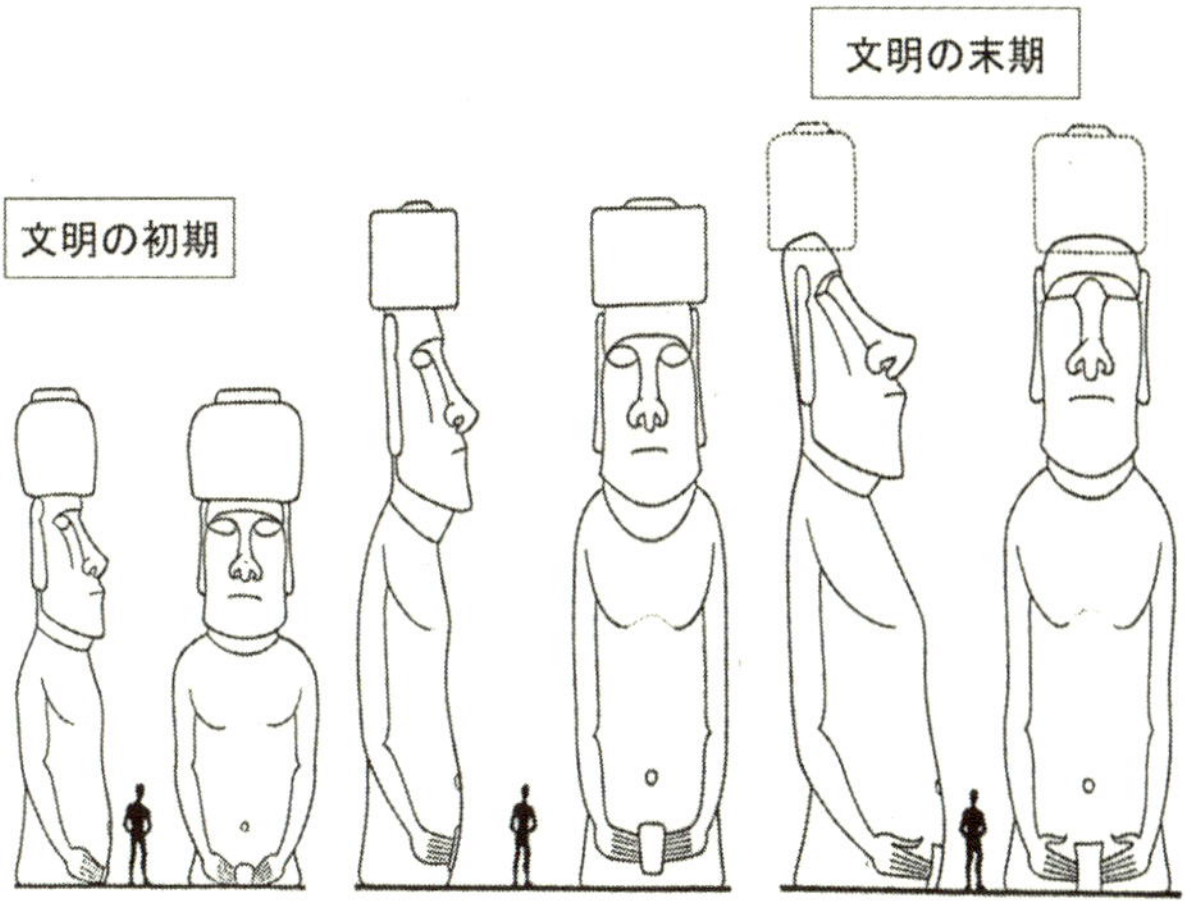

図６―24　イースター島の文明の盛衰とモアイの大きさの変遷（Bahn and Flenley, 1992）※33

モアイの大きさはどれくらい？

モアイの最大のものは、約二三m、重さも、最大九〇トンある。図６―23は、作りかけのモアイの大きさと私を比べてみたところである。岩肌に顔を彫り込んでから、切り出す前に放棄されたモアイである。顔の大きさから類推して、どれほど大きなものを、彼らは作ろうとしたのだろうか。切り出したとしてもとても運べなかったであろう。

モアイは文明の末期になればなるほど大きくなる。初期の段階では二～三mだったものが、文明が発展するにつれてどんどん大きくなり、文明崩壊の直前までもっと大きなモアイ、もっと大きなモアイと作り続け、そして突然文明は崩壊するのである（図６―24）。

モアイ倒し戦争と石組みの家

一七世紀に入ると突然モアイが作られなくなる。九世紀頃から、モアイは大量に作られはじめて、一七世紀になると、突然、作られなくなり、しかも「モアイ

図6—25　ほとんどのモアイは前向きに倒されていた

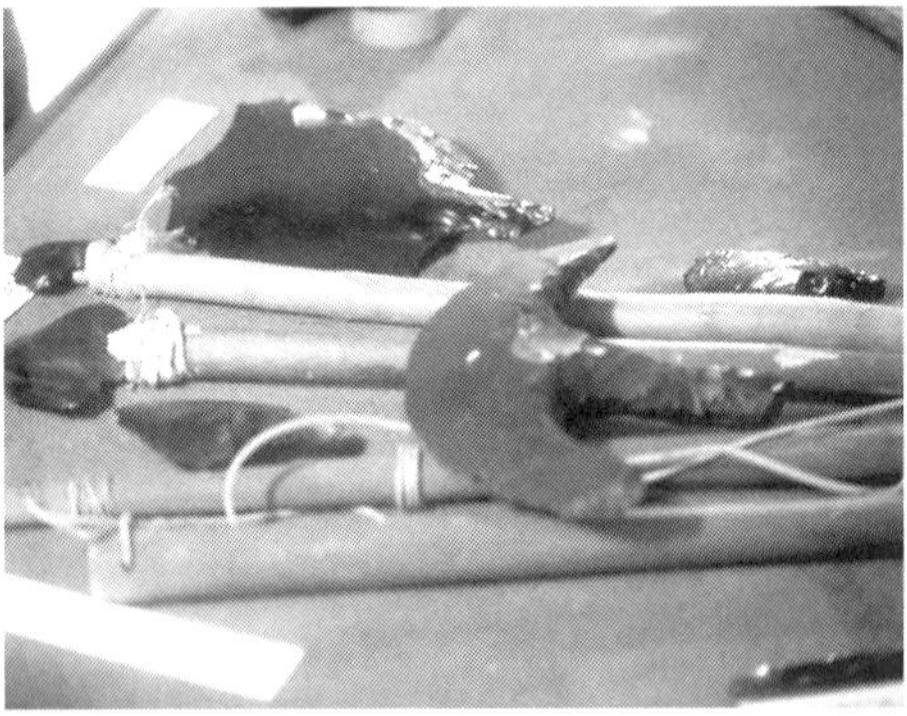

図6—26　人殺しの武器が登場してくる

倒し戦争」が起こる。

　お互いのモアイを倒しあう。ヨーロッパ人がイースター島を発見した時には、大半のモアイは倒れていた。モアイは台風などで倒れたわけでなく、人間が倒したということである。お互いが、他の村のモアイを倒しあったのである。

　モアイのほとんどが図6—25のように前に倒されていた。仰向けに倒されているものは、ほとんどない。

　モアイを前に倒しているのは、目を見ることを怖れたのであろう。目が入っている限りにおいて、モアイは生きている。それを前に倒すことによって、モアイに見つめられないという気持ちがあったのではないだろうか。

　その頃になると、同時に人殺しの武器（図6—26）が出て来るようになる。それまでは、人殺しの武器はなかったが、一七世紀になると出て来る。

また、驚くべきことであるが、この頃には石組みの要塞のような家が出て来る。家と言っても、人一人入れるくらいの小さな入り口しかない。それは石の要塞のようなものである（図6―27）。中に入ると平らな石があり、それで蓋をすると、真っ暗になる。それまでの家は、小高い丘の開けた場所に、草と木で建てられていた。開放的で誰でも自由に入ることができた。

ところが、一七世紀以降になると、人々は頑丈な石で作った家に住むようになる。しかも、入り口は一つしかない。なぜこんな不便なところに住まなければならなくなったのか。

図6―27　石組みの要塞に住むようになる

図6―28　2005年イースター島ラノアロイでボーリングし（上）、泥炭を採取する（右下）

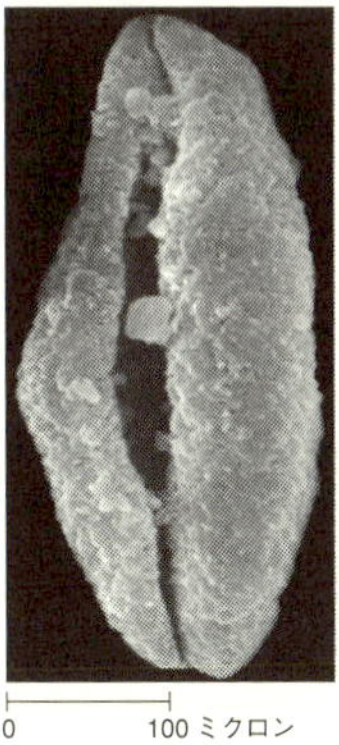

図6―29　ヤシの花粉化石（北川淳子 提供）

図6―30　ネズミの穴で発見されたヤシの実。放射性炭素同位体を使って年代を計ると600年前のものだった

なぜモアイ倒し戦争が起こったのか？

なぜモアイは倒され、なぜ殺し合いが起こったのか？　なぜ人々は石組の要塞のような家に住むようになったのか？　私は、その謎を探るために、イースター島へ行ったのである。そして、私は火口湖にボーリング（図6―28）をして泥炭を採取し、土の中に含まれている、花粉の化石を分析した。

花粉分析の結果、特徴的だったのは、ヤシの花粉（図6―29）がたくさん出て来たことであった。つまり、イースター島は、現在は木一本ない草の島であるが、かつてはヤシの森で覆われていたことがわかって来た。

図6―30はイースター島の海岸の絶壁のネズミの巣で、私が発見したヤシの実である。ネズミが集めて来たヤシの実である。年代を測定したら六〇〇年前のものであった。皆さんが知っているヤシの実は、とても大きなものだと思うけれども、これはネズミが運べるくらいの大きさのヤシの実である。

このヤシの木は、チリアンワインパルムと言い、その実は小さいのであるが、大木になると直径一mくらいの巨木になる。

ネズミがここまで運んで来るということは、そんなに遠い所から運んで来られないので、六〇〇年前までは、ほんの近くにヤシの木があったということである。

一説にはヨーロッパ人と共にやって来たネズミがヤシの実を食べ尽くして、森が消滅したということが紹介されているが、これはかならずしも正しくはない。ヤシの木を消滅させたのはやはり人間である。

かつてはヤシの巨木の森があった

かつて、イースター島に人々がやってくる前には、イースター島にはチリアンワインパルムのヤシの巨木の森があった。それが、五世紀以降、人々が農耕地を造成して森を破壊し、船や家を作ったり、モアイを運ぶコロや土木用材を得るための森の破壊が進んだ。A.D.一二〇〇年頃には大規模な森の破壊があったことがわかった。それはヨーロッパ人がやって来る五〇〇年以上も前のことである。

モアイをラノララクの石切場から下ろす時に、ロープをかける支柱を立てるための穴が残っていたが（図6―21）、この支柱の穴の大きさからも巨木は直径一m以上あったと推定できた。

イースター島からも年縞を発見した

イースター島のラノララクの湖底をボーリングした結果、美しい年縞堆積物が発見できた。

しかしその年縞も、A.D.一二〇〇年頃に突然形成が中断しているのである（図6―31）。ラノララク周辺で大規模なモアイの造成が行われ、周辺の森が破壊されて環境が改変された結果、年縞の形成がストップしてしまったのである。

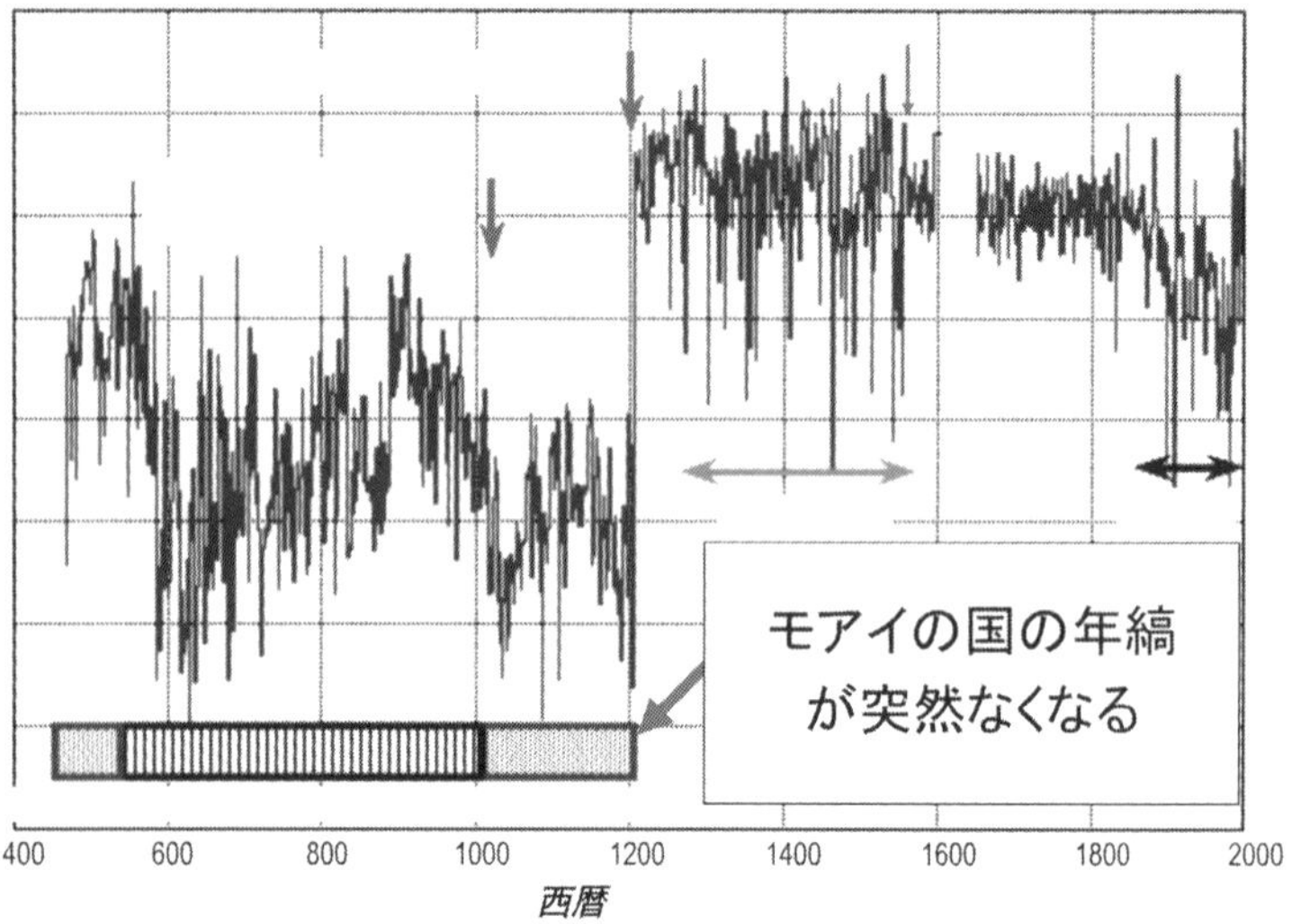

図６—31　ラノララクの年縞堆積物はA.D.1200年に突然なくなる（Fukusawa and Yasuda、2005）[※34]

ラノララクの湖の南側には、排水をするための人工的な切り割りが残されている。おそらくこの切り割りは、ラノララクの水位を下げるために、一二世紀頃に作られたものであろうと推定されている。

水位を下げ、低湿地を拡大させて、そこにタロイモなどのイモ類を栽培したのではあるまいか。

しかし、森の破壊が行われても、文明は崩壊することなく、その後、五〇〇年くらい生き続ける。しかし、一七世紀になると、その森の破壊が限界に達して、急激に文明が崩壊していく。

食料危機が起こった

イースター島は火山島である。イースター島には、夕立のような非常に強い雨が降る。南緯で言うと沖縄と同じであるから、スコールのような強烈な雨が大地を浸食して、森が破壊され

図６―32　表土が流出したイースター島の大地

たあとの表土を直撃し、表層の土壌が流失する。

豊かな表土が流亡した後には、たいへん痩せた赤土がむき出しになる（図６―32）。こんな赤土がむき出しになった土地では、バナナやタロイモを作ることはできない。

島の人の主要なタンパク源は、魚介類である。タコやエビも食べている。そして、軍艦鳥など、渡り鳥の卵も貴重なタンパク源だった。

主食はバナナやタロイモで、これは、今でも栽培されているが、この島は非常に風が強いために表土が飛ばされるので、石垣で周りを囲み、石垣の中に豊かな土を作って、バナナやタロイモを栽培している（図６―33）。

これくらいしなければ、なかなかバナナが育たない所であるにもかかわらず、森を破壊してしまったので、表層の豊かな土壌が雨で流れ、おまけに森を破壊したので風によって表土がとばされてしまい、バナナやタロイモを栽培できる豊かな表土は失われてしまった。そして主食のバナナやタロイモも穫れなくなってしまった。

さらに、イースター島の周辺は荒れ海である。海岸は絶壁になっている（図６―34）。よほど大きな船を作らなければ、魚も獲りにいけない。かつてはこの島にもヤシの巨木があり、この巨木で大きなイカダや船を作って漁に出ることができた。しかし、ヤシ

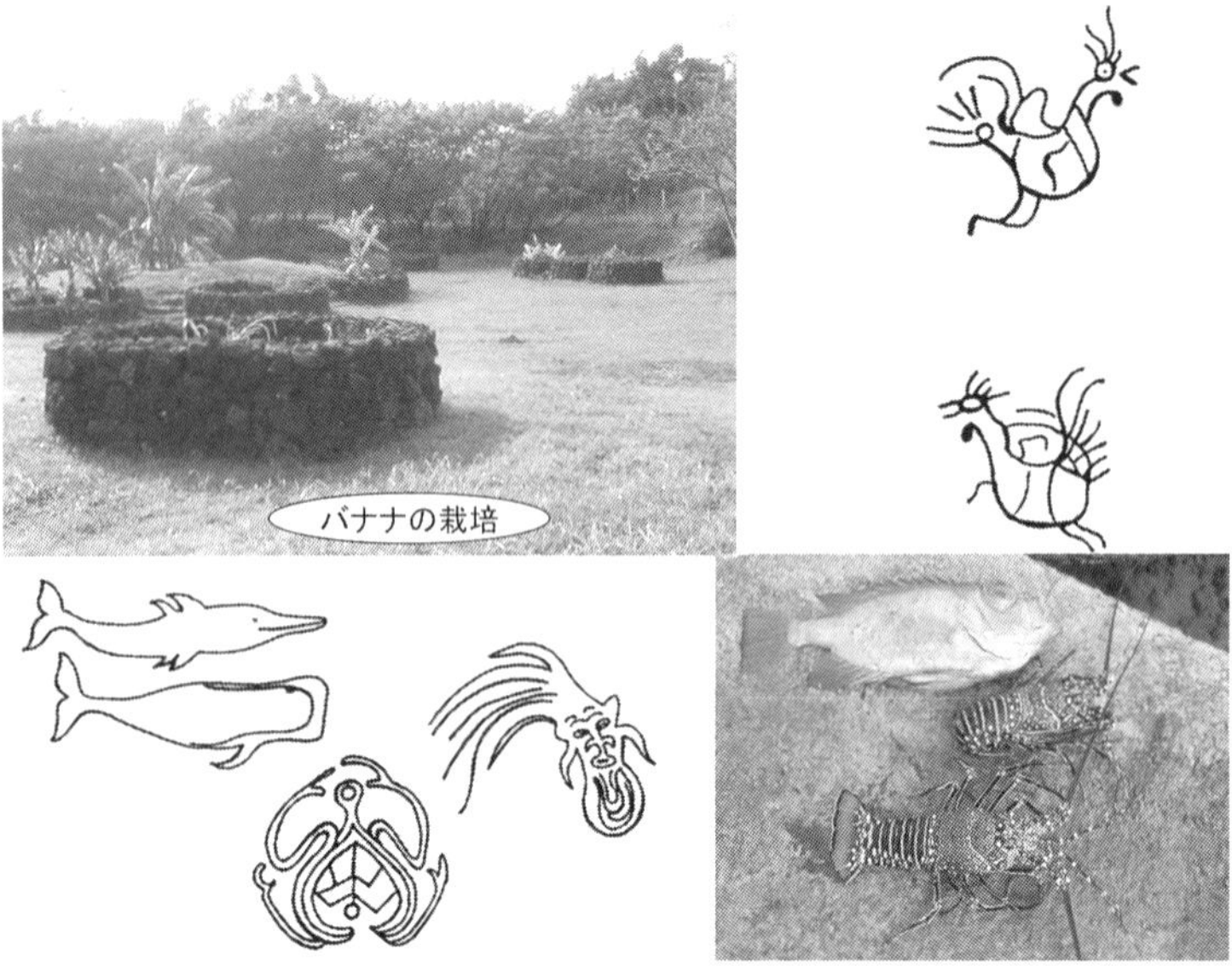

図６―33　イースター島の人々の主食はタロイモやバナナだった。島は風が強いので石垣で風を防いでいる（左上）。タンパク質は海産物と渡り鳥の卵だった（右下）。図版は島の人々が描いた食料の絵（Bahn and Flenley, 1992）※33

図６―34　荒波に囲まれたイースター島では頑丈な船が必要だった。この絶壁でネズミの巣（図６―30）が見つかった

の森がなくなると、船も作れず漁に行くこともできなくなってしまったのである。私達がヤシの実を発見したネズミの穴は、この絶壁の中腹にあった。

食人も行われた？

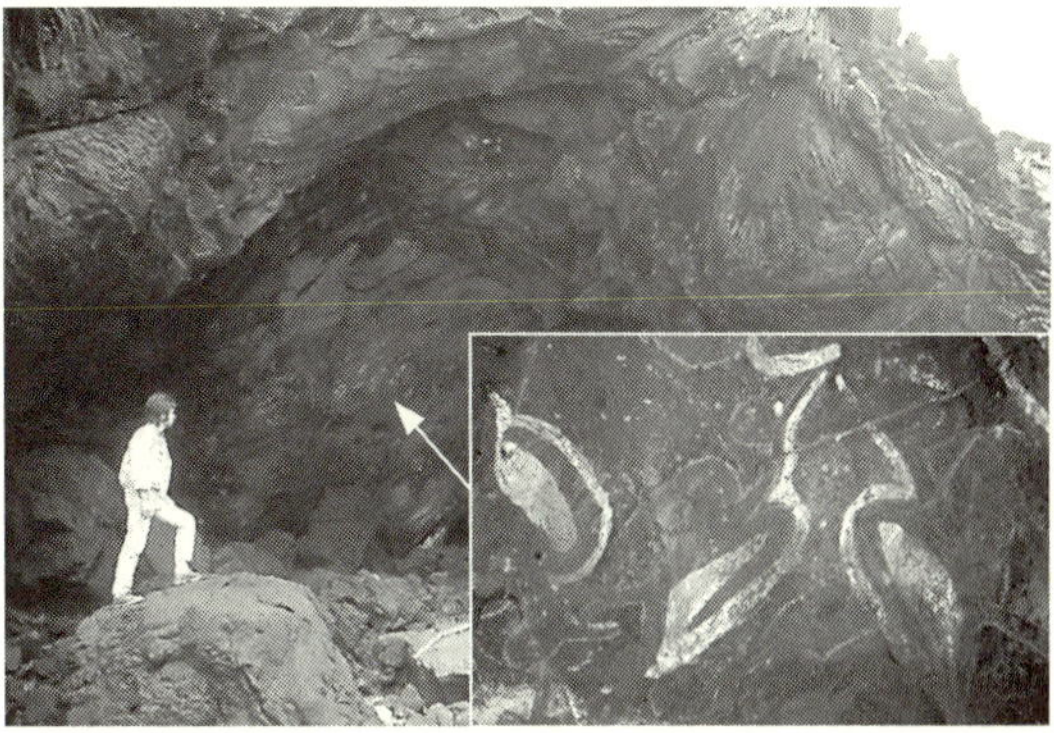

図６—35　アナカイタンガタと現地語で呼ばれる人食い洞窟と、洞壁に描かれた「鳥人間」（右下）

おそらく、このようにして起こった食料難で、食人が行われたのではないか、というのが現在の仮説である。

図６—35は、現地語で「アナカイタンガタ」、つまり「人食い洞窟」である。ここで食人が行われたと言われている。一七世紀の段階で、モアイ倒し戦争がどうして起こったのか。これは、やはり食料危機に直面したからではないか。限られた森の資源を破壊してしまい、食料危機が引き起こされた。外部から食料を持ってくることもできないし、島の外へ逃げ出すこともできない。魚も獲れない。その結果、最後にターゲットになったのが、子どもや若い女性など、人間だったのではないか。

人々は家族を守るために、石の要塞の家を作らなければならなくなった。敵が攻めてくると、蓋を閉めて外部からは絶対に入れないような頑丈な家を作り、自分たちの身を守った。そうしなければ、子どもや妻が食べられてしまうという危険性があったということであろう。

図6―35右下はアナカイタンガタの洞窟に描かれている鳥人間である。モアイにかわって、このような鳥信仰が盛んになったのだ。それは、鳥になって、この島を離れたいと思ったのか、それともはるか昔から、自分たちの先祖が長江文明以来受け継いだ鳥信仰が復活したのかどうかはわからない。

小さな島にやってきた渡り鳥の卵を最初に手にした人間が、王になるという奇妙な儀礼が行われるようになった。それはイースター島の絶壁を駆け下りて、荒海を泳いでわたり、小さな島にたどりつく危険な儀礼である。

渡り鳥の卵が重要なタンパク源となったということも、この鳥人間の信仰の隆盛とはどこかでかかわっていたかもしれない。いずれにしてもモアイが倒れたあとは、奇怪な鳥を崇拝する信仰が広まるのである。

(2) 人々は森の消滅の後にやって来る危機を無視した

巨大化するモアイ

イースター島の初期のモアイは高さが二〜三mの小さなものだった。ところがモアイは文明の末期になればなるほど巨大化した（図6―24[※33]）。一七世紀に突然文明が崩壊したことによって、いくつかのモアイが製作途中で完成することなく、ラノララクの石切場の絶壁に放棄された。

背中がはがされることなく放棄されたモアイの中には、高さ二三mに達するものもあった。そんな巨大なモアイは、たとえ完成しても、それを海岸の村まで運ぶことなど、当時の技術ではとうてい不可能であったであろう。にもかかわらず、人々は巨大なモアイを目指して驀進したのである。

なぜか文明の末期になればなるほどモアイは巨大化した。

すでにこれまでの私達の花粉分析の結果から、モアイの文明が崩壊した原因は、イースター島の森を破壊し尽くした結果であることが明らかになった。

文明の暴走が巨大化を生む

五世紀頃この南太平洋の絶海の孤島にポリネシア人がやって来た時、イースター島はヤシの森に覆われていた。ところがA.D.一二〇〇年頃から大規模な森林破壊がはじまった（図6―36）。それはモアイを作った人々が主食のタロイモやサツマイモさらにはバナナを栽培する農耕地を開拓することによって、森が減少しただけではない。モアイを製作し運搬し、海岸のアフという台座に立てるためには、大量の土木用材や建築材が必要だったからである。主要なタンパク源である魚を獲るための船を作るためにも、木は必要不可欠だった。こうしてイースター島の森は急速に消滅していったのである。

森が消滅することによって土壌浸食が加速化し、豊かな表土が流亡し、主食のイモ類やバナナの生産量が激減した。さらに魚を獲るための船も作れなくなった。こうして文明の末期に人々は飢餓に直面し、最後には人食いまで行われ、文明は崩壊したのである。

危機がしのびよっているにもかかわらず、人々は文明がカタストロフに崩壊する直前まで、巨大な

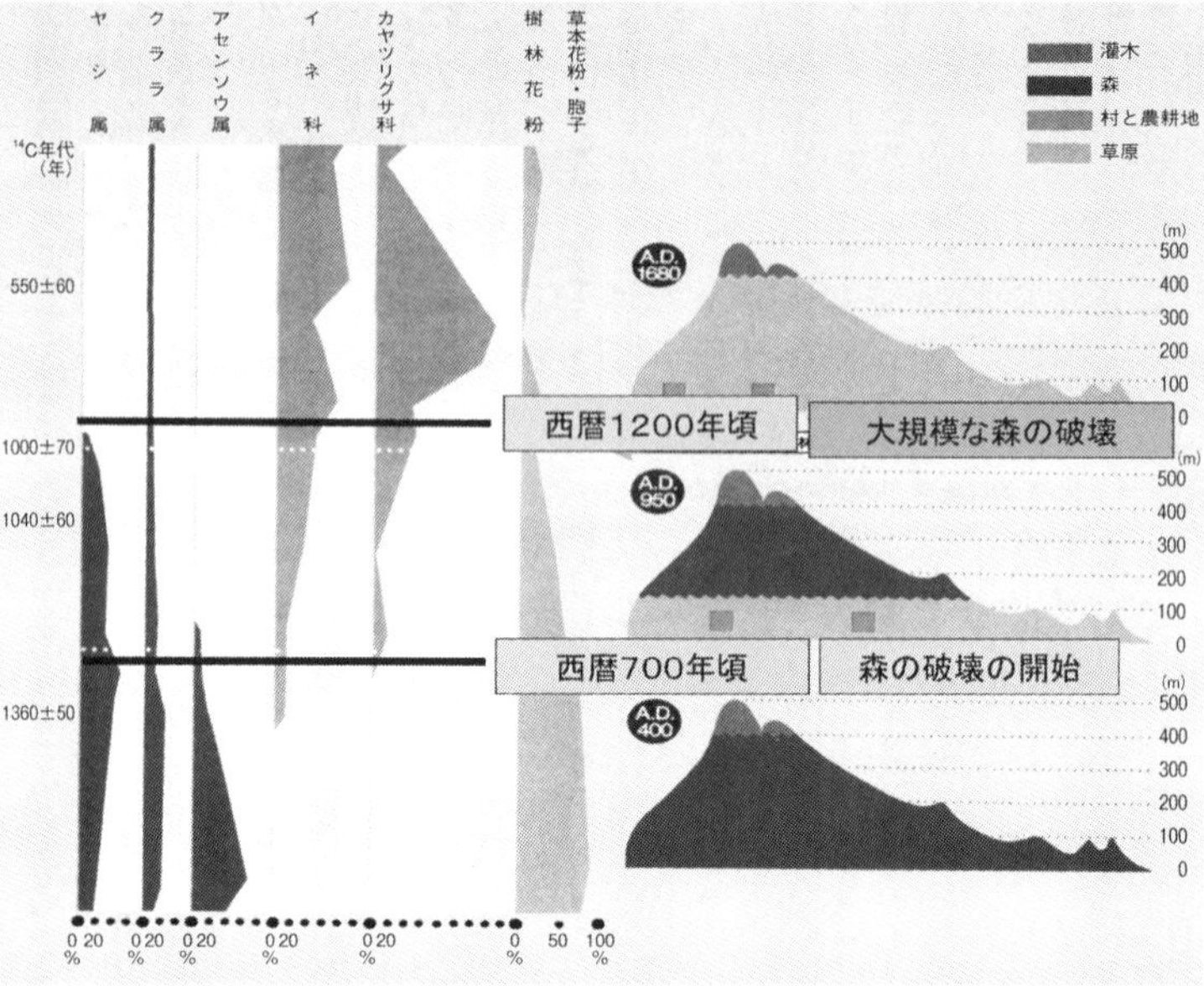

図 6—36　イースター島の花粉分析結果の模式図（Bahn and Flenley, 1992）※33 を修正、14C 年代は未補正

モアイを作り続けた。

人々は森の消滅によってひたひたと押し寄せる危機をまったく関知しないかのように、より大きなモアイ、より巨大なモアイを作り続けたのである。

森林資源が枯渇し、食料が乏しくなって文明は危機に直面していたはずなのに、人々は「もっと大きなモアイ、もっと大きなモアイ」と、巨大化を追いもとめたのである。

そこに文明崩壊の一つの公理が語られている。「文明は動き出したら崩壊するまで止められない」という公理である。

モアイを作ることで繁栄した文明は、「もっと大きなモアイ、もっと大きなモアイ」を作ることで、文明の危機を脱しようとしたが、それが実は森を破壊し、資源を食いつぶして、自らの足元を危うくしていることに、人々は気づくことができなかった、いや気づいていていても止めることができなかったのである。

4　現代文明は二〇三〇年頃に危機に直面する

（1）宇宙や深海底の研究の前に、身近な自然の研究が必要

文明暴走の恐怖

ここに文明崩壊の謎の一つがかくされているように思う。「文明を発展させる要因は文明衰亡の要因でもあった」ということである。それは人類文明史の公理である。

人類は文明を発展させた要因にこだわり続け、その発展させた要因がいつしか崩壊の要因になっているにもかかわらず、それを止めることができない。文明が崩壊するまで発展させた要因に固執し続けるのである。これが我々人類ホモ・サピエンスの悲しい性《さが》である。永遠の文明など存在せず、いかなる文明も崩壊するのは、そのためである。

私達現代人は、このイースター島のモアイ文明の崩壊から、文明暴走の恐怖を学ばなければならな

い。「文明の歯車はいったん回り出したら後戻りすることはおろか、立ち止まることさえむずかしい」という恐怖を知る必要があるのである。「文明の暴走は巨大化を生む」という事実を直視しなければならないのである。

二〇五〇年に、熱帯雨林はゼロに近づく

毎年毎年、九州と四国をあわせた面積の熱帯雨林が破壊され、このままいけば二〇五〇年には熱帯雨林は限りなくゼロに近づく。にもかかわらず、我々は巨大化を求めて驀進している。

それを警告しなければならない科学の分野においても、ビッグサイエンスの名のもとに、宇宙や深海底の研究に莫大な予算を投入している。だが、二〇五〇年に熱帯雨林が消滅する頃に、我々が宇宙や深海底に移住できる技術が確立されているとはとうてい思えない。

今なすべきは、この巨大化への文明の暴走を止め、身近な自然の保全、地球の環境を守り、この小さな地球で自然と共存する持続型文明社会をいかに構築するかに、あらゆる叡智を結集することなのである。

この自然を支配し人間の欲望を刺激し続ける文明の暴走をどうすれば止めることができるかを、人類は真剣に模索しなければならない時なのである。文明の暴走を止めるために人類はあらゆる叡智を結集しなければならないのである。

(2) 二〇三〇年が、地球の豊かさの限界

イースター島の文明崩壊モデル

図6―37が、J・フレンリー博士が描いたイースター島文明崩壊モデルである。[※33]

イースター島にはかつては、豊かな森の資源があった。それは、ヤシの森だった。それを人間が燃料や建築材にすることによって、あるいはモアイを作ることによって、あるいは畑を作ることによって、急激に破壊した。そして、九世紀頃になると、人口増加のカーブと森林減少のカーブが交差する。ここを、私達は豊かさの限界点と言っている。

この森林資源の減少と、人口の増大のカーブが交差してから、しかし、しばらくは人口は増加を続ける。そしてモアイが作られ、島の森が消滅していった結果、A.D.一二〇〇年頃には土壌浸食が加速化し、ラノララクの湖底で形成されていた年縞の形成は途絶え、島の物質循環は大きく変わった。

人口一万人に達した直後に破滅した

それでも人口は増加し続け、人々は「より大きなモアイ、より大きなモアイ」と、あたかも大きなモアイを作ることで幸せになれると信じていたのではないかと思われるほどに、モアイの巨大化を押し進めた。

そして島の人口が一万人に達した時が破滅の限界点だった。一万人に達した直後に、破滅的に文明

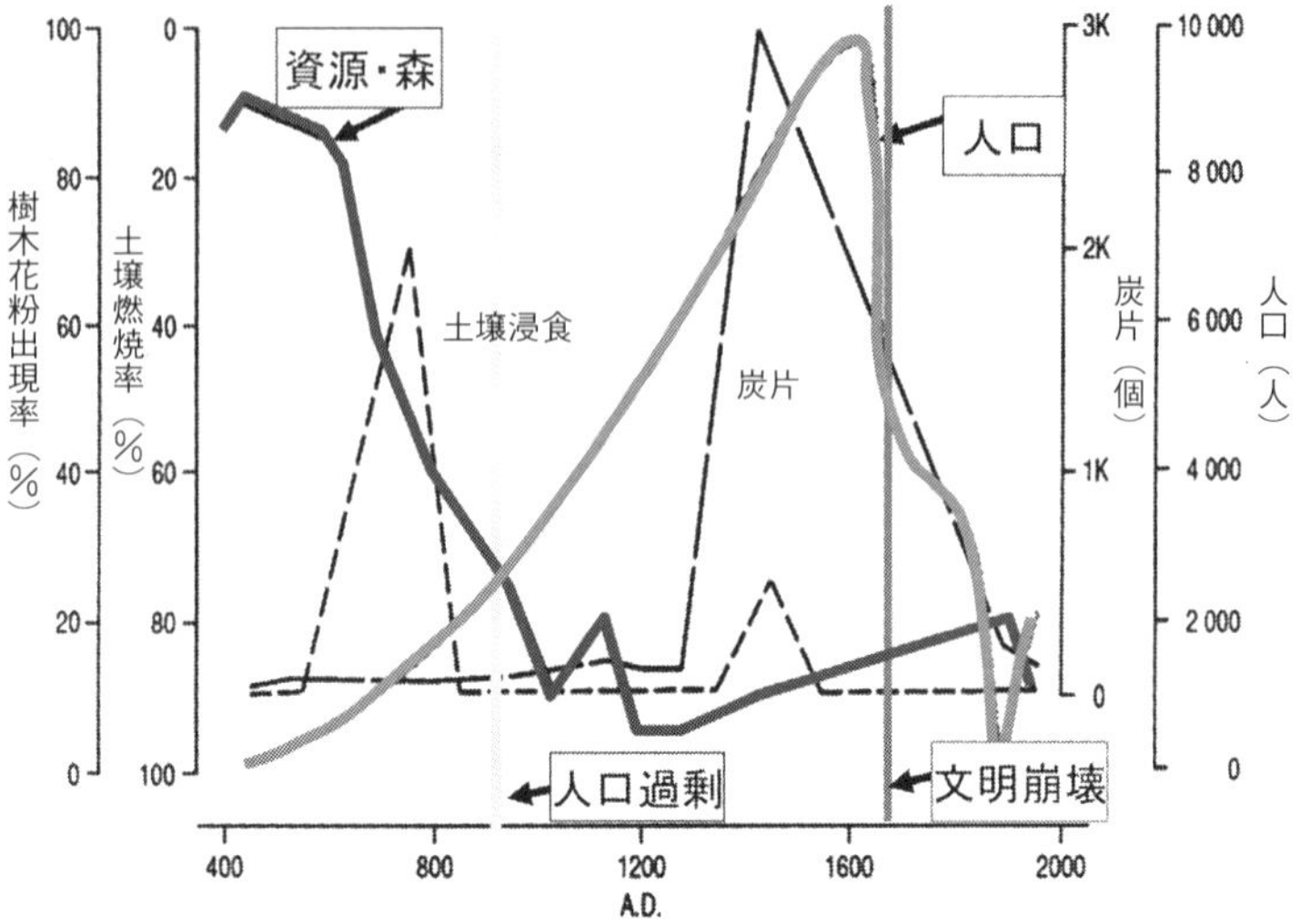

図6—37　イースター島の文明崩壊モデル（Bahn and Flenley,1992）[※33]

は崩壊した。

それでも、豊かさの限界点を突破してから、破滅の限界点に達するまでの約七〇〇年くらいは、なんとか文明を維持していた。しかし、破滅の限界点を超えてからの崩壊のスピードは非常に早く、イースター島の人口は数十年で一〇〇人以下になった。もちろん、この時はペルーに奴隷として連れて行かれたなど、いろいろな事情もあったが、一万人はいたと推定されるイースター島の人口が、わずか数十年で一〇〇人近くにまで激減したのである。

現代文明崩壊のモデル

イースター島は、森を破壊して崩壊していった。それはイースター島のモデルが、現代の地球のモデルと同じである、と言うことである。

なぜなら、イースター島は、巨大な太平洋に浮かぶ小さな生命の島であった。その島の森を食い尽くした時、人々は食料危機に陥らざるを得なかった。

地球も、同じである。地球は、広大な宇宙という空間（現時点ではまだ地球以外の生命の惑星は発見されていない）にぽっかりと浮かぶ生命の島である。この生命の島の森を破壊してしまえば、未来に待っているのはイースター島と同じ運命だということである。

そのイースター島の文明崩壊モデル（図6―37）[※33]と、第八章で述べる「現代文明崩壊のモデル」は非常によく似ていることがなんといっても不気味である。

「現代文明崩壊のモデル」はまず最初に一九七二年にローマ・クラブによって作られた。私の予想では（第八章図8―5参照）資源の減少カーブと人口の増大カーブが交差する所が二〇三〇年頃にやってくる。この交差点こそイースター島モデルの豊かさの限界点に他ならない。

しかしこの豊かさの限界を突破しても人口はさらに増え続ける。二〇三〇年に、人口は約八〇億になると予測されているが、これは現在の地球の資源で養うことができるぎりぎりの人口である。しかし、この限界点を突破しても、イースター島がそうであったように（図6―37）、人口はどんどん伸び続ける。そして、二〇五〇年に人口は一〇〇億近くに達すると予測されている。

現在の自然破壊のスピードはイースター島の数万倍

問題はその後である。つまり、この後もどんどん人口が伸び続けるかというと、それはあり得ない。

なぜ、あり得ないかと言えば、イースター島の場合は、豊かさの限界点を突破してから、約七〇〇年後に文明の崩壊が起きている。ところが、現在の自然破壊のスピードは、イースター島の頃とはまったく違う。

現代文明は、豊かさの限界点を二〇三〇年頃に突破してからあと七〇〇年もつかと言えば、それは認識が甘いと言わざるを得ない。なぜならそれは誰でもわかることだが、現在の自然破壊のスピードは、イースター島の場合よりはるかに大規模なスピードで進行しているからである。

地球の大きさとイースター島の大きさの違いを考えても、このままの生活を続けていれば、二〇三〇倍のスピードで自然破壊による崩壊の時代が早くやって来ると見なければならない。七〇〇年の二〇分の一としても、三五年である。つまり、二〇五〇年〜二〇七〇年の間に、現代文明は、このまま行けば確実に崩壊すると言わざるを得ない（詳しくは第八章参照）。

熱帯雨林は限りなくゼロになり、食料資源は、四分の一になる

その時には、熱帯雨林は限りなくゼロになっている。食料資源は、現在の四分の一になっている。そういったことを考えれば、現代文明は、このまま行けば二〇五〇〜二〇七〇年に崩壊する。

「イースター島では七〇〇年もったから、あと七〇〇年はもつだろう」というバカなことを言う人はもういないであろう。繰り返すが、今の自然破壊は、イースター島の自然破壊よりかるかに大規模である。激しい自然破壊の速度で森林を破壊し、化石燃料を使用している。崩壊も、当然、早くやって来ると考えなければならない。その崩壊は二〇五〇年〜七〇年くらい、いやもっと早くやって来るかもしれないのである。

その時代に、まだ読者各位は生きているわけである。私は、もうとっくの昔に死んでいることだろう。しかし、二〇五〇〜二〇七〇年なら、読者各位はまだ生きている可能性が高い。この現代文明崩壊の有様を体験できるかもしれないのである。

しかし、それはあまりにも悲しすぎる。このイースター島のようなカタストロフ的な崩壊を回避するにはどうすればいいか。そのためには「生きとし生けるものとともに、千年も万年もこの美しい地球で暮らしつづけることに最高の価値をおいた稲作漁撈民の文明原理を再評価し、新たなる世界史像を構築することに邁進することが必要である」というのが本書の主張である。

第六章　注・参考文献

（1）梅原猛『ギルガメシュ』新潮社　一九八八年
（2）河合雅雄『森林がサルを生んだ』平凡社　一九七九年
（3）安田喜憲『気候が文明を変える』岩波書店　一九九三年
（4）伊東俊太郎『十二世紀ルネサンス』岩波書店　一九九三年
（5）Darby,H.C. The clearing of woodland in Europe. in Thomas, W.L. Jr. (ed.) : ***Man's role in changing face of the earth***. Vol.1, 183-216, The Univ. Chicago Press, 1956.
（6）池上俊一『動物裁判』講談社現代新書　一九九〇年
（7）Goudie, A. : ***The human impact on the natural environment***. Basil Blackwell, 1981.
（8）和辻哲郎『古寺巡礼』岩波書店　一九一九年

（9）亀井勝一郎『大和古寺風物誌』養徳社　一九四三年
（10）Bottema, S. : Palynological investigation on Crete. *Review of Palaeobotany and Palynology*, 31, 193-217, 1980.
（11）黒田登美雄「南海の森の楽園とその変遷」安田喜憲・菅原聡編『講座文明と環境第9巻　森と文明』朝倉書店　一七八〜二〇〇頁　一九九六年
（12）安田喜憲『森のこころと文明』ＮＨＫ出版　一九九六年
（13）安田喜憲『環境考古学事始』洋泉社　二〇〇七年
（14）内山純蔵『縄文の動物考古学』昭和堂　二〇〇七年
（15）森川昌和・橋本澄夫『鳥浜貝塚』読売新聞社　一九九四年
（16）安田喜憲『日本文化の風土』朝倉書店　一九九二年
（17）小柳泰治『わが国の狩猟法制』青林書院　二〇一五年
（18）安田喜憲『森林の荒廃と文明の盛衰』思索社　一九八八年
（19）藤縄謙三『ギリシャ神話の世界観』新潮社　一九七一年
（20）ジョン・パーリン（安田喜憲・鶴見精二訳）『森と文明』晶文社　一九九四年
（21）安田喜憲『森と文明の物語』ちくま新書　一九九五年
（22）Yasuda, Y., Kitagawa, H., Nakagawa, T. : The earliest record of major anthropogenic deforestation in Ghab Valley, northwest Syria : a palynological study. *Quaternary International*, 73/74, 123-136, 2000.
Yasuda, Y. (ed) : ***Forest and Civilisations***. Lustre Press and Roli Books, Delhi, 2001.
（23）和辻哲郎『風土』岩波書店　一九三五年
（24）安田喜憲「歴史は警告する」伊東俊太郎・安田喜憲編『文明と環境』学振新書　一九〜五〇頁　一九九五年

（25）中井義明「ミケーネ文明の盛衰」安田喜憲編「ニュースレター　文明と環境」No.7，三四～三九頁　国際日本文化研究センター　一九九二年

（26）中井義明「ミケーネ文明の滅亡に関する気候変動論について」立命館文学　五三四　一～一七頁　一九九四年

（27）Sallares, R. : Role of environmental changes in the spread of malaria in Europe during the Holocene. ***Quaternary International***, 150, 21-27, 2006.

（27）中川毅「花粉が語る環境史」安田喜憲編『日本考古学』有斐閣　一一九～一五八頁　一九九九年

（28）Okuda, M., Yasuda, Y., Setoguchi, T. : Middle to Late Pleistocene Vegetation history and climatic change at Lake Kopais, southern Greece. ***Boreas***, 30, 73-82, 2001.

（29）高坂正堯『文明が衰亡するとき』新潮選書　一九八一年

（30）Sestini, G. : Implications of climatic changes for the Po delta and Venice lagoon. in Jeftic.L., Milliman, J.D., Sestini, G. (eds.) : ***Climatic change and the Mediterranean***. Edward Arnold, London, New York, 428-494, 1992.

（31）安田喜憲『稲作漁撈文明』雄山閣　二〇〇九年

（32）篠田謙一『日本人になった祖先たち』ＮＨＫブックス　二〇〇七年

（33）Bahn, P. and Flenley, J. : ***Easter Island Earth Island***. Thames and Hudson, 1992.

（34）Fukusawa, H. and Yasuda, Y. et al : Did climatic changes have a dramatic effect on the Easter Island civilization? ***Monsoon***, Oga Akita, vol. 6, 32, October, 2005.

第七章

動物環境文明論

1　メドゥーサの変貌にみる動物観の変遷

ヘビと人間の長いおつきあい

ヘビは人間との関わりにおいては、タヌキやキツネをはるかに凌駕した長い歴史を持っている。このヘビと人間の関わりあいの謎を解かなければ、人類史の本当の姿はわからない。サルやタヌキやキツネは、ヘビに比べれば知れている。たとえば、タヌキは非常に巨大な陰嚢をもってはいるが、これはまったくの役立たずだそうだ。しかし、ヘビはいまでも役立っている。マムシドリンクを飲むと元気になるというように、いまでも独特な強いエネルギーをもっている。こうしたヘビと人間の関わりあいの歴史をギリシャの神話に出てくるメドゥーサの話を中心としてみてみたいと思う。

神だったメドゥーサ

まず私がなぜヘビの問題に取りつかれたかということを書かねばならない。私の専門は花粉分析という方法を用いて、森と人間の関わりあいの歴史を研究することであった。森の仕事をずっとしているうちに、ある時、森のことを考えるには、どうもヘビを考えなければいけないと思いはじめた。とくにギリシャの森林の変遷を長い間研究してきて、メドゥーサに出会ってから、その思いはいっそう強くなっていった。このメドゥーサは、ギリシャ神話には髪の毛がヘビで、見る者を石に変える恐ろしい化け物だと書かれている。もともと、メドゥーサはゴルゴン神の三姉妹の一番下の妹で、たいへん美しい乙女だった。知恵の女神アテネと美しさ競べをして勝ってしまったために、アテネに嫉妬されて恐ろしい化け物に変えられてしまうのである。ところが、それだけではどうもアテネの怒りはおさまらなかったようで、ペルセウスというゼウスの子供がメドゥーサ退治に派遣される。そのときに、アテネは磨き上げた青銅の盾をペルセウスに与えた。その青銅の盾に写ったメドゥーサの姿をみながら、ペルセウスは金剛の鎌でメドゥーサを退治するのである。

私は小さいときからギリシャ神話が好きだったので、その物語を読んで、メドゥーサは非常に恐ろしい化け物だとばかり思っていた。ところが、一九八四年にトルコのディディマ遺跡へ行ったときに、それまでの恐ろしいばかりのメドゥーサの印象が変わったのである。ギリシャ世界においては、ディディマはデルフォイと並んで古代地中海世界の信仰の中心地だった。その信仰の中心地の、神殿の柱の正面の梁にメドゥーサがかかげてあったのである。※1今はそのメドゥーサは神殿の前に展示してある。最初にその石の彫刻を見たときには、たいへんきれいな顔をしているため、それが何だかわからなかった。ところがよくみると、やはり髪の毛はヘビでヘビのネックレスまでしている。それでメドゥーサだと気づいた。しかし、なぜこんなにこのメドゥーサは美しいのだろうか。この疑問がメドゥーサの研究にとりつかれるきっかけだった。しかも、そのメドゥーサは、信仰の中心地であるディディマの神殿の正面の梁に飾ってあった。私が小さいときに読んだギリシャ神話では、メドゥーサは醜く汚い、恐ろしい化け物であった。その化け物が、目の前の聖なる場所には飾られている。「ひょっとすると、私が読んだギリシャ神話は間違っているのではないか」※2、とそのときに思ったのである。

そこで、いろいろと読みあさってみた。たとえば、曽野綾子氏らのギリシャ神話のメドゥーサは、やはり醜く恐ろしい。しかし、私がトルコでみたメドゥーサは美しかった。ひょっとすると曽野氏が描き、私が子供のころに読み、近代西洋人がつくった物語のなかに描かれたメドゥーサ像は、間違っているのではないか。

そう思って、私はメドゥーサの研究をして、ヘビとメドゥーサの物語をこれまで刊行した。※3

結論を申し上げると、古代ギリシャ世界ではメドゥーサは化け物でも何でもなく、神であったのである。どんな神か。まず病気を直す神である。そして、邪気を払う神である。なぜ病気を直す神かというと、じつは髪の毛がヘビであることが、病気を直すことと深い関わりがある。ヘビは脱皮をする。ヘビを生命再生の象徴とみる信仰をギリシャの人々はもっていた。それから、ヘビの交合は延々十数時間に及ぶ。つまり、ヘビは性のエネルギーのシンボル、豊穣のシンボルとして、あがめられていたのである。古代ギリシャ世界には、アスクレピオスという医学の神がいた。このアスクレピオス神は古代のギリシャ、ヘレニズム、ローマ時代にかけて、非常に広く信仰されていた。この医学の神のシンボルが、じつはヘビなのである。それからもうひとつ、見る者を石に変える目の力は、邪気を払う力を意味している。「イッソスの戦い」という、有名なアレクサンダー大王が戦争をしているモザイク画があるが、そのなかのアレクサンダー大王の胸元にはメドゥーサの顔が彫ってある。他にもローマの皇帝たちの甲冑の鎧には、必ずメドゥーサが彫ってある。それは、まさに敵から身を守る、邪気を払うというメドゥーサの力を示しているのである。

それからメドゥーサはあの世とこの世の循環を支配する神、あの世の番人だった。ギリシャ世界では、遺体は石棺に葬っていた。そしてこの石棺の外側にメドゥーサが彫られている（図7―1）。それがなぜかは、長い間の謎だったが、エジプトのアレクサンドリアにいってその謎が解けた。

アレクサンドリアはヘレニズム文化の中心地であり、エジプトのヘビ信仰とギリシャ・ヘレニズムのヘビ信仰が融合した墓地も発見されている。コム・シャカーファ遺跡では九九段の階段を下りた地下三〇mのところにローマ時代の地下式墓地があった。その墓地の入り口にメドゥーサとコブラが彫ってあった。コブラはエジプトのあの世の番人であり、メドゥーサはギリシャ・ローマのあの世の番人である。このアレクサンドリアではコブラもメドゥーサもともに共存・融合していた。このコム・シャカーファ遺跡に展示されている石棺にはメドゥーサではなく、ずばりヘビそのものが彫ってあるのを発見した（図7―2）。ヘビはあの世の支配者、冥界の支配者であることに間違いない。しかも、邪気を払ってくれるわけであるから、ギリシャの人々は石棺のなかに

図7―1　石棺に彫られたメドゥーサ（トルコ）

図7―2　石棺に彫られたヘビ（エジプト　アレクサンドリアのコム・シャカーファ遺跡）

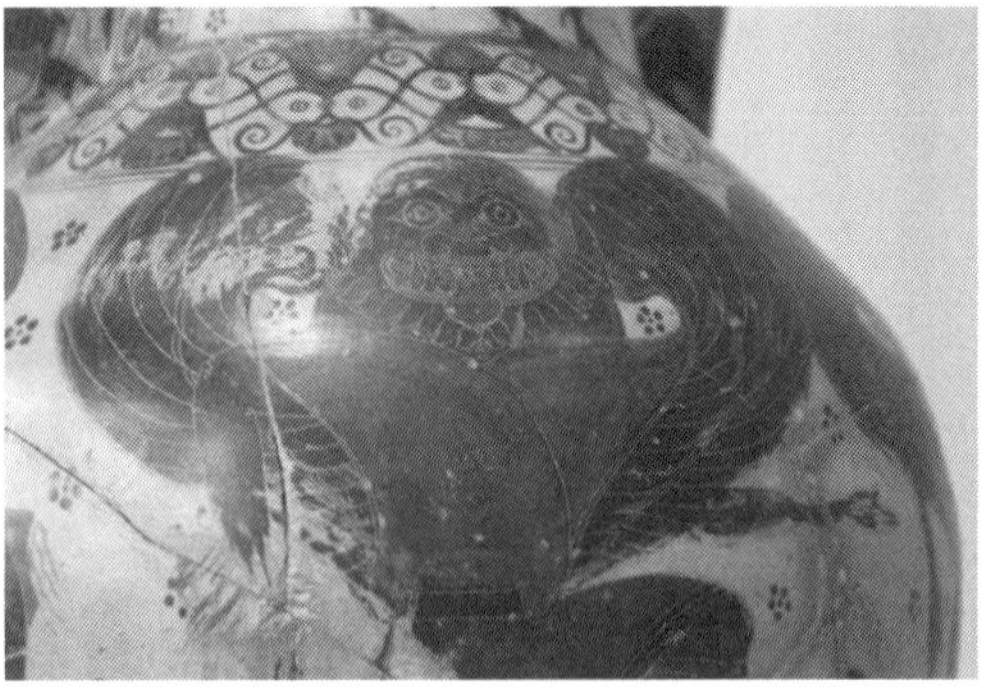

図7－3　ネトスのアンフォラに描かれた初期のメドゥーサ（ギリシャ　アテネ国立考古学博物館）

葬った遺体を、周囲の敵から守ってくれるよう、あの世の支配者であるメドゥーサに保護を頼むという祈りを込めて、お棺にメドゥーサの顔を彫ったのである。

メドゥーサが化け物になる歴史

私が長い間、化け物だと思っていたメドゥーサは、どうも間違いのようだ。古代地中海世界ではメドゥーサは神だった。それではいつからメドゥーサは化け物になったのか。メドゥーサの変遷史をたどることによってそのことが明らかとなってきた。

恐ろしいメドゥーサ

メドゥーサはB.C.八世紀くらいの、ギリシャ文明の繁栄がはじまる頃に出てくる。初期のメドゥーサは、たいへん怖い顔をしている。羽がついていて、歯をむき出し、非常に恐ろしい形相をしているのである。

初期のメドゥーサは、図7－3のように舌を出したりして怖い。では、なぜB.C.八世紀からB.C.五世紀のメドゥーサは怖い顔をしているのか。

私はおそらくこういうことだろうと考えている。この時代は、まだ自然のポテンシャリティーが非常に高かった。したがってギリシャ時代初期の人々は、まだ自然への畏怖の念をもっていた。つまりこうした恐ろしいメドゥーサの顔は、人間が自然へ畏敬の念や畏怖の念をもっていた時代の現われと見なしてよいのではないだろうか。

美しくなったメドゥーサ

ところが、ギリシャ文明が繁栄期に入るB.C.五世紀以降は、アルカイック期といわれ、ソクラテスやプラトンを生みだし、またギリシャがペルシア戦争に勝利して黄金の繁栄期を迎える時代となる。そうすると、メドゥーサは美しくなるのである。ディディマの神殿の前にあったメドゥーサは、とても恐ろしい化け物とは思えない。

むしろ非常に美しく、神々しささえ私たちに感じさせた。※1

図7—1は石棺に彫ってあるメドゥーサであった。ヘレニズム、ローマ時代になるとメドゥーサはますます美しくなる。首元にヘビの尻尾がくるっと巻いており、これがメドゥーサであることははっきりわかる。しかも髪の毛は全部ヘビである。

なぜメドゥーサは美しくなったのか。ギリシャ文明が繁栄すると、とりわけペルシア戦争以降、ギリシャの森は急速に破壊されていった。周辺から森がなくなっていき、ソクラテスのような人間中心主義的な、理性を尊ぶような哲学が生まれてくる。そういう人間中心主義の文明の力が、自然を圧倒したときに、このような美しい自然の神が登場するのではなかろうか。自然の力が人間を圧倒していた時代のメドゥーサは恐ろしかった。しかし人間が自然を圧倒しはじめると美しくなる。これは、ま

図7－4　アテネのパルテノン神殿に飾られていた女神アテネ（上）の盾の背後には、死後ヘビになったアテネ王エリクトニオスが隠れている（下）

さに現代の我々にも当てはまる状態だと思う。我々はこれまで、森を美しいとは思っていなかった。ところが、いまではブナ林は美しいと、我々は涙まで流している。それはまさに、現代において自然が破壊されている現われである。自然が破壊されると、人間は不思議なことに自然の神々に美しさを感じるのではなかろうか。メドゥーサが美しくなる時代も、ちょうどギリシャ文明が繁栄期に入って自然が激しく破壊された時代であった。

このギリシャ文明が繁栄した時代は、たしかに人間の理性が輝いた時代だった。しかし、その時代の世界観は多神教の世界観だった。図7―4はパルテノン神殿にあったといわれるアテネ女神像のローマ時代の複製であるが、その左手の盾の背後にはヘビが隠れている。胸元にはヘビのペンダントをつけている。アテネ女神はヘビ巫女だったのである。パルテノン神殿では、生きたヘビが飼われていた。そこでは、聖なるヘビを中心とする信仰があったのである。B.C.六世紀のパルテノン神殿の梁にはヘビの彫刻が飾られていた。このヘビはパルテノン神殿の主であった。

トロイの神官ラオコーン父子がヘビに殺される、断末魔を表現した彫刻もある。※3 この時代には、ヘビが人間を殺すだけの力があったのである。

迫害されたメドゥーサ

このような古代地中海世界におけるヘビが、その地位を凋落する時代がやってくる。A.D.一世紀頃以降、地中海世界にはしだいにキリスト教が広まって、大きな力をもつようになってくる。そのキリスト教は、どのような考え方をもっていたのか。第七章の扉写真はキリスト教のひとつのシンボル、闘うキリスト像である。この像の左足は、ヘビをピシッと踏みしめている。つまり、キリスト教にとっては、ヘビは邪悪・邪教のシンボルであった。神は唯一、天にしかおらず、森やヘビやライオンやトラのなかに神はいない。これらの動物たちは、人間の幸せのためにのみ存在するのであって、人間の幸せのためなら何万匹、何百万匹の動物を殺しても構わない。こういう世界観を、キリスト教は基本的にもっている。それを象徴するのが、このモザイク画である。

キリスト教の世界観が広がってくると、メドゥーサは迫害されるようになる。イスタンブールの地下宮殿には、A.D.六世紀に大きな力をもったユスティニアヌス帝がつくった巨大な地下の貯水槽がある。東ローマ帝国の首都であったトルコのコンスタンチノープル（イスタンブール）は、ちょうど岬の先端にあり水がない。そこで、地下に巨大な貯水槽をつくった。この貯水槽は、長い間なかの水を全部抜いてみたことがなかった。一九八八年に全部水を抜いてみた。そうすると、その貯水槽の一番奥の柱の下から二つのメドゥーサがでてきた。一つは柱の下で逆さまになっており、もう一つは横（図7

図7―5　トルコ　イスタンブールの地下の貯水槽の柱の下から発見されたメドゥーサ

―5）になっていた。ユスティニアヌス帝は、キリスト教を地中海に広めた皇帝として、また邪教を迫害した皇帝として有名である。その皇帝がつくった貯水槽の一番奥から、メドゥーサが柱の下に逆さまと横向きにされたかたちで発見された。これはまさに、メドゥーサが二度とこの地上に現われないことを願ったものに他ならない。しかし逆にいえば、この時代にはまだメドゥーサは迫害されるだけの力をもっていたとも言える。そしてメドゥーサの顔も結構気高い。逆さまにされても、横にされても、非常に神々しい顔をしたメドゥーサが、まだこの時代にはつくられていた。それは、まだメドゥーサを信仰する人々がたくさんいて、メドゥーサが迫害されるだけの力を持っていたことを意味している。

化け物にされたメドゥーサ

ところが、一五世紀以降、近代ルネッサンスがイタリアを中心として起こると、また様子が変わってくる。近代ルネッサンス以降に描かれたメドゥーサは、じつは図7―6のようなメドゥーサである。これはカラヴァッジオが描いたメドゥーサであるが、非常にリアルで恐ろしい化け物になっていて、ヘビがいかにもウヨウヨとして気持ち悪い。近代リアリズムがメドゥーサを化け物に変えたのである。図7―7はルーベンスが描いたメドゥーサである。これにいたっては、神々しさはまったくなく、化け物以外の何者でもない。私が小さいときに近代ヨーロッパ人によって編纂されたギリシャ神話を読んで想像したメドゥーサのイメージはまさにこれである。このメドゥーサはいかにも冷たい世界ではないか。私たち日本人は明治以降、一生懸命、近代ヨーロッパ文明を勉強してきた。そこから学んだ結論は、メドゥーサは化け物だということだった。私たちは長い間、この近代ヨーロッパ人の目を通して見たメドゥーサ像を、本当のメドゥーサ像と思いこんでいたのである。池田啓氏の[※4]「タヌキの虚像と実像」で言えば、これはまさに実像にあたるのであろう。これに対して、古代地中海世界の人々が描いていたメドゥーサは虚像と言えるものである。しかし、この

図7－6　カラヴァッジオのメドゥーサ（イタリア　ウイフィツィ美術館）

図7－7　ルーベンスのメドゥーサ（オーストリア　ウィーン国立歴史博物館）

ルーベンスの実像の世界はあまりにリアルに描きすぎてはいないだろうか。ここに、人間中心主義とキリスト教を骨格にした近代文明のリアリズムが背負った闇があるような気がする。

　地理上の発見を契機として近代ヨーロッパ文明が世界に蔓延するなかで、化け物のメドゥーサ像が全世界を覆っていった。では、近代ヨーロッパ人がメドゥーサを化け物に仕立てあげたのはなぜか。本来は神だったメドゥーサが、なぜ化け物にならなければならなかったのかということが次に問題になる。

メドゥーサの変貌は森の破壊と機を一にしていた

　結論をいうと、メドゥーサが化け物にならなければならなかった背景には、キリスト教の宗教的世界観が、非常に深く関わっていた。そしてメドゥーサを化け物に仕立て上げたもう一つの要因は、家畜と麦作農業をセットにしたヨーロッパの畑作牧畜民の農業体系の在り方が深くかかわっている。この畑作牧畜民の農業体系は、一方的に森を破壊した。ヨーロッパでは、森が一方的になくなっていった。そのことが、ヘビが化け物にならざるを得なかった、もうひとつの要因なのである。

　千葉徳爾氏[※5]は、日本人の世界観は室町時代に形成されたのではないか、と指摘している。私は、もう少し古いと思っている。それは鎌倉時代にまで遡るだろう。

　つまり一二世紀から一三世紀が重要である。この一二世紀から一三世紀という時代は、ヨーロッパと日本のヘビに対する考え方、タヌキやキツネに対する考え方が大きく分かれた時代だったと思う。

　一二世紀から一三世紀にはどういうことが行われたか。ヨーロッパはこのころ、大開墾時代といわれる時代だった。それまでアルプス以北のヨーロッパには、鬱蒼としたヨーロッパブナやナラの森があった。一二世紀の水車・風車あるいは重輪鋤の開発などの技術革新を契機として、大開墾時代ははじまった。その大開墾の先兵はキリスト教の宣教師だった。宣教師は森の悪魔と闘い、森の闇を切り開き文明の光をヨーロッパにもたらした。

こうして森が破壊されていった時、面白い現象として「動物裁判」[※6]が起こる。たとえば当時のブタはイノシシに近いもので、そのブタが村を襲い、子供を噛み殺したという事件が起こった。そこでどういうことが行われたかというと、なんとブタを裁判にかけてしまう。そして、その結果ブタは死刑を命じられる。そういうことが、一二世紀以降、一七～一八世紀までヨーロッパでは延々と行われた。

ヨーロッパにキリスト教が伝播する以前は、ヨーロッパブナやナラの深い森の中ではドルイド教という宗教が信仰されていた。これは、ちょうど日本の多神教の世界に近い世界観をもつ宗教である。ドルイド僧は聖なるオークの巨木を崇拝しており、毎年春先には、豊かな恵みの季節がやってくることを祈願して人間を生贄にするということを行っていた。生贄になった人間はボッグマンといって、デンマークやドイツ、あるいはスウェーデンなどの泥炭地から、これまで六〇〇体以上発見されている。[※1]弱酸性でバクテリアの発生が少ない泥炭地に遺体が沈められたので、遺体が腐らないで残ったのである。そういう世界観をもった人々のなかへ、キリスト教は伝播していった。そうすると、自然と人間の関係に価値観の一八〇度の逆転が起こる。それまでは自然の循環、あるいは自然の神々に人間が生贄になっていた。ところがキリスト教が伝播することによって、逆に人間社会の秩序を乱すブタや害虫が動物裁判にかけられ、まるで生贄のように処刑、追放されていったのである。キリスト教の伝播とともに、自然が人間の生贄になる時代がはじまったのである。そういう世界観の下、森はどんどんと失われていった。ヨーロッパの森は一六〜一七世紀になるとほとんどなくなってしまう。イギリスなどは、九〇%もの森がなくなっていた（第六章参照）。現在のドイツのシュヴァルツヴァルトの森をはじめヨーロッパの森のほとんどは人工林である。大開墾、大森林破壊以降、森が消失した大地に植林をして一九世紀以降、人工的に復活させたものなのだ。この森がなくなったことが、森の中に生息する動物達の霊性を奪うもっとも大きな要因だったと私は思う。森がなくなっていく歴史は、いいかえればヘビやオオカミやフクロウがどんどん殺されていく歴史でもあった。森の動物達の住処が失われただけでなく、動物達を神や神の使いとみなす人間の心も失われていったのである。

2　日本神話に登場するヘビ

日本人の動物観のルーツ

日本でも、ヘビは縄文時代には神だった。土偶の髪の毛はヘビだった。一度死んだものを再生させる生命再生のシンボルとして、また一撃の下に人間を倒すマムシのように人間の力をはるかに越えた存在として、あるいは激しい性のエネルギーと豊穣のシンボルとして縄文時代にヘビは神としてあがめられていた。このような世界が、我々日本人の根底にはある。

こうした縄文のヘビ信仰がある程度大きな変化を受けるのは、弥生時代に入ってからである。弥生時代になってはじめて、ヘビを殺す神話が登場してくる。それは有名なヤマタノオロチである。ヤマタノオロチは、まさに人間がヘビを退治する物語である。神戸市の桜ヶ丘から出た桜ヶ丘5号銅鐸にも、ヘビを追いかけて殺そうとしている文様が描かれている。それがヘビを殺す最初のもので、それ以前の宗教儀礼においては日本人はヘビを殺すことはなかった。

こうして初のヘビ殺しが行われたわけであるが、しかしながら「日本書紀」にはまだこんな話もある。それは「箸墓《はしはか》伝説」と言われるものである。奈良県桜井市に三輪山がある。そこの神はオオモノヌシといってヘビの姿をしている。このオオモノヌシが、毎晩毎晩ヤマトトトヒモモソヒメという女性のところを訪れるようになる。ヤマトトトヒモモソヒメは、毎晩来るのなら、せめて明日の朝、あなたの美しい姿をみせてくれと言いだした。するとオオモノヌシは、明朝あなたの櫛箱に入っていましょう、しかし私の姿をみても決して驚かないで下さい、と言う。翌朝、ヤマトトトヒモモソヒメが櫛箱を開けると、そこには何があったか。なんと小さなヘビが入っていた。三輪山のオオモノヌシの正体は、じつはヘビだった。そのことを知ったヤマトトトヒモモソヒメが、あっと驚くと、オオモノヌシはたちまち神の姿になって、あなたは決して驚かないという私との約束を破り、私に恥をかかせたので、私もあなたに恥ずかしい死に方を与えるだろうといって三輪山に帰ってしまった。ヤマトトトヒモモソヒメは、それを聞いてショックのあまりドスンと腰を落とす。すると、ちょうど下には箸があった。この箸で女陰をついて、ヤマトトトヒモモソヒメは死んでしまう。

ヌカビコとヌカビメの伝説

「常陸国風土記」（常陸国は現在の茨城県）の中に、ヌカビコとヌカビメの伝説がある。それには次のようなことが書いてある。

クレフシ山の近くにヌカビコとヌカビメという名前の兄妹が住んでいた。妹のヌカビメの所に毎晩男性が通って来る。そのうちにヌカビメは妊娠をして子供を生む。生んだ子供を見ると小さなヘビだった。兄妹は、これはきっと神様の子供だと信じて、そのヘビを土器（かわらけ）の中で大切に育てた。ところがそのヘビはどんどんどんどん大きくなる。最初は小さな土器で飼っていたのだが、それがお皿になり、やがてお皿でも飼えなくなって、大きな瓶で飼うようになった。それでも瓶にあふれるぐらいの大きさになったので、とうとう兄妹は「もうこの家にはあなたを飼うような大きな瓶はない。だからあなたのお父さんの所（あの世）へ帰りなさい」と頼む。そうするとヘビは「わかりました。お父さんの所へ帰るけれども、一人で帰るのはいやだ。誰か一緒に連れていきたい」と応える。「でも、この家には二人しかいないので、そんなことをしたら一人になってしまうから駄目だ」とヌカビコとヌカビメはお願いする。それでもヘビは「ヌカビコを殺してあの世へ行く」と言いはる。ヘビがあの世へ帰ろうとしたときに、ヌカビメが土器をヘビに投げつけたので、ヘビは天に登ることができなくて、クレフシ山に留まったという伝説がある。

自然への畏敬の念

これらは何を意味しているのか。オオモノヌシはヘビ、つまり自然の神・三輪山の神である。この自然の神に失礼なことをしたときにはたたられる、ということが、じつはこの「箸墓伝説」には書いてある。「常陸国風土記」にはヘビは神の子供であり、自然への畏敬の念を感じることができるものである。弥生時代以降、日本人は確かにヘビを殺す世界観を受け入れたが、しかしその根底には、自然に対して無用な殺生や無作為な乱暴など失礼なことをした場合には、必ずたたられる、しっぺ返しがくるのだという自然への畏敬の念をもっていたことが語られている。

ここが千葉徳爾氏[※5]と私の意見が違うところなのである。千葉氏[※5]は室町時代に日本独特の世界観が形成されたのであって、とても縄文時代までさかのぼらないだろうと指摘している。しかし、その自然観は縄文時代から延々と引きずっていた世界観なのではないのか。突然、修験道が現れてきて、日本独特の世界観ができたのではない。やはり、縄文時代からの数千年にわたる営々とした自然との共存の世界観が引きずられてきたがゆえに、修験道も現われたのではないだろうか。縄文時代以来の自然との共存・森との共存の世界がなければ修験道もない、と考える方が妥当ではないかと私は思う。

動物の霊性を守った里山の森

ヨーロッパの一二～一三世紀が革新の世紀であったように、日本でも一二～一三世紀はやはり大きな転換期であった。二毛作という農業方法が導入され、牛耕や鋤の普及、灌漑技術の革新などによって、関東地方の大開墾が行われた。農業のやり方が格段に進歩して、自然に対する人間の在り方もかなり大きな変化を示している。しかしヨーロッパとの大きな違いは、里山をいつも残したということである。日本人は里山の森の資源を、水田稲作農業に使ったのである。ヨーロッパでは、森を破壊したあと、そこを畑にする。畑にできないところはヒツジやヤギなどを放牧して牧草地にする。したがって森は一方的になくなっていった。ところが日本の場合は、たしかに森は一度破壊される。しかし、水田稲作農業であるため、農耕地は沖積平野の狭いところに限られた。日本の稲作農業は、当初から漁業と稲作がセットになっていたため、ヒツジやヤギなどの家畜にタンパク源をもとめるかわりに魚貝類に求めた。このため、裏山の斜面の急なところを牧草地にする必要もなかった。そこにはアカマツやコナラ、クリノキ、スギなどの二次林が生えてくる。日本の稲作農業は、こうした二次林の資源をうまく水田農業に使う農業体系を確立していったのである。里山の下草は水田の肥料としてなくてはならないものであった。里山の木は農耕具や建築材として利用され、里山の山菜やキノコは大切な食糧となった。

この里山が、じつはタヌキやキツネ、ウサギ、シカ、イノシシの生息地になった。この里山のおかげで日本人は、動物と非常に密接な関係を長い間維持できたということができるだろう。ヨーロッパと日本の動物とのつきあいの別れ道は一二～一三世紀で、ヨーロッパとは異質の動物観の形成も、その辺りからなされていったのではないかと思う。

ヨーロッパでは人間が狼男や猫女になると、それはもう人間界をとびだした異界の存在となる。これに対して、日本では鶴の恩返しの昔話のように動物が人間に化ける。時にはいたずらもするが、人間に幸福をもたらす存在として描かれている。ヨーロッパでも日本でもオオカミは人間の手によって絶滅させられた。しかし、日本ではオオカミは神としてまつられている。この日本人と動物のやさしいつきあい方が維持できたのは、里山があり、たえず日本人が動物と親しく接する環境が維持されていたためではないだろうか。もちろん第一義的には殺生を禁止した仏教の影響が最も大きいことはいうまでもない。

図7—8は室町時代の画家芸愛が描いた、ヘビの化身ともいうべき龍である。よくみると鼻毛が生えているのがわかる。じつに面白いではないか。さきほどの、近代ヨーロッパ人が描いた、あのリアリズムの恐ろしいメドゥーサの絵を思い浮かべていただきたい。両者を比較して、どう思われるだろうか。学生に二つを比較させてみると、やはり日本はやさしい世界、心暖まる世界であり、近代リアリズムの権化であるルーベンスのメドゥーサのヘビ（図7—7）は、あまりにも冷たい世界だと言っていた。

こうした心暖まる世界を日本人が描けるところに、動物と人間が共存している世界の一端が示されていると私は思う。そういう世界を、少なくとも江戸時代までは、我々の祖先は維持し続けてきたのである。

図7－8　室町時代の芸愛が描いた龍虎図。鼻毛が見えてどこかユーモラスである

伏見稲荷の裏山には龍神がいたのである。ヘビの神がいて、その後キツネが乗っかった。稲荷信仰の前にはヘビ信仰という、長い縄文時代以来の巨大な祖先神があり、その上にタヌキやキツネがちょこっと乗っているだけなのであるが、キツネも山の神の使いとして、いまだに日本人の崇敬を受

けている。

以上のように、日本人は少なくとも江戸時代までは、近代ヨーロッパ人の自然観とは非常に異なった、動物と人間がうまく共存できるような自然観を持っていた。そこには、池田啓氏※4が述べているような虚像をもっていたということが深く関わっていた。虚像をもつことが、動物と人間が共存していく上で非常に重要なキーワードになると、私も思う。我々日本人は、古代地中海の人々と同じく、メドゥーサを聖なるものとみなす世界観を引きずっているのである。ルネッサンス期以降の化け物のメドゥーサを本当のメドゥーサだと思うようになったのは、少なくとも明治以降のことである。それ以前の、あの神々しいメドゥーサは虚像なのである。その虚像を信じる心をどこかで失ってしまった。動物との共存の心を急速に失ったのは高度経済成長期の頃であろう。ちょうど日本の里山が荒廃した時代のことである。その結果、儲けるためなら何をしてもよいという方向に突っ走ってしまい、いまだにそのやり方は速度を失いつつも続いている。以前、新聞に、鳥取県のニワトリ業者が倒産したという記事が載っていた。倒産したために、その業者は夜逃げをしたわけだが、それによって餌を与える人がいなくなったために何万羽というニワトリが餓死してしまったのである。こんなニュースが載っていても、我々は何の驚きももたないという世界に、いまでは生きている。これでは、やはりいけない。そして、ここに虚像をもつことの意味が強く生きてくるのではないかと思う。虚像をもつことによって、一羽のニワトリ、一匹のタヌキの命の重みを感じる、このことがなければ、人類の未来は開けないだろう。

3　森の破壊とヘビを崇拝する文明の崩壊

ヘビ巫女《みこ》のお棺

私が「日本書紀」や「常陸国風土記」に書かれている物語が本当にあったことだということを発見したのは実は日本ではなかった。私はギリシャ文明に憧れて、若い頃は一五、六年の間、ギリシャやトルコといった地中海沿岸の文明の研究をしていた。ギリシャやトルコには、ソクラテス、プラトン、アリストテレスといった哲学者や、白亜の大理石で造ったパルテノン神殿、あるいはミケーネ文明があった。ミノア文明もある。クレタ島にはクノッソス宮殿があって、その宮殿から黄金の首飾りや黄金のマスクなどがたくさん出土していた。ギリシャ文明は素晴らしい文明で、日本の文明はギリシャ文明の足もとにも及ばない文明だと、長い間思っていた。

しかし、そのギリシャに行って最初に気づいたことは、ギリシャの山には森がないことだった。どこまで行ってもハゲ山しかない。巨大な大理石で造られたパルテノン神殿の背後の山には木一本生えていなかった。私は、山へ行ったら森があるのは当たり前のことと思っていた。ところが山へ行っても森がない。「どうして山に森がないのだろう」とその時思った。この山に森がなくなったことがギリシャ文明やローマやトルコの文明の崩壊につながったのではないかと直観的に思った。

森の歴史研究から

私の研究分野は、環境考古学という自然科学と人文科学の文理融合の学際的分野である。花粉分析の調査の結果、ギリシャ文明が繁栄した時代、あるいはミケーネ文明、ミノア文明が繁栄した時代に、地中海沿岸にはナラやマツの深い森があったことがはっきり分かってきた。ところが、文明が発展する中で森はどんどん切られて、なくなってしまった。ギリシャ文明は他国と交易をすることによって財をなした文明である。地中海を縦横に航海をして富を蓄えた。しかし、地中海を縦横に航海するための船を造るには当然木がいる。木がなければ船を造ることはできない。また、陶器や青銅器をいろいろな国に輸出する。

陶器や青銅器をつくるためには燃料としての材木が必要だ。なによりもヒツジやヤギの家畜が森の再生を不可能にした。このようにして森を使いつくすことによって、森は破壊され文明は崩壊をしてしまった（第六章参照）。

森林を破壊することによって資源がなくなるだけではなくて、もうひとつおそろしいことが起こった。それは森を破壊すると表土が露出して、雨によって山からどんどんと土壌が削られる。その削られた土壌が下流に運ばれて河口の港町を埋めていく。地中海文明の都市は港町でもあった。その港がどんどんと泥や砂で埋まっていくだけではなく、埋まった三角州の湿地がマラリアの巣窟《そうくつ》になった。

このマラリアが古代地中海文明の人々の活力を奪っていったのである。

このように、古代地中海文明は、当時あった深い森を切ることで繁栄することができた。しかし、

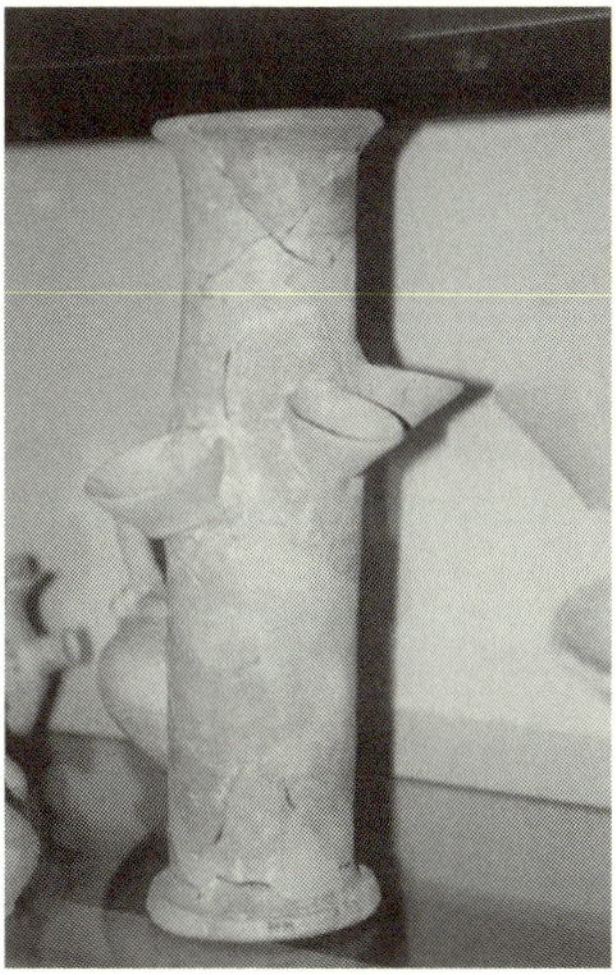

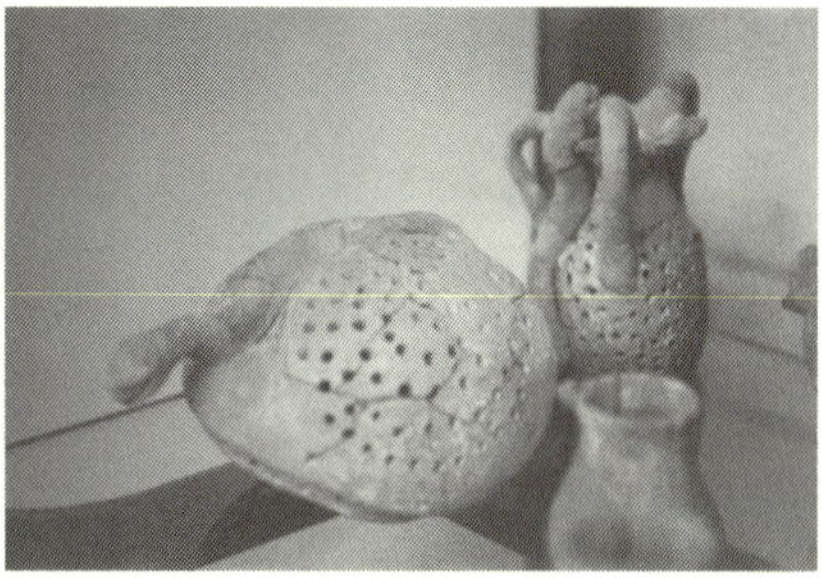

図7―9　ギリシャ　クレタ島のイラクリオン博物館にある生きたヘビを飼う容器。円筒形の容器（左）とズバリヘビを現した容器（右）

最後には人々が森を切りつくし、地中海文明が崩壊していったことが分かってきた。

ヘビを飼う容器

クレタ島という小さな島にクノッソス宮殿があった。そこから出た遺物がイラクリオンという小さな町の立派な博物館に展示されている。図7―9はイラクリオンの博物館の展示室に飾ってある粗末な素焼きの陶器で、高さが約五〇センチくらいだった。この円筒形の容器の周辺に三つ小さなお皿がついているのを見て私は驚いた。なぜなら、この容器は「生きたヘビを飼う容器」だと書いてあったからである。つまり円筒形の中は空洞になっていて、三つの小さなお皿に蜂蜜を入れたりミルクを入れたりしてヘビを飼っていたのである。

このクノッソス宮殿からは両手にヘビを握っている大地母神像も出ている。両手に持っているヘビはおそらく毒ヘビだと思う。毒ヘビを自由にあやつる力が古

図7―10　イタリア　バチカン美術館の石棺の上に彫られたヘビ巫女の彫刻

代の人々の畏敬の対象になったのである。これはまさにヘビ巫《み》女《こ》だと思う。

クノッソス宮殿でヘビを飼う容器を見つけたことが私の人生をある意味では大きく変えてしまった。私は自然科学の研究者であったから、それまであまり古代の人々の精神世界に深く立ち入ることはなかった。しかし、クノッソス宮殿で生きたヘビが飼われていたことを知った時には、脳天を打ち割られた思いがした。「私は一体今まで何を研究していたのか」と思った。森がなくなったことによってギリシャ文明が衰亡した。そして、森があった時代には森の中にはヘビがいて、その中に暮らしていたギリシャ文明の人々はヘビを飼い、ヘビを神様としてあがめていたのでないかということに気づいたのである。

図7―10は現在のローマのバチカン宮殿にあるお棺の蓋である。ギリシャやローマ時代には死んだ人をこの石のお棺に入れ、その蓋の上には生前にその人がやっていたことを彫刻として残した。例えば、戦争の兵士だったら戦っている彫刻を彫った。哲学者だったらものを考えるような彫刻を施した。ここに彫られているのは女性である。明らかに目は恍惚《こうこつ》の表情をしている。唇はほのかに赤い。ところが、その女性の右手にはヘビがぐるぐる巻きになっていて、今にも飛びかかりそうで、まるで生きているように見える。これを見た時に、私はこれこそヘビ巫女《みこ》

のお棺だと思った。このお棺に葬られた女性はヤマトトトヒモモソヒメやヌカビメと同じくかつてヘビを飼っていたヘビ巫女だったのである。

パルテノン神殿の主

図7―4はギリシャのパルテノン神殿に飾られていたという女神アテネの像だった。これはローマ時代のコピーだが、もともとは高さ十メートル、象牙と黄金で造られていたと言われている。女神アテネの像の左手に大きな楯があり、その楯の裏側にやはり巨大なヘビが彫られていた。このヘビは、アテネ王エリクトニオスが死後、ヘビになった姿だと言われていた。ギリシャ神話には、「アテネの王エリクトニオスは死んだ後、ヘビになって、女神アテネのもとに仕えた」と書かれている。あのパルテノン神殿の中でも、おそらく生きたヘビが飼われていたのであろう。

B.C.六世紀のパルテノン神殿の梁《はり》には巨大なヘビが飾られていた。[※1] 私は「ギリシャ文明というのは理性の文明だ。ソクラテス、プラトン、アリストテレスというような近代のヨーロッパ文明をつくった原点の輝かしい文明であって、我々日本の文明よりははるかに優れた文明だ」と、長い間思ってきた。だからこそ、そのギリシャやローマの文明に憧れてその文明を支えた背景の環境を復元したいと思って古代地中海文明の研究をしてきた。

ところがこのギリシャやローマ文明の人々が持っていた世界観というのは、実は日本人と同じだったのである。「梁《はり》の上にいるヘビを殺したらあかん。それは家の主だ。ヘビは家の主だからむやみに殺してはあかん」と、私は小さい時よく言われた。それと同じ世界がこのギリシャのパルテノン神殿にもあったのである。梁の上に飾られているヘビはまさにパルテノン神殿の主だったのである。

このようにして見てみると、私達は今まで一体いかなる世界史を学んできたのであろうか。戦後七〇年間「日本書紀」や「古事記」に書かれていること、また「常陸国風土記」に書かれていること、これらは全部でたらめだ。あんなものは古代人が妄想で書いた物語なのだ。ヘビを土器で飼ったり、あるいはヘビと人間がまぐわったりするような物語は妄想だ、こんなことは非科学的だ」と、ずっと教育されてきたのではあるまいか。

ところが、ギリシャやローマではヘビを神殿の中で飼っていて、ヘビを神様としてあがめていたという世界があったのである。そして、それは神話にも書かれていたのである。日本ではクレタ島のミノア文明のように生きたヘビを飼った容器はまだ発見されていないが、神話には確かに生きたヘビが飼われていたことが書かれているのである。

日本のヘビ信仰

箸墓伝説の姫ヤマトトトヒモモソヒメが自分の櫛《くし》箱を開けた瞬間に、そこから小さな下紐ほどのヘビがにゅっと鎌首をあげた。「日本書紀」には「下紐ほどの大きさの蛇」と書いてある。下紐とは何であろうか。今の若い女性は分からないかもしれないが、昔の女性は腰巻を付けていた（図7―11）。つまりお腹の部分に巻く紐のことを下紐と言う。なぜ下紐というのか。北海道のアイヌ博物館に行った時に館長さんが、「これはあまり人には見せられないのだけれども」と言って見せてくれた物があった。それはアイヌの女性達（図7―11）がしていた下紐である。アイヌの女性達は、下紐を自分の夫以外には見せてはならないと言われていた。下紐を取るということは自分の体を許すのと同じ意味があったからである。

「日本書紀」の伝説には毎晩男性（三輪山のヘビ）がやってきて、ヤマトトトヒモモソヒメとまぐわう。そのようなことをこの下紐は象徴していると思う。ヘビと人間の間にそのような性的な関係があって、それが古代の重要な儀式になっていた可能性がある。

図7－11　耕作をするアイヌの女性（北海道白老町アイヌ民族博物館）

これは吉野裕子先生[※7]が類推されているように、ヤマトトトヒモモソヒメはヘビと神事でまぐわうような儀式をやっていた可能性がある。ところが何かのアクシデントでそのまぐわいの神事がもとで、ヤマトトトヒモモソヒメは死んでしまったのであろう。だからあの箸墓古墳のような大きな墓に祀られたのではないか。吉野先生は「ヤマトトトヒモモソヒメが箸で陰を突き刺した結果死んだというそのお箸も蛇だ[※7]」と、おっしゃっている。ヘビというものは女性と深く関わり、そして生命を誕生させるセックスと深い関係があるということが分かってきた。

4　目玉もヘビと同じだった

飛び出した目と大きな耳

図4―11の中国長江文明の玉琮に彫られた神獣人面文様は、下が怪獣（たぶんトラ）の目で、上が鳥の羽根飾りの帽子をかぶったシャーマンと思われる人間の像だった。羽の帽子をつけた人間（羽人）が怪獣を支配している様子を表していた。羽人が手で怪獣の目玉を抑えている。この像の中で、長江の人々が一番強調したいのは目玉であった。この大きな目玉をもつ怪獣はトラをモデルにしたものだとみなされている。

このように目玉を強調する思想は、中国浙江省良渚遺跡だけではなく、四川省の三星堆《さんせいたい》遺跡にもある。三星堆遺跡からはたくさんの青銅器のマスクが出ている。冶金学を専攻した数土文夫氏が感嘆したように（第四章参照）この青銅器のマスク（図7―12）には目が飛び出しているものがある。目の玉が飛び出しているだけでなく、耳も大きく、耳と目を強調している。目と耳に意味がある。これは神様が見てよく聞くということを表しているのかもしれない。

マスクを横から見ると目が飛び出している。「山海経《せんがいきょう》」という中国の古典には、この神様の目は、朝太陽が登る時に太陽と共に飛び出し、そして、太陽が沈むと同時に引っ込むということが書かれている。

命の再生と循環

長江文明の人々は、目に対して異常な関心をもっていた。何故古代の人々は目に対して強い関心を示したのであろうか。

目というのはやはり生命の源なのである。昔、人間の死を確認するのにお医者さんは瞳孔を診た。つまり目の力がなくなるということは人間が死ぬということと同じだ。

目というのは人間の体の中では一番弱い部分であるけれども、同時に一番生命の根源をつかさどる所である。だから人々が目に関心をもったというのは十分に納得できる。

ところが何故、朝太陽が登る時に目が飛び出したり、夕方沈む時に引っ込んだりするのであろうか。

図7－12　中国四川省三星堆遺跡から出土した3500年前の目の玉の飛び出した青銅の仮面

森は春になると新芽が出る。そして、夏には若葉になって森が青々と繁る。それから、秋には木の実がなり、冬には葉を落として森は死んだようになる。しかし、翌年の春にはまた新芽が出て来る。森は永劫の再生と循環を繰り返している。そこに住んでいる人間がもっている世界観も、再生と循環の世界観なのである。だから朝太陽が登る（太陽が生まれる）時に目の玉が飛び出し、夕方太陽が沈む（太陽が死ぬ）時に目の玉は引っ込むのであろう。このように生命の再生と循環を彼らは大事にした。読者の中には、誰かの生まれ変わりと言われている人がいるのではないだろうか。

つまり死んだ者が生まれ変わるという思想である。命あるものは永劫の再生と循環を繰り返す。これが森の中で誕生した稲作漁撈民が創造した長江文明の思想の根幹を形成するものなのである。

日本の縄文時代の土偶も同じように目が強調され大きい。これは縄文時代の人々が、目に異常な関心を示していたことを表している。縄文時代晩期の土偶も目が大きく、日本の考古学者はこれを遮光器土偶と呼んでいる。エスキモーが似たような雪眼鏡をしていたから、縄文人も雪眼鏡をしていたのだろうと、解釈している。このような解釈では縄文文化の本質は語れないのではなかろうか。縄文文化は我々日本の国土の深い森の中で誕生した森の文明である。森の文明を発展させた縄文時代の人々はこんな大きな目玉をつくった。それはエスキモーの雪眼鏡などではなく、大きな目をつくることによって、命の再生と循環、生まれ変わりを願っていたのではあるまいか。

伏羲《ふくぎ》と女媧《じょか》

伏羲と女媧は、漢代のお墓の画像石によく描いてある彫刻である。伏羲というのは男、女媧は女である。この伏羲と女媧という二匹のヘビの形をした男女が絡まって交合している。この二匹のヘビが長江流域の稲作漁撈民の祖先なのである。

そしてこの雄と雌のヘビが交尾しているのが、日本の注連縄のルーツなのである。[※7] 二匹のヘビが絡まっているところが何故祖先であったり、あるいは聖なる注連縄として飾られているのだろうか。

目の玉が命の再生と循環を表すシンボルだと述べたが、同じようにヘビも命の再生と循環を表していた。ヘビは脱皮をした。それが命が生まれ変わるということなのであった。だから関西では今でもヘビの脱け殻を大切にして、お金がたまるように財布に入れておく。命が生まれ変わるようにお金も生まれ変わってくると考えているのである。だから商売をしている人はヘビを大事にしている。一橋大学の校章もヘビである。ヘビを粗末にしているような家は繁栄しない。もうひとつ、ドイツでは医者のマークがヘビである。これはまさに命が生まれ変わるようにということをよく表している。ヘビはギリシャ、ローマ時代から医学の神アスクレピオスのシンボルでもあった（図7―13）。

図7―13　医学の神アスクレピオスのシンボルはヘビだった

ヘビにはもうひとつ重要なことがある。

ヘビの雄と雌が絡まりあっているところが種族の繁栄のシンボルとなった。それは、ヘビのセックスの時間が長いからであった。それはヘビの性器の構造がいったん絡まると離れにくいし、またなかなか絡まりにくいということがある。ヘビの交合はえんえんと半日以上に及ぶと言われていた。そして絡まってヘビは激しく愛を交わす。そのような雄と雌のヘビの姿を見て、古代の人々はそこに豊穣のシンボルをみたのであろう。古代においてはたくさん子供を生むことは大事だった。たくさん子供を生んで子孫を繁栄させることはやはり重要なのである。

これからは、注連縄は雄と雌のヘビが絡まって愛をかわしているところだと思って神社では拝んでみてほしい。きっと、注連縄のイメージが変わると思う。

聖なるカラス

四川省三星堆遺跡ではカラスも神様だった。何故かというと、我々は「ああ隣のおばあさんが死んだから、おじいさんが死んだからカラスが鳴いている」とよく言う。つまりカラスというのは人間の死と深い関係がある。我々は迷信でカラスが鳴くと気持ちが悪いとか、お葬式になるとカラスが鳴くと言うけれども、それを古代の人々はよく知っていた。カラスというのはやはり生命の再生と循環に深い関係をもっている。これがツバメであったりメジロであったりしたのでは駄目なのである。

四川省の三星堆遺跡から出土した扶桑の木にとまる三本足のカラス。カラスの信仰は、熊野神社の「八咫烏《やたがらす》」の信仰がそれである。アメリカインディアンの最も聖なる神はワタリガラスというカラスである。ヘビもカラスもどちらかというと我々にとっては気持ち悪い動物だが、その動物が実はあの世と、この世のメッセンジャーになっている。

死んだ人間はまた生まれ変わる。だからこれからカラスが鳴いても、「あそこのおばあさんやおじいさんが死んだから鳴いているので気持ち悪い」と思うのはやめる。これからは、ああカラスが、また生まれ変わるように鳴いていてくれていると思えば、カラスの鳴き声もかなり気持ちよく聞こえてくるのではないだろうか。

5　「森の民の心」の継承

人間も森の一部

森の民は森とその中に生息するヘビを神様としてあがめ、森やヘビが生まれ変わるように、死んだ人間も生まれ変わることができると考えた。この地球上の生命は永劫の再生と循環を繰り返すという世界観に生きていた。そのような世界観をまだ私達日本人は引きずって生きている。現代のギリシャやローマの人々は古代ギリシャに巨大なヘビ信仰があったということをとっくに忘れている。ところが今でも私達日本人は雄と雌のヘビのセックスを表している注連縄を拝んで、聖なるものとしてあがめている。私はこのような世界観を引きずっていることはとても大切なことだと思う。

世界の多くの人々がとっくの昔に忘れ去った森の民の世界観を、私達日本人がいつまでも持っていることができるのは、日本の国土の七〇％が深い森に覆われているからにほかならない。その森の中ではヘビもカラスも、動物達は皆元気に生活している。

そのような森があるからこそ我々は生きとし生けるものの命を大事にし、「生命は永劫の再生と循環を繰り返すことができるのだ」と信じることができる。自分の孫が先祖の生まれかわりだということを日本人だったら「うんうん」と頷ける。でもこれは全世界に通用することではない。日本には深い森があり、森の中で生きとし生けるものが皆元気で暮らしているから、私達日本人はとっくの昔に多くの民族が失ったものを大切にもっていることができるのである。

失われた日本人のアイデンティティー

戦後七〇年間で日本は豊かさを手にした。ところが今この豊かさを手にしてふとふり返った時に、日本の国家、日本の民族、日本の文化の核になるものは何かというのが分からなくなってしまった現実を知る。

戦争に負けた途端に、これまであった皇国史観は全くナンセンスだと言って全部やめてしまった。その後はマルクス史観の隆盛の中で、「常陸国風土記」や「日本書紀」、「古事記」など日本民族の魂の原点ともいうべき古典を非科学的だと主張する歴史学が日本を支配した。その結果、我々は自分達の魂である「日本書紀」や「古事記」、あるいは「常陸国風土記」を教育の中でまともに取り上げることをしてこなかった。

戦後七〇年が経った今、一九八九年にベルリンの壁が崩壊し、共産主義と社会主義体制が崩壊した。すると、今まで「マルクスだマルクスだ」と言っていた人が途端に、「マルクス主義は自分の家族を殺し、密告したりして人間的にも駄目なイデオロギーだった」などと、適当な理由をつけ、「あれはもう駄目だ」と言う。七〇年間やってきたそのことを全部帳消しにして、コロッと態度を変えるのが日本人なのである。そんなことが果して許されるのであろうか。

戦後七〇年間は、日本人のアイデンティティーとか、日本民族のアイデンティティーというものを急速に失った時代である。日本はアメリカをモデルにしてきたが、日本はアメリカのような民主主義国家にはなれていない。やはり多民族国家・階級支配の国アメリカとは違う。日本の日本たる由縁・日本の文化の核・日本民族の核となるものは何なのかということを、今こそしっかりと問い直し、日本人の手になる新たな世界史像を構築することが必要なのである。

日本の歴史と伝統文化を子孫に

伝えていっていただきたいものとは森の民の心である。森の民の心を大事にするということが必要だ。ヘビを神様としてあがめるという思想の中に自分達の民族のアイデンティティーを見つめ直す時がやってきた。それは自然への畏敬の念に新たな価値を見つめ直すということでもある。戦後七〇年経って、我々は豊かさを取り戻して、はじめて、自分とは何なのかということを問いかけはじめたと思う。日本の伝統的な文化とか、ライフスタイルを子々孫々に伝えることをやってもらいたい。二一世紀日本が生き残るため、日本民族が生き残るため、日本国家がきちんとしたアイデンティティーと未来のヴィジョンをもつためには、日本の歴史と伝統文化を子々孫々に伝えていっていただくことがなによりも大切だと思う。

第七章　注・参考文献

（1）安田喜憲『大地母神の時代』角川選書　一九九一年
（2）曽野綾子・田名部昭『ギリシアの神々』講談社　一九八六年
（3）安田喜憲『蛇と十字架』人文書院　一九九四年
安田喜憲『一神教の闇』ちくま新書　二〇〇六年

安田喜憲『日本神話と長江文明』雄山閣　二〇一五年

（4）池田啓「タヌキの虚像と実像」河合雅雄・埴原和郎編『講座　文明と環境　第八巻』朝倉書店　一〇六～一三四頁　一九九五年

（5）千葉徳爾「山中異界論序説」河合雅雄・埴原和郎編『講座　文明と環境　第八巻』朝倉書店　二六～五一頁　一九九五年

（6）池上俊一『動物裁判』講談社現代新書　一九九〇年

（7）吉野裕子『吉野裕子全集　第1巻～第12巻』人文書院　二〇〇七～二〇〇八年

第八章

環境生命文明論

――未来は生命文明の時代

1　生命文明の時代を構築する

（1）広大な宇宙の中で「生命の連鎖」を維持している地球

地球は銀河の片隅にある

一九五二年にA・アインシュタインは、こう言った。「日本は、この地球のなかで唯一、選ばれた国だ。この国があるから、人類は救われる」[※1]と。

アインシュタインが相対性原理を発見したことによって、宇宙の起源について、新しい事実がわかって来た。その一つが、ビッグバン・セオリーだ。

宇宙はビッグバンからはじまった。これは、聖書の記述とよく合っていた。なぜなら聖書には「神は最初に『光あれ』と言われた」と書いてあるからである。

すべては光からはじまる。ビッグバンから宇宙がはじまったという説はまさに聖書の記述と符合していたのだ。そこで、一九五二年、ローマ教皇ピウス一二世は、「聖書の記述は正しい、真実だ」と述べた。

宇宙の摂理は、神によって支配されている。その神の摂理を解くためにこそ、近代科学は発展したのである。科学することは、神の世界に一歩でも近づくことであったのである。

しかし、一九七二年代から量子力学の研究が進展し、天体観測の技術も著しく進歩した。この量子力学を宇宙論の研究の中に持ち込んで来ると、次第にいろいろなことがわかって来た。

地球は太陽系の第三惑星である。太陽の周囲に、水星、金星、地球、火星、木星、土星へと続く惑星が存在し、私達は、その太陽系の第三惑星の中にいる。その太陽系はいったいどこにあるのか。巨大な銀河系のほんの端のほうに位置しているにすぎない。

銀河の片隅に私達の暮らす太陽系はある。この太陽系の第三惑星、これが私達の故郷の地球である。こうした太陽系のような惑星系は、銀河の中に一三八個もあることがわかって来た。※2

さらにこのような太陽系を含む銀河系は、宇宙の中に10の12乗個もあるという。10の12乗個は、10のあとにゼロが12個つくとてつもない数である。10の12乗個もの銀河系が宇宙にはある。そして、それぞれの銀河系の中には、太陽系のような惑星系が一三八個以上もある。その一三八個もある惑星系の一つ、太陽系の第三惑星に私達は住んでいるのである。

物質エネルギー文明は地球のエネルギーを搾取する

ヨーロッパではじまった近代科学は、普遍性を追求した。物理学は一七世紀のニュートン力学にはじまる普遍性を追求する科学の代表であった。これが、近代の物質エネルギー文明※3を発展させる上で、大きな役割を果たしたことは言うまでもない。

物質エネルギー文明は、いかに効率よく地球のエネルギーを搾取し、それをいかに人間の暮らしに効率的に利用するかを追求することを基本に置いた文明である。

物質エネルギー文明は、自然を搾取する上に成り立った文明なのである。

「神の存在を認め難くなりつつある」

宇宙の摂理は、〝神によって支配されている〟とされていた。

ところが神の摂理を探究すればするほど、神によって作られたはずの宇宙を統一する統一理論を、想定することが難しくなって来た。

ビッグバンによって、この宇宙の摂理を神々が作ったと言っても、この宇宙を支配している神の摂理を、10の12乗個もあるすべての銀河系に適用することができるのかどうか。

さらにすすんで、私達が住んでいる宇宙以外にも宇宙があるとなれば[※4]、神の摂理はそれをどう説明するのであろうか。今や、物理学ではそれが十分に説明できなくなって来た。

観測技術が進めば進むほど、新たな事実がわかって来る。宇宙のはじまりから現代に至る宇宙の摂理を統一するような神の力を、今の物理学ではもう証明できなくなって来た。

S・ホーキング博士は、一九七二年以前に「この宇宙は見えざる手によって、まったく偶然以外の、何らかの力によって作られている。神の手が存在する」ということを匂わせる発言をしている。だが、二〇〇五年に刊行された翻訳書[※5]には「詳細に宇宙を研究していけばいくほど、神の存在を認め難くなりつつある」と書いている。

これが、宇宙の摂理を支配する神の存在を説こうとした近代ヨーロッパの科学が到達した、現時点での到達点なのであろうか。

宇宙の彼方、星の彼方に神の摂理をもとめることを、現代の科学は否定しはじめた。神が宇宙のかなたに見えなくなって来たのである。

「生命の連鎖」に神の手を見る

では、神はどこにいるのであろうか。広大な宇宙の中に、銀河が10の12乗個もあり、私達の住んでいる銀河の中にさえ、太陽系のような惑星系が一三八個もあるけれども、いまだに地球以外に生命の存在する惑星は発見されていない。

火星で水が発見され、ひょっとしたら地球以外で生命が発見されるのは、時間の問題かもしれない。とは言え、今のところ、確実に生命が見つかっているのは、私達の住む地球だけである。

生命は絶滅を克服した

しかも、六億五〇〇〇万年前には、地球全凍結と言って、地球全体が氷に覆われてしまった時代があり、二億五〇〇〇万年前には海洋生物の大絶滅があった。六五〇〇万年前には隕石の衝突によって恐竜が絶滅した大事件もあった。

巨大なカタストロフが起こって、生命は絶滅の危機に直面するけれども、六五〇〇万年前に恐竜が絶滅したあと、今度は私達哺乳動物が地球を支配するようになる。この地球には、何回かの生命の絶滅の危機があったけれども、そのたびごとに、別の生命が復活し繁栄を遂げて来たのである。

この広大な宇宙の中で、唯一、この小さな地球にだけ生命があり、その生命は、何度もの大絶滅の危機を繰り返した。にもかかわらず、この地球の中には、「生命の連鎖」が維持されて来たのである。そのことにこそ、私たちは〝神の手〟を見つめる時が来たのではないだろうか。

(2) 二一世紀の科学は「地球生命科学」が主流

近代ヨーロッパの科学は物質エネルギー文明をサポートした

「サムシング・グレート」という村上和雄先生[※6]の有名な言葉がある。

なぜ、この地球にだけ「生命の連鎖」が維持されているのか。

このような広大な宇宙の中で、唯一、現代、私達が知り得るのは、このほんの小さな太陽系第三惑星の地球の一点にだけ「生命の連鎖」が維持されていることであり、そのことに、神の存在を予感することが必要な時代なのではないだろうか。

これまでの科学は物質エネルギーに焦点をあてて来た。近代ヨーロッパ文明は、まさに物質エネルギー文明であった。アメリカの大量生産、大量消費の文明は、物に満ちあふれた物質エネルギー文明の究極の世界である。

その物質エネルギー文明をサポートして来たのが、近代ヨーロッパの科学である。物理学や化学、普遍性を追求する科学、これこそが現代の物質エネルギー文明を支配し、発展させて来たのである。

ところが、この現代の物質エネルギー文明が今、地球環境問題で行き詰まっている。ヨーロッパで誕生した普遍性だけを追求する科学では、二一世紀の地球と人類の未来は切り開けないことが明らかとなって来た。

この物質エネルギー文明だけでは、人類はもはやこの地球に生き残れないところまで来ているのだ。

次代の文明を構築するために

では次の新しい文明を作るためには、どうしたらいいか。

それは、大橋力先生[※3]や私[※7]が指摘しているように、物質エネルギー文明をはなれ、「生命文明の時代」を構築するということなのではないか。これが、二一世紀の科学に課された大きな役割であると私は思う。特にハイパーソニック・エフェクト[※8]と呼ばれる超高周波が新たな生命科学、健康科学を構築する可能性が注目されはじめている。

一七世紀に誕生したニュートンにはじまる普遍性を探究する物理学、天空の彼方に神の存在を認める科学だけではもうやっていけないのである。

生命の連鎖が維持されている不思議な地球

新しいサイエンスの対象とは何か。

それはこの地球と生命である。

この生命の連鎖が維持されている不思議な地球。広大な宇宙の中で、唯一、地球にだけなぜ生命が生まれたのか。そして、なぜ、何回にもわたる大量絶滅にもかかわらず、この地球にだけ、生命の連鎖が維持されているのか。そのことを研究するのが、新しい科学のフロンティアになりうる。二一世紀の科学は、おそらく「地球生命科学」が主流になるであろう。

森の命が人間を救う

それでは、命の輝く「生命文明」の時代を作るには、どうしたらいいか。

その立て役者こそ日本なのである。

もちろん、日本人だけというわけではない。しかし、日本人こそが、新しい「生命文明の時代」を構築することができる。

その「生命文明」の時代の骨格になる思想の一つが『法華経』の説く「生命の法」に他ならないと私[※7]は指摘した。

仏の世界は天国のはるか彼方、何十万億土の星の世界にあるのではない。この地球にある。皆様の目の前にあるということである。そのことを、天台宗の最澄が一番最初に指摘した。「草木《そうもく》国《こく》土《ど》悉皆《しっかい》成仏《じょうぶつ》」という天台本覚論の核心をなす教えである。

砂漠に育った人間では、生命の法は見つけられなかった。なぜ見つけられなかったのか。それは、砂漠に育った人間と、森に育った人間とでは、心が違うからである。これまでは、それを科学的に証明する方法がなかった。

私[※9]はかつて、『森のこころと文明』という本を書き、「森には心がある」と書いた。そうしたら「そんなものどこにあるのか証明してみろ」と言われたことがある。ところが、最近の科学は、それを証明しはじめた。

その一つが大橋力先生[※3]たちの森の音の研究である。

学生時代に、私が「森は大事だ」と主張すると、工学部の先生に「そんなものは、壁を緑色に塗っておけばいいだろう」と言われたことがあった。さすがに、今はそういうことを言う先生はいないが、「同じ緑でも命のある緑と命のない緑は違う」ということに、ようやく工学部の先生も注目しはじめた。

森の命の輝き、森の命の音が私達の身体や心に大きな影響を与えていることが明らかになりつつあるのである。目から脳へ入る情報はあまりに多い。これが脳にどんな影響を与えているのか、まだ完全には解明されてはいない。

これが完全に解明されれば、私達が生きるということは、一人で生きるのではない、自分以外の他者の命に囲まれて、その命と命の交流・融合の中で生きて、はじめて自分の命が輝くのだという最澄の「草木国土悉皆成仏」の言葉に、多くの人が納得するような世界が開けて来ると思う。

（3）森で暮らした縄文時代は生命を大切にする心を育てた

六〇〇〇年前の縄文の子供の足形

なぜ日本人は「生命の法」の教えに気づくことができたのか。それは縄文時代以来、日本人がずっと森の中で暮らし、「生命の法」を見続けてきたからに他ならない。それは、縄文時代以来の教えな

図8―1　北海道函館市南茅部遺跡群垣ノ島A遺跡から出土した縄文時代前期の子供の足形（函館市教育委員会）

のである。

なぜなら縄文人にとって一番大切なものは、生命であったからである。

北海道の、函館市南茅部《みなみかやべ》町の縄文時代早期から前期にかけての垣ノ島A遺跡から出土した縄文時代の子供の足形（図8―1）を見て、私は本当に体の震えが止まらなかった。

子供の足形をよく見ると、土踏まずまで写っている。生きた子供の足なら、上からぺたんとやわらかい粘土を踏めば、土踏まずは写らない。ところが、この足形は足の裏全体がベタッと写っている。

このことから足形の意味を解釈した阿部《あべ》千春《ちはる》氏[※10]は、「この足形は死んだ子供の足形だ」と解釈した。「子供が死んだあとで、軟らかい粘土を足の裏にペタッとくっつけて、足形を取ったものだ」というのである。指がはっきり写っているのは、すでに指が硬直しているからであろう。

この子供の足形がどこから出土したかというと、大人の墓から出土した。中には、割れたりしたものを大事に修理してあるものもある。

親にとって人生の中で一番哀しいことは、子供が先に死ぬことである。足形には、まさに生まれたばかりの子供の足形と思われる五㎝にもみたない小さな小さな小さな足形は、この美しい地球に生を受けたのに、自らの生命をこの美しい大地とともに輝かせることができなかった悲しみを伝えているようでもあった。

その死んだ子供の足形を取って、ずっとそれを形見として縄文人は死ぬまで大事に持っていた。そして、自分が死んだ時に、その形見と一緒に墓に埋葬されていったのである。

六〇〇〇年前の縄文人の家族の絆、命の絆と、私達現代人の親子の絆は、何も変わらないのである。縄文人は、現代人以上に命を見つめた。生命が誕生し、成長し、そして死ぬ。これが、人生の中でもっとも大事なことであった。命の誕生と死を縄文人は深く見つめたのである。

生命を誕生させる女性中心の社会

縄文時代の社会は、命を誕生させる女性がもっとも大きな力を持った母権性の社会、女性中心の社会であった。土偶の九九％は女性、しかも妊娠した女性を造形したものである。

命を誕生させる女性が大きな力を持って、生きとし生けるものの命に対して畏敬の念を持った社会、それが縄文時代だった。

自分の命だけでなく、他人の命に対して、いや他人の命だけではない、木の命、虫けらの命、蛇の命、あらゆる生きとし生けるものの命に対して、畏敬の念を持った社会、これが縄文の社会であった。

縄文時代は一万年以上にわたって続いたが、その間に人と人が集団で殺し合った戦争は、一度もなかった。

それができたのは、やはり縄文人が命の重みを深く見つめていたからにほかならない。命を見つめたら人を殺すことはできない。

ではなぜ縄文人は命を深く見つめることができたのか。それは縄文人が森の中で暮らし、森の高周波音を体いっぱい毎日浴びていたからではないか。

おそらく縄文人が他者の命を見つめ、生きとし生けるものの命に畏敬の念を覚えることができた背景には、彼らが森の中で暮らしていたことが深くかかわっていたと思われる。

その科学的メカニズムについては、まだ高周波というほんの一点の切り口が見えて来ただけであるが、今後の脳科学の研究の発展によって、森が人間の身体や心のあり方に与える影響が解明されるであろう。

一万年以上にわたって森の中で暮らし、森の心が染みついた縄文文化の伝統の上に立脚した日本人の心には、縄文の生命を大切にする心、生命を生み出す女性を大切にする心が染みついているはずである。その心から生まれたのが「生命の法」ではないかと思うのである。その「生命の法」に立脚して地球と人類を救済し、新たな「生命文明の時代」を創造できるのは、日本人をおいて他にないのである。

2　アニミズムの復権

（1）「利他の心」「慈悲の心」を醸成した水利共同体

太陽のリズムは生命のリズムと繋がっている

日本人は、皆、お正月になると、「御来光」を拝みに行く。太陽が出ると、太陽に向かって手を合わせる。その太陽が、人間の命にいかなる影響を与えているか。これが、最近の科学でよくわかって来た。例えば、血圧の変動は太陽の運行とぴったりと合っていることが最近の医学で指摘されるようになった。

大塚邦明氏[※11]は血圧の高い人が一番危ないのは太陽が昇る寸前の朝方であり、太陽の動きとともに、人間の脈拍、血圧も影響を受けていると指摘している。

人間には、体内時計があり、その体内時計がきちんと動いている間は、いくら植物人間であっても、生き続けるのだそうである。その体内時計は、約二五時間で、それを、人間は二四時間に合わせて生きていると言う。

ところがその体内時計が狂ってくると、お医者さんは「もうこの人は危ない」とわかるそうである。植物人間であっても、ちゃんと太陽のリズムに自分のリズムが合っている限りは、人間は不思議に生き続けるのである。

いずれにしても、人間の生理は、ちゃんと太陽の運行に合わせて、二四時間から二五時間の体内時計を持っている。それは、生命が誕生してから、太陽の周期がずっとその周期だったからに他ならない。まさに私たちの命は太陽のリズムに支配されているのである。

そう思えば、太陽が昇ってくる時に、手を合わせたくなるではありませんか。まさに、私達の伝統的な世界観に合致した太陽が東の空から昇って西の空に沈むそのリズムにちゃんと合わせて生活することが、長生きの秘訣なのである。

だから朝日にも夕日にも手を合わせて祈り、今日一日無事に過ごせたことを感謝する。これはまさに、アニミズムそのものであり、そのアニミズムの心こそが、実は自然のリズムに合ったきわめて健康的な生き方であることがわかって来たのである。

命の水の循環系を維持しないと成り立たない稲作漁撈社会

「アニミズムの心」と「慈悲の心」「利他の心」を最も強く持っているのは、コメを食べて魚を食べる稲作漁撈民である。

なぜ稲作漁撈民がアニミズムの心、慈悲の心、利他の心を強く持てたかというと、稲作漁撈民の暮らしが、水によって縛られていたからである。

おコメを作る時、自分の田んぼに入った水は、自分の水であっても自分の水ではない。自分の田んぼで水を使っても、次の人がちゃんと使えるように、綺麗にして返さなければならない。この水の循環によって規制された稲作漁撈社会は、他人の幸せを考えなければ自分も生きていけない社会なのである。

自分だけのわがままで、田んぼの水を使いきってしまっては、他の人が困る。ちゃんと、上流から中流そして下流の人々が、水の綺麗な循環系を維持しながら暮らさなければ、この稲作漁撈社会は成り立たないのである。おコメを作る社会は、他人の幸せを考えなければ、生きていけない社会なのである。そこでは、自ずから「利他の心」、「慈悲の心」が生まれて来る。

畑作牧畜社会では個人主義が広がる

これに対しムギを作る畑作牧畜社会は違う。ムギを作る社会は多くが天水農業で、自分の畑に降った雨は、自分のものであるから、他人のことを気にしなくてもいい。だから個人主義が広がった。

ところが、稲作漁撈社会は、水によって束縛された社会であり、水によって心が縛られている社会だから窮屈である。その束縛がいやで、戦後の日本の社会では農村を飛び出し、都市へ都市へと多くの若者が移住した。若者は都会の自由な雰囲気にあこがれ、「農村は封建的である」とか、「個人主義を抑圧して自由がない」と言って批判した。

構造改革が人と人の繋がりを切断した

そしていつしか水によって人と人が繋がっている社会、水によって人の心が縛られている社会の重要性を忘れてしまった。都会に暮らす人々は、人と人が助け合いながら生きていくという共同体としてのコミュニティーまで失った。

水によって人と人が繋がっていた時代、都会にも町内会があった。町内会はきわめて優秀な共同体であった。町内会の顔役は一般に商店街の商店主だった。

しかし構造改革によって郊外の大型店舗が進出すると、こうした町内会の顔役だった酒屋さん、八百屋さん、魚屋さん、さらには呉服屋さん達がみんな経営不振におちいり、つぎつぎと倒産し、シャッター通りが生まれた。こうして町の人々の心の絆、コミュニテイーを形成していた町内会も崩壊の危機に立たされている。

しかし人間は命と命の絆がなければ生きていけない。一日中だれとも話をしない独居老人が大都会だけでなく地方においても増えている。命と命の交流がなければ自分の命も輝かない。

世界第三の経済大国と言われながら、年間三万人以上の自殺者が出るのは、まさに水によって人と人が繋がり、生命の交流を図り、相互の命を輝かせてきた稲作漁撈民社会が、危機に直面していることを物語っている。「利他の心」と「慈悲の心」に支えられた、生命と生命の交流を図る社会システムが、崩壊の危機に瀕しているのである。

バリ島に学べ

バリ島は、アニミズムが一番強く残り、スバックと呼ばれる水利共同体が根強く残っている所である。

このバリ島の人々の人生の中でもっとも大事なことは、お葬式である。お葬式が、一番重要なのである。なぜ、重要か。それは、九〇年、一〇〇年生きて来た、その人間が命を閉じる時だからである。だから何があってもお葬式にはかけつける。

図８―２　2011年８月行われたバリ島ウブド地区の葬儀

二〇一一年八月にバリ島のウブド地区では王様の母上がお亡くなりになり、お葬式が行われた。私は大橋力先生のご尽力でそのお葬式を見学できた。お棺は高さ三〇mはあろうかと思われる巨大な神輿の上に置かれる。その前をヒンドゥー教ではもっとも聖なるものとされる巨大なウシの神輿が行く（図８―２）。その巨大な神輿を担ぐには数百人の担ぎ手が必要である。あまりに重いので、交代で担ぐ。その担ぎ手とそれを見学する人々が沿道にすずなりになり、まるでお祭りのようである。

ところが、今や日本では、お葬式は「親族だけで済ませました。ご香典はご遠慮願います」と一枚のハガキが来るだけである。こんな寂しい世界に私たちは生きている。

九〇年、一〇〇年生きて、その人生の幕を閉じる時に、たった一枚のハガキで終わる。これが、今の日本の現実である。

伝統的な日本の稲作漁撈社会はそうではなかった。皆が助け合って、お互いを思いやりながら、地域の共同体を維持していた。そうしなければ、生活を維持できなかった。

ほんの高度成長期以前の日本人の生活を思い出せばいい。皆が水路を綺麗に掃除した。皆が共同作業に出た。夏には祭り、冬にはみんなが集まってわらじや伝統工芸品を作った。そういう地域の活動をきちんと取り戻す。それが、高齢化社会の日本を豊かにし元気にするのである。

(2) 殺し合いを回避した「利他の心」「慈悲の心」

殺し合いを回避したアニミズム

稲作漁撈社会で培われた「慈悲の心」と「利他の心」、これが実は紛争を回避した。干ばつの時には水争いが起こった。しかし、決してそれは殺し合いにまでは発展しなかった。中国雲南省の少数民族の場合も、言語も文化も違う人々のいくつかのグループが、隣り合って水田を作っている。とうぜん干ばつの時などは水争いが起こる。でも、その水争いは決して殺し合いにまでは発展しないのである。

マヤやアズテクの人々も同じであった。「太陽に人間を生贄として捧げ、戦争ばかりして他部族を生贄にした野蛮人だ」とあれほど批判されたアズテクの人々の戦争のやり方は、相手の髪の毛をつかんだらそれで勝負がついたのである（図8―3）。これに対し侵略者のスペイン人たちの戦争のやり方は違っていた。彼らは相手を殺すまで徹底的に闘った。

超越神を崇拝した時、人間は残虐になれる

稲作漁撈社会やマヤやアズテクの社会は、殺し合いに行くまでに、紛争をうまく解決する社会のメカニズム、欲望のブレーキシステムを持っていた。

ではなぜ、稲作漁撈民や中南米の人々は殺し合いを回避できたのか。それは、彼らが命あるものを崇拝していたからに他ならない。

雲南省にいる少数民族のハニ族、ミャオ族さらにはトン族などは、聖なる木を崇拝していた。聖樹を崇拝している。命あるもの、生きているものを崇拝するアニミズムの世界観を持っている。同じく、マヤの人々もセイバという聖なる木を崇拝していた。日本人も、大木に注連縄《しめなわ》をまいて崇拝している。

こうした命あるものを崇拝する社会、アニミズムの社会はとことん殺し合いをすることを回避できるのである。

しかし、マヤ文明やアンデス文明を崩壊させたスペイン人やポルトガル人が崇拝したのは、超越神としてのキリストだった。そ

図８—３　アズテクの人々の戦争では、相手の髪の毛をつかんだ時に勝負がついた

図８―４　ミャオ族の棚田。春（右）と秋（左）の風景。○囲みの中は人間と牛（竹田武史撮影）

の神は人間が妄想で作り上げた偶像だった。こうした超越的秩序を人間が崇拝した時に、人間は残虐になれるのである。共産主義のイデオロギーも同じである。

中国人の怪訝な表情

外国に植林に行くと「どうして日本人は木を植えてそんなに嬉しいのか？」と必ず質問される。

二五万円もの大金をはたいて自費で航空券を買って、内モンゴルまで行って、植林をする。「木を植えて何が嬉しいんだ？」と、中国人は怪訝な顔をする。でも私達は木を植えることが嬉しいのである。なぜ、嬉しいのか。それは「不毛の大地を豊かな大地に変えることができるからに他ならない」。

そうしたことに喜びを覚えることができるのは、限られた人々、稲作漁撈民である。

漢民族は四〇〇〇年来植林をしたことがない

雲南省のトン族などは、子供が生まれたらかならず木を植える。しかし、中国を支配している漢民族は、四〇〇〇年前に中国にやってきて以来、一度も植林をしたことはない。やっと最近になって国家から植林を強制的にはじめさせられた。

図8―4はミャオ族の棚田である。畑作牧畜文明の人々は、こんな急傾斜の所だったら、ヒツジやヤギを放牧する。するとヒツジやヤギは草をまたたく間に食べて、ハゲ山にしてしまう。ところが稲作漁撈民は、こんな急傾斜の所にはいつくばって、「ここはおじいさんの水田、ここはお父さん、これは僕です、孫です、ひ孫です」と、営々と自らのエネルギーを不毛の大地に注ぎ込み、豊かな大地を生み出してきたのである。

稲作漁撈民は不毛の大地に自らのエネルギーを注ぎ込み、豊かな大地を生み出すことに喜びを感じることができるのである。これは稲作漁撈民の喜びの大きな特徴である。

中国要人の発言に激昂した

二〇〇五年に愛知県で開催された地球博関連の事業で、中国の要人とパネルディスカッションに出た時のことだった。中国の要人の方は「ミスター遠山はシンプリー・プランティング・ツリーで有名になった」と英語で発表された。ミスター遠山とは内モンゴルの植林活動のパイオニアとして活躍され、一生を内モンゴルの緑の復活に捧げられた故遠山正瑛翁のことである。

私の琴線にふれたのは、彼が「シンプリー・プランティング・ツリーで遠山翁は有名になった」と発言したことだった。つまり「遠山翁はたんに木を植えただけで中国で有名になった」と彼は発言したと私は解釈したのである。

「シンプリー・プランテイング・ツリーとはなにごとだ！　日本人が植林するのはたんに木を植えるだけではないのだ。森の心を広め、不毛の大地を豊かな大地に変えることに喜びを持つ文明を創造するために、我々は植林しているのだ」とつい私は激昂してしまった。

「日本人の森の民の心が、日本人の慈悲にみちたやさしさが、中国人にはまったく理解されていないのではないか」。そう思うさびしさが、私を激昂させた。「ああやはり不毛の大地を豊かな大地に変えることに喜びを覚えることができる人々は、世界広しといえどもそう多くはない」。私はそのことを実感した。

「漢民族が通った後には草木一本残らない」

それは歴史が明白に物語っていた。四〇〇〇年前以降、漢民族が拡大するとともに、中国の森は徹底的に破壊された。「漢民族が通った後には草木一本残らない」と言われるように、彼らは中国の森という森を破壊し尽くした。

そして今、東シナ海沿岸の漁業資源を食い尽くした中国は、南シナ海から日本海そして太平洋に進出をはじめた。三・一一の東日本大震災の復興によって、宮城県は漁業特区を設け、企業や外国資本が宮城県の漁業に参入できるようにした。かつて私は「宮城県沖に中国資本が現れた時、日本の漁業は壊滅する」と指摘したが、この漁業特区に中国資本が参入した時、日本の漁業資源が壊滅的打撃をこうむることは目に見えている。

アングロサクソンは三〇〇年で八〇％の森を破壊した

アングロサクソンも同じだった。

西暦一六二〇年以前の北アメリカ大陸は森の王国だった。しかしアングロサクソンが北アメリカ大陸の大地に足を踏み入れるやいなや、アメリカの森はたった三〇〇年で八〇％が破壊された。世界を支配する民族の大半は森の破壊者なのである。

植林をし、不毛の大地を豊かな大地に変えることに喜びを覚えることができる民族は、中国では雲南省や貴州省に暮らす少数民族であり、東南アジアの稲作漁撈民やアメリカではネイティブアメリカンやインディヘナ（中南米の先住民）など、現在では支配され虐げられている人々なのである。

日本人の責任は重大

その中で唯一日本人だけが、先進国の一員として、不毛の大地を豊かな大地に変えることに喜びを覚えることができる心をまだ持ち続けているのである。それ故にこそ、日本人の責任は重大なのである。

人類が森を破壊し、地球環境を汚染してその生存基盤を壊し、現代文明が危機に向かって驀進している今こそ、その心の価値が再評価されなければならないのである。自然破壊の文明の暴走を止めることができるのは、こうした木を植えることに喜びを感じる心を持った人々、中でも日本人をおいて他にないのである。

私達は世界の森を救済し、不毛の大地に植林をして、豊かな大地に変えることに全力をそそがねばならない。いつしか、中国人もアメリカ人もその価値の重要性に目覚める日が来ることを信じて、植え続けるしかない。そうしなければ、地球の森は二〇五〇年には危機に直面し、現代文明は二〇七〇年には崩壊の危機をむかえるであろう。

3　二〇五〇〜二〇七〇年頃に現代文明は崩壊する

(1) 中国文明の衰亡は二〇三〇年頃にやって来る？

現代文明の豊かさの限界点は二〇三〇年

現代文明はこのまま行くと、二〇五〇〜二〇七〇年頃に崩壊するというのが私の仮説である。[※12]二〇三〇年、これが現代文明の豊かさの限界点であると予測している（図8―5）。中国が危機に直面しはじめる時代が、おそらくこの頃であろう。中国文明の衰亡は二〇三〇年頃にはやって来るというのが私の予測である。

それでも人間の欲望は止まらない。そして、人口が一〇〇億人近くになる二〇五〇年から、地球システムは怪しくなる。ここから二〇七〇年までの二〇年の間に、おそらく地球の人口は半減すると、私は予測している。五〇億になるということである。熱帯雨林は、二〇五〇年頃には、ほぼなくなる

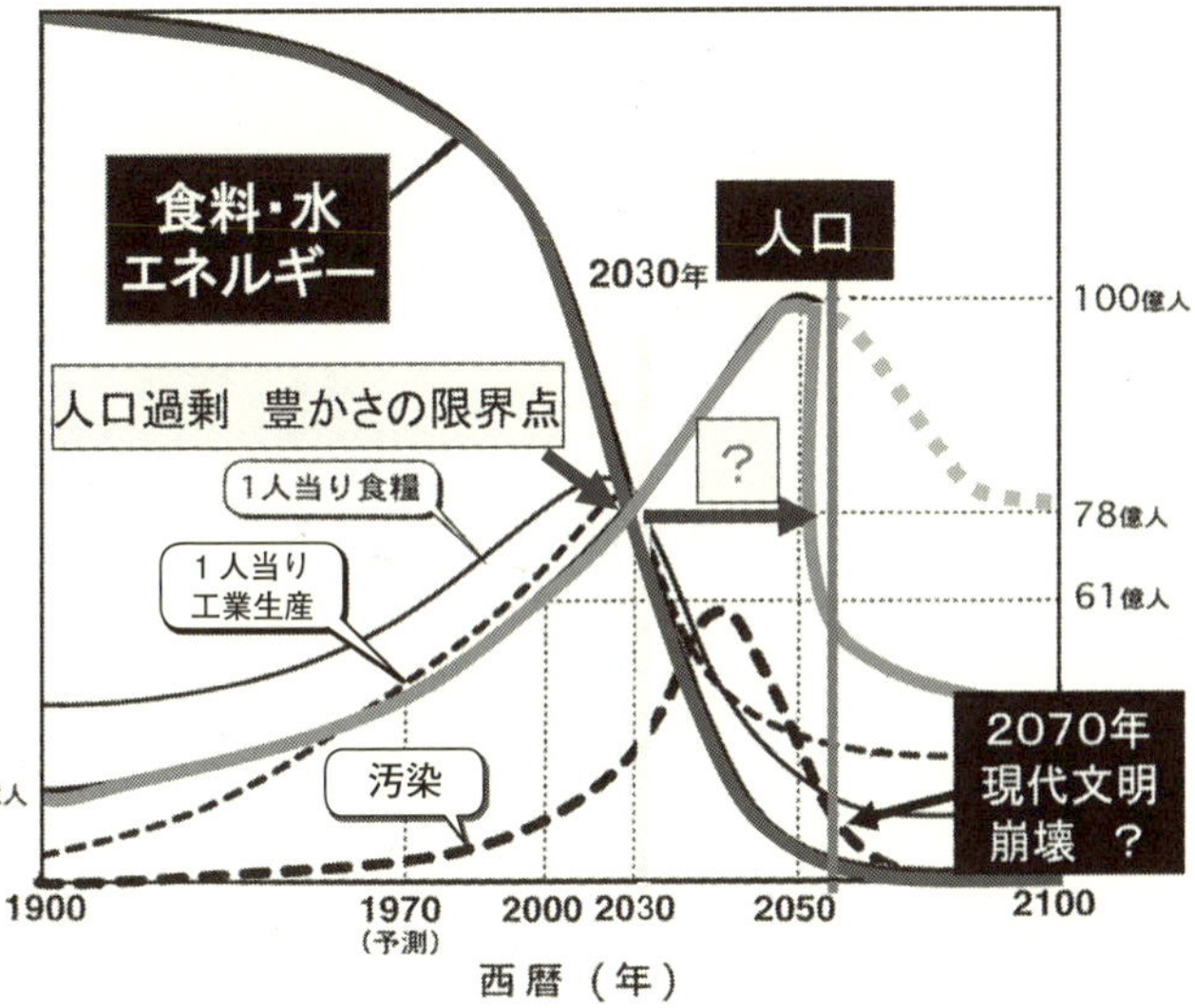

図8―5　現代文明崩壊モデル（安田　2005）[※12]

可能性が高い。

この仮説のもとになったシステム・ダイナミックモデルは、ドネラ・メドゥズとデニス・メドゥズご夫妻が、一九七二年にローマクラブ・モデルとして描いたものである。[※13] もう四〇年以上も前のことになる。彼らは二〇二〇年〜二〇三〇年に、危機が来ると指摘した。そのシナリオが、不幸にして現実味をおびてきた。

メドゥズ「慈悲の心」・安田「美と慈悲の文明」

メドゥズ博士のモデルでは、二〇五〇年頃から緩やかに人口は下降する。しかし、私はカタストロフ的に人口が減少すると考えている。そのことを、実際にメドゥズ博士に聞いてみた。ベルリンで「人間と地球の歴史と未来」（Integrated History and Future of People on Earth）という国際会議[※14]があり、デニス・メドゥズ博士と一緒に招待された時のことである。彼

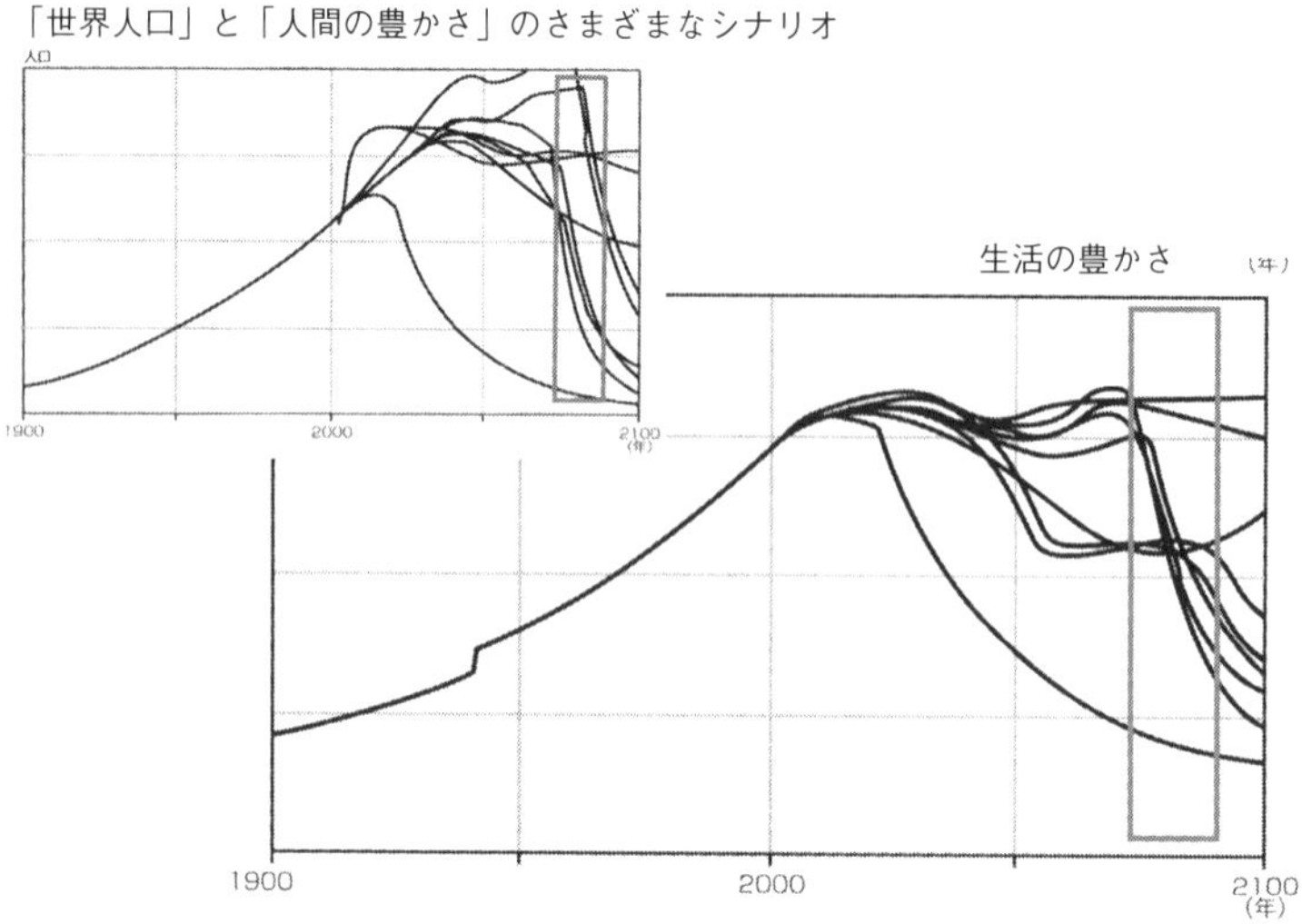

図8—6　D. メドゥズの現代文明崩壊モデル（Meadows et al., 2004）[※15]

は二〇〇五年に新しく書き直したシナリオを見せてくれ、私と同じく、多くのものが、二〇七〇年頃にほぼカタストロフ的に崩壊していくと予測していた（図8—6）。

デニス・メドゥズ博士は、こういうふうにも言っている。「この危機を回避するには、どうしたらいいか。それは、『慈悲の心』を持つしかない」[※15]と言うのである。私は、「美と慈悲の文明」の重要性を長い間ずっと主張しているのであるが、その「慈悲の心」[※16]を持つべきだと彼も指摘している。

「2ユーロがないんだ」と言うと

そのデニス・メドゥズ博士との出会いも印象的だった。

私は二〇〇五年にベルリンに招待された時、デニス・メドゥズ博士と偶然、地下鉄のプラットホームで会ったのであるが、私はメドゥズ博士の顔を、その時まだ知らなかった。

ベルリンで地下鉄に乗ろうと思ったら、2ユーロ必要だった。ところが、あいにく私はその時、細かいコインの持ち合わせがなかった。そこで、お札を崩してコインにしようと思ったのだが、なかなかうまくいかなかった。そうしたら、ヒゲを生やしたおじいさんがチョコチョコとやってきて、「どうしたんだ？」と聞いて来る。そこで、「2ユーロがないんだ」と言うと、おじいさんは「あげるよ」といって私に2ユーロをくれたのである。

私は、「世の中には親切な人もいるのだなあ」と思って、そのお金を「ありがとう」といってもらって、ご飯を食べに行った。そして翌日、シンポジウムがはじまって、ふっと見ると、そのおじいさんがデニス・メドゥズ博士だったのである。

「慈悲の心が世界を救う」というのを、まさにメドゥズ博士は実践されていたわけであるが、私もこれからはデニス・メドゥズ博士を見ならって「慈悲の心」を実践に移していきたいと思っている。

アニミズムと慈悲の心

その慈悲の心を誰が強く保ってきたか。それは、私達日本人と稲作漁撈民である。そう、アニミズムの心を持った人間である。アニミズムとは、自分の命だけでなく、地球上の生きとし生けるものの命に対して、畏敬の念を持つという思想である。だから、私達は大木に注連縄をまいて祈るわけである。「大木の命に、畏敬の念を持つ心」が「慈悲の心」の出発点である。

（2）人への信頼が日本社会を維持している

天の啓示だったのか

もう一つ、駅での出来事を記しておきたい。二〇一二年四月二二日、私は生まれてはじめての体験をした。それは天の啓示だったのかもしれない。

一二時から梅原猛先生と京都でお会いする約束があり、その前に神戸のポートピアで北海道から来た浜名正勝氏に会って挨拶をすることにしていた。京都駅で三宮までの切符を自動販売機で買った。一〇五〇円だったが小銭がなく、一万円を出して八九五〇円のお釣りを財布に入れたことまでは、はっきり記憶している。

時間があまりなかったので、いそいで京都駅から新快速に乗って三宮駅に下り立ち、タクシーで浜名氏と会う約束をしたホテルに向かった。

京都駅に財布を忘れる

ところがタクシー料金を払おうとした時に、財布がないことに気づいた。財布の中には現金だけではなくカード類など貴重品も入っていた。私は海外の調査で、これまでものをなくしたことは一度もない。正直あわてた。

タクシーの運転手さんは親切に警察まで同行してくださった。そして「お金を貸しますよ」とまで言ってくださった。しかし、見ず知らずの人にお金を借りるわけにはいかないので、「ホテルで待っているはずの友人に借りますので待っていてください」と言ってホテルに入った。

ところが浜名氏は、私の到着が遅いので姫路城の見学に出かけた後だった。私は困って携帯電話で浜名氏に電話したところ、「今、高速道路に乗ったところだがすぐに引き返す」ということで、浜名氏が戻る間、タクシーの運転手さんは親切にもホテルの前で待ってくださっていた。

私はその間にカード類をキャンセルするのに時間を取られた。浜名氏が赤松正雄氏らとようやく到着し、現金をタクシーの運転手さんに支払ってくれた。その間、タクシーの運転手さんは文句一つ言うこともなく親切に待ってくださっていた。

私は、現金の入った財布を駅の切符売り場の自動販売機の前で忘れたのだから「もう財布は出てこないだろう」とあきらめて、梅原先生に今日は京都に戻れないことを連絡して、浜名氏らとおそい昼食をとり、浜名氏からお金も借りて、念のためにと思い京都駅に立ち戻ったのは、午後三時を過ぎていた。

忘れた財布は届けられていた

京都駅で財布を忘れた改札口に行き、「この自動販売機の前で財布を忘れました」と係員に言ったところ、「どんな色の財布ですか」と言うので、色や形状そして中身を言うと「これではありませんか」と係員は私の財布を持ってきたのである。中身もまったく変わっていなかった。聞けば五〇歳代のご婦人が改札口に「忘れ物ですよ」と言って届けて、名前も告げずに立ち去られたそうである。

「なんということか！」。駅の構内でしかも自動販売機の前で、現金の入った財布が忘れてあれば、とうぜん中身だけでもなくなるのがふつうである。そこは多くの人が出入りする雑踏の改札口の前である。

あのタクシーの運転手さんといい、財布を拾って届けてくださった方といい、私はそこに日本人の「良心」がまだまだ残っていることを感じた。そこには人を信じる心が残っていた。私は深い感謝の念とともに、日本人はまだまだ大丈夫だと思った。

良心がある限り大丈夫

細川護熙氏[※17]は、人として生きる道を説いた近江の聖人、中江藤樹のことを書いておられる。その中江藤樹の教えが近隣の村人にまで染み透っていた証拠として、「二百両の大金を預かって京に向かっていた飛脚が近江のある市で馬方を雇った。馬方が飛脚を宿に送り届け、家に帰って鞍を解くと大金が出てきた。馬方は飛脚が忘れたものと気づき、急ぎ宿に戻って返した。飛脚は涙を流して喜び、一五両の礼金を差し出した。しかし、馬方は受け取らず、ついに二百文だけ往復の駄賃として受け取り、その金で酒を買って宿の人にも振る舞い自分も飲んで帰った」という逸話を紹介されている。それは「太鼓を叩き喇叭を鳴らして」他人に感化を及ぼそうとするものではなく、出世も栄華も求めない、中江藤樹の「内なる人」が実践した生き方そのものだったと細川氏は書いておられる。

今回の三・一一の福島原子力発電所の事故で、日本人にとって耐えられなかったのは、同じ日本人を信じることができないという状況が露呈されたことである。日本の社会を維持し、日本人の繫がりを維持し、日本文化の根底を維持しているのは、「人への信頼」なのではなかろうか。この「人への信頼」が根底から崩れた。これが原発事故が日本人にもたらした最大の悲劇だった。

しかし今回、私は財布の事件で、日本人にはまだまだ「良心」が残っていることを体験した。この日本人の「良心」こそが、よりよき社会を構築する原動力である。輝かしい日本の未来のためには、電力会社も政治家もどうか日本人の信頼を回復することに全力をあげていただきたいものである。

「君は良心を語ればいい」

「良心を語れ」。これは稲盛和夫先生の経営哲学の根幹を形成する言葉である。企業は何のために存在するのか。それは従業員の幸せと全世界の人類の幸せのために存在する。こうした稲盛先生の経営手法の確かさはＪＡＬのＶ字回復※18で立証された。稲盛先生はまったく無給で京都と東京の間を毎週往復されていた。

今や稲盛先生の作られた「京セラフィロソフィ」は中国でも高く評価されている。※19「京セラフィロソフィ」は同じ人間である以上、中国人でも日本人でも共感するはずである。人間として誰からも尊敬され、清く正しく真摯に生きることは、学問の世界も企業の世界も同じだし、中国人も日本人も同じだというのが最近の私の偽らざる心境である。

その稲盛和夫先生のフィロソフィ※20には六つの精進というのがある。①誰にも負けない努力をする、②謙虚にしておごらず、③反省ある毎日を送る、④生きていることに感謝する、⑤善行・利他行を積む、⑥感性的な悩みはしない――である。

会社が人と人の集団であるのと同じように、サイエンスのプロジェクトも人の集団なのである。目的を達成するためにそれぞれの研究者は自分の分野で分析を行い、そして結果を持ちより、最終的な成果を構築する。それぞれの研究者は城の石垣の石であり、その石垣の上にプロジェクトの成果が構築されるのである。だからなによりも大切なことは、一つ一つの石垣の石つまり研究者個人の人間性とその組み合わせである。これまで私はすばらしい共同研究者にめぐまれ、プロジェクトも成功させることができた。

稲盛和夫先生は、私を京セラ株式会社の監査役に抜擢する時、「君は良心を語ればいい」とおっしゃったが、この日本人の「良心」がある限り、日本人はまだまだ大丈夫であると思う。

「京セラフィロソフィ」が世界を変える

京セラ株式会社の監査役にしていただいたので、私は「監査役として何か貢献しなければいけない」と思い、稲田二千武監査役らとともに、「京セラフィロソフィ」[※20]の浸透度合いを監査項目に入れるように提案した。これまでの監査の基本項目はもちろん会計法に準拠した経営に関する事柄である。「フィロソフィ」を監査項目に入れているような企業はどこにもない。きっと一笑にふされるだろうと思っていた。ところが鹿野好弘・前耕司常勤監査役らは、それをまじめに実行に移してくださったのである。子会社も含め、各階層ごとに面接した結果が出て来た。驚いたのはそれからだった。「京セラフィロソフィ」の浸透度合いがいい子会社ほど、営業成績が良かったのである。「京セラフィロソフィ」の浸透度合いと営業成績は密接に関連していたのである。人の心や倫理・道徳が、経営においてもきわめて重要であることが立証されたのである。

そして、京セラ株式会社の社員が、毎朝の朝礼で読んでいる「京セラフィロソフィ」手帳が単行本になった。[※21]しかも二〇一四年八月の時点ですでに一八万部も売れていると言う。経営もけっきょく人が行うものである。経営者の良心、経営者の心や倫理・道徳が信頼に足るものかどうかが経営の根幹を形成しているのである。経営者として誰からも尊敬され、世のため人のために真摯に生きている人の会社がうまくいくのは、人の道理であろう。中国の企業家達がいま、もっとも尊敬している経営者は、稲盛和夫先生であるという。

二一世紀の世界は今、大きく変わろうとしているのではあるまいか。かって宗教が世界を支配していた時代には、最澄や空海さらには法然や親鸞さらには日蓮といった宗教家が時代の精神を創造するうえで、大きな役割を果たした。言うまでもなく、二一世紀の世界の潮流を決定しているのは企業家・実業家である。この企業家・実業家の精神が変わらない限り、時代の精神は変わらない。その意味において、企業家・経営者の中から稲盛和夫先生のような方が出てこられ、その稲盛先生の「京セラフィロソフィ」が日本社会いや世界に大きな影響を与えはじめたのはまことに喜ばしいことであると思う。

第二次世界大戦の敗戦以来、私達日本人はアメリカの大量生産・大量消費の文明にあこがれ、それを導入して来た。その文明システムのもとでは、人間はベルトコンベアの一部として、朝から晩まで決められたことを正確に繰り返すことが要求された。労働者はロボットと同じだった。ところが「京セラフィロソフィ」では、ベルトコンベアの一部になって毎日ボルトを締めている人も、経営者と同じく創意工夫がもとめられるのである。「一人一人が経営者」という言葉がそのアメーバ経営の真髄を表わしている。役割が異なるだけで、社長から労働者にいたるまで、それぞれの立場から建設的な提言がもとめられるのである。それは文明の精神を一八〇度変えることがらである。

「会社の経営を考えるのは社長や取締役だけで労働者はベルトコンベアの一部になって毎日ボルトを締めていればいい」と言うのは、畑作牧畜民の考えである。稲作漁撈民は王もモノヅクリに精を出したし、他人の幸せを考えながら全員でとりくまないことには、収穫までいたることは不可能だった。「京セラフィロソフィ」が注目をされはじめたことは、日本的経営のすばらしさ、稲作漁撈文明[※22]の価値の再発見がはじまったことを意味すると私は見なしている。

（3）過去に感謝し未来に責任を負う

個人の欲望を中心にした経済理論

自由な市場にまかせておくことが人類の最高の幸せを実現するという妄想が、二〇世紀末に社会主義社会が崩壊したことによって、いっそう真実味を増した。

世界はグローバル・スタンダードとしての市場原理主義に支配された。

しかし、この市場原理主義は歴史と伝統を無視した個人の欲望を中心にした経済理論である。しかも、個人の欲望は、過去の歴史と伝統への感謝と将来世代への責任をまったく無視し、現在の欲望のみに立脚した個の欲望にすぎない。それは過去の歴史を忘却した根なし草の個人が、自分の欲望の充足のためにだけいそしむことを善とする経済理論である。「その個人はまるで宇宙人のような個人を前提としている」と中谷巌先生[※23]は指摘する。

金さえ払えばなんでもできる、金があるものが一番強い社会である。

このまま行けば二〇五〇年には熱帯雨林は限りなくゼロに近くなるかもしれない。お金さえあれば何でもできるという市場原理主義の社会のもと、みんなが金持ちになることをめざして激しく自然を収奪している。

皮肉にもこの市場原理主義の経済理論や現代の物質エネルギー文明を構築する物理学や化学が生まれたのが、ヨーロッパの森が最もなくなった一七世紀なのである。現代の物質エネルギー文明は森と敵対する中で生まれたのである。

二一世紀は、この森と敵対する中で生まれた物質エネルギー文明ではなく、森の中で誕生した「生命文明の時代」にしなければならない。そしてその生命文明の担い手こそ森の文明を誕生させ維持してきた日本人なのである。

水の危機

「みんなが金持ちになりたいという欲望の犠牲になったのは自然だった」。

お金さえあれば何でもできる。あらゆるものを金儲けの対象にする。これまでは水だけは市場原理には乗りにくく、世界水フォーラムが京都であった時も、水を市場原理に乗せるか乗せないかで大議論になったことがある。

ところが二一世紀の世界が地球温暖化の中で、水の危機に直面することがはっきりして来ると、水が金儲けの対象になって来たのである。石油が枯渇してくればそれを投機の対象にしてお金儲けをする人がいるように、水の資源が枯渇すれば、それに投資すればかならず儲かるからである。

しかし、水は人間の命のみでなく、この地球上の生きとし生けるものの命の維持になくてはならないものである。その水までも、一握りの金持ちが買い占めるというようなことが許されていいはずがない。

ここに、「過去に対する感謝と未来に対する責任を負わない」現代資本主義の市場原理主義の悪弊が行き着くところまで行き着いた感がある。

すでに地球温暖化の中でCO_2の排出権取引がはじまり、空気までが投機ファンドの対象になってしまった。

そして日本でも水道施設が投機ファンドの対象になりはじめている。財政危機におちいった地方自治体が、水道施設が維持できないために、それを民間の投資の対象として維持管理をまかせ、水道料金を上げることによって利潤を追求しようとする動きさえ出はじめているのである。

しかし、空気と水は、人間が、いやこの地球上の生きとし生けるものが、生きるために最低限必要なものである。その生きとし生けるものの命の維持に最低限必要な空気と水まで投機の対象にするような資本主義社会は、断じて許してはならない。

金さえあればなんでもできるということの論理が行きついた先が、この生きとし生けるものの生存権まで奪う、投機ファンドの横行である。

こんなことを許す社会がいつまでも続くとはとうてい思われない。命を維持する空気と水までお金儲けの対象になりはじめているこの市場原理主義の横暴、マーケットシステムの行き過ぎを回避しなければ、資本主義社会も早晩、社会主義社会と同じようにゆきづまるであろう。

市場原理主義の横暴を押しとどめ、世界を良心ある市場原理主義の社会に変えていけるのは、稲作漁撈民をおいて他にないのである。

（4）農山漁村が未来を生き抜く力を与えてくれる

過去こそ未来への道標

目の前に日本でよく見慣れた美しい棚田が広がっている。

日本人にとってなんでもない風景、あたりまえの風景が、このバリ島では観光産業に一役買っている。

ホテルは森の中にあって、鳥の声やカエルの声、さらには夜になるとケケケとヤモリの鳴く声が聞こえる。バリヒンドゥーに生きる人々は生きとし生けるものの命を大切にし、おだやかな心を持ち、人と人が助け合う社会を構築している。それは私達が子供の頃の日本の風景そのままである。

私達はその田舎の人間関係のしがらみがいやで、農山漁村を飛び出し、都会暮らしをはじめたのではなかったのか。それが、今になって懐かしく、心やすらぐ安堵感を覚えるのは何なのだろう。私達

図8―7　バリ島の棚田（上）とケチャダンス（下）

が高度経済成長で目指してきたものとはいったい何だったのだろうか。豊かさを手にした今、日本人はふっと郷愁にとらわれる。

「逆ビジョン」の提案

それはなにも日本人だけではないようである。バリ島には全世界から観光客が殺到し、アラブのオイルマネーも流入して、今や一泊一〇〇〇ドルから六〇〇〇ドルもするホテルが建っている。棚田の風景（図8―7上）を欧米の人々も鑑賞に来ている。バリ島の人々は水田稲作農業を行うかたわら、石や木で彫刻を作ったり、絵画を描いたり、ガムラン音楽やケチャダンス（図8―7下）をやることによって、収入を得ている。これらはすべてバリ島に古くから残された伝統文化に立脚したものなのである。

二一世紀の地球環境と人類の危機を救済する方法にバックキャスティングという方法[※24]がある。未来の理想社会を設定して、その理想を実現するためにはどうすればいいかを、今から考えるやり方である。いかにも欧米人が好きそうな未来戦略である。

しかし、この方法は日本人を含め稲作漁撈民にはなじまないのではないかと私は思っている。むしろ過去から現在を見て未来を予測する方が、すばらしい自然と共生する過去を培って来た日本人には、ふさわしいのではないかと思っている。

その過去から現在を見て未来を予測する方法を、私がバック・バック・キャスティングと言っていたら、経済産業省の前田泰郎氏がそれに「逆ビジョン」というすばらしいネーミングをしてくださった。[※22]

日本には自然と人間が共存してきたすばらしい過去がある。ほんの少し前、高度経済成長期以前の日本に帰れば、そこには自然と人間が共存した美しい田園風景が広がっていた。さらに江戸時代にまで遡れば、そこには完璧なまでの資源循環型の低炭素社会が構築されていた。

こと自然と人間が共存可能な社会を実現するという点においては、日本人の未来へのヒントは、過去にあるのではないか。その自然と人間が共存した在り方に学べば、かんたんに未来が見えて来る。「なつかしい未来・確かな未来は過去にある」のである。もちろん、何も暮らしを江戸時代に戻す必要はない。自然と人間の共存の在り方を学べばいいのである。

欧米人のように架空の未来を構想し、それに向かって戦略を立てるのではなく、我々日本人は、ほんのちょっと実際に生きた過去に学ぶだけで、自然と人間が共存可能な美しい世界を取り戻すことができるのである。そのすばらしい自然と人間が共存した過去を未来に実現するだけで、日本人は二一世紀の理想の社会を実現できるのである。

もちろん、一昔前の自然と人間の関係を学ぶことで、経済が衰退したのでは元も子もない。経済を衰退させることなく、いかに一昔前の自然と人間が共存した美しい世界を取り戻すかを考えることが、日本の未来戦略なのである。

それには、本書のメインストリーム「地球環境との関係において過去に引き起こされたことは、かならず未来にも引き起こされる」という公理こそが、未来を生き抜くヒントになる。

農山漁村こそが未来を拓く生きる力の源

その未来戦略のヒントの一つに地域資源のワイズユースがある。経済を衰退させることなく、日本人が現実に生きた美しい過去を取り戻す作業を行うことは、同時に地域の資源を再発見し、その資源を賢く活用することなのである。

日本の活力の原点はこの豊かな日本の風土と、その上に立脚した日本の農山漁村にある。

日本の農山漁村の崩壊はとりもなおさず日本文明の衰亡をも意味する。

この地方の活力をどのように再生し復活するかが、今の日本にとってもっとも重要な政策課題の一つである。

日本の農山漁村や地方都市には、数千年にわたって築かれて来た美しい自然風土、豊かな水資源、美徳、伝統文化、伝統工芸、芸能、祭り、自然との関わりの叡智、人と人の関わりのコミュニティーのあり方など、目には見えないが日本人の活力の源になる地域資源がある。

ローカルな地域資源の利活用

これまであまり注目されなかったこうした地域資源を、二一世紀の地域再生の活力源と見なして、地域資源を賢く利活用することによって、地域を再生し、日本の底力を覚醒させることが必要なのである。

吉澤保幸氏[※25]らは富山県南砺市や愛媛県宇和島市、鹿児島県阿久根市などにおいて、地域を活性化させ都市と農村を繋ぐ運動を展開している。さらに私は長野県木島平村で「農村文明塾」を開き、社会人と未来を担う若者の交流の場にしようと、芳川修二前村長らと計画した。さらに総務省の椎川忍前局長らは、地方に出かける公務員のグループを結成し、毎週土日はかならず地域に出かけ、地方の再生に尽力されていた。その一端は椎川氏の『緑の分権改革』[※25]に熱く語られている。

さらに私は俳優の菅原文太氏らとともに、「いのちの党」を結成し、日本の農山漁村を活性化させる「いのちの国民運動」を展開した。宮城県に造成される高さ一五m前後、底辺の幅一五〇mにも達するコンクリートの防潮堤の建設に反対し、宮脇昭先生[※27]の「森の防潮堤」を建設する運動を展開した。また、ニホンミツバチを絶滅に追い込んでいるネオニコチノイド系の農薬の使用に反対する運動をも展開した。

もちろん、こうしたローカルな地域資源の利活用がローカルのままで終わったのでは、住民に力が湧いてこない。ローカルな地域がグローバルな世界と直結していることを住民が実感してこそ、はじめて地域資源のワイズユースの効果が発揮される。ローカルがローカルのままで終わってしまったのでは元気が出ない。

これまでの地域再生のプロジェクトの限界はここにある。地域再生のプロジェクトが、せいぜい一村一品運動でとどまっていたのはそのためである。これまでの地域再生のプロジェクトが国家戦略はおろか、新たな自然と人間が共存可能な持続型文明社会の構築という、大きな目標にまで到達できなかったのは、ローカルがローカルのまま終わっていたからである。

今、私が静岡県補佐官として取り組んでいる三保松原のマツを助けるための取組は、まさにローカルがグローバルに直結することがらである。農薬だけでこれまでなされてきたマツ枯れ対策。二五年以上農薬を撒き続け、森の中の生きとし生けるものを殺し、土壌中の微生物を殺し、水を大気を汚染し、人間に健康被害までもたらしてきた日本のマツ枯れ対策。そのマツ枯れ対策に、自然にも人間にも優しい新たな手法を導入することは、世界遺産になった三保松原が世界に向けて発信する「日本人の生き方」の一つのメッセージなのである。

二〇二〇年に東京オリンピックが開かれる時、世界中の多くの人々が、三・一一の東日本大震災の復興の様子を見に行くだろう。その時、高さ一五m、底辺の幅一五〇mにも達するような巨大なコンクリートの防潮堤で、海と隔離された日本人の暮らしを見たら、世界の人々はどう思うだろうか。「やっぱり日本人はエコノミックアニマルでダメダな」と日本人に対してきっと軽蔑の眼差しを投げかけるだろう。

ローカルな叡智が実は日本人の品格を維持することに繋がる。ローカルな叡智が、日本の国家戦略のみでなく、世界と人類の平和と繁栄に繋がる。ローカルな叡智が、二一世紀の地球環境問題の解決と持続型文明社会の構築に大きく貢献できる。そのことを地域の住民がしっかりと自覚することによって、はじめて地方の活力が生まれてくる。それが地域資源のワイズユースの第一歩なのである。

過去こそが未来を生き抜くヒント

いかなる分野においても、リーダーの選択が未来を決めるのである。そのリーダーを選ぶのは我々国民である。我々国民の意識が高まらない限り有能なリーダーは選抜されない。二〇一四年八月一二日（火曜日）の読売新聞仙台圏版には、防潮堤の建設を巡る最後の住民説明会（二〇一四年七月二九日）の様子が報道されている。高さ一四・七ｍの巨大なコンクリートの防潮堤を宮城県気仙沼に構築する最後の住民説明会である。

会場には高校生も参加していた。「大人たちのやり取りを聞いていた男子生徒が、意を決したように立ち上がり『防潮堤の必要性が分かりません』と言った。しかし周囲の反応は冷ややかだった。『高校生が何を言っているんだ』と、露骨に厳しい声を浴びせる参加者もいた。初参加の女子生徒は『後世のために』と言うのならどうして私たちの意見を聞いてくれないのだと泣いていた」と小林泰裕記者は書いている。

いかなる世界にあっても、焦点は未来を担う若者の育成にある。未来を担う若者の意見を聞かずして、どうして輝かしい時代を招来することなどできようか。

二一世紀の日本は自らのよって立つ足元の過去、自らの背後にある風土的過去をもう一度見なおし、きたるべき地球環境問題の頻発する危機の世紀に対処する方策を構築することが必要なのである。

なぜなら「地球環境との関係において引き起こされたことは、かならず未来にも引き起こされる」

からである。

過去こそが、未来を生き抜くヒントになるのである。

生命あふれる日本の農山漁村こそが、未来を生きる力を我々に与えてくれるのである。この日本の農山漁村にこそ、二一世紀の生命文明の時代を創造する叡智が残されているのである。

本書を終わるにあたって未来を担う若者達に以下の言葉を送りたい。

君は一人ではない
大いなる大地　大いなる天が君を守ってくれている
風がそっとやさしく君に話しかける
大木が君を見て笑っている
梢の小鳥が君にやさしく語りかけている
海が君をやさしくだきしめてくれる
この地球があるかぎり君は一人ではない
だから輝ける未来を招来するために、生きて、生き抜かねばならない。

第八章　注・参考文献

（1）小野晋也『日本は必ず米国に勝てる』小学館文庫　二〇〇一年
（2）松井孝典編著『宇宙で地球はたった一つの存在か』ウェッジ選書　二〇〇五年
（3）大橋力『音と文明』岩波書店　二〇〇三年
（4）ジョン・グリビン（立木教夫訳）『宇宙進化論』麗澤大学出版会　二〇〇〇年
（5）スティーヴン・ホーキング（佐藤勝彦訳）『ホーキング、宇宙のすべてを語る』ランダムハウス講談社　二〇〇五年
（6）村上和雄『サムシング・グレート―大自然の見えざる力』サンマーク出版　一九九九年
村上和雄・渡部靖樹『サムシング・グレートの導き―「心の科学」から見えてきたもの』PHP研究所　二〇〇七年
（7）安田喜憲『生命文明の世紀へ』第三文明社　二〇〇八年
（8）大橋力ほか「ハイパーソニック・エフェクト：超高周波が導く新たな健康科学」科学　三月号　二九〇―三五三頁　岩波書店　二〇一三年
（9）安田喜憲『森のこころと文明』NHK出版　一九九六年
（10）安田喜憲・阿部千春編『津軽海峡圏の縄文文化』雄山閣　二〇一五年
（11）大塚邦明『病気にならないための時間医学』ミシマ社　二〇〇七年
大塚邦明『健やかに老いるための時間老年学』ミシマ社　二〇一四年
（12）安田喜憲編著『巨大災害の世紀を生きる』ウエッジ選書　二〇〇五年
（13）ドネラ・H・メドウズ（大来佐武郎監訳）『成長の限界―ローマ・クラブ「人類の危機」レポート』ダイヤモ

ンド社　一九七二年
(14) Costanza, R., Graumlich, L., Steffen, W. (eds.) : *Sustainability or Collapse?* The MIT Press Cambridge, 2007.
(15) ドネラ・H・メドウズほか著（枝廣淳子訳）『成長の限界　人類の選択』ダイヤモンド社　二〇〇五年
(16) 川勝平太・安田喜憲『敵を作る文明・和をなす文明』ＰＨＰ研究所　二〇〇三年
(17) 細川護熙『ことばを旅する』文藝春秋　二〇〇八年
(18) 弘頭麻実編著『ＪＡＬ再生』日本経済新聞社　二〇一三年
(19) 伊丹敬之編著『日本型ビジネスモデルの中国展開』有斐閣　二〇一三年
(20) 稲盛和夫『京セラフィロソフィ手帳』京セラ株式会社　一九九四年
(21) 稲盛和夫『京セラフィロソフィ』サンマーク出版　二〇一四年
(22) 安田喜憲『稲作漁撈文明』雄山閣　二〇〇九年
(23) 中谷巌『資本主義以後の世界』徳間書店　二〇一二年
(24) 三橋規宏『環境再生と日本経済』岩波新書　二〇〇四年
(25) 吉澤保幸『グローバル化の終わり、ローカルからのはじまり』経済界　二〇一二年
(26) 椎川忍『緑の分権改革』学芸出版　二〇一一年
(27) 宮脇昭『森の力』講談社現代新書　二〇一三年

あとがき

若者の意識は実に高い

二〇一二年三月に、私は国際日本文化研究センターを定年退職した。そして四月から石田秀輝氏（現、東北大学名誉教授）と田路和幸氏（現、東北大学大学院環境科学研究科教授）のご尽力によって、東北大学大学院環境科学研究科教授に再任用され、再び若い大学院の学生に対して授業をするチャンスを与えられた。

私は主として工学部の若者達と対話形式の授業を進めた。私の授業に対する感想や、課題を与えたレポートにもとづいて、みんなで討論するのである。私の予想に反して若者の意識が実に高いことがわかった。例えば私は学生に対し「生きることとは」という課題を与えてレポートを書いてもらった。すると六割近い学生が、「生きることとは死を意識して、他者の幸せのために生きることだ」という内容に近いことを書き、発表したのである。私はさすがにこれには驚いた。まだ二〇歳そこそこの若者である。それは若者の言葉とは思われない内容だった。もちろん「生きることとは欲望を満たし、幸せになることをめざすことだ」と、私達が若かった時に考えたのと類似した答えを書いた学生もいた。しかし、多くの学生が死を意識して、他者の幸せのために生きると書いていたのである。

若者の目が、これまでとは変わって来たのがよくわかる。若者達は、どのようにすればこの地球環境を守ることができ、どのようにすれば持続型文明社会を構築できるのか、そして自分達はどのようにすれば幸福な人生を送れるか、工学部の学生としていやがおうでも真剣に考えざるを得なくなっていた。

二一世紀は地球環境問題の世紀

その背景には二〇一一年に引き起こされた三・一一東日本大震災と福島原子力発電所の事故の影響が深くかかわっているように思えた。この若者達ならきっとすばらしい未来を切り開いていってくれるのではないかという期待感を持たせるに十分なディベートが、私と学生、はたまた学生同士で繰り広げられた。中には私の話を聞いて涙ぐんでいる学生さえいた。

二一世紀は誰がなんと言っても、地球環境問題の世紀である。その地球環境問題の世紀を、日本の若者が力強く生き抜き、幸福を手にし、この地球に生まれて本当に良かったと感じる人生を送ってくれることを願って、私は本書を世に贈ることにした。

集中講義のテープ起こしをしていただいた三浦一則氏（ローコスト・カンパニー社長）と、このような大部の書物を刊行いただいた論創社の森下紀夫社長に厚くお礼申し上げたい。編集を担当いただいた山岸修氏、松永裕衣子氏、ご助力たまわった佐々木利明氏、写真を提供いただいた井上隆雄先生とその弟子の竹田武史氏に末筆ながら深く感謝し厚くお礼申し上げたい。

本書『環境文明論』はO・シュペングラーの『西洋の没落』やA・トインビーの『歴史の研究』に匹敵する、いやそれ以上に価値のある本であると自分では思っている。本書が新たな文明の未来を指し示す本となれば幸いである。

三・一一後の若者に感動

三・一一東日本大震災は本当に不幸な出来事だった。だが、若者の生き方が変わった。未来の地球環境と人類の幸福を真剣に見つめながら、自分のこれからの生き方を見きわめていこうとする姿勢に変わった。

幾千・幾万の哀しみの果てに、二万人以上の尊い命の犠牲の上に、新たな希望の光が若者の心にともったのである。こんなに若いのに、その小さな胸の中で、必死に人類と地球の未来を考えている。そのけなげな姿勢に私は感動した。この若者たちに未来を託せば大丈夫だと思った。

本書を私は、二一世紀の地球環境の危機の時代を生き抜かねばならない現代の若者への、私からのメッセージとして贈りたい。この本が環境考古学を学ぼうとする若者のバイブルになればなおさらうれしい。

二〇一六年三月二五日　「ふじのくに地球環境史ミュージアム」開館の日

安田喜憲

安田喜憲（やすだ　よしのり）
1946年三重県生まれ。東北大学大学院修了。理学博士。広島大学助手・国際日本文化研究センター教授・東北大学大学院教授などを歴任。現在、立命館大学環太平洋文明研究センター長・ふじのくに地球環境史ミュージアム館長・国際日本文化研究センター名誉教授・ものづくり生命文明機構理事長。スウェーデン王立科学アカデミー会員・紫綬褒章受章。著書に『龍の文明・太陽の文明』（PHP新書2001）、『日本よ森の環境国家たれ』（中公叢書2002）、『一神教の闇』（ちくま新書2006）、『稲作漁撈文明』（雄山閣2009）、『山は市場原理主義と闘っている』（東洋経済新報社2009）、『ミルクを飲まない文明』（洋泉社2015）ほか多数。

【住所】〒981-1245　宮城県名取市ゆりが丘2-24-8

環境文明論—新たな世界史像—

2016年3月20日　初版第1刷印刷
2016年3月30日　初版第1刷発行

著　者　安田喜憲
発行者　森下紀夫
発行所　論 創 社
東京都千代田区神田神保町2-23　北井ビル
tel. 03（3264）5254　fax. 03（3264）5232　web. http://www.ronso.co.jp/
振替口座　00160-1-155266
装丁　宗利淳一＋田中奈緒子
印刷・製本／中央精版印刷　組版／高 八重子
ISBN978-4-8460-1515-2　